Brief edition
Sunil Chopra、Peter Meindl　原著
國立中山大學資訊管理學系　劉賓陽教授　審編

供應鏈管理

台灣培生教育出版股份有限公司
Pearson Education Taiwan Ltd.

國家圖書館出版品預行編目資料

供應鏈管理/Sunil Chopra, Peter Meindl著；劉賓陽審訂；
吳亞穎等編譯 -- 初版. -- 臺北市：臺灣培生教育，
2007[民96]
　面；公分
　譯自：Supply Chain Management:Strategy, Planning &
Operation, 3rd Edition
　ISBN 978-986-154-456-4（平裝）

1. 供應鏈管理 2. 物流管理

494.5　　　　　　　　　　　　　　　　　95021913

供應鏈管理

原　　　著	Sunil Chopra、Peter Meindl
審　　　訂	劉賓陽
譯　　　者	吳亞穎、陳維中
發　行　人	洪欽鎮
主　　　編	鄭佳美
協 力 編 輯	謝青秀
美 編 印 務	廖秀真
發　行　所 出　版　者	台灣培生教育出版股份有限公司
	地址／台北市重慶南路一段147號5樓
	電話／02-2370-8168
	傳真／02-2370-8169
	網址／www.PearsonEd.com.tw
	E-mail／hed.srv@PearsonEd.com.tw
台灣總經銷	台灣東華書局股份有限公司
	地址／台北市重慶南路一段 147 號 3 樓
	電話／02-2311-4027
	傳真／02-2311-6615
	網址／www.tunghua.com.tw
	E-mail／service@tunghua.com.tw
香港總經銷	培生教育出版亞洲股份有限公司
	地址／香港鰂魚涌英皇道979號（太古坊康和大廈2樓）
	電話／852-3181-0000
	傳真／852-2564-0955
版　　　次	2007年4月初版一刷
I S B N	978-986-154-456-4

版權所有・翻印必究

Authorized translation from the English language edition, entitled SUPPLUY CHAIN MANAGEMENT: STRATEGY, PLANNING&OPERATION, 0131730428 by CHOPRA, SUNIL; MEINDL, PETER, published by Pearson Education, Inc, publishing as Prentice Hall, Copyright © 2007, 2004, 2001 by Pearson Education Inc.Upper Saddle River, New Jersey, 07458.
All rights reserved. No part of this book may be reproduced or transmitted in any form or by any means, electronic, mechanical, photocopying, recording or by any information storage retrieval system, without permission from Pearson Education, Inc.
CHINESE TRADITIONAL language edition published by PEARSON EDUCATION TAIWAN, copyright © 2007.

審編者序

　　全球化經濟趨勢潮流下，競爭態勢漸趨激烈，同時又伴隨著科技日新月異的進步，使得市場瞬息變化，亦會衝擊到位於世界各地的企業。近十餘年來，由於資訊網路基礎與交通運輸建設漸趨完善，全球性商業活動在地域限制上已大幅縮小，各種交易可在極短的時間內完成傳遞，使得企業正面臨產品生命週期縮短、交期緊迫、原物料與產品迅速配送等挑戰。在此經濟競爭態勢下，企業生存發展的重要關鍵，不再能只憑藉個別企業的孤軍奮鬥，而是更強調企業網路（business network）中，藉由各企業間在商流、資訊流、實體流與金流的協同合作機制，以創造更具優勢的產銷團隊體系，逐漸形成了供應鏈與供應鏈間的競爭趨勢。諸多企業改變過去傳統的經營模式，由分布於全球不同區域的公司合作攜進，生產製造也可由世界各地不同之廠商代工，使得整個供應鏈的經營風險與成本不再僅由單一企業承擔。在此連橫合縱變化下，我國產業亦正試圖逐漸擺脫單純加工或製造型態，因此，如何促成供應鏈上下游串聯協同，以獲致具整體化產銷競爭優勢，已是我國企業不容忽視的重要課題。

　　返國執教迄今，於開授現代化產銷與供應鏈管理之相關課程時，雖然國內外相關著作眾多，而且其中不乏論點精闢立意良深者，但在審閱彼等著作時，不免感慨其各有特定著眼點與訴求，也因而各有其適用對象。一般而言，國外供應鏈管理著作之內容甚為繁多詳細，但卻是針對特定族群之需求所撰寫；使用於講授課程時，除了因語文隔閡所造成的學習障礙與文化思維差異，多半難以符合我國學生外，其中所引用之案例亦常與我國產業脫節，常有隔靴搔癢之現象。相較之下，國內供應鏈管理教科書則頗為精簡，但所用詞彙卻經常不符實務應用，內容鮮有跳脫既有的狹隘窠臼，以致學子不易具備整體性思維。在此情形下，謹擇普為國內外管理學院採用、Chopra與Meindl兩人最近所著之《供應鏈管理》第三版（*Supply Chain Management : Strategy, Planning, and Operation, 3rd Edition*）一書，在獲得原作者授權下予以審編修訂，以滿足我國學子於研修供應鏈管理之所需。本書是以下列主軸進行審編：

　　一、就原著各章節予以重新調整編排，擇其精華與對我國企業較為重要

者，依由整體觀點而專業操作之原則，循序介紹其核心觀念與思維模式，以使學子能在最有效的情形習知此領域，並避免以管窺天或以偏概全之現象。

二、配合我國產業運作特色，就特定主題之所需，增列本土企業之案例，協助學子更易了解不同業態如何因應相關供應鏈問題。本審訂版本已針對各案例，提出了值得吾人就不同的層面與方位進一步思考之議題，以期讀者能確實融會貫通。

三、本書雖以國內大專及研究所程度之管理學院課程為主要對象，但亦適用於其他有心於供應鏈管理領域各議題應用或深研之人士。

四、本書審編修訂後之架構為：第一、二兩章，以介紹供應鏈之構成，及影響與制定策略為主；第三、四兩章，則是探討如何設計規劃企業網路，及其間所面臨的相關決策議題；第五章，則介紹了現代化供應鏈管理所不可或缺的資訊應用科技；第六章，就供應鏈體系之需求端，簡介可用以預測需求的技術與模式；第七章，則進一步說明企業應如何有效整合其資源，以滿足顧客需求；第八、九兩章，係以供應鏈中之存貨為對象，介紹管控上常見的模式與方法；第十章，就產品實體配送之運輸，作了整體性的介紹；第十一章，分析了在藉由供應鏈其他成員來完成運籌作業時，其間所涉及的管理議題；最後一章，闡述了如何促進供應鏈之協調以促成協同作業。

本審訂版可配合不同的課程需求，採取不同的方式講授供應鏈管理，例如，可以講授形式介紹核心主題，輔以研讀討論新近發表論文之方式；或是就課程個別需求選擇特定議題深入介紹，輔以實際個案分析；或主要章節由學生預先研讀，課堂之進行則以論證方式為之。本書於編修成冊後，應可滿足國內大學與研究所於供應鏈管理、國際運籌管理、全球化競爭、產銷系統等課程之教學目標。

本書之審訂，首先要感謝家人的諒解與支持；其次，由衷感激諸位師長與先進之教誨與指導；同時，出版社之全力配合亦提供極高的助力。最後，本書在審編上雖力求客觀謹慎，但猶有未逮之虞，若有謬疏誤植或未臻盡善之處，尚祈不吝賜教。

劉賓陽 謹識
國立中山大學資訊管理學系
中華民國九十五年十二月

目　次

審編者序 3

1　認識供應鏈 9
- 1.1　什麼是供應鏈？ 10
- 1.2　供應鏈之目標 13
- 1.3　供應鏈決策的重要性 14
- 1.4　供應鏈的決策層面 17
- 1.5　供應鏈的流程觀 19
- 1.6　問題討論 32

2　供應鏈績效：達成策略契合度與範疇 33
- 2.1　競爭與供應鏈策略 34
- 2.2　達成策略契合度 36
- 2.3　擴展策略性範疇 56
- 2.4　供應鏈績效的驅動因子 62
- 2.5　建立驅動因子的架構 64
- 2.6　達成策略契合度的障礙 66
- 2.7　問題討論 69
- 個案研討　企業跨進發展策略 71

3　設計配送網路 77
- 3.1　配送在供應鏈中扮演的角色 78
- 3.2　配送網路設計的影響因素 79
- 3.3　配送網路的選擇設計 84
- 3.4　電子化企業及配送網路 104
- 3.5　問題討論 121

4　供應鏈網路設計........123
- 4.1　網路設計在供應鏈中扮演的角色........124
- 4.2　網路設計決策的影響因素........126
- 4.3　網路設計決策的架構........135
- 4.4　設施位址與產能分配模型........138
- 4.5　資訊科技於網路設計的角色........153
- 4.6　不確定性對於供應鏈設計的衝擊........154
- 4.7　運用決策樹評估供應鏈設計決策........155
- 4.8　網路設計的風險管理........168
- 4.9　問題討論........171
- 個案研討　全球產銷網路建置........172

5　資訊科技之於供應鏈........177
- 5.1　資訊科技在供應鏈中扮演的角色........178
- 5.2　供應鏈IT架構........181
- 5.3　顧客關係管理........186
- 5.4　內部供應鏈管理........188
- 5.5　供應商關係管理........190
- 5.6　交易管理基礎........192
- 5.7　供應鏈IT的未來........193
- 5.8　資訊科技的風險管理........194
- 5.9　問題討論........196

6　供應鏈之需求預測........197
- 6.1　預測在供應鏈中扮演的角色........198
- 6.2　預測的特性........199
- 6.3　預測的構成要素與預測方法........201
- 6.4　需求預測的基本方法........204
- 6.5　時間序列的預測方法........207
- 6.6　預測誤差的衡量........224
- 6.7　資訊科技在預測中扮演的角色........227
- 6.8　預測中的風險管理........229
- 6.9　問題討論........230

7　供應鏈之供應規劃 231
7.1　總合規劃在供應鏈中扮演的角色 232
7.2　總合規劃問題 234
7.3　總合規劃策略 236
7.4　求解總合規劃 238
7.5　反應供應鏈中可預測的變異性 250
7.6　管理供給 251
7.7　管理需求 255
7.8　問題討論 266

8　管理供應鏈的週期存貨 267
8.1　週期存貨在供應鏈中扮演的角色 268
8.2　規模經濟應用在固定成本上 272
8.3　規模經濟應用在數量折扣上 292
8.4　短期折扣：交易促銷 308
8.5　多階層週期存貨管理 315
8.6　問題討論 320

9　管理供應鏈中的安全存量 323
9.1　安全存量在供應鏈中扮演的角色 324
9.2　決定安全存量的適當水準 326
9.3　安全存量中供應不確定性的影響 344
9.4　安全存量中補貨政策的影響 347
9.5　多階層供應鏈安全庫存管理 352
9.6　資訊科技在存貨管理中的角色 353
9.7　問題討論 355

10　供應鏈的運輸 357
10.1　運輸在供應鏈中所扮演的角色 358
10.2　運輸型態及其績效特性 360
10.3　運輸基礎設施和政策 367
10.4　運輸網路的設計選擇 371
10.5　運輸設計的取捨 377

10.6	特定的運輸型態	389
10.7	資訊科技在運輸中所扮演的角色	393
10.8	運輸的風險管理	394
10.9	問題討論	395

11 供應鏈之來源取得決策 …… 397

11.1	供應鏈中來源取得的角色	398
11.2	自製或外包	401
11.3	第三方和第四方物流提供者	409
11.4	供應商評分及評價	412
11.5	供應商選擇──拍賣和談判	418
11.6	供應商選擇及合約	423
11.7	協同設計	437
11.8	採購程序	440
11.9	來源取得之規劃和分析	443
11.10	資訊科技在來源取得中的角色	444
11.11	來源取得的風險管理	446
11.14	問題討論	447
個案研討	採購作業電子化	449

12 供應鏈之協調 …… 453

12.1	供應鏈的缺乏協調與長鞭效應	454
12.2	缺乏協調對於供應鏈績效的影響	456
12.3	供應鏈中障礙的協調	459
12.4	達成協調的管理手法	466
12.5	建立供應鏈內的策略夥伴與鏈內互信	475
12.6	連續補貨和供應商管理存貨	485
12.7	協同規劃、預測和補貨（CPFR）	486
12.8	資訊科技在協調中的角色	492
12.9	達成協調的實務	493
12.10	問題討論	495

認識供應鏈

Chapter 1

學習目標

本章是針對設計、規劃或運作供應鏈時,對供應鏈提供一個概念性的瞭解和探索多樣化的議題。吾人討論供應鏈議題對公司成功的重要性。本章同時提供數個來自不同產業供應鏈範例,以強調供應鏈議題的多樣性,讓公司在策略、規劃和運作時必須多加思慮。

讀完本章後,您將能:
1. 描述供應鏈的週期及推/引的觀念;
2. 分類一家公司之供應鏈巨觀流程;
3. 確認供應鏈三個關鍵的決策階段,並且解釋每個階段的重要性;
4. 討論供應鏈的目標,並且解釋供應鏈決策對於企業成功的影響。

1.1 什麼是供應鏈？

供應鏈包含了在滿足顧客要求過程中，涉及的所有直接或間接成員；供應鏈不只包括製造商和供應商，同時也涵蓋了配送商、批發商、零售商和顧客本身。在每一個組織內，供應鏈含括所有接收與滿足顧客需求的各項功能，例如新產品開發、行銷、生產、配銷、財務和顧客服務等功能。

試想一位顧客走入Wal-Mart零售店要購買清潔劑；供應鏈始於這位顧客和他想買清潔劑的需求；下一階段則是顧客進入的Wal-Mart零售店。Wal-Mart以置於貨架上的清潔劑產品庫存來滿足需求，而這項庫存是由Wal-Mart的成品倉管理或配送商經由一專業貨運公司的配送所提供。配送商負責配送及儲存製造商的貨品，以P&G（Procter & Gamble）為例。P&G製造廠從不同供應商進料，而這些供應商的原物料則是由更上游供應商提供。例如某包裝材料是來自Tenneco，而Tenneco也是收到其他供應商的原物料，以生產包裝材料。此供應鏈如圖1.1所示。

供應鏈具有動態性，不同階段內包含持續的資訊流、產品流和資金流。於本例中，Wal-Mart提供顧客有關產品、定價及貨品狀況資訊。顧客則將金錢轉入Wal-Mart。Wal-Mart將POS資料及採購訂單送至倉庫或物流中心，物流中心則將採購訂單經由卡車送貨至零售店。在補貨後，Wal-Mart將金額匯給配送商。而配送商亦提供定價資訊及送貨排程給Wal-Mart。相似的資訊、物料和金錢等在整個供應鏈間流動著。

另外一例，當一個顧客從網路上購買Dell電腦，其供應鏈包含了顧客、接單之Dell網站、Dell組裝廠和Dell所有供應商及下一階供應商。網站提供顧客有關價格、產品種類和產品購買的相關資訊。決定產品之後，顧客輸入訂購資訊並付款；之後，顧客也許會回到網址去確定訂購狀態；再往供應鏈的下一階

認識供應鏈

圖1.1 清潔劑供應鏈的各階段

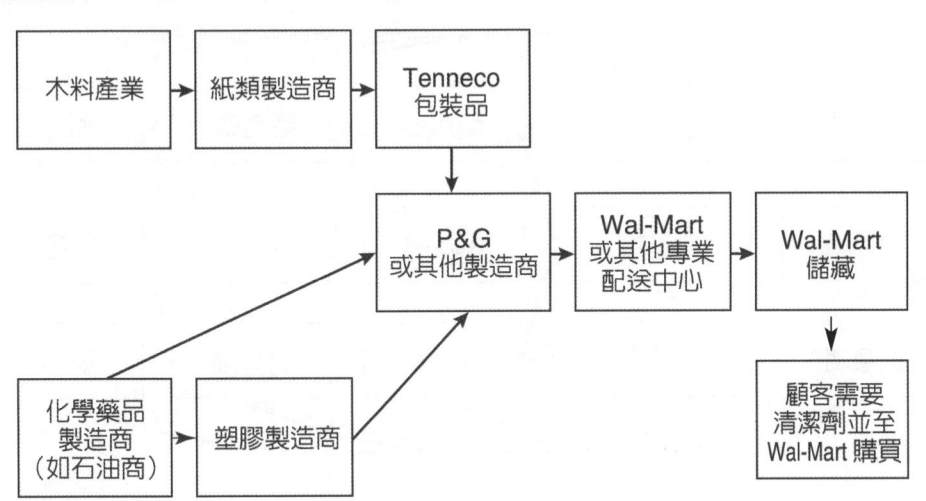

段,根據顧客訂購資訊滿足其訂單。在這些過程中添增了若干跨階段間的額外資訊流,產品流和資金流。

上述的例子,說明了顧客是整體供應鏈中的一部分。供應鏈存在的最主要理由是在增加利潤的過程中滿足顧客的需求;供應鏈活動始於顧客訂單,而終於顧客滿足後付款。供應鏈一詞陳述著一件產品或一項供應程序,在一個供應鏈上從供應商到製造商、配送商、零售商再到顧客間的轉移。在供應鏈上,有一點是相當重要的:資訊、資金及產品的流動為雙向。此名詞或許隱含著每一階段僅有一位從事者,但在實際操作上,一個製造商可能接受來自許多不同供應商的原料,然後供應許多配送商。因此,大部分的供應鏈皆屬於是網路架構。故**供應網**(Supply Network or Supply Web)或許可以更精確刻劃出大部分供應鏈的結構,如圖1.2所示。

一個典型供應鏈可以包括許多不同的階段。這些供應鏈的各階段包括:

- 顧客
- 零售商

圖1.2　供應鏈階段

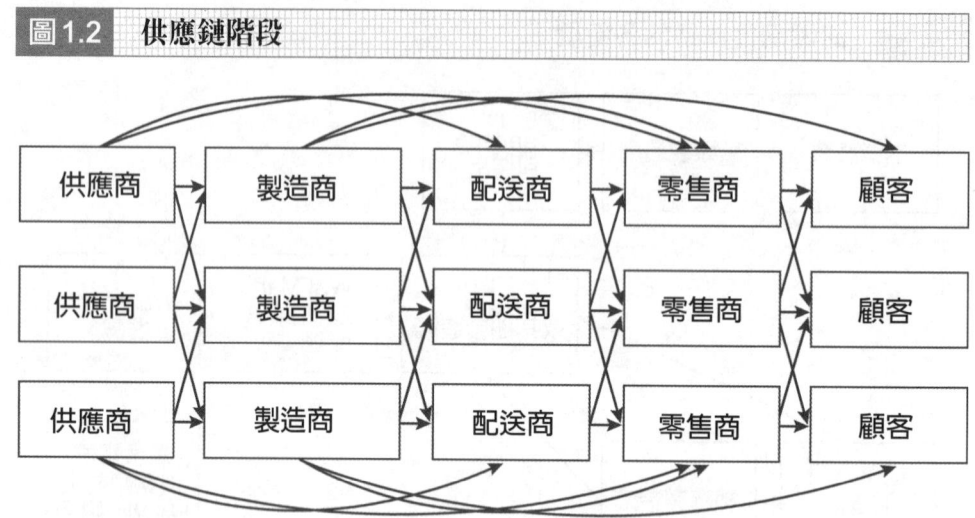

- 批發商／配送商
- 製造商
- 零組件／原物料供應商

不是所有供應鏈均具有如圖1.2中的每個階段；合適的供應鏈設計是依顧客的需求及各階段在供應鏈中扮演的角色而定。在某些情形下，如 Dell 這類的製造商可能會直接回覆顧客訂單；Dell**依訂單生產**（Builds To Order, BTO），即某一顧客訂單開啟在Dell的生產。在Dell的供應鏈中並沒有零售商、批發商或配送商。又如郵購公司L.L. Bean，製造商並不用直接對顧客訂單作反應，它們利用產品的存貨制度來滿足顧客的訂單。和Dell供應鏈比較，L.L. Bean供應鏈在顧客和製造商中則多了一個額外階段（零售商，L.L. Bean本身）。在其他零售店的案例中，商店和製造商間的供應鏈可能也包含批發商或配送商。

1.2 供應鏈之目標

每一個供應鏈的目標都是要促成整體價值的最大化。供應鏈所產生的價值，是最終產品對顧客的價值和供應鏈為滿足顧客要求所投入的努力間的差異。對大多數的商業性供應鏈而言，其價值和供應鏈的獲利性有很大的關係，即來自顧客的收入和供應鏈的過程開銷之間的差額。例如一個顧客付了2,000美元從Dell購買電腦，這2,000美元即代表供應鏈的收入。Dell和其他階段的供應鏈支出包括傳達資訊、生產零組件、儲藏、金流移轉等。顧客所付的2,000美元和所有支出總額的差距代表供應鏈的獲利；供應鏈的獲利是供應鏈所有階段的利潤總和；供應鏈擁有越高的獲利能力就是一個越成功的供應鏈。成功的供應鏈應該以供應鏈的獲利來衡量，而不是以個別階段的獲利（在其後的章節將證明若將焦點放在個別階段的獲利，將造成整體供應鏈獲利衰退）。

在我們將供應鏈的成功與否定義在供應鏈的獲利後，下一個合理的步驟就是檢視收益和成本的來源。對於任何供應鏈，其唯一的收益來源就是顧客，顧客是在供應鏈中唯一具正向現金流的。在Wal-Mart的例子中，顧客採購清潔劑是其供應鏈內唯一正向現金流。已知不同階段有不同所有者時，供應鏈內所有其他現金流只是金流交換。當Wal-Mart付款給供應商，此存款是顧客所付金額的部分。此現金交換成了供應鏈的成本。在供應鏈中所有資訊、產品或資金流等交流皆會產生成本。因此，適當管理上述各流的作業是供應鏈成功的關鍵。供應鏈管理包含供應鏈中各階段間各流的管理，以求取最大獲利性。

本書我們強力關注的是，分析所有供應鏈決策對於供應鏈總利潤的影響。這些決策及其影響會隨著各種不同的理由而改變，我們可以從美國和印度移動快速的消費必需品供應鏈結構差異來看。與印度相較的話，美國的配銷商的功能角色比較小。供應鏈結購的差異，可以藉由配銷商對這兩個國家供應鏈總利

潤的影響來說明。

美國的零售體系主要是整合型態,有大型連鎖商向大部分製造商購買消費必需品,這種整合使得零售商可以達成進貨的規模經濟,但如果導入配銷商之類的中間人角色,不但不會降低成本,還可能因為額外的處理流程而增加成本。反之,印度有上百萬個小規模的零售商,而且都限制了其能持有的存貨量,因此每個零售商都必須經常小量補貨,而一個典型的補貨訂單可以和美國一個家庭每週購物的量相比較。對一個製造商來說,有效控制低廉配送成本的唯一方法就是以整車(TL)運送產品到市場,然後再以較小型的貨車在當地來回進行配送。如果要保持低廉的配送成本,一個可以接收全滿TL配送的中間人是非常重要的:先分散大量配送,接著再改以小量配送到零售商。大部分的印度配送商是一次購足的商店,持有各家製造商的產品,從食用油、肥皂、清潔劑都有供應。除了一次購足的便利性之外,印度的配送商透過匯總配送途徑中多樣製造商的產品,來降低企業外配送到零售商的運輸成本。印度配銷商可以處理集貨,因為他們的集貨成本比起各家製造商自行處理各家零售商的訂單還要低很多。因此,我們可以從印度的供應鏈績效成長看出印度配送商的重要性。然而隨著印度零售商的整合,配送商的角色也越來越不重要了。

1.3 供應鏈決策的重要性

供應鏈流(產品、資訊和金錢)的設計與管理和供應鏈的成功間存在著緊密的關係。Dell是一個成功使用供應鏈實務以支援其競爭策略的例子。相反地,Quaker Oats是一個沒有能力去適當地設計和管理其供應鏈的例子。大部分電子化企業的失敗可歸因於供應鏈流設計與管理不當。

Dell在短時間內便成為世界最大的個人電腦製造商。Dell所創造的利潤、

認識供應鏈

收益、以及之後的市場資本超越了所有的競爭對手。Dell將它的成功歸因在成功的管理供應鏈中的各流──產品、資訊和金錢。

Dell的基本供應鏈模型是直接銷售給顧客。由於省略了配銷商和零售商，Dell的供應鏈只有三個層級──顧客、生產者和供應商（如圖1.3所示）。因為Dell是直接和顧客接觸，所以其流程可以被精確地分解，並進而分析每個階段的需要和獲利。和顧客緊密的接觸、再加上瞭解顧客的需求，使得Dell能建立一個較精確的預測。為了增進供給和需求間的契合，Dell在電話或網路下主動地引導顧客就現有零組件組成顧客所需要的電腦。

在供應鏈的運作層面，存貨周轉率是Dell緊密觀察的關鍵衡量績效。Dell僅庫存10天的存貨；相對於其競爭者的經由零售商銷售，所產生的庫存將近80天到100天。當Intel推出一個新晶片，低存貨水準使得Dell進入PC市場比競爭者快。如果價錢突然下降，如同它們常常使出的手段，Dell在存貨的損失相對於競爭者較少。又，Sony生產的螢幕這類產品，Dell沒有任何存貨。運送公司只要挑選適量來自Dell的Austin電腦和Sony墨西哥廠生產的螢幕，依顧客訂單組合，然後配送給顧客。這樣的程序使得Dell節省時間和金錢及螢幕搬運。

Dell供應鏈的成功是藉由複雜的資訊交換，Dell提供及時資訊給當下需要的供應商；供應商可據以評估其零件存貨水準來配合每日生產需求。Dell建立

圖1.3　Dell的供應鏈階段

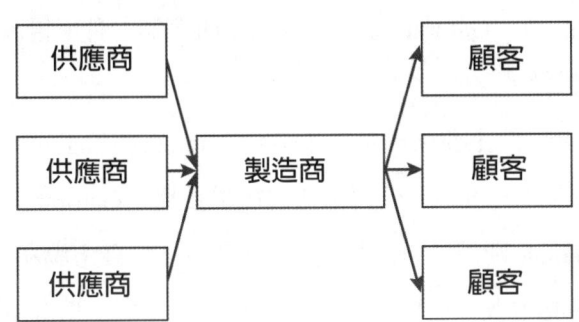

了一個客製化的網頁，以便主要供應商可以瀏覽需求預測或其他敏感的顧客資訊，以幫助供應商瞭解顧客需求，並且找出更好生產排程以便吻合Dell的需要。Dell集中在全球五個生產中心生產，如德州奧斯汀、巴西、中國、愛爾蘭和馬來西亞。因為每一個地方的需求都相當大且穩定，供應商可以正常地補充存貨，如此一來促成了Dell維持低水準的存貨。甚至在某些例子中，Dell在工廠內只有1小時的存貨。

低水準的存貨也幫助Dell確定在生產大量產品時，避免使用瑕疵品。當一個新產品開始銷售時，供應商的工程師都會在工廠待命；如果顧客因為有問題打電話來時，生產就會終止，同時可以及時修改設計的缺點。因為沒有完成品在存貨，所以瑕疵品的損失會降至最小。

Dell在現金流量的管理也是相當有效率：藉由嚴密追蹤與管理應付帳款和應收帳款，Dell能從顧客方收取款項。而這項措施使得Dell在2004年的現金周轉率為－36%；換句話說，就是Dell使用他人的資金來營運。

很明顯Dell的供應鏈設計和適合的產品管理、資訊、現金流量在公司的成功中扮演著關鍵的角色；這方法使得Dell在PC產業上能占有一席之地。在PC產業中，良好的產品品質是必備的環境下，競爭戰場現在是集中在運送和供應鏈的效率上。這即預言了Dell的前景。

Quaker Oats收購Snapple的案例提供了一個供應鏈設計和管理失敗導致財務危機的事證。1994年12月，Quaker花了17億美元買下Snapple，Snapple賣的是天然果茶飲料。在當時，Gatorate是運動飲料中最暢銷的品牌，同時也是Quaker最成功的品牌。Gatorate在美國南部和西南部占有率很高，Snapple則是在北部和西海岸暢銷。

Quaker聲明合併的主要動機是為了結合Gatorate和Snapple兩配銷系統以獲得潛在的效率。然而，Quaker公司卻無法從中獲利。Gatorate是由Quaker自行主導生產，而Snapple則由外包商生產。Gatorate在超級市場和雜貨店賣出了顯著的數量，Snapple主要在飯店或獨立的零售商販售。在購得Snapple後的兩年

時間內，Quaker無法在兩個配銷系統間獲得充分協調。終於在28個月後，Quaker以大約3億美元將Snapple賣給Triarc公司，此價格是當時購價的20%；Quaker在Snapple的挫敗顯然是因為無法結合兩個配銷系統。

 供應鏈決策在公司的成功和失敗上扮演一個重要的角色。

1.4 供應鏈的決策層面

　　成功的供應鏈管理需要資訊流、產品流和資金流等相關決策。依據每個決策的頻率及決策階段影響的時點，這些決策可以分成三類或階段：

　　1. 供應鏈策略或設計。在此層面中，企業應決定如何架構未來幾年的供應鏈。此層面決定供應鏈的未來架構及各階段應完成的程序。此層面所作的決策也應參考策略性供應鏈決策。企業所作策略性決策包含生產和倉儲設施的位址及產能、製造或不同地點儲存的產品、採用的運輸模式，以及使用資訊系統形式。在此階段中，企業必須確定其供應鏈架構能否支援其策略性決策。Dell的決策中有關製造商、批發商的位址與產能，供應來源為所有供應鏈設計或策略性決策。典型上供應鏈設計決策屬於長期性的多年事件，若在短期內更改時將花費甚鉅。最後，當公司們作這些決策時，其必須考慮多年後預期市場情況的不確定性。

　　2. 供應鏈規劃。本層面所下的決策，其考量的時間範圍為一季至一年；因此，在策略層面決定的供應鏈架構是固定的。企業以各種市場需求在未來一年（或比較合適的時間距）的預測作為規劃階段的開始；供應鏈規劃包含的決策，

例如供應商供貨給市場的決策、製造的外包、所應遵循的庫存政策，以及市場促銷的時點和規模等。Dell在規劃決策時，有與市場相關的決策，例如那些生產設施應供貨及在不同位址之目標生產數量等，應如同規劃決策般被分類；進行規劃時，在某一特定期間上，建立供應鏈各功能的參數。在規劃層面，企業必須考量包含需求、交換率，以及在這時間水平上的競爭力等不確定性。規劃層面執行時，是依據一個時間較高的預測結果，因而須能與設計層面的決策相互協調，以達成短期最佳績效。正如同規劃層面的結果，企業也會開始定義一連串運作政策以因應短期內的運作。

3. 供應鏈的運作。此層面的時間範圍是每週的或每天的，且公司會對個別顧客作決策。就運作層面的角度思考，供應鏈的結構是固定的，且規劃政策已經是很明確的。供應鏈運作層面決策的目標是用最可行的方法來執行運作政策。在這個層面中，企業將分派個別顧客訂單至存貨或生產單位、決定履行訂單的日期、安排倉儲的檢貨車、分配訂單特別的運送形式並出貨、建立卡車的運送排程，以及開出補貨訂單。因為運作決策是短期性的決策（分鐘、小時或一天），通常所需要的資訊不確定性較低。在運作階段的目標是在架構和規劃策略中的限制內，降低不確定性和績效的最佳化。

供應鏈的設計、規劃和運作對獲利性和成功有很大的影響。繼續上述Dell的例子，Dell在1990年代初期將焦點放在改進供應鏈的設計、規劃和運作上，大幅改善績效。Dell的獲利能力和那段期間的股價後來便是因為績效的增加而大漲。

在後續章節，本書所發展的觀念和方法論將於上述三種決策階段中被運用。大部分討論著重在描述供應鏈設計和規劃階段。

 依據決策應用的時間範圍，供應鏈的決策階段可分類為設計規劃或運作。

1.5 供應鏈的流程觀

供應鏈發生在不同的供應鏈階段間或內部,以及綜合達成顧客對產品需求的一序列的程序和流程。供應鏈執行的程序有兩種不同的觀點:

1. 循環觀點。供應鏈的流程可分成一序列循環,每個循環在供應鏈兩個連續階段之間被執行。

2. 推/引觀點。供應鏈的流程,依是否回應或預期顧客訂單而分成兩類。牽引流程是由顧客訂單開始;而推擠流程是從顧客預期訂單而起。

❖ 供應鏈流程的循環觀點

供應鏈五個階段如圖1.2所示,所有供應鏈流程均可以被分成四個循環,如圖1.4所示:

- 顧客訂單循環
- 補貨循環
- 製造循環
- 採購循環

每個循環發生在兩個連續階段之間,所以五個供應鏈階段造成四個供應鏈流程循環。但不是每個供應鏈都有四個清楚可區別的循環。舉例來說,雜貨店的供應鏈中,零售商儲存完成品的庫存和發出向生產者或配送商補貨的訂單,這過程似乎可以清楚地分為四個循環時期。相對地,Dell是直接將產品賣給顧客,供應鏈中沒有經過零售商和配送商。

當考慮到運作決策時,供應鏈的循環觀點是非常實用的,因為它可以明確地指出每個供應鏈成員角色和任務。例如,當建立一個資訊系統去支援供應鏈

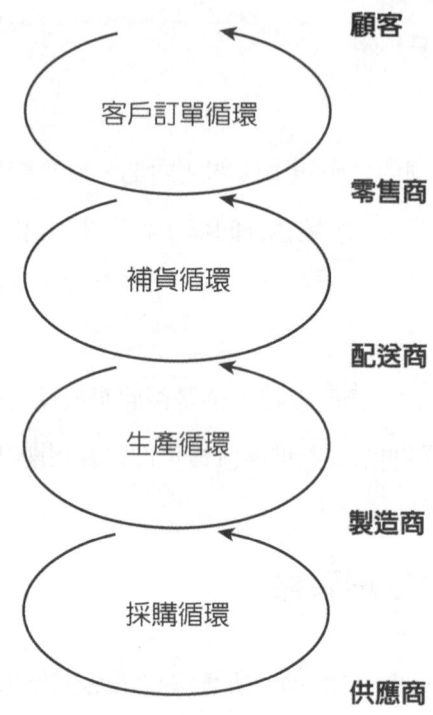

圖1.4　供應鏈流程循環圖

的運作，而流程的所有權和目的可以被清楚地定義，循環觀點清晰地瞭解供應鏈的運作。下面的介紹會更詳細地描述各種供應鏈循環。

顧客訂單循環

顧客訂單循環發生於顧客和零售商的接觸點，其中包含了涉及接受和滿足顧客訂單的所有流程。典型上，顧客啟動這個循環是在零售商處，而此循環主要在滿足顧客的需要。零售商和顧客的互動始於顧客的到達或接觸，終於顧客接獲其訂購產品。顧客訂單循環的流程如圖1.5所示：

- 顧客到達
- 輸入顧客訂單

圖1.5　顧客訂購循環

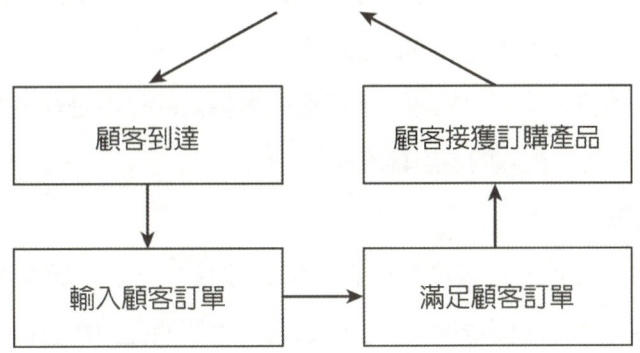

- 滿足顧客訂單
- 顧客接獲其訂購產品

◎ **顧客到達**

　　顧客到達是指顧客到達一個地點，並作了選擇且作出購買的決定。任何供應鏈的起點都是顧客到達。顧客到達會在以下情況下發生：

- 顧客走進超級市場並作出購買行為
- 顧客打電話去電話促銷中心
- 顧客運用網際網路或電子郵購

　　展望供應鏈的前景，其關鍵目標是幫助顧客更快速地找到適當產品，使得顧客的到達轉變為顧客的訂單。在超級市場，協助顧客訂購包括管理顧客流和產品展示。在電話促銷中心，應確定不要讓顧客等待太久，這也意味著系統可讓售貨員解答顧客的疑問以使來電轉變為訂單。在網際網路方面，關鍵系統是運用例如個人化這類搜尋工具的能力，使顧客能迅速確定並瀏覽其有興趣的產品。顧客到達流程的目標是使顧客到達並轉變成為顧客訂單的極大化。

◎ **顧客訂單輸入**

　　顧客訂單輸入是指顧客告訴零售商他想要購買的產品，以及零售商配置產

品給顧客。在超級市場中，訂單輸入是另外一個形式，即顧客將其所有想要購買的產品放在手推車中。在郵購或電話促銷中心或用網際網路訂購中，訂單輸入將包括告知零售商其所選擇的品項和數量，然後零售商就會配置產品，並且提供配送產品的日期等資訊給顧客。顧客訂單輸入的目標是快速並準確地輸入訂單，並且聯絡所有相關的供應鏈流程。

◎ 滿足顧客訂單

在滿足顧客訂單的過程中，顧客訂單的被執行並送達顧客。在超級市場中，是由顧客來執行這個過程；在郵購公司，這個過程通常包括從存貨中挑選訂貨物品、包裝和運送給顧客。如果所有的存貨都必須被更新，這將導致補貨時期的開始；一般而言，顧客訂單的滿足是由零售商的存貨來進行。相對地，在一個以訂單導向生產的環境中，顧客訂單被滿足直接發生在製造商的生產線上。滿足顧客訂單流程的目標是在取得正確且完整的顧客訂單，然後承諾到期日，並將可能的成本降至最低。

◎ 顧客接獲訂購產品

在顧客接貨的過程中，顧客接獲其訂購產品並擁有它。如此將會有最新的收據記錄，同時也完成付款。在超級市場中，顧客接獲其訂購產品發生在付款櫃檯。在郵購公司，顧客接獲其訂購產品發生在產品郵寄到顧客手中時。

補貨循環

補貨循環發生在零售商和配送商的接觸，並且包含在零售商補貨的所有流程。補貨時期開始於零售商列出一張補貨訂單，以符合未來需求；補貨循環可能開始於一個超級市場賣光清潔劑的庫存，或是一家郵購公司的特定襯衫庫存將售罄時發生。

補貨循環類似於顧客訂單循環，差別在於零售商成為顧客的角色。補貨循環的目標在於提供手中產品給顧客時，在零售商處以最低成本補充最高價值的產品。補貨循環的流程如圖1.6所示，包括：

圖1.6　補貨循環

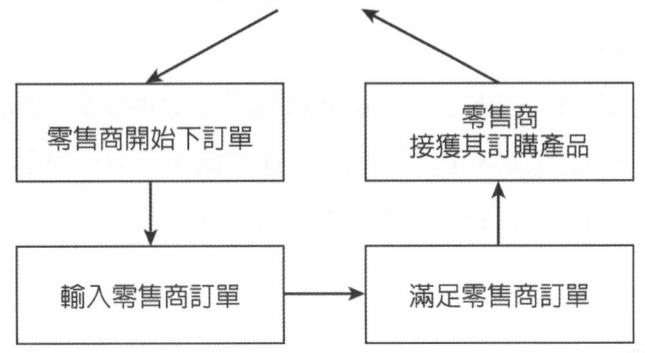

- 零售商開始下訂單
- 輸入零售商訂單
- 滿足零售商訂單
- 零售商接獲其訂購產品

◎ **零售商開始下訂單**

　　當零售商滿足顧客的需求，存貨被取用所以必須補充以符合未來需求。在補貨時期零售商的關鍵動作是規劃補貨，或是規劃前一階段訂單開始的訂購政策（多半是配送商或製造商）。補貨訂單的目標是藉由確認經濟規模、衡量產品的可獲性和存貨成本以使利益最大化。零售商訂單開始的結果是產生補貨訂單，準備傳遞給配送商或製造商。

◎ **輸入零售商訂單**

　　這個過程類似於輸入顧客訂單，唯一不同的是零售商現在成為顧客，將訂單給配送商和製造商。輸入零售商訂單的目標是訂單被確定地輸入和快速地通知所有受訂單影響的供應鏈流程。

◎ **滿足零售商訂單**

　　滿足零售商訂單除了發生在配送商和製造商外，其流程非常類似於滿足顧

客訂單,主要的差異在於每筆訂單的大小。顧客訂單較補貨訂單規模小上許多。滿足零售商訂單的目標是準時地滿足零售商訂單以使成本最小化。

◎零售商接獲其訂購產品

一旦零售商接獲其補貨訂單,零售商必須完成實物接受、更新所有的存貨記錄及確定所有應付帳款。這過程包含來自配送商給零售商的產品流、資訊流和金流。零售商接獲其訂購產品的目標是在最低成本下更新存貨,並且能迅速確實地更新。

製造循環

製造循環通常發生在配送商和製造商(或零售商和製造商)之間,同時包括所有再補貨配銷者(或零售者)的存貨流程。生產時期有的開始於顧客訂單(像Dell的例子),有的來自零售商或配送商的補貨訂單(如Wal-Mart向 P&G訂購),或者是預料顧客立即需求的產品而到生產者或批發商購得。

製造循環最極端的情形是鋼鐵工廠挑選相似的訂單予以整合,使生產線能夠大量製造;在這個例子中,製造循環反應顧客需求(意指前述的牽引流程)。另一個極端的例子,包含必須要按照期望的需求來生產某些型態的消費者產品公司(意指前述的推擠流程)。製造循環的流程(如圖1.7所示)包含:

- 來自配送商、零售商或顧客的訂單到達
- 生產排程
- 生產和運送
- 在配送商,零售商或顧客處收貨

◎訂單到達

在訂單到達過程中,配送商基於未來的預測需求和當下的產品存貨數量,制定一個補貨計畫,此訂單的結果將傳達至製造商。在部分例子中,顧客或零售商可能直接向製造商訂購;在其他的例子中,製造商可能建立一個成品倉。以後者的情況而言,訂單的生產是基於產品的可獲性和預測未來的需求,這過

圖1.7　製造循環

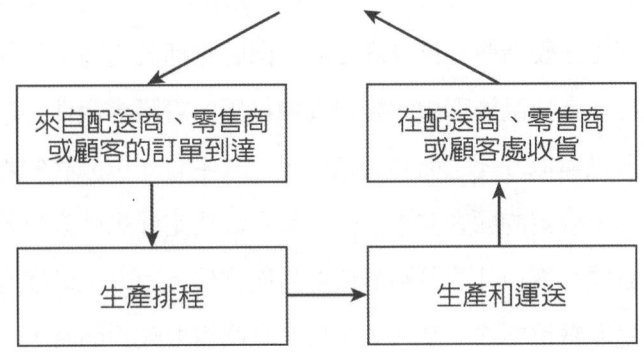

程類似於補貨循環的零售商訂單開始。

◎ **生產排程**

　　生產排程程序和存貨被分派給訂單，此程序與補貨循環的輸入訂單程序相似。在生產程序的流程中，訂單（或預訂單）被分配給生產計畫或排程。在一個預設的生產量下，製造商必須決定正確的生產順序。如果同時有多條生產線要生產，製造商要決定那一個產品分配給那一條生產線。生產排程的目標是在持續降低成本的情況下，並促成準時滿足訂單率之最大化。

◎ **生產和運送**

　　生產和運送的流程同等於在補貨循環的訂單滿足流程。在流程的生產階段中，製造商在符合品質需求下按照生產排程生產。在流程的運送階段，產品運送給顧客、配送商、零售商或批發商。生產和運送流程的目標是以合格設備與預算下，在承諾的交貨期內生產並運送產品。

◎ **收貨**

　　在收貨的流程中，產品已經交到配送商、批發商、零售商或顧客手中，存貨記錄已經被更新。其他和倉儲及資金交換的相關流程也會發生。

採購循環

　　採購循環發生在製造商和供應商之間，同時包括製造商依照計畫為生產而取得原料的流程。在採購循環中，製造商向供應商訂購零組件，以補充零件存貨。這之間的關係類似於配送商和製造商，但其中有一個顯著的差異，零售商／配送商開始於不穩定的顧客需求，一旦製造商決定好生產排程，可以明確地決定零組件的訂購。零組件的訂購是依據生產排程。所以，供應商連接到製造商的生產排程是非常重要的。當然，如果供應商需要較長的時間，供應商就得依預測先行生產，因為生產排程並非事先已經排定。

　　實際上，有許多層級的供應商，每一個層等級都生產零組件以供應下一個層級，一個相似的循環會回流至原先的層級，接著流至下一個。採購循環的流程如圖1.8所示。

　　本書在這裡不會詳述每個流程，因為流程的循環和已經討論過的其他循環相似。

圖1.8　採購循環

供應鏈的循環觀點清楚地定義包含的流程，以及每個過程的所有者。當考慮運作決定時，這項觀點是非常實用的，因為它敘述每個供應鏈的角色、供應鏈成員的責任和每個流程的預期結果。

❖ 供應鏈流程的推／引觀點

依照相關顧客需求的執行時間，所有的供應鏈過程都被分成二種類型。在牽引的類型中，執行始於回應顧客訂單；而推擠類型則始於顧客訂單的預期。在執行一個拉流程中，需求是明確已知，但在執行一個推擠流程，需求是未知的，因此必須預測結果。牽引流程也可視為回應流程，因為它們反應顧客的需求。推擠流程可被視為預測流程，因為它們回應預測而非實際需求。在供應鏈中推擠和牽引的分界線從拉流程中分隔出推擠流程（如圖1.9所顯示的即為供應鏈中各程序之推擠／牽引界限之關連）。例如在Dell，個人電腦組裝的開始，象徵著推擠和牽引的分界線。所有在個人電腦組裝前的流程是推擠流程，而所有流程在含組裝之後起始回應顧客訂單的是牽引流程。

當考慮到關於供應鏈設計策略決策時，供應鏈中推擠和牽引的觀點將非常實用。當連結顧客訂單時，這項觀點迫使供應鏈有更全面化的思考。例如，假如允許推擠流程變成牽引流程，這樣的觀點將導致通過不同供應鏈階段時之流程的反應性。

細想已討論過的兩種不同的供應鏈，然後再對推／引和循環觀點的相關性作討論。在此舉出其中一個供應鏈實例是L.L. Bean這類的郵購公司，其經由電話行銷中心或網址接收顧客訂單，另一個例子是像Dell這類的BTO電腦製造商。

在顧客到達之後，L.L. Bean執行所有顧客訂單循環的流程。上述所有的流

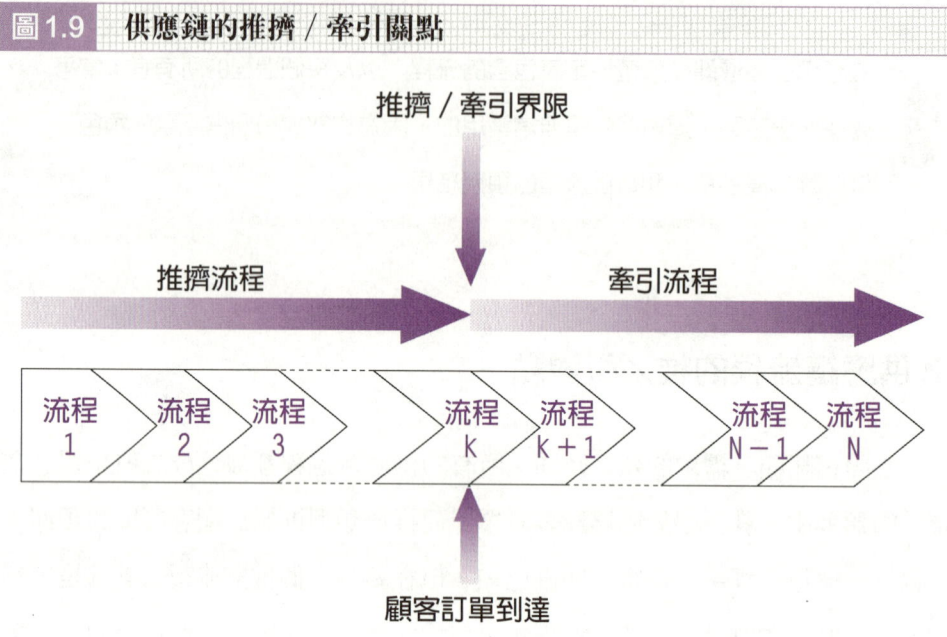

圖1.9　供應鏈的推擠／牽引關點

程都是顧客訂單循環的一部分，即為牽引流程。訂單滿足是在顧客訂單的預期下建立的產品存貨處發生的。補貨循環的目標是當顧客訂單到達時確定產品的可獲性。所有補貨循環的流程表現在預期的需求上，所以是推擠流程，同樣的在製造和採購循環也是如此。事實上，如紡織品這類的原材料經常是在顧客需求前的6到9個月就下單購買，生產本身是在銷售點前3到6個月前就已經開始。所有在生產和採購的循環流程都是推擠流程。在L.L. Bean的供應鏈分成推擠和牽引的流程，如圖1.10所示。

不同於Dell這類電腦製造商的情形。Dell不銷售給轉賣者或配送商，而是寧可直接賣給顧客，所以需求不是被完成品存貨來滿足，而是由生產來滿足，顧客訂單的到達就開始啟動生產最後的裝配。製造循環是顧客訂單循環中滿足顧客訂單流程的一部分，Dell供應鏈中只有兩個有效率的循環：(a)顧客訂單和製造循環，及(b)採購循環（如圖1.11所示）。

在Dell，顧客訂單和製造循環的所有流程被歸類為牽引流程，因為其開始

圖 1.10　L.L. Bean供應鏈的推擠與牽引的流程

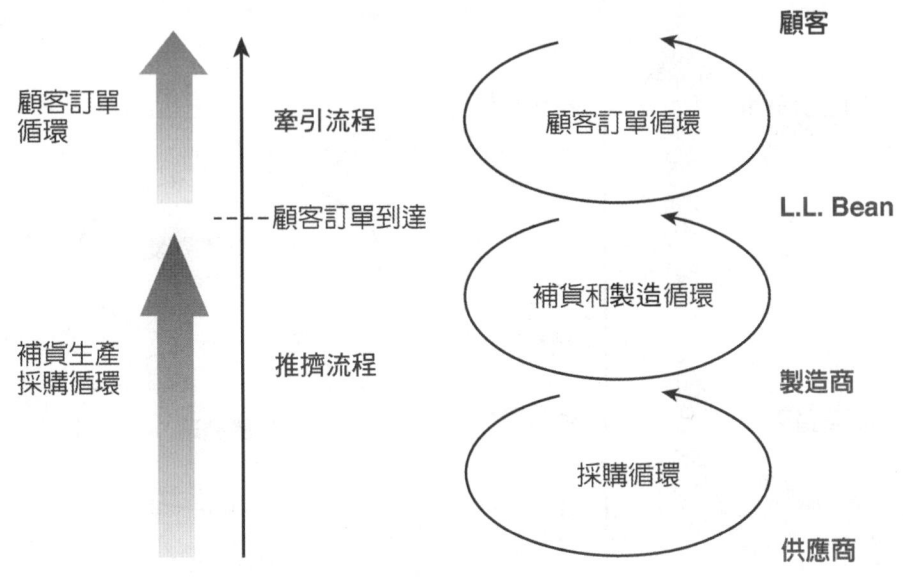

圖 1.11　Dell的供應鏈循環

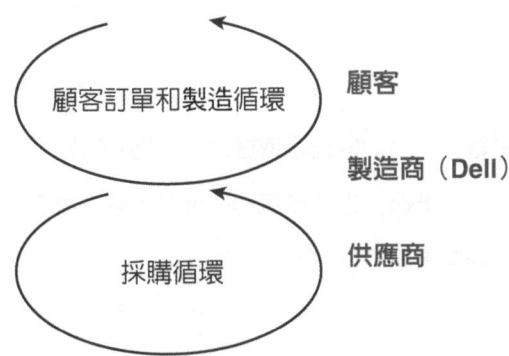

於顧客到達。然而，Dell並沒有下零組件訂單以回應顧客訂單。存貨是在顧客需求的預期下被補充。對Dell而言，所有在採購循環的流程，被歸類為推擠流程，因為它們是回應一個預測。Dell供應鏈推擠／牽引流程如圖1.12所示。

圖1.12 供應鏈的推擠／牽引流程

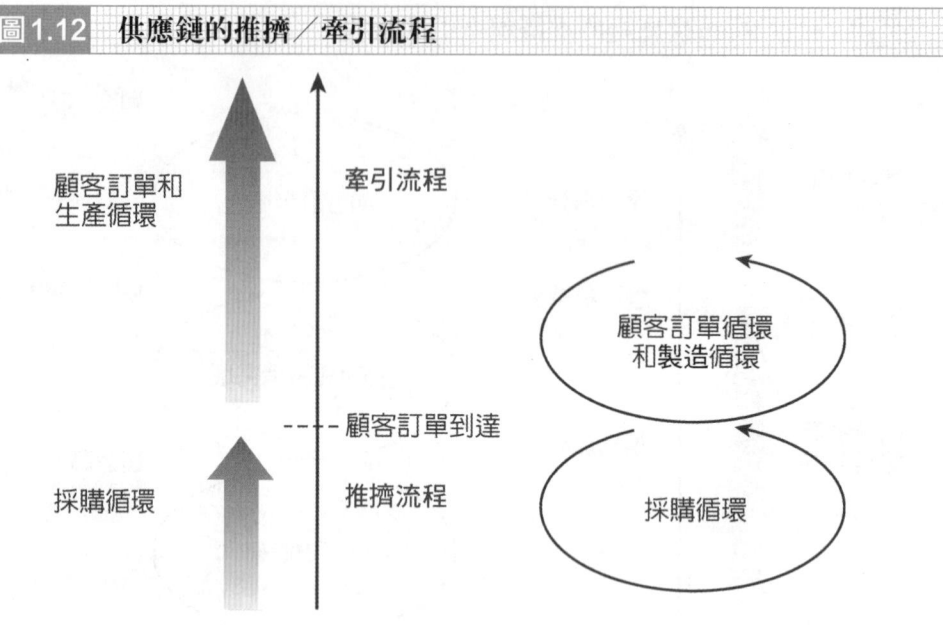

此兩個供應鏈之間，顯著的不同是Dell的供應鏈比L.L. Bean的供應鏈有較少的層級和較多的牽引流程。如往後章節所述，這個事實會對供應鏈的績效有著重大的衝擊。

 一個供應鏈推／引的觀點是依據是否回應顧客的訂單（牽引）或回應預期顧客的訂單（推擠）來歸類流程的種類。當考慮有關供應鏈設計策略時，這是一個非常實用的觀點。

❖ 供應鏈在公司內的巨觀流程

所有公司的供應鏈流程可以劃分為以下三種巨觀流程，如圖1.13所示：

1. **顧客關係管理**（CRM）：專注於企業與顧客接觸的流程。

2. 內部供應鏈管理（ISCM）：專注於企業內部營運的流程。

3. 供應商關係管理（SRM）：專注於企業與供應商接觸的流程。

此三種巨觀流程管理在產生、接受並達成顧客要求時所需的資訊、產品與資金等流動。CRM巨觀流程的目的是引起顧客需求，促進人員配置，和追蹤訂單，包括行銷、銷售、訂單管理與客服中心管理的流程。像W.W. Grainger這樣的工業批發商，CRM流程會包括準備目錄與其他行銷資料，網站管理，以及客服中心接單及提供服務的管理。ISCM巨觀流程的目的是及時達成CRM流程所產生的需求，並且將成本減到最低。ISCM流程包括規劃內部生產與儲存產能，需求與供應計畫準備，及實際訂單的內部履行。在W.W. Grainger，ISCM流程會包括規劃倉儲位址與大小；規劃每個倉儲儲存何種產品；存貨管理政策的準備；以及撿貨、包裝，和實際訂貨的運送。SRM巨觀流程的目的是安排與管理不同商品和服務的供應來源。SRM流程包括評估供應商的選擇，供應條件的協商，以及和供應商就新產品與訂單之溝通。在W.W. Grainger，SRM流程會包括不同產品的供應商選擇，與供應商就價格與運送條件進行協商，與供應商分享需求和供應計畫，以及補貨訂單的配置。

三個供應鏈巨觀流程與其構成要素如圖1.13所示。

觀察可知，三個巨觀流程的目的都是在為相同的顧客服務；因此，整合三

圖 1.13　供應鏈巨觀流程

供應商	公司	顧客
SRM	ISCM	CRM
・來源 ・協商 ・購買 ・設計協同 ・供應協同	・策略規劃 ・需求規劃 ・供應規劃 ・履行 ・現場服務	・市場 ・銷售 ・客服中心 ・訂單管理

種巨觀流程是供應鏈成功的關鍵。第十二章會討論在供應鏈軟體的背景下,流程整合的重要性。公司的組織結構對於整合的成功與否有很大的影響。在許多公司裡,行銷掌控CRM流程、製造負責ISRM流程、採購管理SRM流程,彼此之間的溝通並不多。擬定計畫時,行銷與製造的預估相異,並不是不尋常的事;缺乏整合使供應鏈難以讓供應與需求有效結合,導致顧客不滿與成本偏高。因此,企業應建立一個供應鏈組織,反映所有巨觀流程,確保互相影響的各流程之擁有者之間的互動,有良好的溝通與協調。

一個公司內,所有供應鏈活動都屬於三種巨觀流程之一——CRM、ISCM與SRM。整合三種巨觀流程是供應鏈管理成功的關鍵。

1.6 問題討論

1. 考慮在便利商店購買蘇打。描述供應鏈各個階段及其包含之不同的流(flow)。
2. 為何如Dell這類公司制定決策時,應考量整體供應鏈的獲利力?
3. 何種策略性、規劃性和運作性決策是如The Gap這類服飾零售商所應採行的?
4. 當顧客在書店買書時,考慮其供應鏈的內涵,並確認此供應鏈中之各循環及推/引的範圍?
5. 當一顧客從Amazon網路書店訂購一本書時,必須考慮其供應鏈的內涵,並確認此供應鏈中各循環及推/引的範圍?
6. 供應鏈各流在那方面會影響企業(如Amazon網路書店)的成效?列出對供應鏈獲利性具有重大衝擊的兩個供應鏈決策。

供應鏈績效：達成策略契合度與範疇

Chapter 2

學習目標

在第一章，討論了什麼是供應鏈及供應鏈的設計、規劃與運作對一家公司成功的重要性。本章將定義供應鏈策略，並解釋如何創造一個介於公司自身競爭策略與影響績效之供應鏈策略間的策略契合度。我們經由公司內供應鏈各階段的某項運作，來討論擴張策略契合度之範疇的重要性。其次，將討論供應鏈的驅動因子如何在供應鏈的設計、規劃和運作中被應用，並說明在供應鏈的設計、規劃和運作時管理者所面臨的許多障礙。

讀完本章後，您將能：

1. 解釋為什麼達成策略契合度對一家公司的整體成功是關鍵的；
2. 描述一家公司如何在供應鏈策略和自身競爭策略間達到策略契合度；
3. 討論經由擴張橫跨供應鏈之策略契合度範疇的重要性；
4. 確認供應鏈績效的主要驅動因子；
5. 討論在產生策略契合度以符合供應鏈策略和競爭策略間時各驅動因子扮演的角色；
6. 定義不同驅動因子衡量供應鏈績效的重要標準；
7. 描述必須克服以便成功地管理供應鏈的主要障礙。

2.1 競爭與供應鏈策略

　　一家公司的競爭策略定義透過產品和服務試圖滿足顧客需求的彙總。舉例來說，Wal-Mart致力於提供各種合理品質且低價位的產品；經由Wal-Mart售出的許多產品在生活中是隨處可見（從家庭用具到衣物），並且在其他地方皆可任意買到。McMaster-Carr賣的是**間接性物料**（Maintenance, Repair, And Operation, MRO），它經由型錄及網站提供超過20萬種不同的產品。其競爭策略是提供顧客的便利性、可獲性和回應性而建立的。McMaster-Carr的競爭基礎並不完全在於低價位；很清楚地，Wal-Mart的競爭策略與McMaster-Carr是不一樣的。

　　我們也可以將Dell電腦的**訂單式生產**（Build to Order, BTO）與HP電腦經由零售商店銷售個人電腦（PCs）相比較。Dell強調客製化，並且在合理的價格內提供多樣化，而顧客必須等待大約一個禮拜才能得到產品。相對地，一個顧客可以走進電腦零售店，經由銷售人員的協助，顧客可以於當天帶著HP電腦離開；但是，大量多樣性與客製化在零售店卻是受到限制的。在每一個案例中，競爭策略是基於顧客在產品價格、產品運送或回應時間、產品多樣性及產品品質間之優先順序。McMaster-Carr的顧客注重產品多樣性及回應時間將會超越價格的考量；相反的，Wal-Mart的顧客則強調在成本的考量。Dell的顧客，經由線上採購，強調的是產品多樣性及客製化。顧客在零售店購買個人電腦，最大的考量是希望在產品選擇與快速回應時間上獲得協助。因此，一個公司在制定競爭策略時應考慮顧客的偏好順位。競爭策略應瞄準單一或多個顧客區隔市場，並且提供可以滿足這些顧客需求的產品與服務。

　　為了瞭解競爭策略與供應鏈策略之間的關係，我們從典型組織適用的價值鏈（如圖2.1所示）開始。價值鏈開始於新產品的研發（Development），建立產品規格。行銷與銷售（Marketing And Sales）則針對致使顧客滿意的產品與服

圖2.1　公司的價值鏈

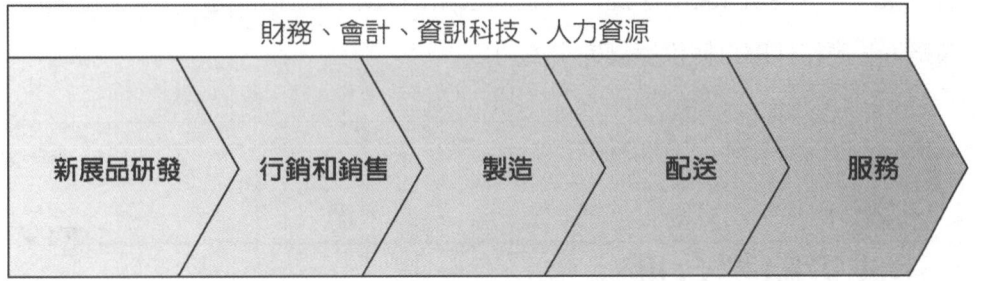

務,加以宣傳,刺激顧客的需求。而行銷的過程也常因瞭解到顧客的需求,而回饋到產品的研發上。藉由新產品規格,生產作業(Operations)可以將輸入轉變成輸出而生產產品。配送(Distribution)不但能將產品送到顧客手中,也能將顧客(需求)帶入產品之中。服務(Service)則在銷售期間或銷售過後提供顧客需求的回應。這些核心功能都是達成成功銷售所必須執行的。而財務、會計、資訊科技及人力資源在價值鏈中則是扮演支援及促進功能的角色。

為了執行公司的競爭策略,所有的功能都扮演其中一個角色,而且都必須發展它們自身的策略。一個產品發展策略,說明一家公司欲開發新產品的明細檔案,這些文件檔案也是決定那些研發工作應該自製或外包。行銷與銷售策略應具體指定市場如何區隔以及產品如何定位、定價與促銷。一個供應鏈策略決定原物料採購、廠商間的物料運輸、產品的製造與生產以提供服務、產品配送至顧客及後續服務的本質。從價值鏈的觀點來看,供應鏈策略說明何種製造、配送與服務必須徹底作好。此外,對每一家公司而言,策略也必須對財務、會計、資訊科技與人力資源作規劃。

供應鏈策略包含了很多傳統的供應商策略、作業策略和運籌策略。關於存貨、運輸、作業設施和供應鏈上資訊流等策略都是供應鏈策略的一部分。價值鏈強調公司內所有功能性策略間緊密的關係,每一項功能對公司滿足顧客的需求都是重要的;因此,各功能性策略是不能個別單獨進行規劃的。這些功能性

策略緊密糾纏且必須適合並相互支援，公司才能成功；因此，吾人應特別關注競爭策略與供應鏈策略的關連。我們將思索回答下面這個問題：在公司的競爭策略下，應作什麼以使供應鏈完全成功？

2.2 達成策略契合度

本章主要闡述任何一家公司的成功，其供應鏈策略和競爭策略必須整合在一起；**策略契合度**（Strategic Fit）意指競爭和供應鏈策略都有相同的目標。它指的是競爭策略試圖滿足顧客的偏好順位與供應鏈策略致力建立的供應鏈效能間的一致性；達到策略契合度的議題，在供應鏈策略或設計層面中是一個關鍵的考量。

價值鏈中的所有功能都能造成公司的成功與失敗，這些功能無法獨立運作，沒有任何一個功能可逕行促成供應鏈成功；然而，任何一個功能的失敗都可能造成整個供應鏈的失敗。一家公司的成功或失敗與下列的關鍵緊密關連：

1. 競爭策略和所有的功能性策略必須整合在一起，以形成一個協同運作的整體策略。每一個功能性策略必須支援其他功能性策略，及協助公司達成其競爭策略目標。

2. 一家公司必須適當地組織各不同所需的程序與資源，方能成功地執行這些策略。

3. 供應鏈的整體性設計與各階段的的定位，必須與策略相互呼應。

一家公司的失敗，可能導因於缺乏策略契合度，或程序與資源無法支援策略契合度的達成。考慮公司CEO的主要任務，其最主要的工作即是將核心功能性策略和整體競爭策略相結合，以達成策略契合度。假如這個在策略層級的整合無法達成，就會產生不同功能目標間的衝突或供應鏈各階段間的目標衝突。

供應鏈績效：達成策略契合度與範疇

而這些衝突導致公司無法就顧客各種偏好，設定有效的功能性與階段性策略。因為程序和資源被運用來支援功能性目標的達成，而功能性目標的衝突將會導致供應鏈執行時更多的衝突。

舉例來說，當公司有能力迅速提供多樣化產品時，配送卻是以最低成本的運輸方法視為目標。在這樣的情況下，配送即為統合多張訂單後再一起出貨，以獲得運輸經濟；但是這樣的舉動所造成的延遲訂單現象，將與行銷所宣稱的公司能快速提供多樣產品目標相衝突。

為了詳細說明策略契合度，讓我們回到第一章Dell的例子。Dell的競爭策略是以合理的價格提供多樣且客製化的產品。顧客可以從數千種PC組合中挑選組裝。在供應鏈策略方面，個人電腦（PC）製造廠有一個選擇範圍；例如公司可以藉由限制多樣化與利用規模經濟來製造低成本的PC，而擁有效率性的供應鏈。另一種極端不同的例子則是公司生產多樣化產品，創造高彈性與快速回應的供應鏈，不過成本也相對地高於效率性的供應鏈。兩個供應鏈策略本身都是可行的，然而這兩個策略都不適合Dell的競爭策略。強調彈性與回應速度，且提供多樣且客製化產品的供應鏈策略較適合Dell的競爭策略。

這個契合度的概念也延伸到Dell其他的功能性策略；例如新產品研發策略應該強調設計易於客製化的產品，其可能包含設計跨多種產品的共通平台和使用共通原件。Dell產品使用大量的共通零件，它們被設計成Dell規定的零件，因此可以快速地進行組裝；此項特徵使得Dell能回應顧客訂單而快速地組裝客製化PC。Dell新產品的設計支援供應鏈能力以組裝客製化PC來回應顧客訂單。接下來，這個能力支援了Dell對顧客提供客製化的策略性目標；Dell清楚地在不同的功能性策略和競爭策略中達成嚴密的策略契合度。

❖ 如何達成策略契合度？

一家公司在供應鏈和競爭策略間欲達到極重要的策略契合度，需要作些什

麼呢？競爭策略將會直接或暗喻指出公司希望去滿足單個或多個的顧客區隔。為了達成策略契合度，公司必須保證供應鏈有能力支援公司以滿足目標顧客區隔。

達到策略契合度有三個基本的步驟：

1. 瞭解顧客與供應鏈的不確定（Understanding The Customer And Supply Chain Uncertainty）。公司首先必須瞭解每個目標區隔顧客的需求，以及滿足這些需求供應鏈所需面對的不確定性。此步驟幫助公司訂定所需的成本和服務需求；供應鏈的不確定性協助公司認清配送的範圍，以及供應鏈所必須及早準備的延遲情形。

2. 瞭解供應鏈的能力（Understanding The Supply Chain Capabilities）。供應鏈有很多類型，每一種的設計都為了順利執行不同的任務；公司必須瞭解本身供應鏈是設計來順利執行何種任務。

3. 達成策略契合度（Achieving Strategic Fit）。假如供應鏈運作良好的部分與顧客所需的需求間存在不協調，此時公司若不是重新架構供應鏈來支援競爭策略，不然就是對它的策略提高警覺。

步驟一：瞭解顧客與供應鏈的不確定

為瞭解顧客，公司必須確認區隔市場內被服務顧客的需求。讓我們比較日本7-Eleven和折價商店如Sam's Club（Wal-Mart的一部分）。當顧客到7-Eleven購買洗潔劑，他們尋求的是鄰近的商店，而非最低價的商店；相反地，對低價感覺非常重要的顧客就會到Sam's Club購買洗潔劑。只要價格低廉，這些顧客也許樂意去容忍少樣（樣式少）且超大包裝的產品。即使顧客也許在兩個地方都會購買洗潔劑，需求變化仍然歸屬於某一屬性（Attributes）。在7-Eleven，顧客匆忙而且想要便利。在Sam's Club，他們則是想要低價而且樂意花時間去得到它。一般而言，從不同區隔的顧客需求因下列幾個屬性而有所不同：

- 每批產品需求數量（The Quantity Of The Product Needed In Each Lot）。舉例

來說，一張修護生產線所需的物料緊急訂單可能就是很小；而相對的，建置一條生產線的物料需求就可能很龐大。

- **顧客願意忍受的回應時間**（The Response Time That Customers Are Willing To Tolerate）。緊急訂單忍受的回應時間可能很短暫；反之，建廠設線訂單允許的回應時間就很充裕。

- **產品多樣化的需求**（The Variety Of Products Needed）。顧客也許對緊急修護訂單的單一供應商提供高額酬金；但這情況也許不會發生在建廠設線訂單。

- **服務水準要求**（The Service Level Required）。緊急訂單的顧客期望高水準的產品可獲性。假如全部訂單無法立即得到而必須等待，此時顧客有可能轉往別處購買。而這種情況在建廠設線訂單較不易發生，因為它可能有較長的**前置時間**（Lead Time）。

- **產品價格**（The Price Of The Product）。顧客對緊急訂單的價格比建廠設線訂單不易波動。

- **產品創新的要求**（The Desired Rate Of Innovation In The Product）。顧客在高級百貨公司期望商品有著較多的創新與新穎設計，而顧客在 Wal-Mart 則可能對新產品的創新性較無敏感性。

每一個在特定區隔內的顧客傾向具有相似的需求，而不同區隔間的顧客則有著相異的需求。雖然已經描述許多顧客不同需求的屬性，我們的目標是去定義一個關鍵的衡量，能夠衡量這些屬性的變化程度。這些個別的衡量可以幫助定義供應鏈該作些什麼才能運作成功。

◎ **隱含需求不確定性**

乍看之下，似乎每個顧客的需求型態都不同，但基本上，每一個顧客需求可以被轉換成**隱含需求不確定性**（Implied Demand Uncertainty）的模式。隱含需求不確定性是導因於供應鏈的一部分要求滿足需求所存在的不確定性。

我們將需求不確定性與隱含需求不確定性作一個區別。**需求不確定性**

（Demand Uncertainty）反應顧客對產品需求的不確定性；相反地，隱含需求不確定性是由於部分供應鏈必須處理與顧客期盼的需求，所導致的不確定性。舉例而言，一個只供應緊急訂單所需產品的廠商，其所面對隱含需求不確定性，將會高於生產相同產品、但產品有長前置期的廠商。

　　隱含需求所影響的另一個現象是對服務水準所造成的衝擊。當供應鏈提升服務水準，它必須能夠迎合越來越高的實際需求部分，並強迫去對突然激增的需求作準備。因此，提升服務水準將會增加隱含需求的不確定性，即使產品基本的需求不確定的情況並未改變。

　　產品需求不確定性和嘗試去滿足顧客多樣需求的供應鏈都會影響隱含需求不確定性。表2.1說明不同的顧客需求如何影響隱含需求不確定性。

　　當每一個單獨顧客的需求對隱含需求不確定性有顯著影響時，可以把隱含需求不確定性當成一般標準去區別不同的需求型態。然後可以藉由隱含不確定性的程度去考慮不同的需求型態。

　　Fisher（1997）已經指出隱含需求不確定性通常與需求的其他特徵相關連，如表2.2所示。說明如下：

表2.1　顧客需求對隱含需求不確定性的衝擊

顧客需求	導致隱含需求不確定性
品質需求幅度的增加	隱含需求不確定性增加，因為較廣的品質需求幅度，意味著較大的需求變化。
前置時間減少	隱含需求不確定性增加，因為回應訂單的時間較少。
產品需求變化的增加	隱含需求不確定性增加，因為每項產品的需求變得較不集中。
產品取得通路數目的增加	隱含需求不確定性增加，因為顧客總需求在較多通路下變得較不穩定。
創新率增加	隱含需求不確定性增加，因為新產品傾向有較不穩定的需求。
要求的服務水準增加	隱含需求不確定性增加，因為廠商必須去處理非正常激增的需求。

1. 需求不確定的產品通常較不成熟，而且較不具直接的競爭性，因此利潤較高。

2. 當需求較確定時，預測較為精確。

3. 隱含需求不確定性增加導致供應與需求配合的困難度增加。對一產品而言，這種動態不是導致缺貨就是導致供給過剩的情況。因此隱含需求不確定性增加將導致較高的供給過剩率與缺貨率。

4. 高度隱含需求不確定性產品因為常發生供給過剩，導致產品大減價。

首先，讓我們以低度隱含需求不確定性產品，例如以細鹽為例。鹽的利潤極低、需求預測精確、低出貨率且幾乎不減價。這些特徵與Fisher的圖2.2中具有高度確定需求的產品特徵契合良好。

表2.2　隱含需求不確定性與其他因素之間的相關性

	低度隱含不確定性	高度隱含不確定性
產品利潤	低	高
平均預測誤差	10％	40％到100％
平均缺貨率	1％到2％	10％到40％
平均強力季末減價	0％	10％到25％

資料來源：Adapted from "What Is the Right Supply Chain for Your Product?" Marshall L. Fisher, Harvard Business Review (March-April 1997), 83-93.

圖2.2　隱含不確定性（需求與供應）尺度表

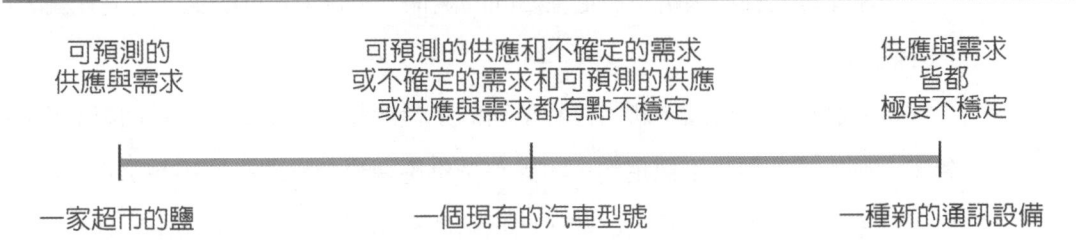

可預測的供應與需求	可預測的供應和不確定的需求或不確定的需求和可預測的供應或供應與需求都有點不穩定	供應與需求皆都極度不穩定
一家超市的鹽	一個現有的汽車型號	一種新的通訊設備

相對地，新型的掌上型電腦有著高度隱含需求不確定性；它具有高獲利、非常不精確的需求預測、高出貨率（如果大受歡迎）和大減價（如果乏人問津）。上述論點是與表2.2相呼應的。

另一個例子是電路板供應者，它的顧客包含了兩種不同類型的PC製造商。一種是BTO訂單式生產的PC製造商如Dell，他們需要當天的前置時間。在這樣的情況下，供應商也許需要去增加存貨或是擁有一個非常彈性的製造系統，去應付Dell當天立即的需求；預測誤差高且出貨也高，因為這些理由將促使利潤也較高。供應商的其他顧客建立少樣的PCs和規格，因而一定數量和形式的PCs可以預先製造。這個資訊給予供應商非常長的前置時間，並減少預測誤差和缺貨率；因此，供應商將可能從PCs製造商得到較少的獲利。這個例子證明即使是相同的產品，針對不同的顧客區隔有相異之隱含需求不確定性，給予不同的服務需求。

Lee（2002）指出由於需求的不確定性，謹慎考量供應鏈產能引起的供應不穩定性是非常重要的。舉例而言，當PC產業初期引進新的零件，生產線的產值通常會較低且故障率較高，因此便很難有較穩定的排程，連帶就會引發PC製造商的供給不穩定。當生產技術漸漸成熟之後，產值也會隨之提升，則可訂定固定運輸排程，便能降低供給的不穩定性。表2.3正是用以說明各種不同供應來源的特質如何影響供給的不穩定性。

產品所在的生命週期定位，也會強烈影響供給的不穩定性。剛被引進的新產品，通常因為設計和製程都尚在改善當中，所以容易有較高的供給不穩定性。反之，成熟的產品供給不穩定性則較低。

需求不確定性與供給不穩定性之間的關係，可以用尺度的觀念說明。圖2.2即在說明此觀念。

一家公司初期引進全新零件和技術的手機產品，這項產品將會面臨高度的需求不確定性和供給不穩定性，因此整個供應鏈也會呈現高度不穩定性。相反的，一家販售牛奶和食鹽的超市，因為這些產品都是低度需求不確定性和供給

表2.3　供應來源的能力對供應不確定性的影響

供應來源能力	造成供應不確定性
經常故障	增加
利益無法預估或利益低	增加
品質差	增加
供應產能有限	增加
無法改變供應產能	增加
生產過程正在發展	增加

資料來源：Adapted from "Aligning Supply Chain Strategies with Product Uncertainties." Hau L. Lee, *California Management Review* (Spring 2002), 105-119.

不穩定性，所以整體供應鏈的不穩定性便很低。但也有些農產品例如咖啡，卻是需求不確定性極低，但因為氣候的關係，供給不穩定性極高，因此整個供應鏈呈現的不穩定性就會落點在圖2.2尺度關係的中間地帶。

> 要達成競爭策略和供應鏈策略的策略契合度，第一步必須先瞭解顧客和供應鏈的不穩定性。來自顧客和供應鏈之不確定性可以綜合並於隱含需求尺度表中對應出來。

步驟二：瞭解供應鏈

在瞭解公司面對的不確定性後，下一個問題是：廠商如何在不確定的環境下完全達成需求？創造策略契合度與創造一個供應鏈策略完全相關，而供應鏈策略應符合公司針對所面對的不確定環境為標的之特殊型態需求。

現在考慮供應鏈的特徵並加以分類。與對需求所作的單構面尺度（隱含的不確定程度）類似，也可以對每一個供應鏈作一個尺度表。就像顧客需求，供

應鏈有很多不同的特徵。然而，假如要尋求以單一想法表達供應鏈之特徵，其應該是在**回應性**（Responsiveness）和**效率性**（Efficiency）間作取捨（Trade-Off）。

首先提出一些定義。**供應鏈回應性**（Supply Chain Responsiveness）包含可進行下列供應鏈能力項目：
- 回應需求數量的廣大範圍
- 符合短前置時間
- 處理產品的多樣化
- 建立高度創新性產品
- 符合高度服務水準
- 處理供應的不確定性

這些能力和許多需求與供應的特徵相似，因而導致高度的隱含不確定性。一個供應鏈越擁有這些能力，就越具回應性。

然而，回應性需要成本。例如，回應需求數量的大範圍，產能（Capacity）必須提高，需要增加成本。這種成本的增加導致第二個定義：**供應鏈效率性**（Supply Chain Efficiency）是製造並運送至顧客的成本。成本增加就降低效率性。對每一個增加回應性的策略性選擇而言，就有降低效率性的額外成本。

成本回應效率曲線（Cost-responsiveness Efficient Frontier）是如圖2.3所示的曲線，其表示在已知的回應性程度下的最低成本。最低的定義是基於目前的技術。並非每一家廠商都有能力在效率曲線下運作。效率曲線表示最佳供應鏈的**成本回應績效**（Cost-responsiveness Performance）。一家不在**效率曲線**（Efficient Frontier）下運作的廠商，可以藉由朝向效率曲線發展而改善回應性和成本績效。相反的，一家在效率曲線下運作的廠商只能藉由增加成本和降低效率來增進回應性。這樣的一家廠商就必須在效率性和回應性之間作一個取捨。當然，在效率曲線下運作的廠商也必須不斷改善流程和技術去移動其效率曲線。在成本與回應性之間作取捨，對任何供應鏈的關鍵策略選擇就是試圖去提

圖2.3　成本反應效率曲線

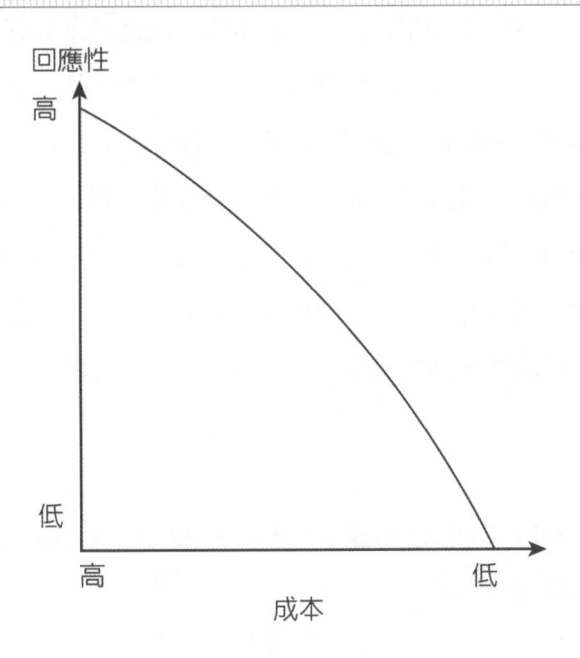

（縱軸：回應性，高→低；橫軸：成本，高→低）

圖2.4　回應性的尺度表（The Responsiveness Spectrum）

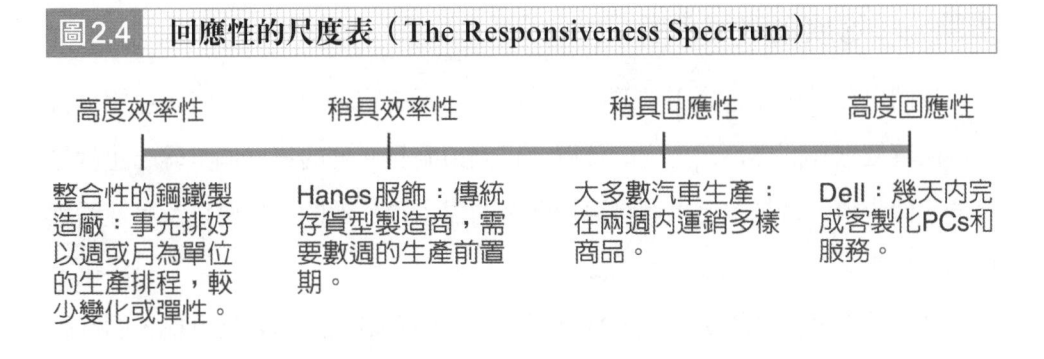

高度效率性	稍具效率性	稍具回應性	高度回應性
整合性的鋼鐵製造廠：事先排好以週或月為單位的生產排程，較少變化或彈性。	Hanes服飾：傳統存貨型製造商，需要數週的生產前置期。	大多數汽車生產：在兩週內運銷多樣商品。	Dell：幾天內完成客製化PCs和服務。

供**回應性的層級**（Level Of Responsiveness）。

　　專注範圍單獨在回應性的供應鏈，其目標就是在最低成本下進行生產與供應。圖2.4表示回應性的尺度表以及不同的供應鏈落在尺度上的位置。

　　越多構成供應鏈回應性的產能，它就越具回應性。日本7-Eleven在早上補貨早餐，中午運進午餐，而晚上則送入晚餐。所以，一天內產品隨時間不同而

變化。7-Eleven對訂單回應非常快速,商店管理者在供應前的12個小時就必須下補貨訂單。這樣的營業規定使7-Eleven的供應鏈非常具有回應性。Dell的供應鏈允許顧客從數千種電腦組件中訂購自己的電腦,然後Dell在幾天內運送電腦給顧客。Dell的供應鏈也被認為非常具有回應性。其他回應性供應鏈的例子還有W.W. Grainger,這家公司面對不確定的需求和供應,因此其供應鏈被針對如何有效處理這兩種不確定性而設計。相反的,一個效率化的供應鏈藉由減少一些回應性產能來降低成本。舉例來說,Sam's Club以大包裝的方式銷售有限樣式的產品,供應鏈在降低成本方面運作良好,而且供應鏈很清楚的是專注在效率性上。

> 達成策略契合度的第二步驟是在競爭和供應鏈策略間瞭解供應鏈,並且在回應性尺度表上定位。

步驟三:達成策略契合度

我們現在已經注意到需求並衡量其隱含的不確定性程度,同時也已經檢視一個供應鏈它在回應性尺度上的位置。達到策略契合度的第三個步驟,也就是最後一個步驟,就是確定供應鏈目標顧客的需求是一致的。供應鏈反應性的程度應該和隱含需求的不確定性一致。

再一次思考Dell的例子。對Dell而言,競爭策略是以顧客為目標,顧客評價Dell有最新的PC模組以滿足客製化的需求;再者,這些顧客希望PCs在幾天內送來。在多樣性的個人電腦(PCs)、高度創新及快速送達之下,Dell顧客的需求可以被描繪成是有著高度的需求不確定性,其中同時也存在著部分不確定的供應,特別是指那些新開發的元件。Dell可選擇將供應鏈設計成效率性或回應性,一個效率性的供應鏈也許使用緩慢、便宜的運輸模式,並且在生產上達到經濟規模。假如Dell兩者都選,將難以支援顧客快速配送及多樣性客製化的

供應鏈績效：達成策略契合度與範疇

需求。建立一個回應性供應鏈，可以使Dell達到顧客的需求，因此一個回應性供應鏈策略最適合Dell目標顧客的需求。

現在考慮一家麵糰製造商如Barilla。麵糰是顧客需求相對穩定的民生日用品。麵糰的需求有較低隱含需求的不確定性，供應則有相當的可預測性。Barilla或許能設計高度回應性的供應鏈，麵糰是依顧客訂單而以非常小的批量定製的（非現成的），再透過如FedEx般的快速配送模式運送。這樣的決策可能使麵糰的費用過高，導致顧客的流失。所以，如果Barilla設計一個效率性供應鏈並專注於成本的降低，將會得到較佳的定位。

先前的討論，是為了達成策略契合度，隱含需求的不確定性越大，供應鏈就應更具有回應性。由顧客引發的隱含需求不確定性增加，藉由供應鏈的回應性增加可對顧客提供最好的服務。這個關係表現在圖2.5的「策略契合度區域」。對高績效而言，公司應該協調整合它們的競爭策略（及導致隱含需求的不確定性）和供應鏈策略（及導致回應性）朝向策略契合度區域。

圖2.5　發現策略契合度區域

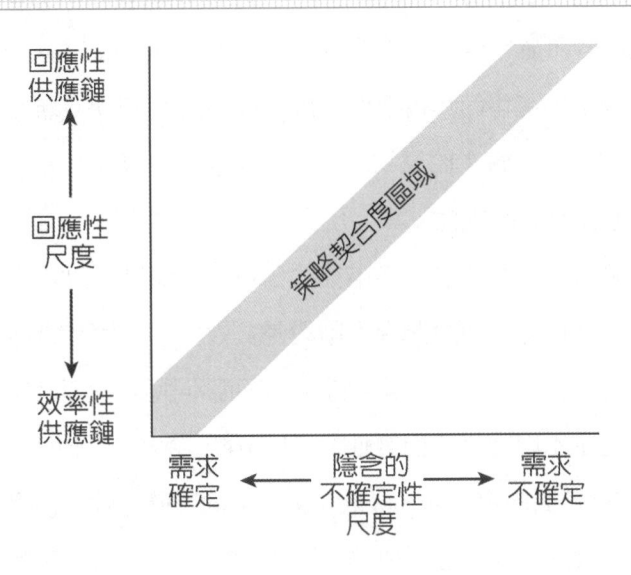

達成策略契合度的第一步是指定供應鏈不同階段的角色，以確保適當的回應性程度。以下例子說明如何指定供應鏈各階段不同程度的回應性和效率性，以達到整個供應鏈所需的回應性程度。

IKEA是一家瑞典家具家飾品零售商，在全球20餘國擁有大型賣場，訴求以合理價格，買到設計獨特的居家用品。該公司銷售的產品款式不多，每家賣場的大型規模及種類有限的家具商品，降低了供應鏈所面臨的隱含不確定性。IKEA所有商品均備有庫存，可吸收供應鏈所面臨的所有不確定性，讓製造商在補貨時更為穩定、可預測。因此，製造商的需求不確定性降低，且多在低成本國家設廠，可專注在效率性上。賣場吸收較多的不確定性，具回應性；而供應商則吸收較少的不確定性，專注在效率性上，IKEA為供應鏈帶來了回應性。

相反的，另一個達到回應性的方法是零售商只備少量庫存。在此情況下，零售商對供應鏈的回應性沒有太大貢獻，大部分的隱含需求不確定性都落在製造商的身上。為了讓供應鏈具回應性，製造商必須具有彈性及快速回應時間，位於美國田納西州的家具製造商England Inc.便是一例。該公司每週根據訂單製造出上千張沙發和椅子，並在3星期內將這些家具送往全國零售商。England Inc.的零售商備有多樣款式讓消費者選擇，且承諾在短時間內交貨。這為供應鏈帶來了高度的隱含不確定性。在零售商存貨不多、England Inc.吸收大部分隱含不確定性的情況下，零售商具效率性。England Inc.可以決定讓其供應商承擔多少不確定性。如果備有較多的原物料存貨，供應商可專注在效率性上；反之，它的供應商就必需更具回應性。

以上的討論說明了藉由調整各階段的角色，供應鏈可以達到一定程度的回應性。某階段越具回應性可以讓另一階段越具效率性。而其最佳組合有賴於不同階段可提供的效率性和彈性。圖2.6說明了面臨同樣隱含不確定性的兩個供應鏈，因為供應鏈中不確定性和回應性的不同分配，達成了不同程度的回應性。供應鏈I擁有回應性高的零售商，吸收了大部分的不確定性，使得製造商和供應商具效率性。相反的，供應鏈II的製造商吸收了大部分的不確定性，回應性

供應鏈績效：達成策略契合度與範疇

圖2.6 在相同的供應鏈回應性程度下，隱含不確定性的不同角色和分配

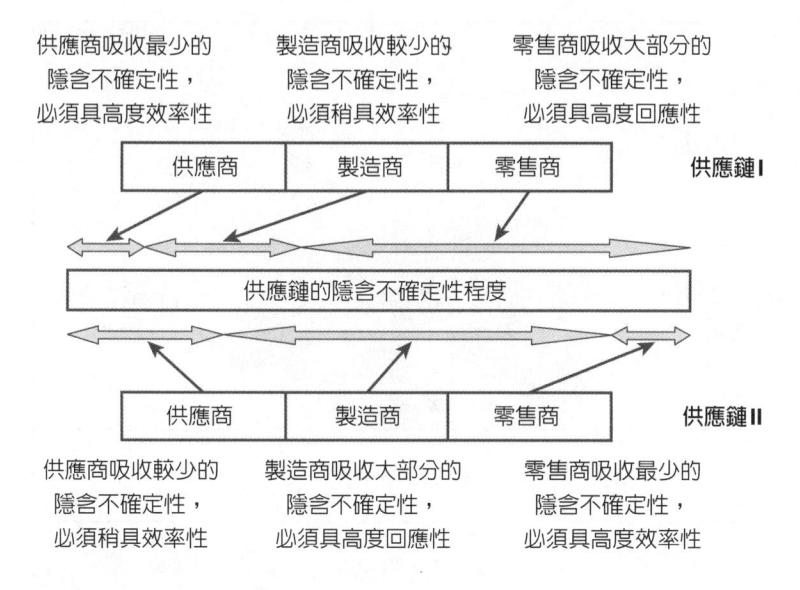

```
供應商吸收最少的          製造商吸收較少的         零售商吸收大部分的
隱含不確定性，            隱含不確定性，           隱含不確定性，
必須具高度效率性          必須稍具效率性           必須具高度回應性

    [供應商]  →  [製造商]  →  [零售商]         供應鏈 I

         ←——————————————————————→
         供應鏈的隱含不確定性程度
         ←——————————————————————→

    [供應商]     [製造商]     [零售商]         供應鏈 II

供應商吸收較少的          製造商吸收大部分的       零售商吸收最少的
隱含不確定性，            隱含不確定性，           隱含不確定性，
必須稍具效率性            必須具高度回應性         必須具高度效率性
```

高，使得其他供應鏈階段可專注在效率性上。

　　為了達到完全的策略契合度，廠商必須考慮價值鏈中所有功能策略，它必須確認價值鏈中的所有功能都前後一致的支援競爭策略，如圖2.7所示。而所有的功能策略都必須支持競爭策略的目標和供應鏈中的子策略（substrategies），這些策略如製造、存貨和採購，同時也必須與供應鏈的回應性程度前後一致。

　　因此，廠商在回應性尺度上不同的位置。就必須有不同的功能性策略以支援它們的回應性。一個具高度回應性的供應鏈必須致力運用它全部的功能性策略去達成回應性。反之，一個具效率性的供應鏈就必須專注於運用功能性策略去達成其效率性。表2.4列出了效率性和回應性供應鏈之間許多主要不同的功能性策略。

> 💡 達成策略契合度之最後步驟為使供應鏈之回應性吻合隱含不確定性從需求到供應。在價值鏈內之所有功能性的策略亦必須支援供應鏈的回應性。

圖2.7 競爭和功能策略之間的適合性

競爭策略

產品發展策略

供應鏈策略
- 製造
- 存貨
- 前置時間
- 採購
- 運輸

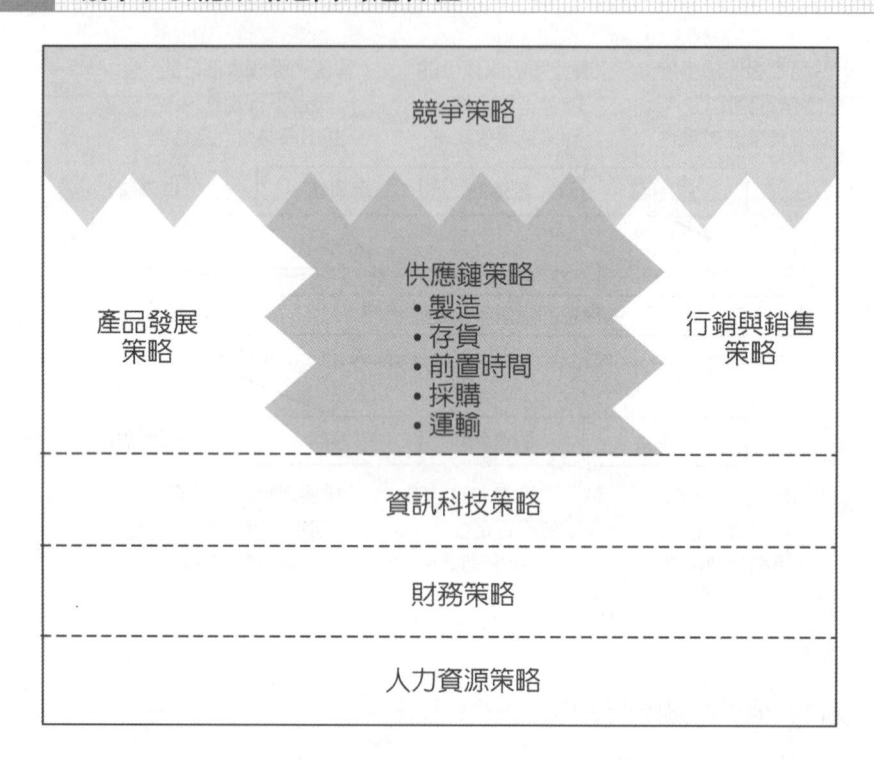

行銷與銷售策略

資訊科技策略

財務策略

人力資源策略

表2.4 比較效率性和回應性供應鏈

	效率性供應鏈	回應性供應鏈
主要目標	供應需求在最低價。	快速回應需求。
產品設計策略	最低產品成本下尋求最大的績效。	建立模組化使產品的變化延後。
價格策略	利潤較低，因為價格是主要顧客驅動因素。	利潤較高，當價格並非主要顧客驅動因素。
製造策略	經由高稼動率而有低成本。	維持產能彈性去應付非預期需求。
存貨策略	以存貨最小化以降低成本。	維持緩衝存貨去應付非預期需求。
前置時間策略	在未花費成本下降低前置時間。	即使成本提高亦要大幅努力降低。
供應商策略	在成本及品質考量下選擇。	基於速度、彈性和品質考量下選擇。

資料來源：Adapted from Marshall L. Fisher, "What Is the Right Supply Chain for Your Product?" *Harvard Business Review* (March-April 1997), 83-93.

改變策略去達成策略契合度說來容易,但事實上卻非常困難。後面的章節將討論許多達到契合度的阻礙。這些討論必須記住下列重點:

1. 沒有正確的供應鏈策略是和競爭策略無關的。
2. 對已訂定的競爭策略,應有正確的供應鏈策略。

驅動策略契合度應該來自組織的高階層。在很多公司,不同的群體策劃競爭和功能性策略。缺少適當的群體溝通和高階層(如CEO)的協調,這些策略不太可能達成策略契合度。對很多廠商而言,達成策略契合度的失敗是它們無法成功的關鍵因素。

❖ 達成策略契合度的其他議題

先前的討論專注於當一廠商服務單一市場區隔並有明確的策略定位下,達到策略契合度。現在考慮多樣產品或多個顧客區隔以及產品生命週期對策略契合度的影響。

多樣產品或多個顧客區隔

部分公司生產並銷售多樣產品,而且提供多個顧客區隔市場服務,每個產品和區隔市場都有不同的特徵。例如一家百貨公司也許銷售如滑雪夾克這類高度隱含不確定性的季節性產品,同時也銷售黑色短襪這類低度隱含不確定性需求的商品。每種需求狀況都指出**不確定尺度**(Uncertainty Spectrum)的不同部分。W.W. Grainger銷售間接性物料(MRO)給大廠商(如Ford、Boeing),和小製造商及承包商。兩種情況的顧客需求是非常不一樣的。大廠商對Grainger而言,由於訂購量龐大,所以較容易關切到價格的問題。相反的,小廠商就會因為Grainger的回應性能力而向Grainger訂購。這兩個不同的服務區隔市場指出隨隱含不確定性程度而有不同的定位。另外一個例子是Levi Strauss,其銷售客製化和標準尺碼的牛仔褲。標準尺碼牛仔褲的需求,其隱含的需求不確定性就

遠低於客製化牛仔褲的需求。

在先前的個案中，廠商對需求極不相同的多樣產品和服務顧客區隔進行銷售。因此，不同的產品和區隔市場有不同隱含的需求不確定性。對公司而言，當在這些情況策劃供應鏈策略時，關鍵議題就是針對產品、顧客區隔和供應來源去創造一個效率性與回應性間平衡的供應鏈。

一個廠商可以採行多種可能的方法。一個是針對不同產品和顧客區隔去建立各自獨立的供應鏈。假如每一個區隔市場都大到可以去支持整個供應鏈，那麼這個方法就是可行的。然而，這個方法的失敗往往是因為公司無法去利用現存不同產品間的**範疇經濟**（Economics Of Scope）。所以，適合一個供應鏈的好策略仍是針對每一個產品需求量身訂作。

為了使供應鏈契合度提高，當供應鏈運作與其他產品產生關連時，就必須與供應鏈中的其他產品共享一些聯繫關係。當對每一個區隔市場提供適當的適應性程度時，這些聯繫關係就會被共享來達到最大可能的效率性。舉例而言，在工廠中所有的產品可能都在同一條生產線生產，但有高度回應性需求的產品也許就會使用FedEx來出貨。而其他不具高度回應性的產品就可能使用較慢及較便宜的方法，如透過卡車、鐵路或船隻來運送。再舉例說明，高度回應性需求的產品，製造時可能採取高彈性的製程來反應顧客的訂單。相反的，需求上較不具高度回應性的產品，製造時就採取較低回應性與較高效率性的製程。但上述兩種情況的運輸方式也許都是一樣的。在其他的情況中，產品也許會儲存在接近顧客的地區倉庫。相反的，也些產品則會儲存在遠離顧客的中央倉庫。W.W.Grainger將快速流動的物料存放在各個靠近顧客的分散地點，而將隱含需求不確定性較高的低流動性物料存放在中央倉庫；供應鏈的契合度協助一廠商取得低廉的整體成本去達到不同程度的回應性。回應性程度對每一項產品與顧客區隔是量身訂作的。在接下來的章節中將提供了各式供應鏈契合度的例子。

產品生命週期

當產品走過它們的生命週期，需求特徵和被服務的顧客區隔的需求便會改變。當產品和生產科技成熟時，供應特徵也會隨之改變。高科技產品在其生命週期中特別有壓縮時間幅度的現象。一個產品，歷經其生命週期之各階段從引介期開始，當只有前衛顧客對產品產生興趣而供應不確定時，經歷各階段到成為日用品並在市場完全飽和，同時可預測其供應情況。因此，假如一家公司要維持策略契合度，當產品進入不同的階段，其供應鏈策略就必須發展。

考慮整個產品生命週期需求和供應特徵的改變。對於產品生命週期的開始階段，以下幾點是常見的：

1. 需求非常不確定，供應也無法預測。
2. 利潤通常很高，而且時間對創造銷售額非常重要。
3. 產品可獲性對取得市場非常重要。
4. 成本是第二考量。

以一家藥劑公司介紹一種新藥為例。對新藥的最初需求是高度不確定的、獲利通常也是高的，而且產品可獲性對取得市場是重要的關鍵。產品生命週期的引介期相當於高度隱含需求的不確定性。在這樣一個情況下，回應性是此供應鏈最重要的特徵。

當產品在它的生命週期後期變成日用品，需求和供應特徵也跟著改變。在這個階段，下面是典型的情況：

1. 需求變得較為確定，供應也可以預測。
2. 由於競爭者數量與競爭壓力增加，導致利潤降低。
3. 價格變成顧客選擇的主要因素。

在藥劑公司的例子中，這些改變發生在藥品的專利期期滿，而成為一般藥品時。在這個階段，對藥的需求趨於穩定且利潤減少，顧客從多種選擇中依價格進行選擇。此時生產科技已經發展完備，供應已經可以先行預測，這個階段

就相當於低度隱含需求的不確定性。因此,供應鏈需要去改變。在這樣的情況下,效率成為供應鏈最重要的特徵。

這個討論說明了當產品成熟,一般而言,供應鏈策略就應該由回應性轉為效率性,如圖2.8所示。

為了說明之前討論的概念,再以Intel公司為例。每次Intel發表一款新的處理器(Processor),新產品就有很大的需求不確定性。對新處理器的需求是依賴高科技PCs的銷售情況。關於市場將如何接受這些PCs以及需求會變成什麼,都存在高度不確定性。此時供應也無法預測,因為產量尚低且不穩定。在這個階段,Intel的供應鏈必須非常具有回應性,才能回應可能的高需求情況。

當Intel的處理器被市場接受後,需求開始趨向穩定,製作的產量較高且可預測。此時需求和供應表現出較低隱含需求的不確定性,價格就變成銷售較大的決定性因素。而現在Intel擁有一個適當效率性的供應鏈進行處理器的生產,就非常重要了。

所有的PC製造商都受制於剛剛描述的情況。當新產品問世,利潤高,但需

圖2.8　產品生命週期中供應鏈策略的改變

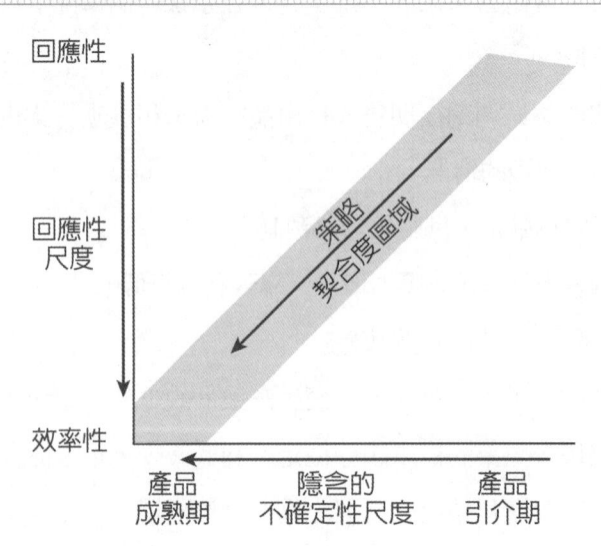

求的不確定性也高。在這樣的情況下，一個回應性供應鏈最適於PC製造商。當模式成熟之後，需求趨於穩定且利潤也降低，在這個階段，效率性的供應鏈對廠商來說就非常重要。Apple電腦就是一個在產品引介期遭遇困境的例子，特別是當它在1999年發表G4這款電腦時。當時對機器的需求遠超過處理器供應的數量，導致顯著的銷售損失。在此例子，供應鏈在產品引介階段沒有發揮充分的回應能力。

在此，關鍵點是整個產品生命週期的需求和供應特徵改變。因為需求特徵改變，假如一家公司想繼續達到策略契合度，整個產品生命週期的供應鏈策略也要跟著改變。

競爭隨時在改變

當供應鏈和競爭策略在整合時，最後一個考慮的構面是競爭者行為的改變。就像產品生命週期，競爭者可以改變領域，因此需要改變的是廠商的競爭策略。有個例子是發生在20世紀的最後10年，不同企業進行**大量客製化**（Mass Customization）上有成長。當競爭者以多樣化產品進軍市場時，顧客變得習慣去擁有他們個人化的滿足需求。因此，現今的競爭就專注在以合理的價格生產多樣化的產品。這與網際網路（Internet）扮演一個重要角色有關，因為網站（Web）使得提供高度多樣化產品變得容易。當較多家廠商增加多變供應水準時，同時迫使供應鏈去發展供應多變化產品的能力。當競爭環境改變時，一個廠商也被迫去改變它的競爭策略。當競爭策略改變時，一廠商的供應鏈策略也就必須跟著改變，以維持策略契合度。

下一節，將描述達成策略契合度的供應鏈下，如何擴張策略性範疇。也將討論為什麼策略契合度範疇的擴張對供應鏈的成功是重要的。

> 為了達到策略契合度，廠商必須針對不同的顧客區隔、且針對個別需求量身訂作供應鏈。為了保持策略契合度，供應鏈策略必須隨著產品的生命週期和競爭環境的改變而隨時調整。

2.3 擴展策略性範疇

就供應鏈階段而論，有關策略契合度的關鍵議題是策略契合度應用的範疇。**策略契合度範疇**（Scope of Strategic Fit）指的是策劃在一個共享目標下整合性策略的供應鏈功能和階段。例如每個功能性區域的所有作業以其最佳化的績效目標來規劃其個別化策略。在這樣的情況下，策略契合度範疇就受限在供應鏈階段上功能性區域的操作。另一個相反的例子則是，每個供應鏈階段的所有功能性區域策劃促使供應鏈利潤最大化的共同目標。在這樣的情況中，策略契合度範疇經由整個供應鏈而擴張。

這一節將討論如何擴張策略契合度範疇去增加供應鏈的運作效能。我們將策略契合度範疇表示成兩個構面矩陣。策略契合度範疇的水平軸考慮整個不同的供應鏈階段，從供應商開始到顧客的整個過程。垂直構面則表示不同的功能策略，其契合度達成的範疇——競爭、產品發展、供應鏈和行銷。

❖ 公司內部作業內範疇：局部成本最小化觀點

策略契合度的最受限範圍是公司內功能區域的操作。這指的是**公司內部的作業範疇**（Intracompany Intraoperation Scope）。在這裡每一個供應鏈階段的作業

圖2.9　供應鏈中不同的策略契合度範疇

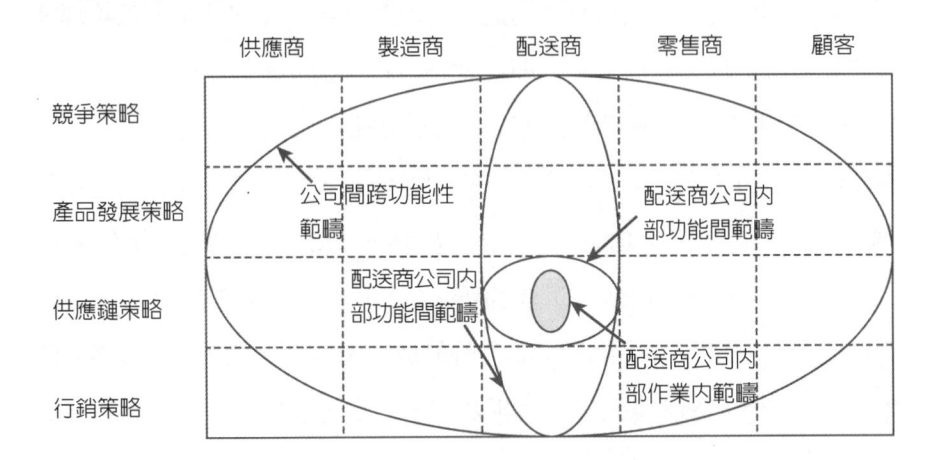

```
          供應商    製造商    配送商    零售商    顧客

競爭策略

產品發展策略        公司間跨功能性        配送商公司內
                    範疇                  部功能間範疇

供應鏈策略          配送商公司內
                    部功能間範疇
                                          配送商公司內
行銷策略                                   部作業內範疇
```

都是獨立的規劃策略。在這樣的設定下，因為不同功能和運作產生目標衝突，策略結合的結果很有可能無法發揮供應鏈最大的效益。在1950和1960年代間，當供應鏈每個階段的每項作業都試圖去使自身成本最小化，限制性範疇是一個優勢觀點。

考慮一家配送公司的運輸作業。其運送作業的評估是根據每單位的平均運送成本。單一運送產品成本為每次5美元，大量運送的成本為每項1美元。為了成本最小化，運輸部門以滿載的方式運輸，以達到每單位的運輸成本最低。然而最小化每單位運輸成本這個決定會增加回應所需時間，並且可能損害到基於回應性的競爭策略。而這裡重點為運輸決策是由公司內與公司外的供應鏈各自獨力決定的。在這個例子中，策略契合度的範疇是受限於供應鏈內配送階段的部分（運輸）。圖2.9中最小的橢圓形為本例之策略契合度範疇。

❖ 公司內部功能內範疇：功能成本最小化觀點

公司內每一個功能都是由眾多的作業組合而成，管理者隨時監控內部作業

範疇的缺失。供應鏈作業包含製造、倉儲和各作業之間的運輸。依公司內部功能內範疇，策略契合度也擴大而包含功能內的所有作業。如此，當運輸管理者追求運輸成本最小化時，一個倉儲管理者就不再將倉儲成本最小化。藉由一同工作與發展一個共同目標，他們兩位共同追求總功能成本的最小化。

應用公司內部功能內範疇並繼續上述的配送例子，管理者現在看到的不再只是運輸成本，還看到了倉儲與其他供應鏈相關成本。雖然**滿載運輸**（Truckload Transportation）為公司節省了每項4美元，但卻增加了每項8美元的存貨與倉儲成本。所以，公司每項產品運輸的成本減少了，因為額外4美元的運輸費用可以為公司節省8美元的存貨相關成本。在這個例子中，策略契合度的範疇延伸至供應鏈階段整個功能。

❖ 公司內部功能間範疇：公司利潤最大化觀點

公司內部功能內觀點的關鍵缺失是不同功能也許會產生目標衝突。舉例來說，行銷和銷售專注在收益的獲得，而製造和配送則專注在成本降低。這兩個功能所採取的行動常會產生衝突，並且損害到公司的整體績效。公司瞭解公司內所有功能之擴張策略契合度範疇的重要性。依公司內部功能間範疇其目標就是公司利潤的最大化。為了達到這個目標，所有的功能策略都必須相互支援並共同支持競爭策略。

這個改變如何自我實現？回到配送商的例子。廠商不再只看到倉儲與運輸成本，如今也針對收益作考量。雖然公司已經決定個別運送產品來降低存貨成本，管理者也瞭解藉由增加存貨來提高它的服務水準，以增加銷售的數量。假如公司因其充足存貨量而建立聲譽，也會贏得銷售額。假如公司因擁有存貨所得到的收益比額外存貨成本更有價值，那麼公司就應讓存貨增加。其基本重點就是生產和行銷決策都有收益和成本衝突。因此他們必須共同合作與整合。應用在配送商之策略契合度的公司內部功能間範疇。

❖ 公司間跨功能性範疇：供應鏈盈餘最大化觀點

策略契合度的公司內部功能間範疇有兩個主要的缺點。第一現象是當顧客付款時，對供應鏈而言是唯一的正向現金流。所有在供應鏈內的其他現金流都是會計的轉帳，並增加供應鏈的成本。顧客付款和供應鏈所產生的總成本之間的差距，就是供應鏈盈餘。供應鏈盈餘表示全部利潤由供應鏈內所有廠商共同分享。增加供應鏈的盈餘，就是增加供應鏈中所有的成員可以分享的數量。公司內部功能間範疇使供應鏈的每個階段都試圖最大化自己的利潤，而不是最大化供應鏈盈餘。只有當所有的供應鏈階段進行策略聯合，供應鏈剩餘才會達到最大化。而這只有發生在公司間跨功能範疇，其供應鏈的所有階段於所有功能間協調策略，以確保他們能在一起滿足顧客的需求和極大化供應鏈盈餘。

當速度成為供應鏈成功的關鍵驅動因子，第二個公司內範疇的主要缺點在90年代就被注意。今天越來越多公司的興起並不是因為他們有低價格的產品，也不是因為他們有高品質或高績效的產品，而是因為他們能夠快速反應市場需求，並且使正確的產品在正確的時間送到正確的顧客上。像西班牙服飾品牌Zara這家公司已經使用速度為其主要的競爭優勢，以在市場獲得成功。

這種追求速度的趨勢已迫使公司去思考是什麼產生顧客需求速度的層級。當這個問題被提出，大部分公司的回答仍以他們所處界限的程度為主。然而，最顯著的延遲是在供應鏈不同階段的介面間所引起的。因此，管理這些介面成為提供顧客速度的關鍵。公司間範疇限制了各供應鏈階段間的策略性專注程度，而導致界限被忽略。公司間範疇迫使每一供應鏈的階段去檢視整個供應鏈，並且評估它的行動在其他階段和介面的衝擊。

供應鏈管理
Supply Chain Management

> 今天，策略契合度的公司間功能性範疇是必要的，因為競爭的範圍已經從公司對公司轉移到供應鏈對供應鏈。當公司與其供應鏈緊密結合時，公司在供應鏈的夥伴可能就決定其成功與否。

要採取這個觀點需要每一家公司評估其在整體供應鏈情況的扮演角色。這意味著要把不屬於公司的供應鏈階段視為公司。舉例來說，在近幾年，一個主要的供應鏈話題是促使存貨的減少。很多公司努力減少其擁有的存貨，因為他們假定擁有較少的存貨會更好。這個假設導致供應鏈階段到階段間存貨擁有權輕率的改變，而沒有達到整個供應鏈實質存貨的減少。製造商覺得如果他們迫使其供應商去持有部分的存貨，他們將不必去為存貨籌措資金。因此，他們的成本將下降。但是在很多情況，供應商僅僅對部分存貨持有擁有權，而不對存貨的管理方式進行任何改變。因為持有這些存貨增加供應商的成本，他們就必須被迫對製造商提高他們的價格或降低他們自身的利潤。最後，供應鏈中成員的成本並沒有實質的減少，因為供應鏈只將成本在供應鏈間向前或向後移轉。

公司間跨功能範疇提出一個不同的方法。這個迫使供應商持有存貨而提高價格的替代方法，就是製造商和供應商需要一起工作共同減少製造商需要的存貨數量。例如藉由和供應商分享需求資訊，製造商可以降低在供應鏈中存貨需求的數量，因此減少在供應鏈中所有的成本，並且使公司在供應鏈中更能夠去競爭。

公司間跨功能範疇在供應鏈中將產生比公司內部範疇更高的盈餘。這個結果將使得供應鏈藉由分享額外盈餘來增加利潤，或是降低價格而將一部分的盈餘分享給顧客。達成公司間策略契合度範疇將使供應鏈更有競爭力。

供應鏈績效：達成策略契合度與範疇

> 策略契合度的公司間範疇，需要公司去評估整個供應鏈的每一個活動，這個廣大的範疇增加供應鏈所有階段的盈餘，可讓供應鏈所有階段成員來分享。

❖ 彈性的公司間跨功能範疇

　　直到這裡，我們已經在一個固定的背景下討論策略契合度，也就是說，我們是在整個時間區段中，供應鏈成員和顧客需求都沒有改變的情形下作討論。但當產品生命週期縮短，並且公司嘗試去滿足個別顧客的需求改變時，這個情況在實務上卻是極度動態的。在這樣的情況下，基於產品的生產和對顧客的服務，一家公司可能必須和更多不同的公司合夥。在這樣一個情況中，策略契合度具有彈性的公司間範疇是極為重要的。

　　當合夥關係在供應鏈階段中隨時改變，公司間彈性範疇指的便是一家公司達到策略契合度的能力。廠商必須思考供應鏈構成要素，也就是每個階段中的眾多成員。舉例來說，基於產品的生產和對顧客的服務，一個製造商也許與不同供應商和配銷商結盟。在變動的環境中，一家工廠的策略和作業必須要有足夠的彈性去維護策略契合度。未來，在顧客的需求不斷的變化下，當確認策略契合度時，工廠必須有能力去變成新供應鏈中的一部分。當競爭環境變得更動態時，彈性變得更加重要。

2.4 供應鏈績效的驅動因子

策略契合度要求企業在供應鏈的回應與效率間達成平衡，同時供應鏈必須符合公司競爭策略上的顧客需求。為瞭解企業如何改善供應鏈績效上的回應和效率，我們將檢驗供應鏈的六個驅動因子：設施、存貨、運輸、資訊、採購和定價。這些驅動因子不只決定供應鏈於回應和效率的績效，同時也決定跨供應鏈的策略契合度是否達成。

首先定義每項驅動因子，並且討論各項因子在供應鏈績效的衝擊：

1. 設施是指供應網路中存貨儲存、組裝和製造的場所，有生產場所和儲存場所兩種主要的形式。 無論設施的任何功能，有關設施的住址、產能和彈性等決策對於供應鏈績效皆有重大的影響。例如某汽車零件配送商為增加回應性而設立了許多靠近顧客位置的倉庫，結果因花費而降低其經營效率。相反地，配送商以較少倉庫來增加其經營績效，但卻降低其市場回應性。

2. 存貨是指在供應鏈間所有原物料、在製品和完成品。 存貨是供應鏈的重要驅動因子，因為改變存貨政策會對供應鏈的效率和回應有重大的影響。例如服裝業零售商可藉由擴大存貨量來增加其對市場的反應。有多的存貨，零售商可以增加立即滿足顧客需求的可能性。然而，大量多的存貨也將增加零售商的成本，這將減低其效率。降低存貨，會增加零售商的經營效率，但卻又損失回應性。

3. 運輸承擔供應鏈中各點間的存貨搬運。 運輸可採取模式和途程的許多組合形式，而每一種組合有其個別績效特性。運輸的選擇對於供應鏈回應和效率有著重大的衝擊。例如某郵購目錄公司可採FedEx這類較快模式的方式運送產品，這可使其供應鏈更有回應性，但因FedEx的高成本致使公司的效率降低。這家公司或者可採用地面運輸產品，這將使供應鏈的經營效率較佳，但限制了

它的回應性。

　　4. 資訊是由供應鏈有關設施存貨、運輸和顧客等原始資料及分析所組成。由於資訊對於其他每個驅動因子有直接的影響，其有可能是供應鏈中最大的績效驅動因子。資訊使得管理者有機會使供應鏈更有效率和反應。例如有了顧客需求形式的資訊，某製藥公司可以預期顧客需求以生產和儲存藥品，如此將使供應鏈因顧客能及時買到其所需藥品而更有回應性。這些需求資訊將使供應鏈的經營更具績效，因為製藥公司較能預測需求，並且只需要生產所需數量即可。資訊也能藉由提供管理者運送選擇，而使供應鏈更具經營績效，例如允許在滿足服務需求下選擇最低成本方案。

　　5. 採購是選擇由誰執行供應鏈中如生產、儲存、運輸或資訊管理等特定活動。在策略層面上，這決定了公司內部執行或外包的工作。採購決策會影響供應鏈的回應性和效率性。Motorola將生產外包給中國的合約製造商後，雖然改善了效率性，但由於距離較遠，犧牲了回應性。為了彌補回應性的損失，即便運輸成本較高，Motorola開始利用空運運輸貨物。另一家電子承包商Flextronics希望提供顧客兼具回應性和效率的採購選擇，設法讓位於美國的製造設施具高度回應性，而位於低成本國家內的設施具有效率，藉此成為顧客最有效的供應商。

　　6. 定價決定公司在供應鏈中流通的貨品和服務價格。定價會影響買方的行為，連帶影響供應鏈績效。舉例來說，如果運輸公司依不同的前置時間向顧客收取不同的價格，那麼重視效率性的顧客將會提早下單，而重視回應性的顧客會等到產品需要運送時才下單。如果前置時間的多寡不會影響價格，那麼顧客便不太可能提早下單。

　　以上每項驅動因子的定義都在說明物流和供應鏈管理。供應鏈管理利用物流和跨功能驅動因子增加供應鏈的效率。近年來，跨功能驅動因子在增加供應鏈效率上越發重要。物流驅動因子雖仍具重要性，但供應鏈管理已逐漸集中在三大跨功能驅動因子上。

這些驅動因子並非獨立作用,而是交互影響以決定整體供應鏈績效。好的供應鏈設計和作業管理瞭解此種互動,能作出適當的取捨以提供所需的回應性水準。就拿美國的家具工業來說,許多折扣商店販賣來自亞洲的低價家具,供應鏈的主要目標是提供價格低廉、品質差強人意的商品。相反的,某些家具製造商重視商品多樣性。在商品種類多、單價高的情況下,若零售商必須備齊所有庫存,成本將十分高昂。因此供應鏈的設計將會是零售商備有少量庫存,顧客根據店內所陳列的商品下單。資訊科技的使用(有效傳送訂單資訊)、彈性的生產設施(製造較少數量的商品)和運輸方式(運送商品至顧客處)能讓供應鏈更具回應性。在本例中,具回應性的設施、運輸和資訊都可用來降低存貨成本。本書下一章將會提到,達成供應鏈策略契合度的關鍵在於建立適當的供應鏈驅動因子,以提供所需的回應程度。

在詳細討論這六個驅動因子之前,我們將此六個因子放入架構中,以釐清改善供應鏈績效中每個驅動因子所扮演的角色。

2.5 建立驅動因子的架構

回憶前面所述供應鏈策略的目標,即努力在效率和回應間取得平衡,此平衡導致策略能符合競爭策略。為達此目標,企業使用先前討論的六個供應鏈驅動因子。對於每個單獨驅動因子,供應鏈管理者必須在效率和回應間作取捨。結合這六項驅動因子的衝擊將會決定供應鏈整體的回應和效率。

圖2.10提供一個供應鏈決策組成的架構。大多數公司以競爭策略開始,之後決定其應採行的供應鏈策略。供應鏈策略決定關於效率和回應上供應鏈要如何執行。之後,供應鏈必須使用驅動因子以達到供應鏈策略所要的績效水準。雖然這個架構一般是由上往下而看,但也有許多個案顯示,針對六項驅動因子

圖2.10　供應鏈決策架構

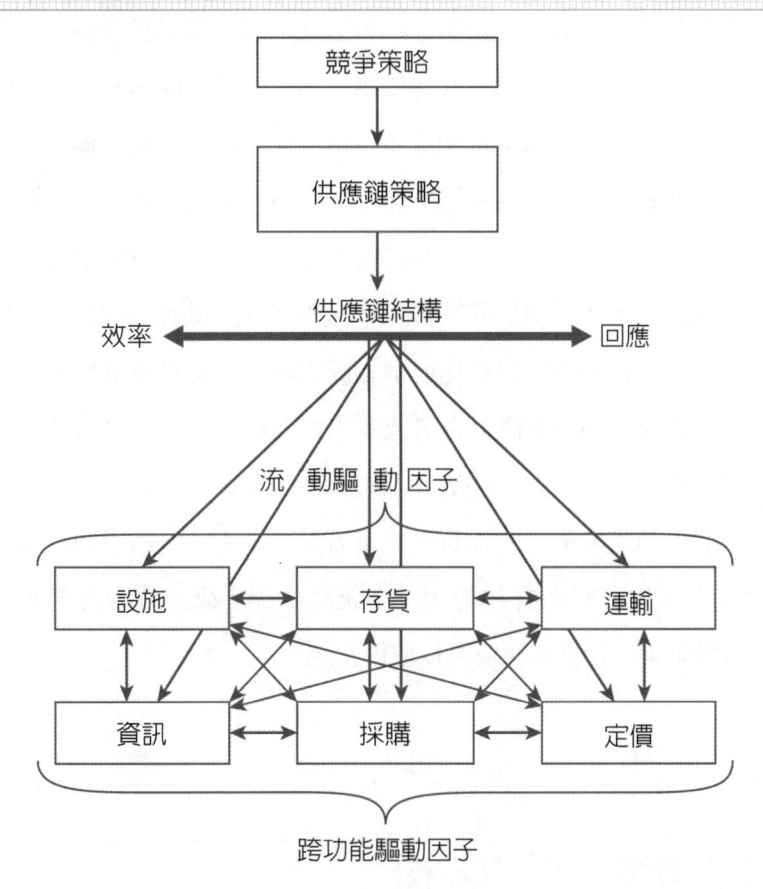

```
                    競爭策略
                       ↓
                  供應鏈策略
                       ↓
      效率 ←──────供應鏈結構──────→ 回應

              流 動 驅 動 因 子

         ┌─────┐   ┌─────┐   ┌─────┐
         │ 設施 │←→│ 存貨 │←→│ 運輸 │
         └─────┘   └─────┘   └─────┘
         ┌─────┐   ┌─────┐   ┌─────┐
         │ 資訊 │←→│ 採購 │←→│ 定價 │
         └─────┘   └─────┘   └─────┘

                 跨功能驅動因子
```

的研究指出，供應鏈和可能的競爭策略兩者必須改變的需求。

考慮以Wal-Mart為例的架構；對各種不同的大宗消耗性物品，Wal-Mart的競爭策略是值得信賴和低成本的零售商。此策略明白指出理想供應鏈將同時強調效率以及適當水準的回應。Wal-Mart採用六個驅動因子以達成供應鏈績效。在存貨驅動因子上，Wal-Mart以保有相對低的存貨水準來維持供應鏈的效率性。例如，Wal-Mart配送中心率先使用**轉運到站**（Cross Docking）系統，此系統的存貨並不儲存在倉庫，而是從製造商經配送中心後，直接送往商店。此種運送方式讓貨品在配送中心只作短暫的停留，僅作轉換至運送到商店的貨車。

這種方式明顯地降低存貨，因為存貨僅儲存在商店，而非同時儲存在商店和倉庫。對於存貨的管理，Wal-Mart對於經營效率的重視更甚於反應。在運輸上，Wal-Mart擁有自己的車隊以保有快速反應，如此將增加成本及投資，但在Wal-Mart的例子中，回應的好處可以和成本打平，因為高度回應的運輸可以讓Wal-Mart維持低廉的存貨成本。在設施方面，Wal-Mart在商店網路中採用中央配送中心，以維持較低設施數目和較高的經營效率。只有在充分需求之處Wal-Mart才會建立配送設施，因而增加其經營效率。為了使用供應鏈的資訊，Wal-Mart在資訊科技上的投資明顯地已經比競爭者高出許多，這將使得Wal-Mart在使用資訊驅動因子以改善回應和降低存貨成本上領先群倫。Wal-Mart輸入所有支援供應鏈供應商的需求資訊，使供應商知道製造所要需求的數量。要使供應鏈具備分享資訊的能力需要極大的投資，但是若能分享資訊，將可同時改善供應鏈的回應及效率，Wal-Mart採用每項供應鏈驅動因子來達成回應和效率間的平衡，因此其競爭策略和供應鏈策可以取得協調。

2.6 達成策略契合度的障礙

　　企業找尋回應性和效率性間平衡的能力是達成策略合適性的關鍵。在決定何處是回應性範圍的平衡點時，企業面臨許多障礙。

　　本節探討一部分這類的障礙，並且提供供應鏈環境這些年來的改變。一方面，這些障礙使得企業難以產生真正的平衡；另一方面，這些障礙讓企業有更多的機會來改善供應鏈管理。對於企業來說，供應鏈能否獲取最大利益這些障礙有著關鍵的影響，所以管理者必須清楚地瞭解這些障礙對供應鏈的衝擊。

❖ 產品多樣性的增加

今日產品的繁衍是源源不斷的。因顧客需求越加客製化產品，製造商以大量客製化和甚至完全客製化（企業視每個顧客為一獨立市場區隔）的市場觀來回應。過去十分一般化的商品，現在則為顧客量身訂作。例如，PC過去來自製造商的標準規格。現在，某人可訂購自己所要的PC，內部結構可以從百萬種組合中選出一種。產品多樣性的增加使得供應鏈在達成預測和需求上更加困難。多樣性的增加易於產生不確性，而不確性常導致供應鏈的成本增加且減低回應性。

❖ 產品生命週期的縮短

除了增加產品型態的多樣性，產品的生命週期已經縮短。今日和過去以年為單位的舊標準比較，有些產品的生命週期以月計。這些產品並非只針對主力產品。PC現在的生命週期為數個月，甚至是部分的汽車製造商其生命週期也從5年以上降至3年。當供應鏈必須經常性地適應製造和運送新產品，同時還得處理這些產品需求的不確定性，這種產品生命週期的降低使得達成策略契合度將更加困難。在供應鏈可達成契合度內，機會視窗降低的同時，越短的生命週期越會增加其不確性。不確定性的增加同時結合了具較小機會視窗會增加供應鏈協同和創造供需平衡較大的壓力。

❖ 對需求期許的增加

顧客經常會要求改善前置時間、成本和產品績效。如果顧客對於改善的情形未能滿意，他們將會轉而尋求新的供應商。許多企業習慣定期調漲價格，漲

價的原因不是因為需求大增或者其他因素,而是因為提高價格是企業過去常用的方式。現在,某人重複聽到企業們不能強迫提高任何售價而不損失市場占有率。今日顧客付出和多年前相同的價格,但其需求較快速服務、較高的品質及較佳的績效表現。這種顧客需求(非必須需求)快速成長意謂著供應鏈必須提供更多以維繫其商務。

❖ 供應鏈所有權的分裂

過去數十年來,大多數企業已變成較少垂直整合。當企業擺脫非核心功能時,其能夠利用供應商和顧客本身未曾有的競爭力。不夠,此種新所有權架構也使供應鏈的管理更加困難。當供應鏈分解成許多所有者,每個所有者有其自己的政策和興趣,供應鏈的協同將更加困難。潛在性地,此問題將使得供應鏈的每個階段達成其自有的目標,而不是整體鏈的考量,這將導致整體供應鏈利益的降低。

❖ 全球化

過去數年來,世界各國政府放鬆貿易障礙,導致全球貿易為之暴增。此種全球化的增加對於供應鏈有兩項主要的衝擊。第一項對供應鏈的衝擊是現行供應鏈擴及全球。全球供應鏈有許多好處,例如可以從全球供應商中找尋比企業的母國更好或更便宜的產品。然而,全球化也帶給供應鏈一些壓力,因為供應鏈內的各項設施距離會更遠,協同也會更加困難。

第二項全球化的衝擊是競爭逐漸激增,因為一向受保護的企業必須開始和全球的企業競爭。在過去,能供應滿意顧客需求的廠商不多,個別的廠商將花更多時間以回應此需求。然而,在大多數產業中,現在有更多的企業更積極地追逐其競爭者的商務。此競爭情況使得銷售的維持與成長成為供應鏈績效的關

鏈，此績效更加深供應鏈的壓力並迫使管理者需要更精確地判斷。

❖ 新策略執行的困難

創新成功的供應鏈策略不是件容易的事，然而，一旦有好的策略形成，實際地執行策略更是困難。例如大眾多瞭解Toyota生產系統是一種供應鏈策略，此策略使得Toyota得以維持其競爭優勢長達20多年。Toyota是否有卓越策略而不為人們所知？它們的策略是卓越的，而且許多人都瞭解它，但其他企業面臨的難題是如何去執行該策略，組織各階層中許多才藝精良的員工是供應鏈成功的必要條件。雖然本書對策略的形成作了許多的描述，但人們應牢記有效地執行策略的重要性等同於策略本身。

要取得回應性與效率性間的平衡以達成策略契合度，這一節所討論的障礙將使企業在實行上更加困難。但是這些障礙也代表供應鏈有著極大機會可以改善的空間。這些障礙所增加的衝擊引領著供應鏈的管理方式，而此管理方式也將成為一家公司成功或失敗的主要因素。

> 許多障礙，例如產品多樣性增加和較短生命週期，使得供應鏈達成策略契合度增加許多難度。克服這些障礙提供企業重要機會，以使供應鏈管理獲取競爭優勢。

2.7 問題討論

1. 你如何描繪像Nordstrom這樣的高價百貨公司的競爭策略的特徵？Nordstrom

致力去滿足的主要消費者需求為何？

2. 在隱含需求的不確定性的尺度表中，你會將Nordstrom面對的需求安置於何處？原因為何？

3. 那個回應層級最適合Nordstrom的供應鏈？那些是供應鏈應該可以作得特別好的？

4. Nordstrom如何能夠在其供應鏈上擴展策略適合性的範圍？

5. 針對Amazon網路書店、一家百貨公司通路、一個自動化製造業者以及像Wal-Mart這樣的折扣零售商等公司，重新討論前面的四個問題。

6. 作一評論以支持Wal-Mart在其競爭和供應鏈策略之間已經達到非常好的策略契合度的說法。

7. 如何使全球化在策略契合度上對於企業成功變得更為重要？

8. 何種產業其產品激增而生命週期會變短？供應鏈要如何適應此種產業？

9. 當PC製造商目標顧客為時間較敏感的顧客時，要如何利用這一整組六項的驅動因子來創造策略契合度？

個案研討　企業跨進發展策略

創立於1975年的Hopax公司，為台灣既有產業，營運迄今已逾40年，年營收約18至20億台幣，年成長率均達20%以上；Hopax資本額9.5億台幣，是一家獲利穩定的公司，其產業主要以特用化學供應為主，運用公司核心技術、搭配研發創新與技術整合的策略，目前已臻全球競爭力完備的綜合性高科技公司。目前，Hopax全球員工人數達800人，於台灣、印尼、大陸等地均設有工廠及研發單位，並於美洲、歐洲設有營業辦事處及合資公司，同時取得ISO 9001及ISO 14000認證（相關統計數據資料來源：http://www.hopax.com.tw/）。

❖ 企業發展概述

Hopax經營特用化學品，供應下游產業相關化學原料，業務內容涵蓋：清潔、紡織、醫藥，乃至高科技產業均有涉獵；由於受影響的產業眾多，且在我國著重高值化與轉型之際，實扮演著極為重要的角色。

化工產業就其組成成分、生產模式、產品用途、生命週期與附加價值等層面，可分為三大類：

1. 大宗化學品產業：產品成分簡單、用途廣、生命週期較常，故可大量生產，但是附加價值偏低。

2. 特用化學品產業：產品成分較為複雜、多半屬客製化產品、用途狹隘、產品的生命週期短，但為化工產業中附加價值最高者。

3. 精密化學品產業：則介於大宗化學品與特用化學品間。

特用化學品主要應用於製程或最終產品上，為工業用的單一化學物質，或者是由若干化學物質組合而成的複合物或配方物；其主要功能在於改進產品特性或使其轉化，產生特殊功能；但在下游顧客的成本結構中，卻只占極小的部分，且顧客多採用批次進貨的方式

進行採購，更凸顯其洛陽紙貴的價值。

　　Hopax 在草創初期，生產技術主要著重在低階的紙類化學品，1985年開始轉而生產水處理化學品，其後更在管理者關鍵技術與技術整合的策略下，隨化工產業的創新，進入技術面較高的高度精密化學產業，陸續研發出「N次貼」、「精密化學品」等產品，及設立兩個新興事業部。目前產品項目超過200項以上，生產據點由台灣（鳳山、高雄）擴展至印尼（泗水）、大陸（昆山）等地，並於美洲、歐洲設有合資公司及營業辦事處，成為製藥、生物科技，及其他高科技電子等產業之化學原料供應商。

　　Hopax 的組織架構為：股東會下設董事會，並由董事長及總經理負責營運管理執行，總經理麾下含三大事業部，針對產品與市場區隔，各司其職；Hopax 更設立創新研發中心，結合各事業部的研發專才，致力推動創新與研發，同時直接對總經理負責。Hopax 現有的三個事業部為：

1. **精密化學品事業部**：主要生產應用於生物技術、製藥、電子產業等精密化學品。
2. **特用化學品事業部**：主要生產造紙及水處理方面化學品。
3. **N次貼事業部**：獨創專利技術，生產可再重複黏貼之便條紙系列產品。

　　目前，Hopax 的主力產品為高度技術層次，且具備高附加價值的科技產品，包含：
1.精密化學品：用於生物材料、個人保養品、化粧品、製藥、電子產業。
2.特用化學品：用於造紙工業、水處理等。

❖ 經營關鍵分析

　　Hopax 屬全球造紙化學品產品線最齊全的供應製造商之一，其產品為造紙及加工過程中不可或缺的添加劑，主要顧客為亞洲各國的多數紙廠，產品種類達50種以上。公司成立後的第15年，進入轉型決策關鍵期；其肇因在於：以往公司所仰賴的顧客，由於國內市場競爭激烈，銷售無法反映成本，且國際知名化學大廠亦進駐台灣，傳統銷售型態無法有效因應新的競爭趨勢；同時，國內造紙業亦紛紛轉往東南亞紙漿原料產地設廠。在 Hopax 仍以台灣市場為主軸的經營策略下，縱使產品能夠出口，卻苦於國際化經驗缺乏，

供應鏈績效：達成策略契合度與範疇

以至於本業利潤從20%下滑至5%。

　　Hopax 1976年至1996年間的營業額（如圖A.1所示），維持在新台幣4至5億元間，未來走向屬上升、持平、或下降仍未知；因而，Hopax對公司之未來發展，必須著眼於積極思考因應策略與作為，俾使公司在競爭激烈的環境下能永續經營。

　　在經營發展策略時，Hopax所面對的問題是：國際貿易的自由化與公司規模受限，以往採用僅與主要顧客維持良好關係的經營策略，導致顧客族群較小，甚至獲取自單一顧客的營業額就占其業績60%。該如何破除小而美的組織結構思考巢臼，並以此供應鏈關係為基礎的未來發展方向，找出對Hopax最為有利的產銷策略，已是刻不容緩的事。根據圖A.2所示，Hopax勢必得朝未來市場規模，及技術進行評估：

　　1. 電子化學品由於國內大廠閉關自守的保護心態，協同測試產品不易，更由於原物料只占成本的5%至10%，業者多半承擔風險的意願低，所以，即使有技術跟產品，也不易有效進入市場。

　　2. 醫藥中間體產品種類需求甚多、技術層面低，且不易形成差異化，未來恐怕面臨其他競爭者的低價策略衝擊。因而，就彼時的時空環境及策略考量，Hopax選擇發展精密化

圖A.1　Hopax的營業額走勢圖

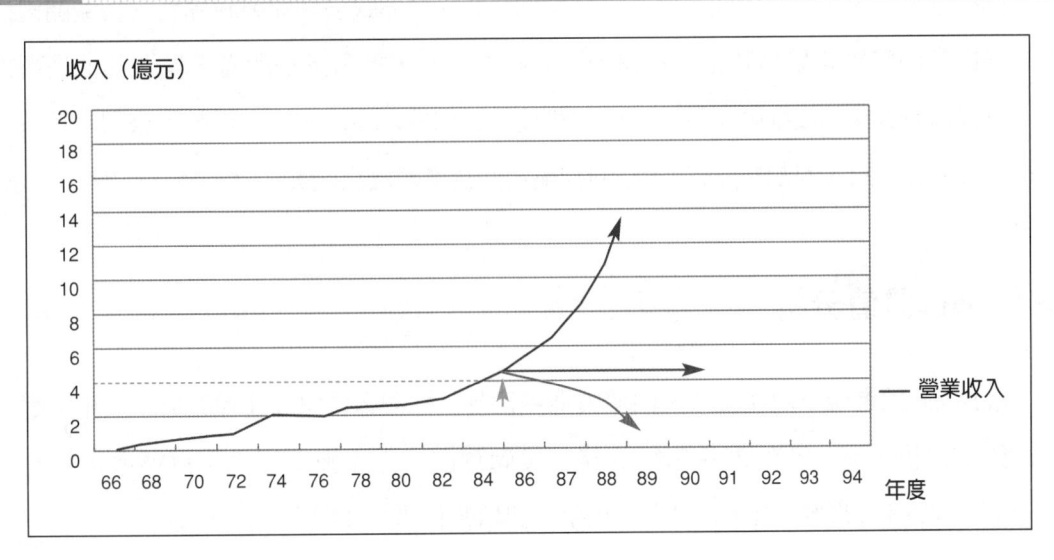

圖A.2　Hopax未來進入市場規模與技術評估

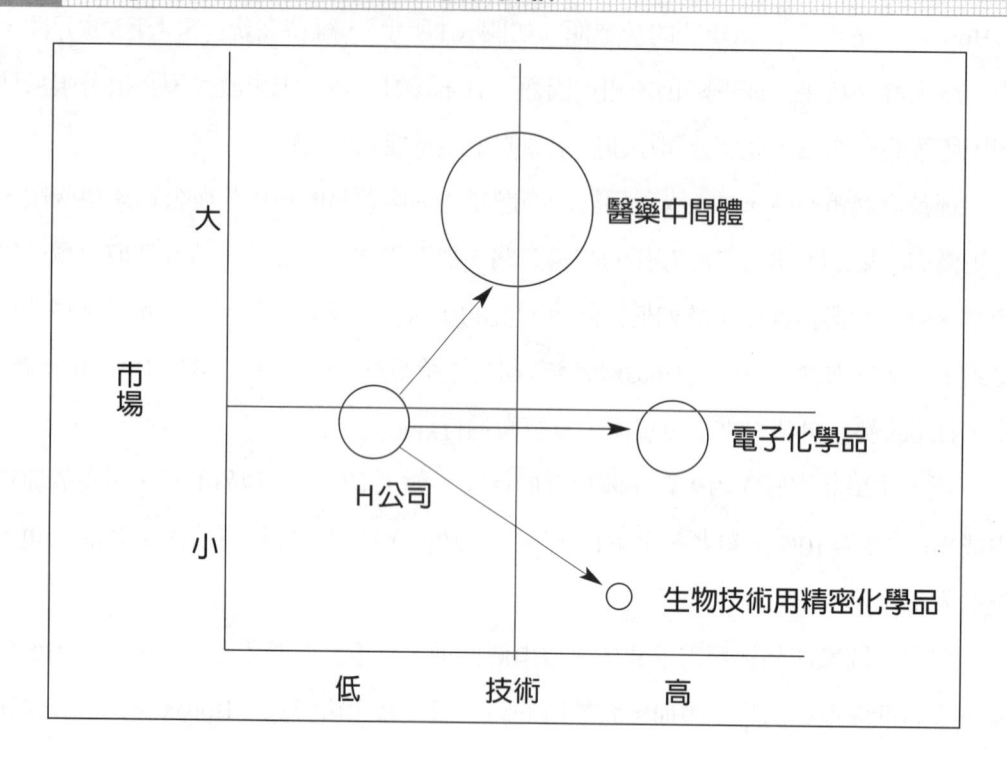

學品，作為公司發展策略的目標。

　　目標選定之後，從技術觀點為基礎作橫向分析，Hopax迫切需要建立新的相關關鍵技術，從既有的造紙化學品乳化及包覆等專有技能開始，針對業務所需，廣羅其他技術人才；待技術發展成熟後推動創新，並確認科技發展成熟定型後方採取行動，公司之新舊事業採平行進行。圖A.3為Hopax在策略轉捩點後的營業額變化趨勢。

❖ 供應鏈價值分析

　　當Hopax跨進至不同產業後，由於製造項目及目標顧客皆與以往顧客需求大相逕庭；故在跨進之後，產生新的產品售後服務、後勤倉儲、生產製造等供應鏈體系，對此，Hopax勢必要有所改變。Hopax對大宗化學品與精密化學品產業作評比，發現：

圖 A.3　Hopax 在策略轉捩點後的營業額變化趨勢

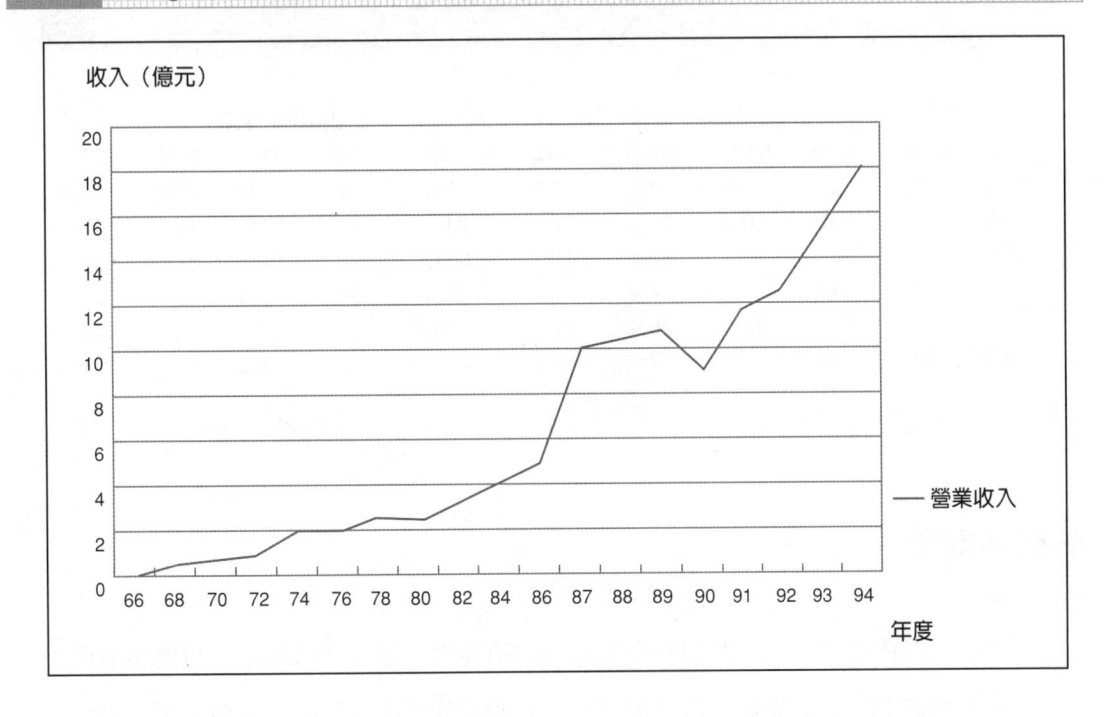

1. 供應商的價值不同：大宗化學品的原料成本約占 65%，主要上游供應商為傳統化工業者，供應商為數眾多，對於原料需求僅著重在成本與交期；而精密化學品的原料成本僅占 25%，由於原料的特殊性，上游製造廠商受限，對於原料需求著重於品質穩定度、服務情況等。

2. 產業價值鏈不同：由於供應鏈產銷運作模式不同，價值鏈系統相異。

3. 顧客的價值不同：大宗化學品的市場需求穩定且可預先得知，而精密化學品的市場遍布全球，且顧客通常不採用直接購買，因此通路商及代理商的選擇十分重要。

Hopax 自 1996 年以後，開始在大宗與精密化學這兩產品產業投入資源分配；到 2002 至 2006 年間，則將資源投入於價值鏈中的各主要項目，其分擔比例彙整如表 A.1 所示。

表A.1　事業部門資源分配表

項目	大宗化學品 91年	92年	93年	94年	95年	精密化學品 91年	92年	93年	94年	95年
採購	3%	2%	2%	1%	1%	1%	1%	1%	1%	1%
廠務	17%	18%	20%	18%	17%	20%	16%	15%	14%	12%
生產	35%	34%	40%	42%	41%	56%	57%	57%	57%	57%
品管	4%	4%	3%	4%	4%	2%	2%	3%	3%	3%
行銷	31%	32%	26%	28%	31%	7%	9%	9%	13%	14%
R&D	10%	10%	9%	7%	6%	14%	15%	15%	12%	13%

❖ 問題討論

1. 近年來，國內產學界不斷凸顯研發和行銷的重要性，相對貶低製造的重要與價值；並主張在台灣的業者僅需著重研發與行銷，將製造生產的品項改為少量多樣。Hopax從傳統化學跨進到精密化學，過程亦是將產品區隔後，選擇精密化學品的少量多樣生產，促進生產價值高值化；而傳統化學品則維持大量生產，同時將產地移往開發中國家（如中國大陸或印尼等地）。如此的經營策略，能否持續強化該公司的競爭力？Hopax在企業轉捩點的跨進策略，能否一體適用於其他產業？

2. 化學產品通常沒有既定品牌問題，所以要如何結合研發創新，以及高價值生產提升企業的自我競爭力，是一項重要的課題。試問，Hopax跨進發展的下個層面，應朝那個方向思考？又，吾人如何從新的供應鏈價值體系來決定該定位，以及如何作資源投入分配？

設計配送網路

Chapter 3

學習目標

本章會探討配送在供應鏈所扮演角色,以及在設計配送網路時所需考慮的影響因素,我們確認配送網路一些可能的設計,並且評估每一方案選擇的優缺點。同時也會討論供應鏈中配送商的價值。本章的目標旨在就已知產品特性與其服務的市場下,提供經理人一個邏輯性的架構以選擇合適的配送網路。

讀完本章後,您將能:

1. 確定在設計配送網路時的關鍵因素;
2. 討論不同配送選擇的優缺點;
3. 瞭解配送商在供應鏈中所扮演的角色。

3.1 配送在供應鏈中扮演的角色

配送是指在供應鏈中從供應商至顧客產品之運送與儲存的步驟;配送發生於供應鏈中的某兩個階層。原物料與零件從供應商被運送至製造商之後,完成品再由製造商運送至終端顧客。配送是公司所有獲利的關鍵,因為其直接影響到供應鏈中的成本與顧客的經驗。配送相關的成本大約為美國產值的10.5%,及大約20%的製造成本。對一般日用的產品而言,其運送費用占了產品成本的大部分。在印度,水泥境外配送成本大約占生產成本與銷售成本的30%。

此說法一點都無誇大之嫌,這可以從下列兩家全世界最賺錢的公司為例,Wal-Mart與日本的7-Eleven由於其優秀的配送設計與運作奠定其成功。在Wal-Mart的例子中,配送設計讓它們可以提供低成本的產品。在7-Eleven的例子中,配送讓它們可以合理的價錢提供顧客高度回應的產品。

配送網路的選擇可以達到供應鏈中從低成本至高回應的不同目標;因此,同一產業的企業通常選擇不同的配送網路。下一段,我們將討論不同公司選擇不同配送網路來凸顯配送選擇多元性的例子,另外也討論到在選擇配送方案時所引發的許多議題。

Dell電腦直接將其個人電腦配送至顧客端,而其他如HP電腦則選擇將其產品配送至經銷商。Dell的顧客需等待數天以取得電腦,卻可以在經銷店取得HP電腦的產品。Gateway開設商店,其顧客就可以在商店裡測試其所要的產品,並可請銷售員建議設計符合顧客需求的個人電腦。然而Gateway選擇不在店裡銷售產品,而是將個人電腦由工廠直接運送至顧客。在2001年,Gateway關閉因財務績效表現不佳的部分商店。Apple電腦計畫將開設零售商店來銷售電腦。這些生產個人電腦的企業已經選擇了三種不同的配送方式。而要如何來評估其三種配送方式呢?那一個對於企業及其顧客有較好的服務表現呢?

P&G選擇將其產品配送至大型超商，致使小型消費者從配送商上購買P&G家品。產品被快速地從P&G運送至更大的供應鏈，而當要送至小型超商時，則需再經一階段的運送。德州儀器（Texas Instruments）曾經採用直接銷售，現在則是透過配銷商將其30%的產品銷售給98%的顧客，而剩下70%的產品，將直接銷售給2%的顧客。這些配送商能夠提供那些價值呢？配送網路在何時應該包含如配送商這類額外階段呢？電子化企業的擁護者過去曾預言類似配送商的中間人會消失，為什麼他們的證明在許多產業是失敗的呢？與美國比起來，印度的消費性產品配送中，配送商扮演著更重要的角色。為什麼會有這種情形產生？

W.W. Grainger儲存約10萬 SKUs，且這些是可以在接到訂單的一日之內將貨品運至顧客，而剩下較低移轉的產品則不儲存，乃是在接到訂單後，由製造商直接送出。在此案例中，顧客得花上幾天才能收到貨品，這些配送選擇適當嗎？如何評估呢？

如同先前所舉的例子，公司在設計配送網路時可以有許多不同選擇；一個粗略的配送網路會因為成本的增加而讓顧客服務的層次降低。如 Webvan公司這類「企業對顧客」（B2C）營運失敗的經驗證明，不適當的配送網路會對企業的收益造成明顯的負面影響；選擇合適的配送網路將使得顧客的需求在較低成本下被滿足。

在下一節，吾人將討論在設計配送網路時，所必須確認可衡量的績效評估。

3.2 配送網路設計的影響因素

就最高層次，配送網路的績效評估應從下面兩個層面著手：

1. 顧客需求被滿足。

2. 滿足顧客需求的成本。

因此，一家企業必須要評估在採用不同的配送方式對於顧客服務需求和成本的影響。顧客需求能否有效滿足影響著公司的獲利，而成本也連帶地決定了配送網路的獲利情形。

雖然顧客服務是由不同的因素所組成，而我們可針對影響配送網路架構的因素來探討，這些包括：

- 回應時間
- 產品多樣性
- 產品可獲性
- 上市時間
- 顧客經驗
- 訂單能見度
- 產品退回性

回應時間是指從顧客送出訂單到接收貨品之間的時間。**產品多樣性**是指顧客渴望從配送網路上得到不同產品或配置的數量。**產品可獲性**是指當顧客訂單到達時，在倉庫中有產品的可能性。**顧客經驗**包含發送與接送其訂單的容易度，它也包含單純的體驗，如是否能夠喝一杯咖啡，和銷售人員所提供的價值。**訂單能見度**為顧客追蹤從訂單發出到運送狀態的能力。**產品退回性**指的是顧客退回不滿意貨品的容易度與配送網路處理退貨的能力。

起初，顧客似乎總是對上述所有構面要求最高水準，但實際上並不然。顧客在 Amazon 網路書店訂一本書將會比自己開車去附近的 Borders 書店買同一本書所等待的時間還要久；相反地，顧客可以在 Amazon 網站上找到比 Borders 書局更多樣的書。

企業的目標顧客如果可容忍較長回應時間，則可以設置於離顧客較遠的位址，但應專注於增加每一位址的容量。相反地，企業的目標顧客為重視短時間的回應速度，則需要將地點設置離顧客較近之處。此類型企業需要有許多設

施，並且在每一地點有較低的容量，所以降低顧客渴望的回應時間經常會造成配送網路裡設備數目的增加（如圖3.1所示）。例如，Borders為能使在美國大部分地區的顧客能在同一天內取得書，需要設置約400家商店方可以達成此目標。相反地，Amazon網路書店將書送達顧客手中大約需要一個星期的時間，但卻只需要五個點去儲存它的書。

改變配送網路的設計影響著下列供應鏈成本：

- 存貨
- 運輸
- 設施與操作
- 資訊

當供應鏈的設施增加，將使得存貨及其成本增加，如圖3.2所示。

為了降低存貨成本，企業需試著整合並限制供應鏈網路的設施數目。例如，Amazon網路書店有較少的設施卻可以在一年內的周轉率達到12次，相反的Borders書店擁有大約400個設施，卻只作到每年兩次的周轉。

企業**運內成本**（Inbound Transportation Cost）是將原料運送至設施的成本；企業**運外成本**（Outbound Transportation Cost）是將原料送出設施的費用。每單

圖3.1　期望的回應時間與設施數目的關係

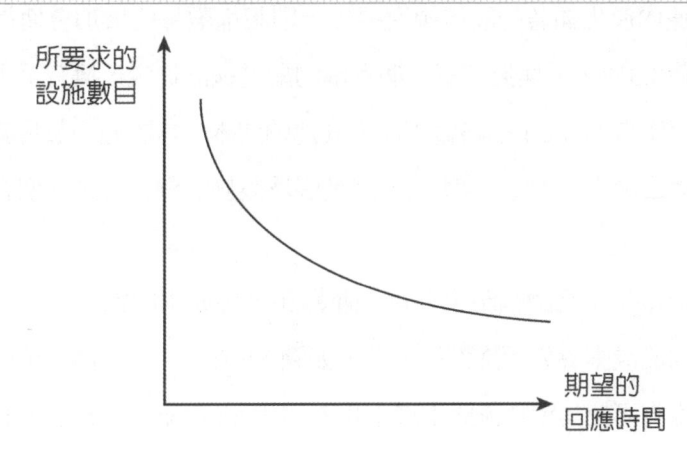

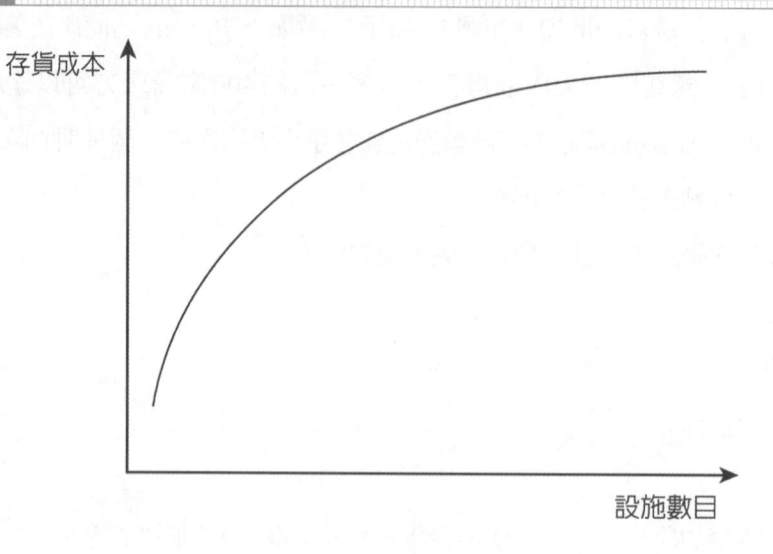

圖3.2　設施數目與存貨成本的關係

(圖：縱軸為存貨成本，橫軸為設施數目，曲線呈遞增但趨緩之形狀)

位的企業運外成本經常是比企業運內成本還要高，這是因為企業運內的批量較大。例如Amazon網路書店的倉庫由企業運內所收到的是整車的書，但在外部端運送出是每一顧客所訂幾本書籍的小包裝。增加倉庫位址的數量，降低平均企業運外至顧客的距離，並使得每個產品其企業運外距離占總運送距離一小比率。因此，只要維持企業運內的經濟規模，增加設施的數量可以減少總運輸成本，如圖3.3所示。假若設施的數量增至某個程度，而其運內的批貨數量非常小而導致企業運內產生顯著的經濟規模損失，則設備數量的增加會使得總運輸成本增加，如圖3.3所示。與擁有單一個倉儲的配送網路比較，擁有至少一個倉儲的配送網路會使得Amazon網路書店減少其運輸成本。當設施的數量減少，設施的成本也將隨之減少，如圖3.4所示，這是因為設施的整合可讓一個企業發揮其經濟規模。

　　總物流成本是供應鏈網路中存貨、運輸和設施成本的總合。當設施的數目增加，整個物流成本會先下降而後上升，如圖3.5所示。任一個企業至少要有一定數量的設施方可使其總物流成本最小化。例如Amazon網路書店，其至少有一

設計配送網路

圖3.3 設施數目與運輸成本的關係

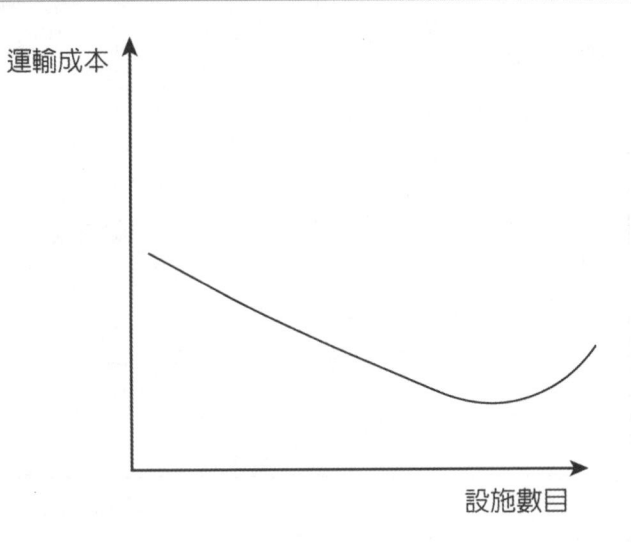

(運輸成本 vs 設施數目 的曲線圖)

圖3.4 設施數目與設施成本的關係

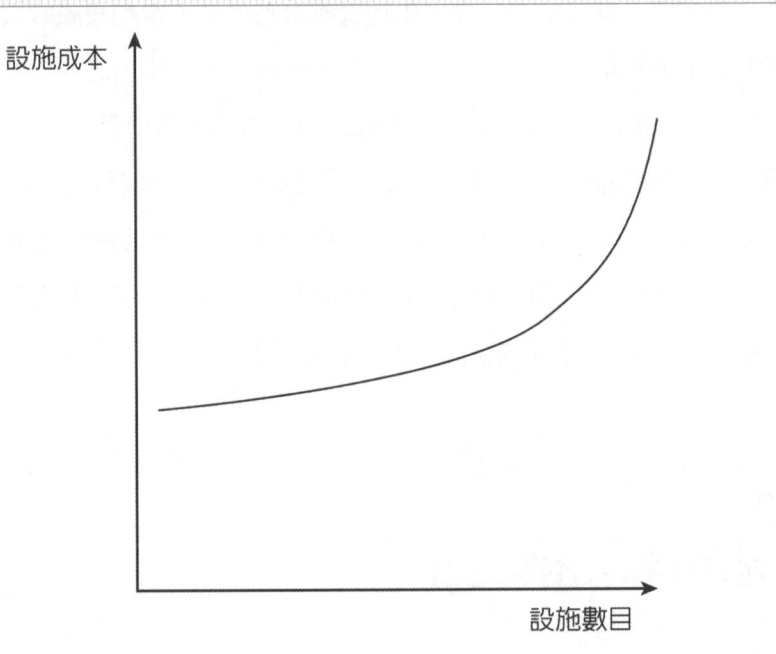

(設施成本 vs 設施數目 的曲線圖)

圖3.5 不同設施數目的物流成本與回應時間的變化

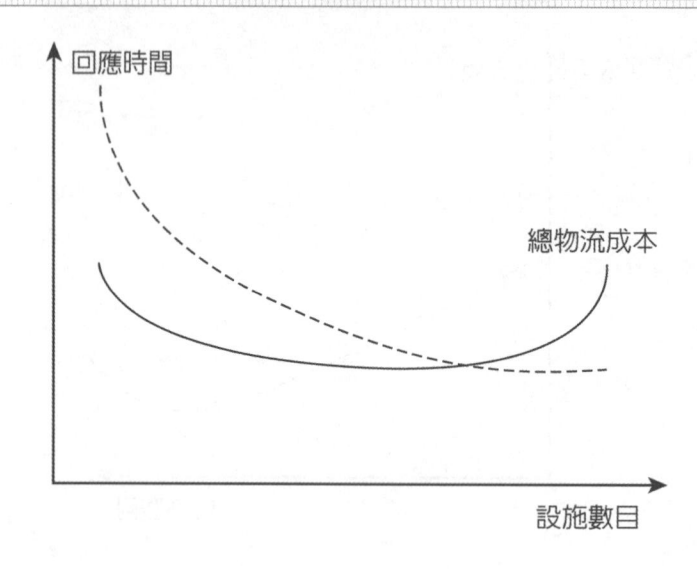

個倉儲來降低它的物流成本（和改善回應時間）。若企業想更進一步地降低與顧客間的回應時間，就可能要在最小化物流成本點之外，增加設施的數量。只要管理者有自信能夠增加收益，則一個企業應該在成本最小點之外增加設施；尤其是面對較好的回應比額外的設施所增加的成本還重要的情形。

顧客服務與之前所列的成本項目是評估不同的配送網路設計時最主要因素。一般而言，沒有任何一種配送網路可以在所有構面皆優於其他的配送網路。所以，確保配送網路的優點，是否能與企業的策略立場相配合是非常重要的。下節中將討論不同配送網路及其相關之優缺點。

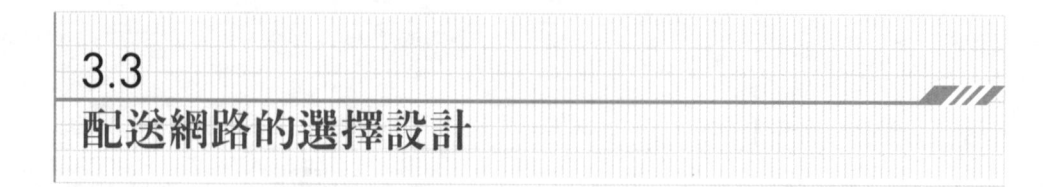

3.3 配送網路的選擇設計

這一節我們討論從製造商配送到終端顧客，其配送網路應如何選擇。當考

慮到配送中任何的一組階層，例如供應商與製造商，許多相似的選擇仍然沿用。當設計配送網路時，有兩個關鍵性決策需要考慮：

1. 產品是否送達到顧客手上，或請顧客到某地取貨？
2. 產品是否將經過中間人（或中途站）？

基於這兩個決策的選擇，有六種不同的配送網路設計可將產品從工廠運送至顧客。這些分類如下：

1. 製造商儲存並直接運送。
2. 製造商儲存並直接運送及統籌轉運（In-Transit）。
3. 配送商儲存並由運輸公司配送。
4. 配送商儲存但最後路程送達。
5. 製造商／配送商儲存並由顧客取貨。
6. 零售商儲存並由顧客取貨。

下面將討論每一個配送選擇方式及其優缺點。

❖ 製造商儲存並直接運送

在此種方式中，越過了零售商（其接受訂單與啟動配送的要求），產品是直接由製造商運送至終端的顧客。這種配送方式也是指將產品由製造商運送至末端顧客的**投遞運送**（Drop-Shipping）。假設零售商和製造商互不相關，則零售商將沒有存貨壓力，因為所有存貨都儲存在製造商處。資訊流經由零售商從顧客到製造商，而貨物直接從製造商運送至末端顧客，如圖3.6所示。如Dell等企業，製造商直接對顧客銷售。線上零售商如eBags和Nordstrom.com使用投遞運送來運送產品至終端顧客。eBags並未持有任何背包存貨，而是讓產品直接從製造商投遞運送至終端顧客。Nordstrom將存貨中慢速周轉的鞋類，採用投遞運送模式以消除一些存貨；W.W. Grainger也使用投遞運送，來運送慢速周轉的產品。

圖3.6　製造商儲存並且直接運送

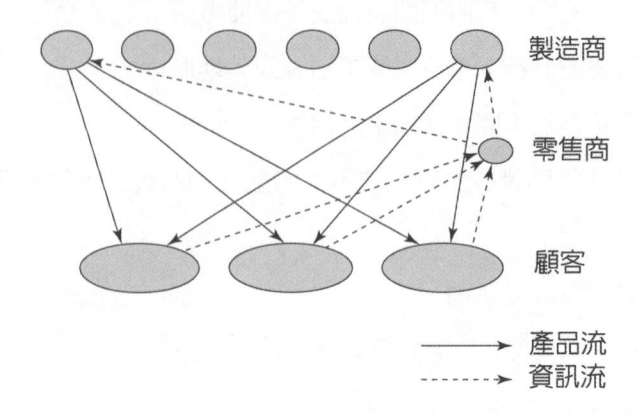

　　　　　　　　　　　　　　　　　　　　製造商

　　　　　　　　　　　　　　　　　　　　零售商

　　　　　　　　　　　　　　　　　　　　顧客

　　　　　　　　　　　　　　———→　產品流
　　　　　　　　　　　　　　--→　資訊流

　　投遞運送最大的優點是製造商擁有集中存貨的能力；一個製造商可以集結其所有要供應的零售商之需求。其結果是，供應鏈就能夠在低存貨的前提下，提供較高的產品可獲性水準。而投遞運送所衍生的一個重要的議題，則是關於製造商處之存貨的所有權結構。當將貨品存於零售點的利益大於實體集中儲存時，製造商才會將特定比例的存貨配置給個別零售商。製造商利用最小部分的存貨配置，以滿足零售商的基本需求，方可得到集中的好處。高價值、低需求且具有不可預測需求的項目，集中化的利益最高。Nordstrom的投遞運送，低需求鞋子的決策滿足這些標準；相似地，eBags所賣的背包亦屬於高價值；每SKU相對的低需求。存貨中具有可預測需求和低價值的物品其集中的利潤往往較小。因此，投遞運送並沒有提供明顯的存貨利益於網際網路商店所銷售的日常用品，如清潔劑。對於慢速周轉的品項而言，假如投遞運送被用來取代在零售商店內用的存貨，則存貨周轉可有6倍或以上的增加。

　　投遞運送也提供製造商機會，讓製造商可以在顧客下單後才製作商品的延遲機會，藉由延遲而集中零組件水準，以進一步降低庫存量。如Dell這類接到訂單才進行製造的公司，存貨為共同性的零件，延遲產品製造，因此降低庫存持有率。

投遞運送的運輸成本高,一般情形下是因為平均運到終端顧客的企業外運送距離長,而且通常是採用包裹運送方式配送。包裹運送比起整車或散裝配貨的成本來得高些。用投遞運送方式,若一張顧客訂單中的品項是由多家製造商提供,則會發生多次運交的現象,這些無法統籌集中的企業外運送,經常會造成成本增加。

供應鏈採用投遞運送時,會因為所有存貨由製造商集中供應,而節省了設備的固定成本,減少了供應鏈其他單位的儲存空間需求;同時,因為貨物由製造商轉運到零售商的事情不存在,可以進一步節省一些搬運成本。但是,搬運成本的節省吾人必須謹慎評估,因為製造商被要求整櫃運到工廠倉儲,之後再以單件的形式轉出。由於多數情形下,製造商不易執行一件貨品的單件配送能力,因而無論是對處理成本與回應時間,往往會形成顯著的負面影響。假如製造商有能力直接從生產線運送出訂貨,那麼搬運成本將明顯下降。

採用製造商持有存貨時,則在零售商與製造商之間必須有著不錯的資訊基礎建設。唯有如此,零售商方可提供產品的可獲性資訊給顧客。即使訂單是由零售商處理,顧客也可看見製造商的訂單處理進度。資訊基礎建設的要求,對於如Dell這類的直接銷售業者較為簡單,因為零售商與製造商間不必整合。

當使用投遞運送時,到貨時間趨於拉長,因為訂單要由零售商轉到製造商,而且從製造商的集中場地運出,平均運送距離通常比較遠。例如,eBags宣稱訂單處理過程約需1至5天,而其後的交運需3至11個工作天,也就是說,eBags採用的顧客回應時間約4至16天。另一個問題是在於顧客訂貨清單,每個製造商只負責一部分,而其回應時間未必一致;如果訂單中包含多個來源的產品,顧客將接到多筆零散送貨,使得顧客在收取貨品的過程更加複雜。

在投遞運送模式中,製造商端的每項產品可以不受上架空間限制而提貨給顧客;因而,即使是高度的產品多樣性,製造商亦可使顧客不易發生缺貨。W.W. Grainger能從幾千個利用投遞運送的製造商中提供數以千計慢速周轉的產品。假如每項產品必須由W.W. Grainger儲存,那是不可能的。

投遞運送在將產品運送至顧客地點的形式亦可增強因應顧客的經驗。但是顧客必須忍受當一張訂單上的產品有若干個製造商時，產生這幾家製造商的貨分批運達的情形。

訂單透通度(Order Visibility)對製造商的倉儲內容中是非常重要的，因為均涉及了每張顧客訂單在供應鏈的兩個層級；無法提供有效的訂單透通度，在顧客滿意度上會產生明顯的衝擊。同時，訂單追蹤在投遞運送情況中較困難實施，因為其需要整合零售商與製造商之間的資訊系統；對於如Dell這類的直接銷售商，比較容易提供訂單透通度。

製造商儲存網路對於退貨處理亦存在著執行面的困難，此點對於顧客滿意度會有所損害。在投遞運送情況下，退貨處理所需費用較高，因為每筆訂單中所涉及的出貨製造商不只一家。退貨的處理有兩種方式，一是顧客可直接將產品退還給製造商；第二種方式是針對零售商，可建立一套個別設施（越過所有製造商）以處理退貨相關事宜。第一種方式會導致運輸與協調成本變高，第二種方式需要投資一套設施專門負責退貨處理的相關事宜。於不同構面下，投遞運送的績效特徵歸納如表3.1所示。

依上述之績效特徵，製造商採用直接運送適合於低需求量且高價值的多樣化產品，因為此類產品的顧客通常願意等候製造商送貨，且同意分批運送。當允許製造商延緩客製化、製造商儲存也可適用，採用此形式可以減少存貨。如果要使得投遞運送更有效率，則每筆訂單中的產品來源供應地應儘量簡化。這對於可以實施訂單生產（BTO）的直營者而言是一種理想。若在一筆訂單中，如果產品來源供應地超過20或甚至30個以上，而且必須依正常情形將貨品直接運送給顧客，那麼要實行投遞運送恐怕很難。然而，若產品需求量非常低，投遞運送可能仍是唯一的選擇。

表3.1 製造商儲存並且直接運送的績效特徵

成本因素	績效
存貨	因整合而有較低成本。對低需求及高價值品項其整合效益最高。假如產品客製化能被延遲至製造商端其效益會更大。
運輸	因為距離增加和分散運送，運送成本會較高。
設施與管理	因整合而有較低設施成本。假如製造商能管理小運量或從生產線運送，會節省搬運成本。
資訊	資訊基礎架構上的明顯投資以整合製造商與零售商。

服務因素	績效
回應時間	由於距離增加和兩階段訂單的處理，會有1至2週較長回應時間。回應時間可能因產品不同而相異，收貨過程因此複雜。
產品多樣性	容易提供高度的多樣性。
產品可獲性	容易提供高度的產品可獲性，因為其在製造商處集結。
顧客經驗	以宅配較佳，但必須容忍若訂單是從幾家不同的製造商發出，而貨品必須是分批運達。
上市時間	快速，第一個單位一生產出來，就立即有產品可供應。
訂單透通性	較為困難，但從顧客服務觀點來看較為重要。
可退貨性	昂貴且不易執行。

❖ 製造商儲存並直接運送及統籌轉運

不同於投遞運送（訂單中的每項產品皆由廠商直接運送給最終消費者），統籌轉運是先將訂單中的所有產品供應地先作整合，使顧客能獲得單一的運送。統籌轉運網路的資訊及產品流如圖3.7所示。統籌轉運模式一直被許多直銷商所採用，如Dell和Gateway，而且也可為採用投遞運送模式的公司所運用。當顧客向Dell訂購了一台個人電腦（PC）和Sony監視器（Monitor），貨物運送公司就必須分兩個地方取件，先到Dell工廠取得PC，再到Sony工廠取得監視器，然後先統籌兩項產品，再將貨品一併運送給顧客。

如同投遞運送，統籌轉運模式可以實施庫存品整合與延緩製造客製品，是

圖3.7　統籌轉運網路

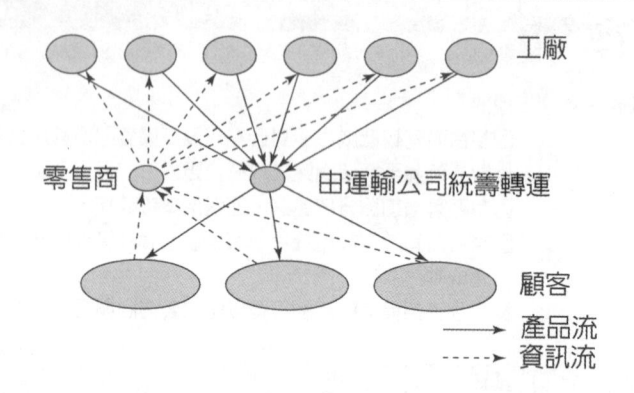

其一項重要的優點；Dell與Sony公司可以先在所屬工廠將其庫存品予以組合。此模式對高價值性且需求難以預測的產品具最大效益，特別是在可將產品客製化延緩的條件下，此模式更有效。

　　一般而言，統籌轉運模式所需的運輸成本會低於投遞運送模式，因為此模式在運送貨品給顧客前，就在運輸公司倉儲中心先行重整貨品。在一筆訂單中，其中產品雖來自三個製造商，但有運輸公司統籌後，便可一次完成交貨；在投遞運送模式下，卻需要分三次運送給顧客。較少的送貨次數節省了運輸成本，並且簡化收件程序。

　　對製造商與零售商而言，設施與處理成本與投遞運送模式相同；採用統籌轉運的團隊，因為其間需要有相互結合的能力，所以設施成本會較高。但是，顧客端的收貨成本相對較低，因為其只需一次運送。整體而言，此模式的供應鏈設施與處理成本比起投遞運送模式略高一些。

　　統籌轉運模式需要一套複雜的資訊基礎架構。除了資訊須緊密結合外，零售商、製造商和運輸公司三者的運作亦須相互協調配合；因而，比起投遞運送模式，其資訊基礎架構的投資較高。

　　統籌轉運模式的回應時間、產品的多樣性和可獲性與投遞運送模式相似。因為必須進行統籌，此模式所需的回應時間略為較高些；但是，相較於投遞運

送模式,顧客對於接收貨品的感受可能較好,因為顧客的訂單只需一次運送,而投遞運送模式則需多次運送。另外,訂單透通度是非常重要的必要條件;雖然一開始的準備相當困難,因為必須有效結合製造商、運輸公司和零售商,不過之後在運輸公司倉儲中心的統籌下追蹤作業將會變得容易。在統籌點以前,來自每個製造商的訂單是個別的被追蹤;隨後,訂單可視為一個個別單元被追蹤。可退貨性方面,相似投遞運送模式;兩種運送模式對於退貨處理相似,兩者在逆向運籌其所需的費用成本依然很高,而且很難實行。

　　統籌轉運模式優於投遞運送模式,以其運送成本較低且能改善顧客經驗為主;但是,主要缺點是須額外的工作來進行統籌。依其績效特徵,製造商儲存並且統籌轉運模式適用於零售商,而此零售商是選取中低需求且高價值性的產品,並且由幾家有限的製造商供應。與投遞運送模式相比,統籌轉運對每個有較高需求量製造商的(不需要對每種產品)更有利於執行統籌;但是,如果有太多的製造商,統籌轉運將不易協調和執行。所以,若要採用此模式,製造商一次最好不要超過4到5個。之前所舉的購買Dell個人電腦與Sony監視器的例子最適用此模式,因為其產品具多樣性且來源供應地有限,而從每個來源供應地其有較高的總需求量。

❖ 配送商儲存並由運輸公司配送

　　在此模式,庫存並未在製造商倉庫,而是在經銷商/零售商的中間倉庫,而包裹運輸公司再從中間倉庫將貨品運送給最終顧客。像W.W. Grainger和McMaster Carr這類企業配送商一樣,Amazon網路書店已經將此運輸模式與從製造商(或配銷商)投遞運送模式結合在一起。在此模式中,其資訊及產品流如圖3.8所示。

　　與製造商儲存相比,配送商儲存對於庫存掌控的要求較高,因為配送商/零售商倉庫總體性產品,其需求不確定性低於製造商,由於製造商可藉由配送

圖3.8 配送商儲存並由運輸公司配送

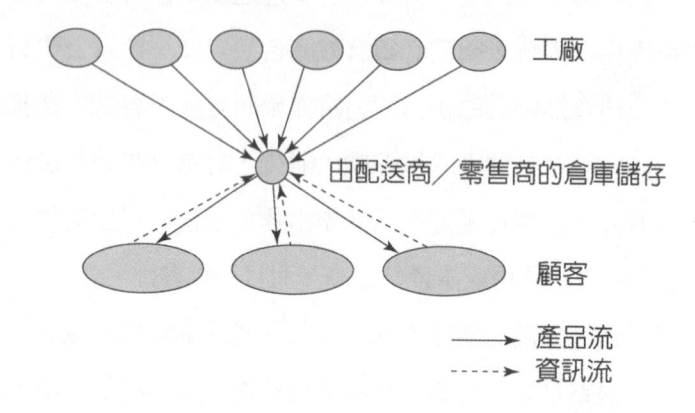

```
        工廠
   ○ ○ ○ ○ ○ ○
    ↘ ↘ ↓ ↙ ↙
       ◉  由配送商／零售商的倉庫儲存
      ↙ ↓ ↘
    ○   ○   ○   顧客

    ──→ 產品流
    ‐‐→ 資訊流
```

商／零售商,來對產品需求量作充分的總體性統計。從存貨的觀點,配送商儲存一些較高需求的產品是合理的;這種情形在 Amazon 網路書店與 W. W. Grainger 的營運模式例子中可以發現,他們僅儲存中等至快速周轉的品項在倉庫,而周轉慢的品項則儲存在更上游。在一些案例中,在配送商儲存會造成延緩需求滿足,而且其倉庫必須有組裝能力;但是,配送商儲存要求比零售網路較低的庫存量。Amazon 網路書店利用倉庫儲存模式達成庫存 12 次周轉,Borders 書店則透過零售商店達成大約庫存兩次的周轉。

因為在企業內運送至離顧客較近的倉庫時,所存在的運輸經濟模式(如卡車承載量),和製造商儲存比較,配送商儲存的運輸成本較低。不同於對有多品項之單一顧客訂單需有多筆運送的製造商儲存,配送商儲存允許企業外運送至顧客時合併成一次運送,這樣一來,可更節省運輸成本。相較於製造商儲存,配送商儲存節省了運輸成本,同時也會增加更多高周轉品項。

因為統籌所產生的損失,和製造商儲存比較,配送商儲存的設施成本(倉儲)會較高一些。除非工廠能夠將產品從生產線上直接運送給顧客,配送商儲存的處理成本和製造商儲存才會相當;否則在此模式中,配送商儲存將有較高的處理成本。從設施成本的觀點來看,配送商儲存不適用於低周轉的貨品上。

配送商儲存所需的資訊基礎架構與製造商儲存者比較，其複雜性較低。配送商的倉庫作為顧客與製造商之間的一個緩衝區，以完全地減少兩者間所需的協調。顧客與配送商（倉庫）間訊息需要及時的透通，對於顧客與製造商間資訊的及時透通反而不必要。為達成配送商（倉庫）與製造商間資訊的及時透通，所需的成本遠低於花費在顧客與製造商間資訊的及時透通。

　　平均而言，配送商儲存的回應時間優於製造商儲存，因為配送商（倉庫）距離顧客比較近，而且在出貨時所有訂單已在倉庫整合。例如Amazon網路書店在一天之內將存放於倉庫中準備出貨的產品處理完畢，隨後再花3至7個工作天透過陸運將貨物運送給顧客。W.W. Grainger也能在同樣天數內將顧客訂單處理完畢，而且有足夠倉庫在隔天透過陸運運送所有訂單。倉庫儲存限制供應的產品種類。W.W. Grainger倉庫中並不存放低需求量的產品，這些產品多半是由製造商採取投遞運送直接出貨給顧客。配送商儲存有較高顧客便利，因為就每筆訂單來看，只需一次運送，不需分批裝運，顧客一次便能收到貨品。由於須在供應鏈其他層級儲存，配送商儲存的上市時間要比製造商儲存稍微高一點。配送商儲存的訂單的透通度優於製造商儲存，因為此模式只需一次運送（從倉庫就直接出貨給顧客），而且只需供應鏈的一個階段包含其中即可完成一筆訂單。配送商儲存的可退貨性優於製造商儲存，因為所有顧客的退貨，都可集中於倉庫統一進行處理。即使貨品來自多幾家製造商，顧客只需將貨品裝在一個包裹中退還即可。配送商儲存並由運輸公司配送的績效歸納於表3.2。

　　配送商儲存並由運輸公司配送非常適合中等至快速周轉型的貨品；當顧客不需要貨品馬上送達，卻又希望送貨速度能比製造商儲存快時，配送商儲存就可派上用場。配送商儲存處理的產品種類多樣性較製造商儲存少些，但配送商儲存所處理的產品種類多樣性通常比連鎖零售店有較高水準。

表3.2　配送商儲存並由運輸公司配送的績效特徵

成本因素	績效
存貨	比製造商儲存模式高。對快速周轉的產品沒有太大的差異。
運輸	比製造商儲存模式低。減少最多快速周轉的產品。
設施與搬運	比製造商儲存模式高一些。對慢速周轉的產品其有大的差異。
資訊	相較於製造商儲存模式，基礎建設較為簡單。

服務因素	績效
回應時間	比製造商儲存模式快。
產品多樣性	比製造商儲存模式少。
產品可獲性	和製造商儲存模式相同程度的可獲性，其成本較高。
顧客經驗	優於採用投遞運送的製造商儲存模式。
上市時間	比製造商儲存模式更高。
訂單透通度	比製造商儲存模式容易。
可退貨性	比製造商儲存模式容易。

❖ 配送商儲存但最後路程送達

　　直接送達意指配送商／零售商將貨物運送至顧客家，而不是透過貨物運輸公司。Webvan、Peapod和Alberston曾運用最後送達模式於雜貨業上。像Kozmo和Urbanfetch兩家公司都企圖建立一個多樣性產品種類的宅配網路，但多因無法獲利而失敗。不像貨物運輸公司運送，最後路程送達需有更靠近顧客的配送商倉庫；就最後路程送達所能服務之有限半徑，與貨物運輸公司運送例子相比，此模式需要更多倉庫。最後路程送達的運送網絡架構如圖3.9所示。

　　和其他選擇相比較（零售業除外），配送商儲存但最後路程送達需要較高的庫存水準，因為其統籌能力較低。就庫存觀點而言，最後路程送達之倉庫儲存將適合相對較快速周轉品項，因為各單項的產品並不會導致明顯的庫存增加。雜貨業中所經銷的日常品就非常適用於此模式的運送。

圖3.9　配銷商儲存並且最後路程送達

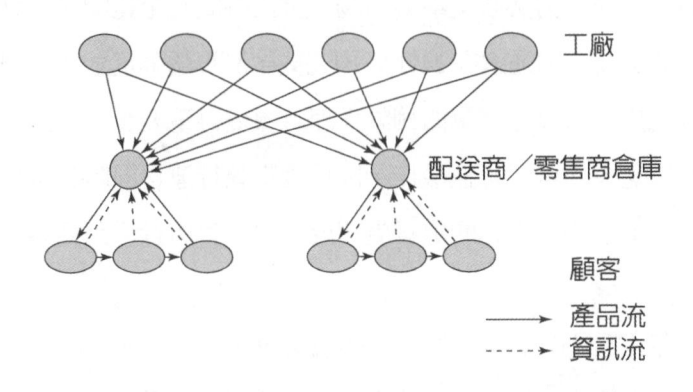

```
工廠
配送商／零售商倉庫
顧客
→ 產品流
⇢ 資訊流
```

　　此模式所需的運輸成本最高。此乃貨物運輸公司透過零售商店將所有待運送的顧客地點先予以統籌，而且其經濟效益會高於以配送商／零售商完成最後路程送達運送模式。運送成本費用（包含交通運輸與處理成本）在雜貨業每趟宅配約30美元至40美元，此模式在較大型且人口稠密的城市可能會便宜一些。對於龐大、笨重且不易移動的產品，顧客較願意採用宅配且付出較合理的運輸成本。在中國大陸宅配水以及體積很笨重的米袋證明此模式是相當成功，因為人口密集度高有助於減少運送成本。

　　採用此法需要相當大數量的設施，其設施與處理成本會非常高。設施成本與零售店運輸網路系統相比會較低，但比由貨物運輸公司運送的製造商儲存或配送商儲存較高。然而，處理成本與零售店運輸網路系統相比會高出許多，因為此模式中，顧客並未參與。執行最後路程送達之雜貨店完成所有處理工作直到貨品送達到顧客家中，此點不似顧客在超市中進行買賣，顧客有較多參與。

　　此模式所需資訊基礎架構和配送商儲存並與運輸公司配送者相似。然而，其需要額外運送排程能力。

　　回應時間將比貨物運輸公司運送較快速；當線上雜貨店一般提供隔日配送時，Kozmo和Urbanfetch已經嘗試提供當天運送；產品多樣性一般比配送儲存並由貨物運輸公司者較低；除了零售店外，提供產品可獲性成本比每種選擇為

高。採用此種選擇時，顧客經驗相當好，尤其對龐大且不易搬運品項。因為新產品在消費者可取得之前必須更滲入市場，上市時間甚至比配送商儲存並由包裹載運商遞送者更高。因運送在24小時內完成，訂單透通度並不重要。訂單追蹤特性是在未完成或未運送訂單的例外處理時會變得重要。在討論過的所有選擇中，最後路程送達的可退貨性最佳，因為貨車執行運送同時也可以從顧客處取貨執行退貨。最後路程送達的退貨處理成本比零售店貴，因為零售店的顧客會到店取貨。

配送商儲存並且最後路程送達的績效特徵歸納於表3.3。

在人工成本高漲的領域中，以效率和改善利潤的基礎上來看，配送商儲存並且最後路程送達非常不可行，通常只有在足夠顧客層願意對此服務付費時才可能使用此模式。在此模式下，首先要執行某項工作，那就是在現有配送網路的最後路程送達中找出經濟批量及使用率改善。例如Albertson's這個案例採用

表3.3　配送商儲存但最後路程送達的績效特徵

成本因素	績效
存貨	比配送商儲存並由運輸公司配送者高。
運輸	在最少規模經濟時成本非常高。比其他任何配送選擇高。
設施與管理	設施成本和運輸公司配送者採製造商儲存或配送商儲存者高，但比零售店者低。
資訊	和運輸公司配送者採配送商儲存者相似。

服務因素	績效
回應時間	非常快速。同天至隔日送達。
產品多樣性	比運輸公司配送者採配送商儲存者低，但比零售店高。
產品可獲性	除了零售店外，比任何其他選擇花費昂貴以取得產品。
顧客經驗	非常好，尤其是對龐大物品。
上市時間	比配送商儲存並由包裹載運商遞送者稍微高一點。
訂單透通度	和運輸公司配送者採製造商儲存或配送商儲存者相較容易許多且不成問題。
可退貨性	比其他選擇容易執行。比零售網路困難且花費昂貴。

現有雜貨店設施和人工提供宅配，雜貨店設施充當線上訂購的執行中心，同時也作為雜貨店本身的補貨中心，這些輔助可以改善使用率，並且降低提供此項服務的成本。當顧客訂單量大到有足夠經濟批量時，最後路程送達便可能可以成形。Peapod曾改變其訂價策略以反應此構思，它規定每次最少的訂購量為50美元（運費為9.95美元），並且對任何訂購量不再提供免費運送。有件有趣的事是，當Peapod淡季期間，其運送提供折扣，此折扣之改變是依據其排程；為了獲利，宅配公司幾乎確定都取消免費運送。

❖ 製造商／配送商儲存並由顧客取貨

　　此模式中，存貨是儲存於製造商或配送商的倉庫，而顧客透過網路或是電話下訂單，然後至指定點取貨。有許多例子均是如此運作，其中包括日本7-Eleven旗下的7dream.com，允許顧客可以至指定的商店中取得線上訂購之貨品。W.W Grainger是B2B很好的例子，顧客可以在任何一間W.W Grainger的零售商店取得其訂購。在7dream.com例子中，訂單是從製造商或配送商的倉庫被配送到取貨點。在W.W Grainger例子中，訂單裡的一些品項被儲存在取貨點，而其他品項可能來自一些中心處。日本7-Eleven的資訊和產品流網路如圖3.10所示。

　　7-Eleven設有物流配送中心，從製造商運來產品，經過越庫作業後，根據每天作業基礎直接配送給零售通路。零售商配送線上訂購的動作可以被視為製造商的一種，也就是執行越庫作業，之後配送至適當7-Eleven通路；充當線上訂購的通路點，也使得7-Eleven可以改善其現存通路資產的利用。使用本方法，製造商或配送商儲存可以藉由統籌讓存貨成本降低。W.W.Grainger將快速周轉項目儲存在取貨點，而低周轉的項目則儲存在中心倉庫或製造商的倉庫。

　　此種模式的運輸成本比其他使用貨物運輸公司運送為低，因為其透過有效的整合取貨點的配送訂單。此種運送允許採用整車或散裝車輛來運送訂購貨

圖3.10　製造商配送商儲存並且顧客取貨

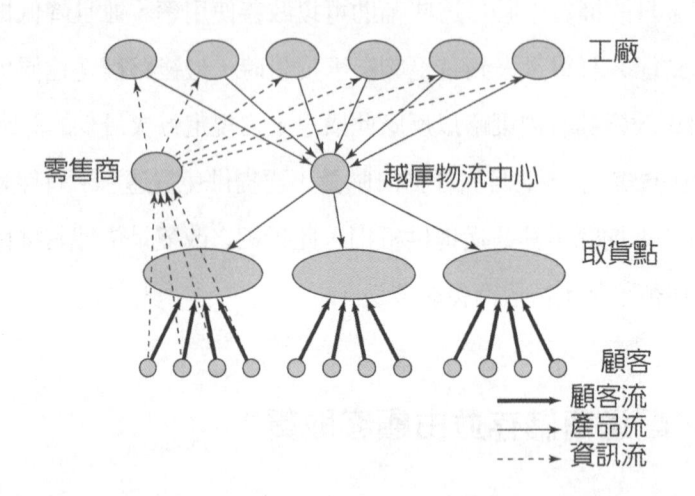

品。在日本7-Eleven的例子中，配送成本的邊際增加是很小的，因為卡車已經配送產品到商店，而且透過線上訂購可以增加其使用率。

假如必須成立新的取貨點時，此種模式的設備成本將會增高；但是，使用既存的取貨點會減低額外的設施成本，例如7dream.com和W.W. Grainger已經存在既有的商店。在製造商或倉儲的處理成本和其他的解決方法是相似的；在取貨點處理成本將會比較高，因為每個訂單都要和個別特定的顧客相配合。假如沒有適當的存貨和資訊系統，重新設立取貨機制將明顯地增加處理成本。在取貨點處理成本的增加是本方法成功的最大負擔。在顧客收到貨品前，要提供給顧客訂單的透通性需要一項有效的資訊基礎架構；同時，也需要零售商、庫存點和購買點間良好的協同機制。

相對於採用貨物運輸公司模式，回應時間在這種模式中是可以被達成；但是相對於製造商或配送商儲存選擇，此種模式可以提供產品多樣性和可獲性。顧客經驗會有一些損失，因為不像上述討論過的選擇，顧客必須至取貨點取得其訂購。另一方面，當顧客不想透過網路線上付款時可以透過此種方式以現金付款。在一些國家中，如日本的7-Eleven其通路超過1萬家，並不會造成顧客太

多的不便，因為大部分的顧客接近於取貨點，並且可以很方便地取得其所要的產品。上述論點（顧客經驗會有一些損失，因為顧客必須至取貨點取得其訂購）仍是有爭議的。在一些例子中，這種模式反而被認為是更方便的，因為顧客不需要為配送到家的貨品而必須待在家裡等候，新產品的上市時間能夠和製造商儲存一樣短。

　　訂單的透通度對於顧客的取貨是相當重要的，顧客必須被告知訂單何時會到達，同時在顧客取貨時訂單必須讓人一目了然。但是，這樣的一個系統在執行上是有困難的，因為必須整合供應鏈上的許多階段。退貨一般傾向在取貨點作處理，問題是有些像7-Eleven這類既有的取貨點，經常是無法處理退貨問題的，因為它們未設有回收及處理店中未銷售的產品的機制。然而，從運送的觀點，退貨流程可以使用配送的卡車來處理。對顧客而言，因為退貨處就在他們取貨點，所以退貨對他們而言是相當容易的一件事。整體而言，此種模式具有相當高的可退貨性。製造商／配送商儲存並由顧客取貨的績效特徵如表3.4所示。

　　顧客取貨點網路的主要優點在於其可以降低配送成本，在線上擴展產品和擴大消費群。其主要的負擔在於取貨點中增加處理成本。假如便利商店或是雜貨店作為取貨點時，這樣的網際網路是最具有效率的，因為這樣的網路架構從基礎架構改善其經濟效益；不幸地，這樣的取貨點通常被設計成允許顧客來取貨，同時欠缺考慮顧客特殊訂單的取貨能力。

❖ 零售商儲存並且顧客取貨

　　在此種選擇下，存貨是被儲存在當地的零售商店。顧客可以走進零售商店或者是在線上或電話下單後，在零售商店取貨。提供這樣多樣化選擇的訂單配置包括Albertson's公司，其使用部分設施作為雜貨店，另外還有部分設施作為線上作業中心，顧客可以在商店直接購買或是在線上訂購。另有B2B的例子是

W.W. Grainger，顧客在此可以透過網路、電話或親自下訂單，再到W.W. Grainger其中一間商店取得下訂的貨品。Albertson's只在取貨點儲存存貨，而在W.W. Grainger例子中，一些品項會被儲存在取貨點，而有些項目可能來自**區域性**的儲存中心。

因為缺乏統籌機制，此模式增加了存貨成本；然而，對於高度周轉的品項，零售商儲存會增加存貨的收益。Albertson's對大部分相對高度周轉的品項會使用零售商儲存模式，且無論如何都會儲存在超級市場。相似地，W.W. Grainger將快速周轉之品項的存貨放在取貨點，而周轉較慢的產品儲存在倉儲中心。一般而言，存貨會伴隨著當地的庫存而增加。

此種選擇的運送成本比其他的解決方法來低很多，因為較廉價的運送方法可以應用在零售商店補貨上。設施成本會比較高，因為需要許多當地的設施。當顧客走進商店並且下訂單時，是需要一些最低的資訊基本架構。然而，對於線上訂購時，則需要一個顯著的資訊基礎架構，以提供給顧客訂單的透通度直到顧客取得產品為止。製造商／配送商儲存並由顧客取貨的績效特徵如表3.4所示。

零售商儲存可以達到非常佳的回應時間。例如Alberston's和W.W.Grainger兩者提供零售地點當天取貨。零售商儲存時的產品多樣性會比其他的選擇來得低。一個高水準產品可獲得性的成本將比其他所有方法高。因為新產品在提供消費者之前必須穿透整個供應鏈，這種選擇的上市時間是最高的。靠線上或電話下訂單，對顧客取得產品時訂單的透視度是很重要的。退貨可以在取貨點中被處理。總體而言，使用這個方法具有相當高的可退貨性。零售商儲存並且由顧客取貨績效特徵如表3.5所示。

零售商儲存的主要優點在於其較低的配送成本，以及比其他網路提供更快的回應時間。主要的缺點是在於存貨和設備成本的增加。這樣的網路是很適合用在快速周轉的產品項目或是顧客價值需快速反應的產品項目。

表3.4　製造商／配送商儲存並由顧客取貨的績效特徵

成本因素	績效
存貨	依據庫存地點的不同,其可配合任何其他選擇。
運輸	比採用運輸公司配送者低,尤其是採用現存運送網路時更低。
設施與管理	假如新設施必須建立時,設施成本會非常高。若採用現有設施則成本較低。取貨點的管理成本會顯著地增加。
資訊	所需基礎架構需要顯著地投資。

服務因素	績效
回應時間	和運輸公司配送者採製造商儲存或配送商儲存者相似。若品項儲存在靠取貨點時可能可以當天送達。
產品多樣性	和其他製造商或配送商儲存選擇相似。
產品可獲性	和其他製造商或配送商儲存選擇相似。
顧客經驗	因為缺乏宅配,比其他選擇差。在人口密集地區較不會造成太大的不便。
上市時間	和製造商儲存相似。
訂單透通度	執行上有其困難,但對顧客很重要。
可退貨性	若取貨點能處理退貨會容易些。

表3.5　零售商儲存並由顧客取貨績效特徵

成本因素	績效
存貨	比其他選擇較高。
運輸	比其他選擇較低。
設施與管理	比其他選擇較高。對於線上或電話訂單在取貨點處理成本的增加是顯著的。
資訊	對於線上或電話訂單需要一些基礎建設架構的投資。

服務因素	績效
回應時間	對儲存在靠近取貨點的品項目可能可以當天(立即)取貨。
產品多樣性	比其他選擇較低。
產品可獲性	產品可獲性的提供成本比其他選擇來得昂貴。
顧客經驗	有關是否運送貨品給顧客,被顧客視為正面或負面的經驗。
上市時間	在所有配送選擇之中最高。
訂單透通度	對店內訂單較不重要。對於線上或電話訂單有困難,但是有其必要。
可退貨性	若在取貨點可以處理退貨,會比其他選擇容易。

❖ 配送網路設計的選擇

在決定一個適當的配送網路時，一個網路的設計者應該考慮到產品的特性和網路的需求。先前考慮的不同網路皆有其不同優點和缺點。表3.6是根據不同的績效構面，相互比較後的評等。等級1是指其在那個構面中績效表現最好的，等級越高表示績效越差。

只有具備優勢的公司會使用一個單一的配送網路。大部分的公司都是採用多種配送網路的組合。多樣的組合會根據產品的特色和企業策略目標的定位來決定。在不同情況下，不同運送設計的合適性如表3.7中所示。

W.W. Granger是一個極佳的**混合性配送網路**的例子，因為它的配送網路結合了前述各種不同的選擇。然而，這個網路是特別量身訂作以符合其產品的特性和顧客的需求。例如快速周轉和緊急性的品項都在當地儲存，顧客若不可以直接取得，不然便是可以根據緊急情況進行配送。周轉性較慢的品項通常被儲

表3.6　配送網路設計的相對績效

	零售商儲存並且顧客取貨	製造商儲存並直接配送	製造商儲存並統籌轉運	配送商儲存並由運輸公司配送	配送商儲存並且最後路程送達	製造商儲存並取貨
回應時間	1	4	4	3	2	4
產品多樣性	4	1	1	2	3	1
產品可獲性	4	1	1	2	3	1
顧客經驗	1～5	4	3	2	1	5
上市時間	4	1	1	2	3	1
訂單透通度	1	5	4	3	2	6
可退貨性	1	5	5	4	3	2
存貨	4	1	1	2	3	1
配送	1	4	3	2	5	1
設施和管理	6	1	2	3	4	5
資訊	1	4	4	3	2	5

表3.7　不同的產品和不同的顧客特性的配送網路績效

	零售商儲存並且顧客取貨	製造商儲存並直接配送	製造商儲存並統籌轉運	配送商儲存並由運輸公司配送	配送商儲存並且最後路程送達	製造商儲存並取貨
高需求性產品	+2	-2	-1	0	+1	-1
中等需求性產品	+1	-1	0	+1	0	0
低需求性產品	-1	+1	0	+1	-1	+1
非常低需求性產品	-2	+2	+1	0	-2	+1
很多產品來源	+1	-1	-1	+2	+1	0
高產品價值	-1	+2	+1	+1	0	-2
需要快速回應產品	+2	-2	-2	-1	+1	-2
高度產品多樣性	-1	+2	0	+1	0	+2
低顧客不方便性	-2	+1	+2	+2	+2	-1

存在全國性配送中心中，配送至顧客處需要1至2天。周轉性非常慢的產品項目通常是直接從製造商投遞配送，需要一個較長的前置時間。另一個混合性網路是Amazon網路書店，其有一些品項儲存在其倉庫，而周轉比較慢的品項可能從配送商或出版社投遞配送。

我們可以從本章開始時所提到的一些問題進行回顧。在現今電腦產業中，對顧客來說，客製化和高度的產品變化性似乎更具價值性。根據一個公司少許的來源組裝PC產品，但是這個產品最後**創造了高度產品的變化性**。對任一種組態的需求傾向於低且會變化的。這類採購中顧客也願意等待幾天配送。產品的價值昂貴但很合理。產品延遲在降低存貨上扮演一個很重要的角色。從表3.8中可以看出產品比較適合投遞配送或工廠儲存、當地取貨。

因此，現在IBM停止在零售商銷售許多周轉較慢之組態的決策比起Gateway決定開啟零售商店者較佳。Gateway已經創造一個零售商店的網路，但是此網路並未提供供應鏈有任何益處，因為並沒有產品被銷售出去。若要完全地發揮零售網路的利益，Gateway可以在零售店銷售標準組態的產品（似乎有

高需求），伴隨著從工廠投遞運送的所有組態（假若經濟規模許可，也可以在零售店取貨）。Apple 已經決定開啓一些零售店（比 Gateway 少），並且在這些商店裡實際銷售這些產品。假如 Apple 使用這些零售店去銷售快速周轉性的產品，並且呈現組態品項（可以採投遞運送），對這些零售網路是一個很好的利用。

3.4 電子化企業及配送網路

　　本節我們運用本章先前討論的概念，來看 1990 年代後期**電子化企業**（E-Business, EB）的出現，如何影響不同配送網路（Distribution Network）的結構和績效。其目的在於瞭解是什麼原因導致某些配送網路成功引進電子化企業，而其他網路則否；以及這些網路應該如何發展。

　　如同對配送網路的考量，我們以電子化企業影響供應鏈滿足顧客需求的能力和其成本為基礎，建立了一種計分卡。以下詳述各種計分卡的內容。

❖ 電子化企業對顧客服務的衝擊

　　如同我們稍早對配送網路的考量，我們先研究電子化企業如何影響諸如**回應時間**（response time）、**產品多樣性**（product variety）、**供應力**（availability）、**顧客經驗**（customer experience）、**上市時間**（time to market）、**透通度**（visibility）及**可退貨性**（returnability）等等顧客服務元素；再探討諸如直效行銷及提供彈性價格的能力等有助電子化企業的因素。

顧客回應時間

　　銷售無法下載的實體產品時，由於需要運輸時間，無實體零售商店的電子

化企業要比零售商店花費更多時間來滿足顧客的需求。因此，必須在較短時間內得到回應的顧客，也許就不該使用網際網路來訂購該商品。如果產品是可以下載的，就沒有這種延遲的問題。許多時候，網際網路往往具有時效優勢，例如，顧客可以從網際網路下載共同基金內容說明書或音樂；但如果這些產品是以郵寄的方式送達，或甚至要顧客親自跑一趟，可能都會花費比較多的時間。

產品多樣性

電子化企業比實體商店更容易提供豐富的產品選擇。例如Amzon網路書店比傳統書店提供了更大量的選擇。如果零售商店要提供同樣大量的產品選擇，就需要有非常可觀的空間和存貨量。

產品供應力（產品可獲性）

電子化企業能夠大幅提高顧客所需的資訊在供應鏈中傳播的速度，進而提高預測的精確度。當預測更精確且更能掌握顧客看法和需求，供需關係也就會配合得更好。在存貨方面，就可以增加顧客需求產品的存量，並減少無顧客需求的商品存貨。簡言之，電子化企業有助於提升產品供應力。

顧客經驗

電子化企業在**接觸途徑**（access）、**客製化**、**方便性**等方面影響顧客經驗。大部分零售商只在商業時間營業，但電子化企業讓無法在正常營業時間下訂單的顧客也能訂貨。例如，即使W.W. Grainger店鋪已經打烊，顧客仍能在Grainger.com下訂單。事實上，W.W. Grainger已察覺到，在其傳統實體商店打烊後，仍有大量線上訂單湧入。電子化企業讓公司也能接觸到地理上遠距離的顧客。例如芝加哥近郊的一家小型特產店，藉由設立電子化企業，就能接觸到全美國、甚至全世界的顧客。如果沒有電子化企業，就只有位於商店附近的顧客能來消費；電子化企業的唯一限制是顧客能否連上網路。

網際網路提供每位消費者建立個人化購買經驗的機會。例如Amazon網路書店就在線上展示與消費者最近購買或者瀏覽過的相關商品。專注於大量客製化的公司能夠利用網際網路協助消費者選擇合其需要的產品，例如，Dell就在其網頁提供選項讓消費者能訂製想要的電腦。對公司及顧客來說，電子化企業都能增加商業行為的便利性。因此，顧客就能享有不必離開家或工作場所就能購物的便利。電子化企業也有助於購買過程的自動化，同時加速商業的進行並減少開立訂單的成本。例如，許多電子化企業運用以前採購的資料來加速目前的採購程序。

訂單透通度

網際網路提供了訂單狀態的透通度。對顧客而言，因為沒有和店鋪採購等效的產品實體對照，提供這種透通度就很重要。

可退貨性

可退貨性對線上訂購者來說比較困難，因為產品是從**集中點寄出的**。零售店購買的商品要退貨就容易得多。由於顧客無法在購買前碰觸和感受商品，線上訂購者的退貨率也會比較高。因此，線上訂購會**增加商品回流的成本**。

直接銷售給消費者

電子化企業允許製造商和其他供應鏈上的成員有別於過去傳統方式透過中間商將產品賣給消費者的方式，越過媒介直接與消費者接觸以增加利潤。例如，Dell利用網際網路販售個人電腦，結果因為不需要將利潤分給通路商及零售商，Dell收益成長，並且強化利潤。相反的，像HP這類電腦製造商經由零售店銷售，而必須將部分產品收入分享給配送商和零售商，導致較低的收益和利潤。

加快產品上市時間

電子化企業在介紹新產品比使用實體通路的公司快。如果公司是經由實體通路來銷售電腦，那麼在得到實際銷售後的收益之前就必須生產足夠的產品來儲存。如此下游的通路及零售商才能順利有貨物送達。這是需要花費相當多的時間和努力的。相對之下，電子化企業只需把產品放上網站，通路商就可延後或不必將產品儲存在各通路上。一個新產品能夠在最快的情形下生產出來。這在電腦業被實施，如 Dell 就是一個很好的例子，可以比利用傳統通路的同業較早推出新產品。

彈性價格、產品組合和促銷

電子化企業能夠藉由網頁上資料庫輸入的改變在很短的時間內改變價格，這項能力能在目前的存貨及需求上，將價格調整以得最大利潤。航空業提供了一很好的例子，其在最短的時間內將最便宜而尚未被訂的機位顯示在電腦上。Dell 也提供針對各種需求下，不同結構、規格的電腦和元件有不同的價格。電子化企業改變訂價的能力比傳統產業來得快。如果 Dell 和 L.L. Bean 都使用型錄來傳達折扣，如此它們也必須製作新的型錄並且寄給潛在的顧客，然而電子化企業卻可以在它們的網頁上更新價格。電子化企業還可以輕易地改變它們提供的產品組合和推對的促銷方案。

有效的資金移轉

電子化企業可藉由快速收款增加其收入。以下是一個極佳的例子說明即便不是在商場領域，電子化企業的衝擊情形。在 John McCain's 2000 總統初選，於新罕布州其勝選的 48 小時內，參議員 McCain 選舉中經由網站募集到 100 萬美元。相對地，在選舉中要收到合計 100 萬美元支票時，則要花費更多的時間去處理。

❖ 電子化企業對成本的影響

在成本方面，電子化企業影響到四個供應鏈驅動因素，這四個因素曾在第二章提到，那就是**存貨**、**設施**、**運輸**與**資訊**。重要的是對這四個因素的影響不一定都是正面的。

存貨

由於電子化企業可以改善供應鏈協調，並且更佳地結合供應與需求，所以能夠降低存貨水準與存貨成本。除此之外，採用電子化企業可以聚集存貨，因為顧客願意等待線上訂單的運送。由於地理上的聚集，採用電子化企業並不需太多存貨。例如，Amazon網路書店得以將所有書本與音樂存貨聚集在少數幾個倉庫。反之，Borders與Barnes & Noble需要更多存貨，因為它們必須準備大量存貨於零售店。值得注意的關鍵是需求高的商品，相對聚集利益低，變異係數低，而需求低的商品，相對聚集利益高，變異係數也高。

如果延後收到消費者訂單才處理產品的變異性，則一個電子化企業能顯著降低存貨成本。顧客下單與期望運輸送達間的時間差提供電子化企業一個機會來實行延遲。例如，Dell持有電子元件的存貨，當收到消費者的訂單後才開始組裝電腦，電子元件的存貨顯然要比一台個人電腦來的低。相對一家必須讓零售商持有完成品存貨公司，電子化企業允許像Dell這類公司減少存貨持有成本。

設施

分析必須包括兩種設施成本，一種是網路中設施的多寡與位址的成本，另一種則是設施營運的成本。電子化企業集中營運減少需要的設施，可降低網路設施成本。例如，Amazon網路書店只使用少數幾個倉庫來滿足需求，Borders

與Barnes & Noble則因為所有營運的零售商店，使設施成本高居不下。

在很多例子中，顧客參與選擇產品和下單都讓一間電子化企業減少資源成本。例如，當顧客上Land's End Web，都會仔細檢查產品的可得性，之後才下訂單。當同樣顧客以電話下單時，公司會讓員工檢查產品可得性而額外增加成本。一家電子化企業能夠降低訂單履約成本，因為它不需要立即將成品送至顧客手中。零售商或超級市場就必須增設銷售櫃檯以利更多顧客購物結帳。結果，這些店就必須在週末或假日指配較多的員工。在電子化企業中，假如未履約的合理緩衝被維持著，訂單的履行能比訂單到達較平滑，這將減少尖峰訂購量和減少資源需求和成本。

除此之外，製造商使用電子化企業直接銷售商品給顧客，可以降低營運成本。因為在產品銷售給顧客的途中，越少供應鏈階段參與其中，越可以降低中間處理的成本。

然而，也有不利的地方，對於像是食品雜貨這樣的產品，採用電子化企業所需作的事與顧客在零售店一樣，影響到處理成本與運輸成本的支出。在這樣的情況下，採用電子化企業會比零售店的處理與運送成本還高。例如，顧客在食品雜貨店選了一個產品，像Peapod這樣採用電子化企業的公司必須付出更高的處理成本，因為它需要從倉庫架上把顧客所選的產品拿下來。

運輸

如果一個公司產品使用的格式是可以下載的，網際網路可以節省運送的成本與時間。例如，使用MP3格式的音樂消除任何與運輸CD有關的成本。同樣地，下載軟體也消除一切與生產、包裝與運送CD到零售店的成本與時間。

對於非數位化產品而言，需要考慮設施成本的兩個構成要素，也就是內部與外部。一個公司從供應商處得到補充訂單，內部的運輸成本會增加；一個公司運輸產品給顧客，外部的運輸成本會增加。通常來說，補充訂單會比顧客訂單的量大，所以內部單位運輸成本會比外部單位運輸成本低。將存貨聚集會增

加運送顧客訂單的距離,但會減少補充訂單的距離。比起有許多零售店的公司來說,採用電子化企業與聚集存貨,由於外部的運輸成本增加,會有較高的單位運輸成本(橫跨整個供應鏈)。

資訊

電子化企業能輕易的透過供應鏈來分享資訊,以抑制長鞭效應,並且改善協調能力。網際網路結合供應鏈也許能用來分享計畫及預測資料,甚至改善協調能力。如同我們先前所討論的,這對減少供應鏈中所有的成本和結合供給與需求有所幫助。在此我們可以看到,從先前討論的收入與成本部分,資訊能夠幫助獲利。

然而,電子化企業也需花費額外的資訊成本。建立電子化企業的軟硬體成本通常相當高,需要將這些成本與獲利互相比較。大部分電子化企業的資訊科技基礎設施,在一般營運的實體商業時就已經存在。這可大幅地降低電子化企業上的增值支出。

B2C電子化企業的計分表,如表3.8所示,目標旨在總結電子化企業對之前

表3.8　電子化企業計分表

領域	影響	領域	影響
直接銷售		有效的資金移轉	
提供24小時的服務		降低缺貨水準	
廣泛的產品組合		便利/自動化流程	
提供個人化及顧客化的資訊		存貨	
加快產品上市時間		設施	
彈性價格、產品組合和促銷		運輸	
價格區別		資訊	

＋＋非常正面;＋正面;＝中立;－負面;－－非常負面

幾個領域的影響。

為衡量電子化企業可能的影響，以及決定公司是否合適採用電子化企業，管理者應該仔細觀察計分表上的每個項目，評估可能會有的影響。一旦完成計分表，瞭解電子化企業的影響可以讓管理人員掌握深刻的見解，以決定電子化企業是否合適自己的公司。

我們會在下個部分討論幾個採用電子化企業計分表的例子。

❖ 應用電子化企業架構

建構電子化企業的價值對每個產業而言都不同。Dell在電子化上線後增加的利潤，而Webvan以及許多線上雜貨商已經退出消失。電子化企業的價值仰賴公司能否利用網際網路提高收入減少成本的機會而存在。

❖ 使用電子化企業來銷售電腦：Dell

PC產業是適合利用網際網路提供的機會來增加其利潤。像Dell這一類型的公司已經完全是家電子化的企業，其他的PC製造業也期望能透過網際網路來銷售產品。

如圖3.11所示，Dell直接銷售PC給顧客，當其收到訂單（事實顯示Dell處於推擠／牽引階段的邊界）後才組裝電腦。相反地，傳統的PC製造商在供應鏈的推階段組裝電腦，因為它必須要讓零售店中有可完成的組裝電腦作為出售之用。

PC產業中電子化企業對收入的影響

Dell在網際網路銷售，其主要的收入缺點是無法引吸顧客等5到10天才收到電腦。然而，個人電腦經常在有計畫的情形下被購買，所以大部分人都有意

圖3.11　Dell電腦與傳統PC製造商的供應鏈圖

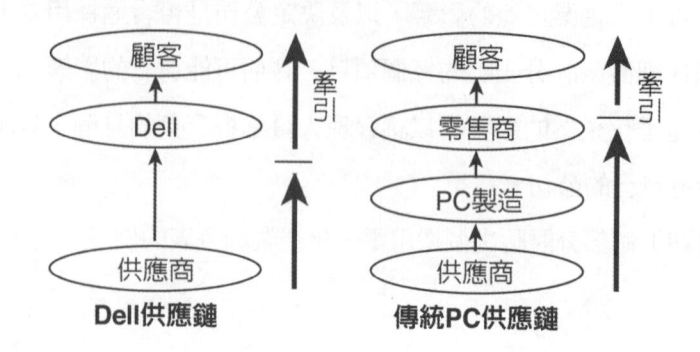

```
        Dell供應鏈              傳統PC供應鏈
         顧客                      顧客
          ↑                         ↑
         Dell        牽            零售商       牽
          ↑          引              ↑         引
                                   PC製造
          ↑                         ↑
         供應商                    供應商
```

願等待其送達。當顧客在選購電腦過程中需要幫助，Dell也無法吸引這類顧客前來購買。不過，期望能選擇自己的個人電腦且願意等待其運送的顧客的比例很大且有成長趨勢。Dell和其他在網際網路上的PC製造商是以此部分顧客為銷售PC的對象。

　　Dell能利用電子化企業擴展增加收入的機會；公司使用網際網路販售各種組合的PC以增加收入。顧客可選擇建議的電腦或訂作自己想要處理器、記憶體、硬體或其他配備的電腦。客製化讓Dell滿足顧客的特定的需求。客製化的選擇可以輕易地在網站上陳列，並且吸引消費者上網選購。Dell也使用客製化的網頁讓大顧客下單訂購。

　　Dell充分地利用網際網路，以便新產品能快速導入市場而增加收入，讓公司吸引顧客願意付較高的價格來取得新科技。PC產業的產品其生命週期都只有短短數個月，因此像Dell這類公司能將產品比競爭者快上市而有更多的利潤，直到競爭對手的產品問世之後。競爭者經由配送商和零售商銷售給顧客，在產品銷售出去之前填滿了配送商和零售商的貨架。相反的，只要第一件PC模型可以組裝時，Dell便能將最新的PC產品透過網際網路介紹給顧客。結果只要有新元件上市Dell能立即提供最新的元件，其他PC製造商透過通路就不能如此快速將新產品上市。

雖然Dell不能完全像具有PC庫存量零售商一樣快速反應，但是它仍是最迅速提供顧客客製化個人電腦的公司之一。在顧客訂單到達之後，公司開始設計產品和流程以組裝客製化的個人電腦。因未直接與顧客當面交易，所以Dell的反應比較慢，在客製化產品上同時也反應較慢。減少幾天的反應時間將能為Dell帶來那些要求時間效率的顧客。

彈性價格也幫Dell在網路上增加不少利潤。Dell的銷售員能每天根據供需來改變價格和遞送時間，從有用的資源中獲取最大利潤。當元件存貨過剩時，公司降價以刺激銷售。

透過網際網路直接銷售PC給顧客，Dell能排除給通路商的利潤而提高自己的利潤。網際網路讓Dell的顧客能在任何時間下訂單。相對於其他通路，網際網路藉由需求人工成本的減少提供便宜許多的購買途徑。例如對電腦商而言，要維持24小時營業是非常昂貴的。

電子化企業的功能讓Dell能在出售的同天收取貨款。然而，Dell付給供應商是根據比較傳統的程序，即在貨品送達後的某些天數付款，例如30天。在低存貨量時，Dell能以負營運資本運作，因為其PC的收取貨款日比付給供應商早15天。包含配送商和零售商的PC供應鏈，會發現很難達到此情況。

PC產業的電子化企業對成本的影響

◎ 存貨成本

電子化企業讓Dell能有機會藉由幾個地區的地域結合而減少存貨。連鎖的零售業就必須在每個零售店存放大量的存貨而Dell集合所有的存貨在幾個地點（以Dell這個例子來說，製造設施分布在北美、亞洲、歐洲、巴西和中國五個地區）。然而像PC產品其區域集中的好處是微薄的，因為在美國東岸的暢銷模型與西岸是相同。因此在不同地區的PC需求是有高度相關的，減少了集中的利益。真正為Dell帶來利潤的原因是利用線上訂購產品，持有存貨的時間只有下單與交貨之間，存貨成本減少。Dell的生產和組裝電腦元件都由顧客自選後組

裝的，所以能在最短的時間內完成客製化的產品。這使得Dell能延後直到顧客下單才組裝。這些元件也能用來組裝其他產品。延遲共用元件組裝，Dell明顯地減少存貨。新PC模型的需求難以預測，所以延遲生產使Dell獲得最大利潤。

　　一家PC製造商經由配銷、零售商的通路來銷售，就很難採用延遲生產。結果，傳統PC製造商會發現滯銷的商品正在屯積，同時暢銷的商品正在缺貨中。相反地Dell較能掌握供需的平衡。電子化企業讓Dell在供應鏈中分享資訊而減少存貨，所以能抑制**長鞭效應**（詳見第五章），這結果讓Dell能明顯地減少成本，改善績效。

◎ **設施成本**

　　電子化企業讓Dell的供應鏈降低設施成本，因為沒有實體的配銷或零售商通路，只有製造設備成本及倉儲成本。一個經由零售店來銷售的供應鏈必須負擔配送倉儲和零售店產生的成本。

　　電子化企業使Dell受惠於顧客在下單時的參與及減少設施處理成本的優勢。Dell節省客服中心服務人員的成本是因為顧客會自己經由網際網路訂購。

◎ **運輸成本**

　　電子化企業的結果，Dell總運輸成本是比其他透過配送及零售的PC製造商較高。Dell從工廠直接出貨個人電腦給個別的顧客，經由配送商和零售商的製造業者則是運用卡車大批運貨至倉庫或零售業者。Dell的外部運輸成本較高。不過，相對於個人電腦的價格，廠外運輸成本較低（一般而言約2%至3%），所以對總成本不會造成太大的影響。

◎ **資訊成本**

　　雖然Dell為了實施接單後生產模式，投資許多金錢於資訊科技上，但之前所討論過的獲利不只是能夠補償成本的支出。除此之外，不管Dell是否採用電子化企業，大部分資訊科技的成本都是必要的。所以，電子化企業的確增加Dell的資訊成本，但並不是最大的影響因素。

電子化企業對Dell績效的影響

電子化企業計分表總結如表3.9，顯示電子化企業讓Dell明顯的改善績效。

從表3.9所示，可以清楚看到Dell非常適合採用電子化企業。由觀察結果得知，電子化企業可以提升Dell的回應性與效率。因此，顧客十分高興Dell能夠降低成本。而Dell股東則樂見Dell充分利用網際網路的優勢改善績效。

電子化企業對傳統PC製造商的價值

雖然第一眼看到Dell的BTO企業模型，會覺得是充分利用電子化企業的優勢。然而再仔細地觀察傳統PC製造商的銷售模式，比較經由配銷與零售商的方式下，就能發現Dell能獲得較多利潤的原因。PC製造商利用電子化企業銷售較難預測的新產品或客製化PC組合，而較好預測的標準機種則由正常通路商來販售。製造商應該在網際網路上介紹新產品，當新產品需求提高，再移往零售商通路。當在網路上銷售所有客製化機型時，另一種選擇則是在銷售店建議新模式的機型。如此製造商能夠整合所有高變異性的產品來降低存貨，同時在線上

表3.9 電子商務對Dell電腦的績效影響

領域	影響	領域	影響
回應時間	－1	彈性價格、產品組合和促銷	＋2
產品多樣性	＋2	有效的資金移轉	＋2
產品供應力	＋1	存貨	＋2
顧客經驗	＋2	設施	＋2
上市時間	＋2	運輸	－1
訂單透通性	＋1	資訊	0
直接銷售	＋2		

＋2：非常正面；＋1：正面；0：中立；－1：負面；－2：非常負面

即時滿足消費者需求。產品最好是採訂單式生產，並且利用共通的元件。標準機型可得較長前置期且低成本方法來生產。經由配送及零售商販售標準機型可為供應鏈省下運輸成本，對於低成本機型，此點更為顯著。零售商在電子化企業中可藉由設站方式，以利顧客在標準機型缺貨時組合其選擇或訂單中參與之。PC製造商給予零售商加入電子化企業的機會，以避免破壞彼此間的通路關係是重要的。

雖然傳統製造商可以使用**二叉方法**（Two-pronged Approach），一方面利用電子化企業的優點，一方面利用傳統的零售與分配管道。Gateway公司在零售店上遭致極大的失敗，因為它沒有使用任何供應鏈優勢的實體管道。在零售店內，不只是幫助顧客選取產品組合（如同Gateway選擇所作的），如果能把建議的PC組態也放置在零售店裡，會達到更好的服務，可以立刻滿足想買建議組合的顧客之需求，而Gateway公司也得以有效率地生產定製的組合。

❖ 使用電子化企業來銷售書籍：Amazon網路書店

圖書業因Amazon網路書店於1995年7月設立而感受到電子化企業衝擊的產業之一。現在Amazon網路書店在其產品目錄上多加了音樂、玩具、電子零件、軟體及居家改善設備。然而不像Dell的成功獲利，Amazon網路書店已經虧損連連，雖然近年來已逐漸邁向獲利。

Amazon網路書店直接從出版商進書，其餘的就像配送商購買。相反地，傳統書店直接向出版商採購所有書籍。

❖ 圖書業的電子化企業對收入的影響

下列有幾項的理由解釋電子化企業為何對圖書業的收入未能有甚大的助益。如圖3.12所示，Amazon網路書店某些書的供應鏈比其他同類型的書店如

圖 3.12　Amazon 網路書店與傳統書店的供應鏈

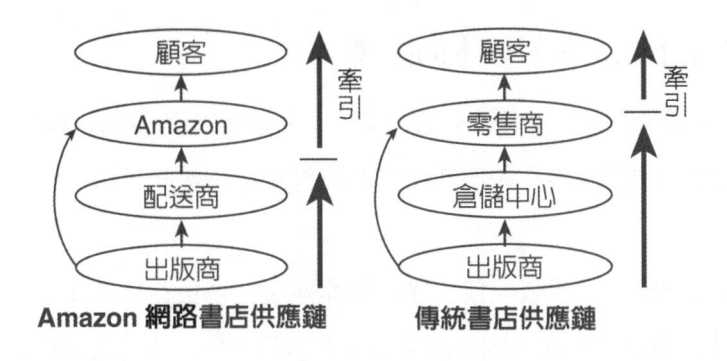

```
        顧客              顧客
         ↑                ↑
       Amazon           零售商
         ↑       牽       ↑       牽
       配送商     引     倉儲中心    引
         ↑                ↑
       出版商            出版商

  Amazon 網路書店供應鏈   傳統書店供應鏈
```

Border、Barnes 和 Noble 來得長,因為多了中間的配送商。不像 PC 產業,其電子化企業是經由製造商來銷售產品,圖書業的電子化企業會導致更長的供應鏈。將利潤分配給配送商之後,Amazon 網路書店只剩更少的利潤。

如同 Dell 的例子,顧客想要快一點拿到書就不會到 Amazon 網路書店買書。換言之,Amazon 網路書店只能吸引願意等待數日才拿到書的顧客,而不能吸引那些立即想閱讀的顧客。公司也嘗試能改善這個問題,所以提供書評和書籍的相關資訊讓顧客能先上網閱覽。

為了彌補這項缺點,Amazon 網路書店也利用網際網路產生的一些機會來吸引顧客以增加利潤。Amazon 網路書店使用網際網路提供數百萬本書籍的資訊來吸引顧客,顧客能在此找到少見或專業的書籍。相對地,一間大型的書店,最多只能存放十萬多本的書籍。Amazon 網路書店也使用網際網路,透過 e-mail 將推薦書籍資料送給顧客,這全是由顧客過去購買的記錄而定,郵件內容主要是通知顧客期偏好類型的新書到貨。新書也會在最快的時間內被介紹且放在網際網路上販售,而實體存在的連鎖書店要作到這一步就必須要進行庫存。

Amazon 網路書店使用網際網路讓顧客能每天在家輕鬆地上網訂書。如果顧客知道自己想要購買的書,則可利用上網下訂,書籍便會送府到家。此舉不需出門花時間在實體書店上,這個便利的措施讓 Amazon 網路書店吸引願意等待的

顧客。

圖書業的電子化企業對成本的影響

Amazon網路書店也使用電子化企業以期降低存貨及一些設施成本。不過，線上銷售書籍的結果卻導致設備運作成本和運輸成本增加。

◎ 存貨成本

Amazon網路書店能減少存貨成本是靠區域性聚集存貨在少數地方；相反地，一間連鎖書店為了在每間店內都能有各書籍，所以會有較高的存貨。聚集性存貨的降低最明顯的是對高度需求不確定性的低銷售量書籍，這種措施對於量大且其需求可預測的暢銷書收益不大。Amazon網路書店持有大暢銷書存貨，而低銷售量的圖書則從配銷購入以滿足顧客訂單。因為配送商能收集其他書商的圖書訂購量，此舉使得Amazon網路書店的供應鏈在低銷售量的圖書存貨更為降低。

◎ 設施成本

電子化企業讓Amazon網路書店降低設施成本，因為它不需要零售商這個通路的基礎設施，而其他的書店如Borders、Barnes和Noble就需要這個通路。Amazon網路書店一開始沒有倉儲中心，而直接向配送商購書。當需求量較低時，配送商就成了較好的庫存區，因其聚集各書商的需求。然而，當需求成長時，Amazon網路書店就能利用自己的倉儲中心來大量儲存暢銷的書籍。現在Amazon網路書店直接向出版商購買暢銷的書籍，而只向配送商購買低需求的書籍。因此，Amazon網路書店的設備成本逐漸增加。不過，和其他連鎖書店比較Amazon網路書店的成本還算是低的，因為Amazon網路書店不需要負擔零售商場的費用。

然而，Amazon網路書店的訂購處理成本比其他書局連鎖店較高。在書店，消費者上門買書都是直接付現後就離開。在Amazon網路書店就沒有現金需要，每一張訂單都從倉庫中提取再運送。如果書是從配送商收到，Amazon網路書店

就會增加訂單的處理成本。

◎ **運輸成本**

Amazon網路書店的供應鏈會比其他連鎖書店的供應鏈花費較多的運輸成本。地區性的書店並沒有個別消費者的運輸成本，相反地，Amazon網路書店就發生從倉儲中心送書到消費者的運輸成本。從Amazon網路書店倉儲中心的運送成本占一本書成本絕大部分（在便宜書本中，它可能高到100%）。當需求成長，Amazon網路書店就會開啟多個倉儲中心以求更接近消費者，減少運輸成本，並改善反應時間。

◎ **資訊成本**

對Dell來說，建立電子化企業會增加些許對資訊科技的投資，但是比起實體公司所需的資訊科技來說，支出並不是特別高。所以，資訊科技對電子化企業的成本稍高，但並不是過高。

電子化企業對Amazon績效的影響

Amazon網路書店的電子化企業計分表彙總在表3.10中。

表3.10 電子商務對Amazon網路書店的績效影響

領域	影響	領域	影響
回應時間	-1	彈性價格、產品組合和促銷	+1
產品多樣性	+2	有效的資金移轉	0
產品供應力	+1	存貨	+1
顧客經驗	+1	設施	+1
上市時間	+1	運輸	-2
訂單透通度	0	資訊	-1
直接銷售	0		

+2：非常正面；+1：正面；0：中立；-1：負面；-2：非常負面

比較表3.10和表3.11得知，電子化企業對PC產業提供較大的優勢，相較之下網際網路賣書就不具如此優勢。其主要原因在兩種產品的差異性，PC產品具有延遲生產的性質，能在顧客確定後才生產，書本則是從出版商出版後，顧客訂購就直接銷售。另外一個原因則是運輸成本的增加價格的部分，書籍要比個人電腦貴上許多。如果書本是可下戴的，Amazon網路書店就可仿效Dell的模式，在網際網路上運送產品，如此，Amazon網路書店現存的一些缺點就會消失。

Amazon網路書店目前販售其他潛在可下戴的產品包含音樂和軟體。在這兩個例子中，Amazon網路書店利用電子化企業銷售CD或可下戴產品的來增加利潤。其他像玩具產品或簡易操作工具，就較不具有延遲性的特性。和實體的零售銷售點比較，Amazon網路書店電子化企業的優點在那些產品型錄上將會較少。

電子化企業對傳統連鎖書店的價值

傳統的連鎖書店如果建構電子化企業的環境，將會對零售商店有所支援而增加很多的利益。上網允許連鎖書店提供如Brick-And-Mortar商店相同的便利性與多樣性，及能夠擴展和Amazon網路書店一樣所有電子化企業的優點。

連鎖書店也能利用需求量少且較難預測而採取聚集之優點的事實。此連鎖書店能自行建構，使得零售經銷店持有顧客採購的許多暢銷書及少許非暢銷書，讓顧客瀏覽並且產生臨時的採購。終端機或網際網路應該提供讓顧客在線上訂購每一種少量非暢銷書。書報攤的出現也增加書店可提供之書籍的多樣性。這個方法讓連鎖書店能聚集少量非暢銷書，以利用網際網路銷售來減少庫存。對零售店販售暢銷書，連鎖店也能有較低的運送成本。

連鎖書店也可使用技術使書本有需求時能在幾分鐘內印出，以減少庫存，而不需要增加書籍的庫存。

傳統連鎖書店能夠整合電子化企業於零售商店，如此就能利用每一個電子

化企業的優點，而且提供效率的訂購及網際網路運輸的優勢。

3.5 問題討論

1. 在零售業的環境中，在印度消費性產品的供應鏈其批發商的數量遠比在美國的多，其中的差別性有何？
2. 一家專業的化學公司考慮向巴西擴張其營運活動，而在巴西已經有五個專業的製藥公司主宰整個市場。請問這家製藥公司應該採用何種型態的配送網路？
3. 配送商聽聞其進貨的製造商考慮要對消費者直銷。對於此情況，請問配送商應如何面對？他們可以提供給製造商怎麼樣的優勢，而這樣優勢是製造商無法模仿的？
4. 何種型態的配送網路最適合日常用品？
5. 何種型態配送網路最適合高度差異化的產品？
6. 在未來，你認為配送商會減少、增加或維持那些附加價值？
7. 有那些高效率的配送網路範例？
8. 電子商務是否對產品生命週期中的開始時期及成熟期會更有效益？為什麼？
9. 比較在諸如Tru-Value連鎖五金店或Home Depot銷售家用產品，何者較能從線上銷售獲利。為什麼？
10. Amazon網路書店在線上銷售書籍、音樂、電子產品、軟體、玩具以及家庭用品。和連鎖零售商店比較，電子化企業會對那種商品類別提供最大利益；又會對那種商品類別提供最小利益（或者潛在的成本損失）。為什麼？
11. 為什麼諸如Amazon網路書店等電子化企業，需要隨著銷售量成長而建造更多倉庫？

供應鏈網路設計

Chapter 4

學習目標

本章將提供資訊供你瞭解網路設計在供應鏈中所扮演的角色,並且在討論供應網路設計時,著重於設施位址與產能分配的基本問題。我們同時確認和討論影響設施位址與產能分配決策的相關因素。接著將建立其主架構,並且討論供應鏈中設施位址與產能分配的各種解決方法邏輯。

讀完本章後,您將能:

1. 瞭解網路設計在供應鏈中扮演的角色;
2. 確認供應鏈網路設計決策的影響因素;
3. 發展網路設計決策的架構;
4. 運用設施位址與產能分配決策的最適化模型。

4.1 網路設計在供應鏈中扮演的角色

供應鏈網路設計決策包含製造、儲存或與運輸相關設施的位址選擇、產能分配以及各項設施所扮演的角色。故供應鏈網路設計決策可以分類如下：

1. **設施角色**：各項設施所扮演的角色是什麼？在各項設施中的執行流程是什麼？
2. **設施位址**：設施位址應在何處？
3. **產能分配**：各項設施應分配到多少產能？
4. **市場與供應配置**：各項設施應對什麼市場提供服務？提供何種供應資源應給各項設施？

由於**網路設計決策**將決定供應鏈之構面及運作上的限制條件，因而對於供應鏈在降低成本及回應時間方面的績效表現，存在顯著影響。網路設計相關的各個決策彼此間會存在著相互影響，在制定決策時吾人應同時考量；其中，設施角色的決策，嚴重影響到供應鏈因應需求變化的滿足能力彈性，所以更須予以明確界定。例如，日本Toyota在全球各主要市場據點都有服務工廠，1997年以前，各地區的工廠負責提供當地顧客服務。當90年代末期亞洲經濟風暴產生時，此種區域性的服務卻傷害了Toyota；亞洲地區工廠的大量閒置產能，卻無法支援其他地區的超量需求。但現在Toyota各地的工廠，調整成可對責任區域以外的市場彈性地提供服務，此**彈性調整決策**幫助Toyota更能有效地順應全球市場環境的變遷。

設施位址決策會對供應鏈的績效存在著長期性影響，因為關閉或移動一項設施到其他區域的費用非常昂貴；一個好的位址決策能幫助供應鏈保持在低成本的狀態下運轉。例如Toyota在美國肯塔基州Lexington市建造裝配工廠，並於1988年開始營運至今。當日圓升值導致在日本生產汽車較在美國生產汽車成本

高而失去競爭能力時,此Lexington工廠卻為Toyota帶來相當的獲利能力,使得Toyota在美國市場能保持低成本生產的優勢。

相反地,一個不佳的設施位址決策,會使得供應鏈難以執行有效率地運作。例如,Amazon網路書店發現其僅依靠位於西雅圖唯一的倉庫對全美地區供應書籍時,將很難低成本、有效率地反應市場顧客的需求;因此,決定在全美其他地區增加供貨倉庫。

產能分派決策也會對供應鏈的績效產生顯著影響;雖然產能分配較設施位址容易調整改變,但仍會對特定設施產生多年影響。對某一地區分配過多的產能時,將導致利用率降低而增加成本;產能過低無法滿足需求時,則會造成回應能力下降,或者會因為須藉由其他設施的長途運送以滿足需求而提高成本。

供應市場配置決策,對於供應鏈的績效也會有顯著的影響,因為其影響到供應鏈為滿足顧客需求時的生產、存貨及運輸成本。因此市場供應配置決策必須定期地反覆考量,方可在市場狀況或工廠產能改變時,因應變化。如之前所提到的例子,當Amazon網路書店的顧客增加時,該公司便建造新的倉庫,並隨著每個倉庫所負責的市場成長情形改變供應狀況;如此不但可降低成本,並且可以改進回應能力。由此可知,只有在設施擁有足夠的彈性來服務不同的市場,再加上由不同的供應來源取得資源的情況下,市場與供應資源的分配調整始可達成。

網路設計決策,不但決定了供應鏈的配置,且對存貨、運輸及資訊等降低供應鏈成本或提升反應能力的各項因素,也設定了限制條件。尤其是當需求成長且公司現有設施變得較為昂貴或回應能力降低時,吾人須注意於網路設計決策。例如,Dell電腦曾經因為設在德州、愛爾蘭及馬來西亞等地的工廠無法在最有利的情況下提供服務,即決定在巴西建立新設施,以服務南美洲市場。另外,當兩家公司合併時,網路設計決策也有著非常重要的影響。因為企業合併後有可能發生產能過剩,再加上所服務的市場與合併前截然不同,此時整合一些設施並改變其區域位址或相互間的角色,可以降低成本並改進其對市場的回

應能力。

本章將專注發展架構與各項運用在供應鏈網路設計的方法論。下節將確認影響網路設計決策的一些因素。

4.2 網路設計決策的影響因素

策略、技術、總體經濟、政治、基礎建設、競爭、運籌與作業等因素均會影響供應鏈中的網路設計決策。

❖ 策略因素

在供應鏈體系中，企業的競爭策略對網路設計決策會產生顯著的影響。以成本導向的企業將趨向於尋求成本最低的製造設施位址，即使其要提供服務的市場距離非常遙遠。例如，1980年代初期，美國境內許多的成衣製造商將其製造設施遷移至人工成本較低的國家，以滿足降低成本的期望。

以回應能力為重心的企業將會選擇接近市場處作為設施位址；因此，如果企業希望能快速回應市場需求變化時，便很可能會選擇一個高成本的設施位置。義大利的成衣製造商曾發展出極具彈性的生產設施，以提供高水準的快速變化服務需求，雖然其成本高昂，但多數公司仍對義大利製造商的回應市場能力給予高度評價。

便利連鎖店以提供顧客易於購物為其競爭策略的一部分；雖然每家連鎖店的規模均很小，但卻在其涵蓋的服務區域內擁有很多的店面，而形成了便利商店網路。相反地，像Sam的大型會員制賣場，則以提供低價商品為其主要競爭策略；因此，顧客必須經過一段長距離開車始可到達賣場，而一家Sam賣場所

服務的區域內，便可能有許多的便利商店。

全球供應鏈網路中，在各個國家的設施所扮演的角色，是為達成其策略目標的最主要支柱。例如，Nike在許多亞洲國家都有製造設施，在中國與印尼是以成本為導向，為Nike生產大量且廉價的球鞋；相反地，位於台灣與南韓的設施則以市場為導向，生產新式樣且高價位的產品。此種差異讓Nike能滿足市場需求的變化而獲利。

當企業在設計其全球網路時，明確地定義其設施所扮演的策略角色或執行所需任務是非常重要的。Kasra Ferdow認為一個全球供應鏈網路中不同設施的策略角色分類如下：

1. 外置型設施：以出口為單向的低成本設施。此類設施所扮演的角色，是設置於具有**低廉供應源**的國家，使其就近滿足市場需求。其設施位置必須選擇在低人工成本與其他成本的地區，許多亞洲地區開發中所有的產出全數出口而減免了進口關稅，故這些國家頗為適合成為國外製造設施的地點。

2. 來源型設施：全球化生產的低成本設施。此類型設施仍以低成本為其主要目標，但其策略思維則較外置型設施所涵蓋的範圍更廣。來源型設施通常為全球化網路產品的主要來源。其設施通常設置在生產成本相對較低，但基礎架構完整且技術性作業能力較佳的區域。外置型設施經過一段時間將可發展成為供貨型設施。位於台灣與南韓的Nike工廠，就是一個很好的例子；當地的工廠因為低人工成本而成立了外置型設施，然而一段時間後，這些工廠開始參與新產品的研發製造進而行銷世界各地。

3. 服務型設施：區域性生產設施。服務型設施的目標在供應其所在位置的市場。此類設施的建立，是因為稅賦、區域特殊需求、關稅障礙，或是由其他地區供貨而導致高運籌成本等因素。1970年代晚期，Suzuki與印度政府合作建立Maruti Udyog公司；初期Maruti設定為服務型設施，僅生產印度市場所需的汽車，幫助Suzuki克服了進口車高關稅的問題。

4. 貢獻型設施：擁有技術發展的區域生產設施。此型設施對其所在地市場

提供客製化產品、流程改善、產品改良或產品研發等服務；多數管理良好的服務型設施經過一段時間後，會轉型成貢獻型設施。時值今日，位於印度的 Maruti 設施已經發展出許多的新產品，而這些產品不僅針對印度國內市場，同時也包含海外市場。同時，Suzuki 網路也已經成為貢獻型設施。

5. **屯墾型設施**：為取得當地技術所建立的區域生產設施。此類型設施主要在取得某一特定地區的特殊知識或技術。對其所在位置而言，它同時扮演著服務型設施的角色；其主要目標是成為整個網路的知識與技術中心。雖然營運成本高，但仍有許多全球性企業在日本擁有生產設施；大多數此類設施作為屯墾型設施。

6. **先導型設施**：研發與製程技術領先之設施。先導型設施會對整個網路創造新產品、新流程與技術；通常此型設施會設立在易於取得技術人力與資源的區域。

❖ 技術因素

現有可行的生產技術特性，對網路設計決策會有重大的影響。如果生產技術具有明顯的經濟規模，則選擇少數地點設置高產能設施是最有效率的；需要極大的投資額之電腦晶片的製造工廠就是這種狀況。結果，大多數公司建立為數甚少的晶片生產工廠，但各廠皆有高產能。

相反地，如果設施的固定成本較低，廣設區域型設施，則可協助降低運輸成本。例如 Coca-Cola 公司的瓶裝工廠不需要很高的固定成本，為了減少運輸成本，Coca-Cola 公司便在世界上建立許多的瓶裝工廠，以對當地市場提供服務。

生產技術的彈性也會影響網路達成其彼此間統合的程度。如果生產技術毫無彈性且各國的生產需求變化大時，則公司就必須在每一個國家設置設施，以提供當地市場服務；反之，彈性生產技術對一些大型設施的製造較易達成統合。

❖ 總體經濟因素

總體經濟因素包括稅賦、關稅、匯率及其他非企業個體內部的經濟因素。當貿易增加且市場越趨全球化時，總體經濟因素對供應鏈網路的成敗就會有顯著的影響。因此，當企業在制定網路設計決策時，不可避免地要將這些因素納入考量。

關稅與稅賦獎勵

產品或設備在跨國、州、市交易或異動時，經常必須付出關稅或地方稅；在供應鏈中，關稅對設施位置決策會有極大的影響。若一個國家抽取高關稅，則企業不是放棄對當地市場的服務，便是在當地市場建立製造工廠以節省稅賦。在供應鏈網路中，高關稅會導致更多生產位址，而每個位址分配了較低的產能。透過**世界經貿組織**（World Trade Organization, WTO）及**區域性合作協定**，如NAFTA（北美洲）、MERCOSUR（南美洲）等組織，使得關稅得以減免，則企業便可避免高稅負，而利於將位於其中一個國家的工廠之產品供應至另一個國家的市場。因此，企業會開始整合其全球各地的生產與配銷設施；對一個全球性的企業而言，關稅的降低會導致其製造設施數量的減少，但相對地會增加其每一設施的產能。

稅賦獎勵通常是各個國家、州及城市，為鼓勵企業在特定區域設置的設施所採取的減稅措施。許多國家為鼓勵企業在經濟發展較落後的城市投資，而實施城市間不同的稅賦；對許多工廠而言，此種稅賦差異，通常是其設施位址決策的主要因素。通用汽車在田納西州Saturn市設立工廠，其主因就是州政府提供稅賦獎勵；同樣地，BMW在南卡羅萊納州Spartanburg設立了Z3車型的裝配廠。

發展中國家經常會建立自由貿易區，對提供出口的生產企業減免關稅或免

稅優惠;此舉對全球性企業在這類國家設立工廠創造了極優惠的條件,而降低了人工成本。例如,中國大陸在廣州附近設立了經濟特區,便吸引一些全球性產業在當地設廠。

許多發展中國家同時在訓練、食物、交通與其他福利上額外提供了稅賦獎勵;關稅也可能因產品的技術水準而有所差異。例如,中國大陸對高科技產品便給予免稅優惠,以鼓勵企業將公司設於中國大陸,並且帶入最新的技術。因此,Motorola便在中國大陸設立晶圓製造工廠,而取得關稅減讓及其他針對高科技獎勵措施的利益。

另外,也有許多國家在區域的內容及限制進口上設定最低要求;這些政策導致許多公司在本國以外地區大量建立設施,並就地取得供應來源。例如美國對不同國家成衣的進口予以設限。結果,許多企業分別在很多國家設立供應來源,以避免觸及各國的配額限制。因此,限制其他國家進口的政策將會導致供應鏈網路中生產場所的增加。

匯率與需求風險

匯率波動對全球市場供應鏈的獲利,也會產生顯著的影響。一個企業將其在日本製造的產品於美國市場銷售時,就必須面臨日圓升值的風險。在此情況下,生產成本是以日圓計價,但收益卻是美元,一旦日圓升值,若以美元計價的生產成本便相對地提高,而降低了工廠的獲利能力。在1980年代,許多日本的製造商便面對了日圓升值問題,當時大多數製造產能位於日本,且對廣大的海外市場提供服務的公司而言,日圓升值使它們的收益減少而獲利下降,於是許多的日本製造商便在世界各地建立生產設施以因應匯率變化。

為了避免匯率波動帶來的損失而採用限制或防護的財務工具以因應匯率風險;但是,合適的供應鏈網路設計,則會因匯率波動而獲利。為達到此利益的一個有效方法,就是在網路中設立一些超量產能且具彈性的設施,如此一來,便可供應不同的市場。此種彈性使得企業能在供應鏈中改變其生產流程,以在

現行匯率下能生產較低成本的產品。

公司還必須考慮不同國家的經濟波動所導致的需求變動。例如，1996至1998年間，亞洲經濟衰退，具備彈性能力的工廠發現其位於亞洲的工廠多有閒置產能，在製造設施中具有較大彈性的工廠便可運用其在亞洲的閒餘產能，以滿足其他國家的高需求量。本章前面曾提到，在 1997年時，Toyota的亞洲裝配工廠只有滿足當地市場的生產能力，而亞洲的金融危機卻促使Toyota將工廠轉為彈性化的生產，使其有能力供應其他國家的需求。

因此，當設計供應鏈網路時，公司必須建立適當地彈性，以因應不同國家間的匯率與需求的波動。

❖ 政治因素

選擇位址時，一個國家的政治穩定度被視為重要考量因素之一；企業較願意將設施設立於政治穩定且商業規則完善的國家。一個獨立且具有明確法律規章的國家，使得企業可以感覺到當它們有法律需求時得以有所依循。對公司而言，在這些國家投資設施較容易。由於政治穩定度難以衡量，因此一個企業在設計其供應鏈網路時，便會有一些基本的評估指標。

❖ 基礎建設因素

一個好的基礎建設是企業設立設施在某一地區最重要的先決條件；不良的基礎建設將會增加企業成本。許多企業在全球化布局時，會將其工廠設立在中國大陸靠近上海、天津或廣州等基礎建設較佳的地區，只因為這些地區的基礎建設較佳，即使這些地區人工或土地成本不是最低。在網路設計中，必須考量的主要基礎建設元件包括：可供使用的基地、勞動力、靠近轉運站、鐵路運輸服務、靠近機場或海港、高速公路、密集程度及當地的公共事業。

❖ 競爭因素

當公司設計供應鏈網路時，必須考量其競爭者的策略、設施規模及位址；一個基本的決策就是要將設施位址安排在競爭者附近或遠離競爭者。一個企業的競爭方式及其原料或勞動力等外部因素，均會影響該企業的設施位址選擇決策。

公司間的良性競爭

良性競爭就像是不同企業間分配獲利一般，會導致競爭者位址相互靠近。例如，加油站與零售店的位址彼此相互靠近，增加了兩者的需求而雙雙獲利。在購物中心裡，相互競爭的零售店位置接近時，將給顧客帶來極大的便利，因為顧客只要開車到一個位置，便可找到他們所需要的物品。如此不僅增加了購物中心的來店顧客數，同時也增加所有位於中心內商店的需求。

在開發中地區開始發展基礎建設時，競爭者間也會發生良性競爭的情形。例如，Suzuki在印度設立首家的外商汽車製造廠時，公司相當努力地建構一個當地的供應商網路。當Suzuki在印度的供應商建立基礎後，其競爭者也在當地建立了裝配工廠，因為他們發現，在印度建造汽車會比進口汽車更具效率。

以設施位址切割市場

當良性競爭不存在時，企業將會設法取得最大的市場占有率。Hotelling首先提出一個簡單模型，以解釋此決策的相關議題。

當商店之間不以價格為手段，而以顧客到其所在位址的距離為競爭條件時，則商店間的相對位址，可使其獲得最大市場占有率而分割了市場。如圖4.1所示，假使顧客沿著0到1之間的線段均勻地分布。當商店間以它們所在位置與顧客間的距離為其競爭基礎時，若一位顧客會到距其最近的商店購物，而顧客

圖4.1　位於一條線上的兩個商店

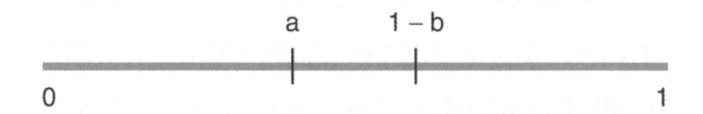

```
        a      1-b
0   |---|------|---|   1
```

與兩商店之間等距離時則平均分配。

若總需求為1，商店1位於點 a，商店2位於點 $1-b$，兩間商店的需求分別為 d_1 與 d_2，則：

$$d_1 = a + \frac{1-b-a}{2} \quad 且 \quad d_2 = \frac{1+b-a}{2}$$

顯然地，假使兩家商店開始移動而相互接近至 $a = b = 1/2$ 時，均可得其最大的市場占有率。

當兩家商店位於線段中點時，則顧客與它們之間的平均距離為1/4，若其中一家商店位於1/4位置，而另一家位於3/4位置時，則顧客至商店間的平均距離為1/8。然而，這些不同位置的集合，均會吸引兩家商店為獲得最大的市場占有率而向中點移動。此兩家商店競爭的結果，即使會增加顧客到商店間的平均距離，但仍會促使兩者相互接近。

如果商店間以價格作為競爭手段，而使顧客要負擔運輸成本時，則對此二商店位址而言，最好是相隔越遠越好，即商店1位於點0，而商店2位於點1。相隔距離遠會使價格競爭降至最低，且兩家商店分割市場並獲得最大利潤。

❖ 顧客反應時間與當地社區態度

當企業以顧客的最短反應時間為其目標時，便需將設施建立在靠近顧客的位址；例如如果顧客必須走上好一段距離才能抵達便利商店，他們通常不願意上門消費。因此，便利商店連鎖店最好是在一個區域裡有很多的商店，讓顧客

能到最近距離的商店消費。相反地，顧客會願意到較長距離的超級市場大量購物；因此，連鎖的超級市場會較便利商店遠，且不會密集的集中在一個區域裡；多數城鎮的超級市場數量要比便利商店少。像Sam會員制折扣賣場的目標設定為不要求反應時間的顧客群，這些賣場往往比超級市場大，但在一個區域內的數量卻遠比超級市場少很多。W.W. Grainger運用遍布美國境內的350個設施，對許多的顧客在同一天內提供維護、修理的服務。至於其競爭者McMaster-Carr則以顧客能等待一天為其服務目標。因此，McMaster-Carr在美國境內只有六個設施來對其大量的顧客提供「次日服務」。

如果一家企業能迅速地運送產品給顧客，且只建立少數的設施來提供快速回應時間的服務時，則勢必會增加其運輸成本。此外，有很多情形是必須將設施設立在顧客附近區域。例如咖啡店多位於居住或工作場所附近，以吸引顧客消費。

❖ 運籌與設施成本

當供應鏈中的設施數量、位址與產能分配改變時，便會發生運籌與設施成本；因此，當公司設計其供應鏈網路時，必須要考慮存貨、運輸及設施成本。

當供應鏈中的設施數量增加時，存貨與設施成本會相對地增加；當設施數量增加時，運輸成本會減少。設施數量的增加指出若有經濟規模便可以防止運輸成本的增加。例如Amazon網路書店比起擁有400家實體書店的Borders擁有較低的庫存和設施成本，然而Borders可以降低運輸成本。

供應鏈網路設計也會受到每一個設施上傳輸發生的影響。當處裡的原物料重量或數量明顯地降低時，將設施位址靠近供應點設置遠較靠近顧客設置為佳。一般而言，煉鋼廠的產出，其運輸較為不易；相反的，硫砂較易於運輸，所以主要煉鋼廠多選擇交通便利的地點。

總後勤成本是供應鏈網路中存貨、運輸與設施成本的總和。任何企業均應

只設立最小總後勤成本的設施數量。如果一個企業想要更進一步地減少回應時間時，就必須增加設施數量。因此，管理階層必須衡量改善回應和額外的設施所增加的成本何者為重。下一節將討論網路設計決策的架構。

4.3 網路設計決策的架構

面對網路設計決策時，管理者的目標都是在利用需求和回應以滿足顧客需求下的公司利益最大化。要設計一個有效的網路，管理者必須考慮4.2節所陳述的所有因素。如圖4.2所示，全球網路設計決策可分為四個階段，以下將詳述之。

❖ 第一階段：定義供應鏈策略

網路設計第一階段的目的是定義一個企業供應鏈策略。供應鏈策略闡述供應鏈網路必須具有的支援企業競爭能力。

第一階段先明確定義企業競爭策略，以滿足其供應鏈所要服務的顧客群。接著，管理階層必須預測全球競爭類似的發展，以及是否每個市場的競爭者是本地或全球的。管理者同時要辨明可用資本的限制條件，以及是否其成長的完成是經由現有設施、新設施或合作夥伴。

管理者必須以企業的競爭策略為基礎，就競爭力分析、規模或範圍的經濟，及其他限制因素，為公司的供應鏈作出最合理的決策。

圖 4.2　網路設計決策架構

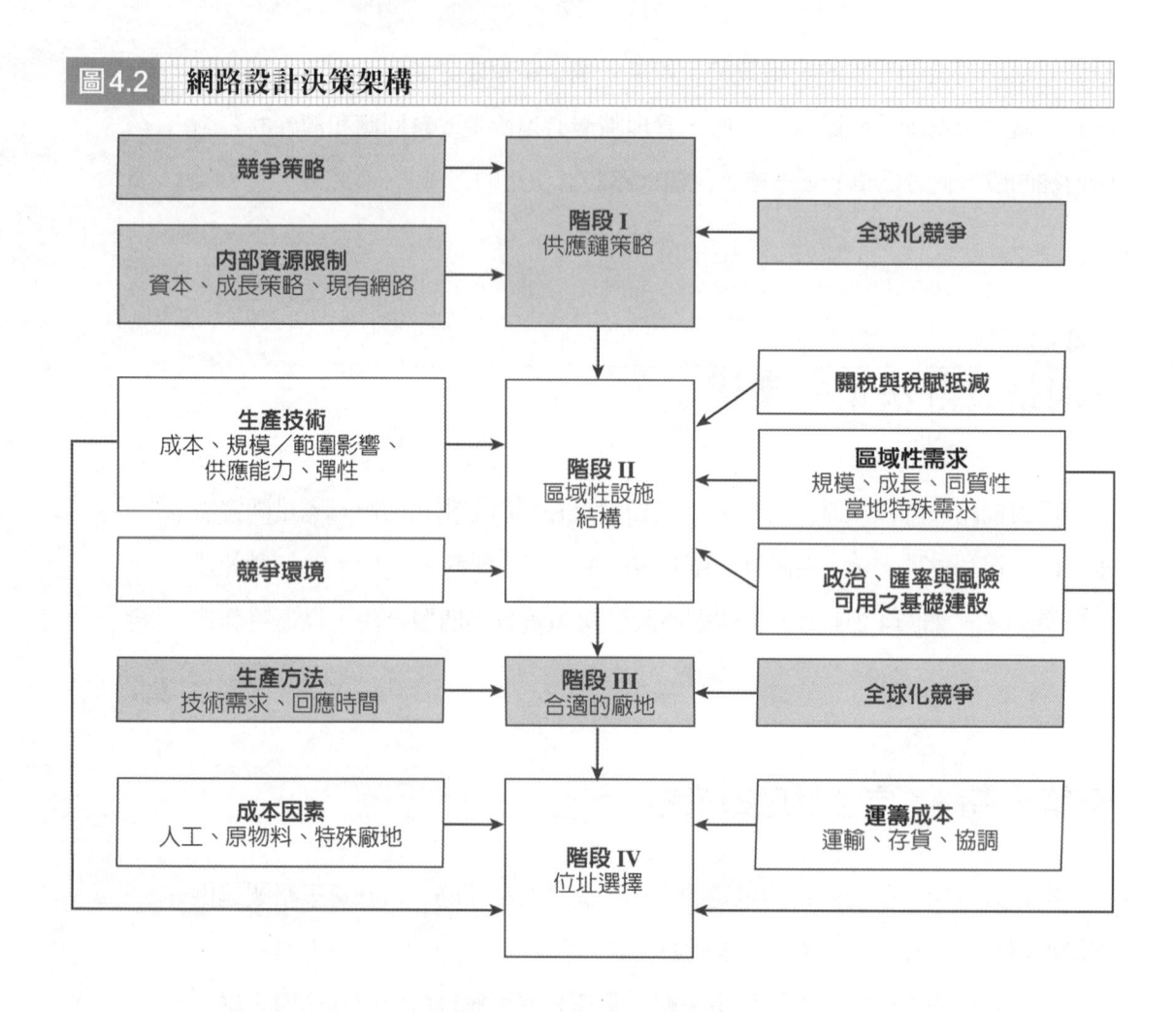

```
競爭策略 ─────────────┐
                    ├──→ 階段 I      ←── 全球化競爭
內部資源限制          │    供應鏈策略
資本、成長策略、現有網路 ┘
                            │
                            ↓
                       ┌─────────┐  ←── 關稅與稅賦抵減
生產技術                │         │
成本、規模／範圍影響、 ──→│ 階段 II  │  ←── 區域性需求
供應能力、彈性          │ 區域性設施│      規模、成長、同質性
                       │  結構    │      當地特殊需求
競爭環境           ───→ │         │  ←── 政治、匯率與風險
                       └─────────┘      可用之基礎建設
                            │
                            ↓
生產方法               ┌─────────┐
技術需求、回應時間 ───→ │ 階段 III │  ←── 全球化競爭
                       │ 合適的廠地│
                       └─────────┘
                            │
                            ↓
成本因素               ┌─────────┐  ←── 運籌成本
人工、原物料、特殊廠地 →│ 階段 IV  │      運輸、存貨、協調
                       │ 位址選擇 │
                       └─────────┘
```

❖ 第二階段：定義區域性設施結構

　　網路設計第二階段的目的是在辨明設施的區域位址、其潛在角色及產能預估。

　　第二階段的分析是由**國家級需求預測**開始。這類的預測必須包括需求大小的衡量，同時也要決定不同國家的顧客需求，是否具有同質性或有差異存在。需求同質性高，會較偏愛大型且整合為一的設施，當國與國間的差異變化大時，則較偏向於小且屬於區域型的設施。

下一步則是管理者在既有的生產技術下，必須確認成本減少時規模經濟的變化。如果規模經濟無法確認時，在每個市場建立小型設施為宜。例如，Coca-Cola公司因製造技術不能達到經濟規模，因而分別在各個市場設立瓶裝工廠服務當地市場。相反地，像Motorola的晶圓製造商在全球市場的工廠就較少，而達到生產經濟規模。

　　第三個步驟是管理者必須瞭解不同市場的需求、匯率與政治的風險。同時也必須清楚各地區的關稅、當地生產條件、稅賦優惠與進出口的限制。稅賦和關稅的資訊，通常被用來確認設廠所在地抽取收益的主要部分；一般來說，最低稅率的地點即為設廠的最佳地點。管理階層必須清楚各地區的競爭者，以及決定設施是否靠近或遠離其競爭者。同時也要確立各市場對反應時間的要求；管理者同時必須確認每一地區總合水準的因素和運籌成本。

　　基於上述的資訊，管理者將確認供應鏈網路中的區域設施結構。區域設施結構定義了網路中設施的預估數量；設施將建立的區域、及是否對一特定的市場提供所有產品的服務，或對網路中所有的市場提供少數產品的服務。

❖ 第三階段：選擇合適的廠地

　　第三階段的目標是，要在各區域裡選擇一群可供設置設施的廠址；可用的廠址數量應大於要設立設施的數量，如此將可提高第四階段選擇的精確性。

　　廠址的選擇應依據提供生產方法的基礎建設分析。硬體的基礎建設需求包含了可用的供應商、交通運輸服務、通訊、水電設施及倉儲基本建設。軟體的基礎建設需求則包括可用的技術性人力、勞動力及當地社區對企業或工廠的接受程度。

❖ 第四階段：選擇設施位址

這個階段的目的是要為每一個設施選擇一個精確的位址並分派產能。要特別注意第三階段可用廠址的限制。網路的設計是為了在每個市場不同需求下，考量其運籌與設施成本以及每個所在地的稅負和關稅，以獲得最大的總利潤。

4.4 設施位址與產能分配模型

決定設施位址與分配產能時，管理者的目標應是將供應鏈網路的整體利益達到最大，並提供顧客最適當的回應性。收入是來自於產品銷售，與因設施、勞工、運輸、原料和存貨而生的成本，公司的利潤同時也受稅金與關稅影響。在理想情況，設計供應鏈網路時，應將扣除稅金與關稅後的利益最大化。

在設計供應鏈時，管理者必須要考慮許多**取捨**（trade-off）的問題。例如為本地市場建立許多設施，可以降低運輸成本，提供更快的回應時間，但會增加公司的設施與存貨成本。

管理者在兩種不同情況下會使用供應鏈網路設計模型。第一種情形，使用決策模式決定設施建立的位址，以及產能該分配給那個設施。管理者必須決定在什麼樣的時間範圍內，那些設施與產能不會變更（通常是以年計算）。第二種情形，使用模型分配現有需求給可行設施，確立何種產品運輸的通路。管理者至少必須考慮每年需求、價格與關稅的改變來作決定。無論以上兩種情況的那一種，決策制定的目標均是在於如何將**利益最大化**的同時**滿足顧客需要**。在制定決策之前，必須獲得以下資訊：

- 供應資源與市場的位址

- 潛在設施位址
- 市場需求預估
- 設施、勞工與原料成本
- 各位址之間的運輸成本
- 存貨成本與數量功能
- 不同區域的產品銷售價格
- 產品在不同位址移動時的稅賦與關稅
- 期望回應時間與其他服務項目

在獲得這些資訊後，可用**加權**或**網路最佳化模式**（Gravity Or Network Optimization Models）來設計供應鏈。

❖ 網路最佳化模式

在網路設計決策架構的網路最佳化模式（詳見圖4.2），管理者必須要考慮區域需求、關稅、經濟規模與總體因素成本，來決定設施之設置區域。例如銷售全球的石油化學製造商SunOil公司，其供應鏈副總裁可以考慮數個不同的替代方案，以達到需求。一個替代方案是在每一區建立一個設施，優點是降低運輸成本，並可避免因產品從它處運來而須需徵收的稅；缺點是工廠按當地需求而設，無法達到經濟規模。另一個替代方式是合併數個區域內的設施，可增加經濟規模，但會提高運輸成本稅金。在第二階段，管理者必須要考慮這些可計量的利益之取捨問題，以及其他不可計量因素，像是競爭環境和政治風險。

在第二階段，管理者要考慮區域性結構時，網路最佳化模式是非常有用的。第一個步驟是要收集可用在計量模式上的資料。對SunOil公司來說，供應鏈副總裁決定以五個區域來看全球需求，五個區域為北美、南美、歐洲、非洲及亞洲，資料如圖4.3所示。

五個區域每年的需求量在儲存格B9至F9。B4到F8則包含在一區域生產，

圖4.3　SunOil公司的成本與需求資料

	A	B	C	D	E	F	G	H	I	J
1	Inputs - Costs, Capacities, Demands									
2		\multicolumn{5}{c}{Demand Region Production and Transportation Cost per 1,000,000 Units}		Fixed	Low	Fixed	High
3	Supply Region	N. America	S. America	Europe	Asia	Africa	Cost ($)	Capacity	Cost ($)	Capacity
4	N. America	81	92	101	130	115	6,000	10	9,000	20
5	S. America	117	77	108	98	100	4,500	10	6,750	20
6	Europe	102	105	95	119	111	6,500	10	9,750	20
7	Asia	115	125	90	59	74	4,100	10	6,150	20
8	Africa	142	100	103	105	71	4,000	10	6,000	20
9	Demand	12	8	14	16	7				

以達到單一區域需求的變動生產、存貨和運輸成本（包括關稅與稅金）。例如，在儲存格C4，北美生產100萬單位，銷售到南美，需要花費92,000美元（包含稅金在內）。現在這個階段所收集的資料都是屬於較整體的層面。

每個設施均有與運輸、存貨與設施相關的固定及變動成本。不管生產與運送多少，一定會發生的成本稱為固定成本；變動成本的發生則視設施產量與運送比例而定。若生產產量增加，變動設施、運輸和存貨成本享有經濟規模與較低的邊際利益。然而，在我們所考量的模式中，所有變動成本與產量及運輸量成線性關係。

SunOil公司正在考慮每個位址設立兩種不同大小的工廠。產能低的工廠每年生產一千萬個單位，而產能高的工廠每年生產兩千萬個單位，如儲存格H4到H8和J4到J8所示。產能高的工廠享有經濟規模，固定成本比產能低的工廠之固定成本的兩倍還低，如儲存格I4到I8所示。所有的固定成本都是以年度計算，副總裁會想要知道最低成本網路為何。接下來，會討論可以用在此情況下的合適的工廠位址模式。

合適的工廠位址模式（The Capacitated Plant Location Model）

合適的工廠位址網路最佳化模型需要以下的輸入數值：

　n＝可供工廠設立的位址數量／產能（每一產能視為一個不同位址）

$m=$ 市場或需求點數量

$D_j=$ 市場 j 的年需求量

$K_i=$ 工廠 i 的可能產能

$f_i=$ 為維持工廠 i，所需的年固定成本

$c_{ij}=$ 自工廠 i 至市場 j 的每單位生產及裝運成本（包含生產、存貨、運輸和稅賦成本）

供應鏈小組目標在於決定一個可使稅後利益最大化的網路設計。然而，在此模型下，假定可達到所有需求，排除扣稅，則此模型專注於達到全球需求以及成本最小化。但也可將模型修正成涵蓋利潤與稅。其決策變數定義如下：

$y_i=1$，若工廠 i 維持運轉，否則為 0

$x_{ij}=$ 每年自工廠 i 至市場 j 之的裝運數量

此問題可以下述的整數規劃模式表示之：

$$\sum_{i=1}^{n} f_i y_i + \sum_{i=1}^{n} \sum_{j=1}^{m} c_{ij} x_{ij}$$

受限於：

$$\sum_{i=1}^{n} x_{ij} = D_j \quad 當\ j=1, ..., m \tag{4.1}$$

$$\sum_{j=1}^{m} x_{ij} \leq K_i y_i \quad 當\ i=1, ..., n \tag{4.2}$$

$$y_i \in \{0,1\} \quad 當\ i=1, ..., n \tag{4.3}$$

目標函數可以將網路建立與營運網路的全部成本（固定成本＋變動成本）降到最小，受限於公式 4.1，需須達到每個區域市場的需求。受限於公式 4.2，沒有任何一個工廠可以供應超過其產能（明顯地，如果工廠關閉，產能為 0，工廠維持運轉，產能為 K_i。產品條件造成的結果為 $K_i y_i$。）。受限於公式 4.3，

工廠維持運轉（$y_i=1$）或關閉（$y_i=0$），解決方法會確立工廠要維持運轉或關閉，以及工廠的產能與區域需求分配。

以**線性規則**技術求解上述模型，供應鏈小組可作出最佳的決策選擇：最低成本網路需於南美、亞洲與非洲設立設施。每一區域需設立高產能工廠，南美的工廠可以滿足達到北美的需求，而亞洲與非洲工廠則可以達到滿足歐洲的需求。

之前所介紹的模式修正後，亦可運用於某些區域必須設置工廠的策略性規則之擬定。例如SunOil公司由於策略性理由，決定在歐洲設廠，我們可以增加在歐洲需設一工廠為限制條件來修正模式。

❖ 加權位址模式

在加權位址模式中（如圖4.2所示），管理者必須要確立每個區域公司可能設立工廠的可能位址。第一個步驟，管理者需要確立可能會考慮的位址在地理上的位置。加權位址模式對決定區域內合適的位址相當有用。使用加權位址模式，將能從供應商處運送原料的成本，與將成品運往市場的成本降到最小。接下來，會討論使用加權位址模式的典型範例。

以Steel器材公司為例，此公司是以製造高品質冰箱及烹飪器具為主；Steel器材公司在丹佛市有一家裝配工廠以供應全美地區。由於需求成長快速，因此該公司CEO決定設立另一工廠以服務美東地區；供應鏈經理便被任命尋找設立新工廠的適合位址。有三家零件工廠分別位於紐約州水牛城、田納西州孟斐斯市及密蘇里州聖路易市，可供應零件給新工廠使用，以服務亞特蘭大、波斯頓、傑克遜維爾、費城與紐約等地市場。相關位置座標、每一市場的需求、每一零件工廠所需供應量、每一供應來源或市場的運輸成本如表4.1所示。

加權模式是用來尋求原物料供應來源及成品市場間運輸成本最小化的設施位址。加權模式假設市場與供應來源可分設於平面座標上，所有的距離是以平

表4.1　Steel器材公司的供應來源與市場位置

供應來源／市場	運輸成本 $/噸 英哩（$F_n$）	數量 噸（D_n）	座標 x_n	y_n
供應地				
水牛城	0.90	500	700	1200
孟斐斯	0.95	300	250	600
聖路易	0.85	700	225	825
市場				
亞特蘭大	1.50	225	600	500
波斯頓	1.50	150	1050	1200
傑克遜維爾	1.50	250	800	300
費城	1.50	175	925	975
紐約	1.50	300	1000	1080

面上兩點間的幾何距離來衡量。這些模式同時假設運輸成本與裝運數量呈線性關係。以下將討論一個單一設施由供應來源接收原物料，並將成品裝運到市場的加權模式，此模式的基本輸入資料如下：

x_n, y_n：市場或供應來源 n 的座標位址

F_n：設施與市場或供應來源 n 之間，每單位運送一英里的裝運成本

D_n：設施與市場或供應來源 n 之間，將裝運的數量

若（x, y）為設施所選擇的位址，d_n 為位於（x, y）設施與供應來源或市場 n 的距離，則：

$$d_n = \sqrt{(x-x_n)^2 + (y-y_n)^2} \quad (4.4)$$

總運輸成本（TC）如下式：

$$TC = \sum_{n=1}^{k} d_n D_n F_n \quad (4.5)$$

最佳位址可以將公式4.5中的運輸成本降到最小；SA公司運用數學規劃技術來求取最佳決策組合。由加權模式求得之精確座標可能無法和可行解位址相符。管理者應檢視接近最佳座標，即其有基本建設和合宜人員之合意地點。

❖ 網路最佳化模型

到了階段四（請見圖4.2）後，管理者必須決定每一設施的位址與產能分配。除了設施位址之外，供應鏈經理同時必須決定市場如何分配給倉庫供貨，這個分配必須考慮回應時間下顧客服務的限制。分派決策可因成本或市場的變化而調整；因此，在設計網路時，區域位址及分派決策必須共同考量。網路最佳化模式是網路設計和需求分派決策的重要工具。

以兩家製造光纖通訊設備製造商為例，說明網路最適化模型。TelecomOne與HighOptic為近代的網路設備製造商。TelecomOne公司鎖定美國東半部地區市場。因此，就在巴爾的摩（B）、孟斐斯（M）及肯薩斯州威其塔市（W）設立製造廠，並對亞特蘭大、波斯頓與芝加哥等地提供服務。HighOptic公司則以美國西半部地區為其目標市場，對丹佛、奧馬哈與波特蘭等地提供服務，並將工廠設於懷俄明州凱因市（C）及鹽湖城（S）。

工廠產能、市場需求、變動生產成本、每裝運一千單位的運輸成本及每個工廠每月的固定成本如表4.2所示。

❖ 生產設施的需求分配

由表4.2可知，TelecomOne公司的總生產產能為每月71,000單位，而市場總需求量為每月3萬單位。HighOptic公司的生產產能為每月51,000單位，每月需求量為24,000單位。每一年，這兩家公司的經理必須決定如何將需求分配到生產設施上，並且在需求與成本改變時，逐年檢討修正。

表4.2 TelecomOne與HighOptic公司的產能、需求及成本資料

供應城市	需求城市 每一千單位的生產與運輸成本（千元）						產能 K_i（一千單位）	月固定成本 f_i（千元）
	亞特蘭大	波斯頓	芝加哥	丹佛	奧馬哈	波特蘭		
巴爾的摩（B）	1,675	400	685	1,630	1,160	2,800	18	7,650
凱因市（C）	1,460	1,940	970	100	495	1,200	24	3,500
鹽湖城（S）	1,925	2,400	1,425	500	950	800	27	5,000
孟斐斯（M）	380	1,355	543	1,045	665	2,321	22	4,100
威其塔（W）	922	1,646	700	508	311	1,797	31	2,200
月需求量（D_j）（一千單位）	10	8	14	6	7	11		

需求分配問題可運用網路最佳化模式來求解。此模式所需的輸入資料如下：

n ＝可供工廠設立的區域位址數量

m ＝市場或需求點數量

D_j ＝市場 j 的年需求量

K_i ＝工廠 i 的年產能

c_{ij} ＝自工廠 i 至市場 j 的每單位生產及裝運成本（包含生產、存貨與運輸成本）

其目標是要將不同市場的需求分配備到各生產工廠，以最小化設施、運輸及存貨總成本。其決策變數定義如下：

$$x_{ij} ＝每年自工廠 i 至市場 j 之裝運數量$$

其線性規劃問題為：

$$M_{in} \sum_{i=1}^{n}\sum_{j=1}^{m} c_{ij}x_{ij}$$

受限於下列限制式：

$$\sum_{i=1}^{n} x_{ij} = D_j \text{ for } j = 1,...,m \tag{4.6}$$

$$\sum_{j=1}^{m} x_{ij} \leq K_i \text{ for } i = 1,...,n \tag{4.7}$$

公式4.6在確保所有市場需求均能被滿足，而公式4.7則表示所有工廠均不會超過產能生產。

對TelecomOne與HighOptic公司而言，其需求分配問題能運用Excel中的求解方法求解，此處僅將最適的需求分派列於表4.3。

由上表可知，雖然威其塔市有足夠產能，對TelecomOne公司而言，其最佳作法是不生產所有的產品。如表4.3的需求分派，TelecomOne公司的月變動成本為14,886,000美元及月固定成本為13,950,000美元，而得月總成本為28,836,000

表4.3　對TelecomOne與HighOptic公司的最適需求分派

		亞特蘭大	波斯頓	芝加哥	丹佛	奧馬哈	波特蘭
TelecomOne	巴爾的摩（B）	0	8	2			
	孟斐斯（M）	10	0	12			
	威其塔（W）	0	0	0			
HighOptic	鹽湖城（S）				0	0	11
	凱因市（C）				6	7	0

供應鏈網路設計

美元。至於HighOptic公司的月變動成本為12,865,000美元,月固定成本為850萬美元,而總成本為21,365,000美元。

❖ 選定廠址:最適工廠位址模型

TelecomOne與HighOptic公司的管理者決定合併兩家公司成為TelecomOptic公司。他們發現,如果兩家網路作適當的合併,將會有顯著的獲利。TelecomOptic公司將有五個工廠對六個市場提供服務。因此,管理階層爭議著是否需要五家工廠。於是便指派一個供應鏈小組研究合併後的公司網路,並確認必須關閉的工廠。

選擇最適位址與產能分配所遇到的問題,與在第二階段的區域結構所遇到的十分相似,唯一不同的地方,是現在必須使用位址特定成本與稅賦,而不是整體成本與稅賦。所以供應鏈小組決定使用之前討論過之合適的工廠位址模型,以解決第四階段所面對的問題。

理想上,制定問題的對策,以及把全部利益擴到最大,必須要將不同位址的成本與稅賦都納入考量。由於已知稅金在不同位址不會變動,此小組的目標是要決定工廠位址,然後將需求分派至運轉的工廠,以使設施、運輸及存貨成本最小化。其決策變數定義於下:

$y_i = 1$ 若工廠i維持運轉,否則為0

x_{ij} = 自工廠i至市場j的每年裝運量

以下列方程式計算:

$$M_{in} \sum_{i=1}^{n} f_i y_i + \sum_{i=1}^{n}\sum_{j=1}^{m} c_{ij} x_{ij}$$

x、y受限於公式4.1、公式4.2和公式4.3。

合併後,TelecomOptic公司所屬不同工廠的產能、需求量與生產、運輸及

147

存貨成本資料如表4.2所示。於是供應鏈小組可運用數學規則技術來為此工廠位址模式求解。供應鏈小組所得到的最佳解，就是關閉鹽湖城與威其塔的工廠，而保留巴爾的摩、凱因斯及孟斐斯的工廠。此網路中的月營運與總成本為47,401,000美元，此成本較TelecomOne與HighOptic兩家公司分別營運要節省將近300萬美元。

工廠位址：單一供應來源的最適工廠位址模型

有些情況是公司要設計供應鏈網路，卻僅有一座工廠供應市場需求，此時可視為單一供應來源。公司可能建立一個強制性的限制式，因為其問題複雜性與彈性遠低於多設施的整合型網路問題。於是上述所討論的工廠位址模型就需要作一些修正，以適用此限制條件。其決策變數可重行定義如下：

$y_i = 1$　如果工廠設於基地i，否則為0

$x_{ij} = 1$　如果市場j是由工廠i供貨，否則為0

此問題可以下述的整數規劃模式表示之：

$$M_{in} \sum_{i=1}^{n} f_i y_i + \sum_{i=1}^{n}\sum_{j=1}^{m} D_j c_{ij} x_{ij}$$

受限於：

$$\sum_{i=1}^{n} x_{ij} = 1 \quad 當\ j = 1,...,m \tag{4.8}$$

$$\sum_{j=1}^{m} D_j x_{ij} \leq K_i y_i \quad 當\ i = 1,...,n \tag{4.9}$$

$$x_{ij}, y_i \in \{0,1\} \tag{4.10}$$

公式4.8及公式4.10表示每個市場均由單一的工廠供貨。

如果所有的市場均由單一的工廠供貨，則合併後的TelcomOptic公司管理階

層依據上述資料，希望能尋求其最佳的供應鏈網路。運用表4.2的資料，經由供應鏈小組對單一供應來源的工廠位置模式求解，而得表4.4的最適網路。假使只有單一供應來源，對TelecomOptic公司而言，關閉巴爾的摩及凱因斯市設立的工廠最為適當。

選定廠址與倉儲同時考量

如果必須設計由供應商至顧客間的整個供應鏈網路時，必須考量更通用的廠房設施位址選擇模式。讓我們思考一個供應鏈，此供應鏈是供應商將原物料送至工廠，再送至倉庫及供應市場，如圖4.4。因此對兩家工廠及倉庫的位址與

表4.4　TelecomOptic公司單一供應來源的最適網路設施

	運轉／關閉	亞特蘭大	波斯頓	芝加哥	丹佛	奧馬哈	波特蘭
巴爾的摩	關閉	0	0	0	0	0	0
凱因市	關閉	0	0	0	0	0	0
鹽湖城	運轉	0	0	0	6	0	11
孟斐斯	運轉	10	8	0	0	0	0
威其塔	運轉	0	0	14	0	7	0

圖4.4　供應網路之各階段

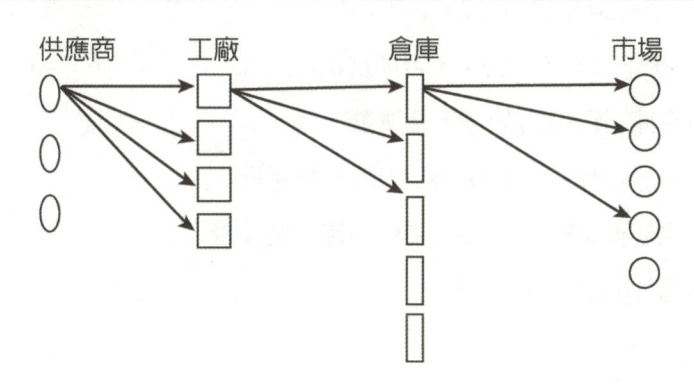

產能分派作出決定。如果多座倉庫也許可用來滿足一個市場的需求,而倉庫也可經由多座工廠補充存貨。同時假設產品數量經過適當地調整,使得供應來源一個單位的原物料投入,即可生產出一個單位的成品。此數學模式所需的基本資料如下:

m = 市場或需求點的數量

n = 潛在工廠的位址數量

l = 供應商數量

t = 潛在倉庫的位置數量

D_j = 顧客 j 的年需求量

K_i = 位於位址 i 工廠的潛在年產能

S_h = 供應商 h 的年供應產能

W_e = 位於位址 e 的潛在年倉庫產能

F_i = 位於位址 i 工廠的年固定成本

f_e = 位於位址 e 倉庫的年固定成本

c_{hi} = 自供應源 h 至工廠 i 之每單位裝運成本

c_{ie} = 自工廠 i 至倉庫 e 的每單位生產與裝運成本

c_{ej} = 自倉庫 e 至顧客 j 的每單位裝運成本

此數學模式的目標是要找出工廠與倉庫位址,使得不同需求點間裝運時的總固定與變動成本最低,其決策變數如下:

$y_i = 1$　若工廠位於位址 i,否則為 0

$y_e = 1$　若倉庫位於位址 e,否則為 0

x_{ej} = 自倉庫 e 至市場 j 的每年裝運量

x_{ie} = 自位於位址 i 工廠至倉庫 e 的每年裝運量

x_{hi} = 自供應商 h 至位於位址 i 工廠的每年裝運量

其整數規劃模式如下:

$$M_{in} \sum_{i=1}^{n} f_i y_i + \sum_{e=1}^{t} f_e y_e + \sum_{h=1}^{l} \sum_{i=1}^{n} c_{hi} x_{hi} + \sum_{i=1}^{n} \sum_{e=1}^{t} c_{ie} x_{ie} + \sum_{e=1}^{t} \sum_{j=1}^{m} c_{ej} x_{ej}$$

受限於

$$\sum_{i=1}^{n} x_{hi} \leq Sh \text{ 當 } h = 1,\ldots,1 \quad (4.11)$$

$$\sum_{h=1}^{l} x_{hi} - \sum_{e=1}^{t} x_{ie} \geq 0 \text{ 當 } i = 1,\ldots,n \quad (4.12)$$

$$\sum_{e=1}^{t} x_{ie} \leq K_i y_i \quad \text{當 } i = 1,\ldots,n \quad (4.13)$$

$$\sum_{i=1}^{n} x_{ie} - \sum_{j=1}^{m} x_{ej} \geq 0 \text{ 當 } e = 1,\ldots,t \quad (4.14)$$

$$\sum_{j=1}^{m} x_{ej} \leq W_e y_e \quad \text{當 } e = 1,\ldots,t \quad (4.15)$$

$$\sum_{e=1}^{t} x_{ej} = Dj \text{ 當 } j = 1,\ldots,m \quad (4.16)$$

$$y_i, y_e \in \{0,1\} \quad (4.17)$$

此目標函數在求供應鏈網路的最小總固定與變動成本。公式4.11說明了供應商的總裝運量不能超過其產能。公式4.12敘述了由工廠運出的總量不能超過其所接收的原物料量。公式4.13促使工廠的產量不能超過其產能。公式4.14說明一個倉庫的出貨量不能超過其由工廠的接收量。公式4.15說明一個倉庫的出貨量不得超過它的產能。公式4.16說明裝運給顧客的數量必須滿足其需求。公

式4.17敘述每一間工廠或倉庫是關閉或繼續運轉。

本節所討論的數學模式可以修正為允許工廠與市場間直接運送貨品。也可修正為生產、運輸與存貨成本的經濟規模調整。然而，這些改變會使得數學模式求解更加困難。

❖ 說明稅賦、關稅與顧客必要條件

網路設計模式應該要能造成供應鏈網路稅後利益最大化，同時又能達到顧客服務的必要條件。之前所討論的模型可以輕易修正為含稅利益最大化，即使收入中包含不同貨幣。如果從市場j銷售一單位的收入為r_j，合適的工廠位址模型的目標函數可以修正為：

$$Max \quad \sum_{j=1}^{m} r_j \sum_{i=1}^{n} x_{ij} - \sum_{i=1}^{n} f_i y_i - \sum_{i=1}^{n} \sum_{j=1}^{m} c_{ij} x_{ij}$$

此目標函數可將公司利益最大化，管理者在使用利益最大化目標函數時，應將公式4.1修正為：

$$\sum_{i=1}^{n} x_{ij} \leq D_j \text{ for } j = 1,...,m \tag{4.18}$$

因為公式4.18使網路設計師得以確立需求，不管是滿足利益的需求，或是公司虧本的需求，所以公式4.18較為合適。使用公式4.18的工廠位址模型與利益最大化目標函數，而不是公式4.1的工廠位址模型，與利益最大化目標函數，都只適用於利益需求的部分，這會使得市場上某部分的需求降低，因為它無法適用於利益上。

顧客偏好與必要條件就是指期望回應時間、選擇運輸方式或運輸供應者。例如，工廠位址i與市場j之間有兩種可行的運輸方式，方式一為海運，方式二

為空運,工廠位址模型可修正為兩決策變數 x_{ij}^1、x_{ij}^2,個別相當於從位址 i 運送到市場 j 的運輸數量。只有在運送貨品時間比希望回應時間還短的時候,每種運輸方式的希望回應時間才會納入考量。例如,如果從位址 i 運送到市場 j 使用的是方式——海運,花費的時間比顧客所能接受的要長,我們則會將決策變數 x_{ij}^1 從工廠位址模型中刪除,不同運輸供應者的選擇也可用類似的模式處理。

4.5 資訊科技於網路設計的角色

雖然乍看之下,網路設計策略問題的本質,使得資訊科技系統價值不高,然而一個好的資訊系統能夠明顯改善網路設計者的能力。對實務的問題,資訊科技有四種方法,可以協助網路設計者:

1. 一個優良的網路設計資訊系統,使得網路設計問題的塑模過程較如 Excel 的一般性工具容易得多。這些應用程式有許多內建工具,有助於精確描述一個大型供應鏈網路,並且具體呈現現實問題的特徵。

2. 一個資訊系統包含**高效能的最佳化技術**,能夠在合理時間內為大型問題找到高品質的解決方案。但有許多個案之最佳化的規模和複雜度需要更複雜的系統,而這正是網路設計應用程式所能提供的。

3. 一個優良的網路設計應用軟體也能進行「**假若**」(What-If)**分析**。各個預測中伴隨著許多不確定性,一項能夠在各種假定情況中評估網路設計的能力,對設計者而言是非常強而有力的工具。網路設計者會發現,比較妥當的是,選擇一個成本高但適用於各種假定情況的設計,而不是一個成本低、但只適用於某種狀況中的設計。

4. 最後,網路設計應用系統,會為公司所使用的計畫和操作軟體之間**建構出良好的介面**;而這些軟體中擁有網路設計所需的大量實際資料。資料來源的

介面良好,能加速網路設計模式的建立和求解過程。

網路設計應用系統往往比我們所討論的其他資訊系統便宜許多。網路設計應用系統有時又被稱為**供應鏈策略模組**(Supply Chain Strategy Modules),常被免費加在昂貴的計畫和執行模組裡。事實上許多公司過去採購的軟體,就擁有這些產品的使用權,只是他們都沒察覺罷了。

然而,運用資訊系統來設計網路,仍有一些注意事項。網路設計的決策具有策略性,並且與許多難以量化的因素有關。使用這些網路設計工具時,很容易掉入只根據可量化的因素來作決策的陷阱。諸如文化、生活品質和協調成本等重要因素,即是資訊系統難以掌控的,但在作網路設計決策時卻可能非常重要。因此,在作網路設計決策,也要把這些關係重大的非量化因素跟資訊系統的產出一起考量。

製作網路設計應用系統的軟體公司可分為三大類。首先是大型企業資源規劃系統(ERP)業者,目前在供應鏈軟體界擁有壓倒性的優勢。例如SAP和Oracle這兩個巨人。其次,儘管近年來ERP業者贏得勝利,仍有一些供應鏈商堅持到底;例如i2 Technology和Manugistics公司;最後,有一群專注於網路設計或供應鏈策略的小公司;例如Optiant和SmartOps,這些公司比純粹的軟體業者更具顧問諮詢的特色。

簡言之,雖然網路設計並不像我們先前討論的其他供應鏈領域那樣和資訊系統有密切的關連,但毫無疑問的,網路設計可用較低的成本,靠著資訊系統的強大功能來獲利。

4.6 不確定性對於供應鏈設計的衝擊

在供應鏈設計的階段,任何決策都會影響供應鏈的龐大投資。例如應該蓋

多少及多大的工廠、應該購買或租賃多少運輸工具,以及租賃倉儲空間或建築倉庫等。這些決策一旦決定之後,不容易在短時間內改變。因此,在未來的幾年內,這些工廠、倉庫及運輸工具將提供一個公司供應鏈競爭的範圍。因此,這些決策應該儘可能審慎且正確地評估。

在供應鏈網絡的生命週期間,公司會經歷需求、價格、匯率和競爭環境的變動,當下良好的決定可能在情況改變之後變得一文不值。例如,公司必須要決定倉儲和運輸是否要採用長期或短期的契約,如果倉儲的需求與價格在未來維持不變,或倉儲的價格上漲,適宜採用長期契約;相反地,如果倉儲的需求降低或價格在未來會下跌,則適宜採用短期契約。需求與價格不確定性的程度嚴重影響公司應該採用長期或短期的倉儲空間。

需求與價格的不確定性,顯現出建立工廠彈性生產能力的價值。如果價格和需求確實在全球網絡下因時而異,重新規劃彈性生產,經常可以讓利益在新環境下達到最大。例如Toyota將其全球裝配工廠的生產更加彈性化,所以每個工廠都可以供應多個市場。彈性生產最主要的好處之一,即是讓Toyota可以藉由改變生產、擴大收益以使利潤最大化,來因應需求、匯率和當地價格的變動。如果匯率或價格容易波動,即使是在需求較小或供應不穩定的情況下,公司可以選擇建立一個彈性的全球供應鏈。因此,在制定供應鏈決策時,必須將供應、需求和財務的不確定性也考慮進去。

我們會在下一部分討論長期供應鏈決策的評估方法。

4.7 運用決策樹評估供應鏈設計決策

管理者在設計供應鏈時,需要作制定出幾個決策,例如:

- 公司應該要簽訂倉儲空間的長期契約,或是在需要時,從現貨市場上取得

倉儲空間？
- 公司將長期契約與現貨市場結合，應該算是運輸能力組合中的那一部分？
- 不同設施各自應擁有多少產能？那一部分的產能應採取彈性的方式？

如果管理者沒有考慮到不確定性，往往會因為長期契約通常較便宜，避免採用較昂貴的彈性生產，而簽下長期契約。然而，如果未來的需求與價格和當時決策時的預估的不同，這樣的決策可能會對公司造成損害。

以製藥業為例，一直到1990年，所有的生產都是採用專精型產能的方式。專精型產能雖比彈性型產能便宜，但是專門為某藥品設計的專精型產能只能適用於此藥品。然而，製藥公司瞭解到，想要預估藥品在市場上的需求與價格是相當困難的。因此，如果需求與預估不符，大部分的專精型產能可能只得棄之不用。今日的製藥公司採用的策略是結合專精型與彈性型產能，大部分的藥品一開始都是用彈性型設施生產，只有在能夠準確地預估未來需求時，才會改用專精型設施生產。

在設計供應鏈的階段，管理者需要一個能夠評估需求與價格預測中不穩定因素的方法。然後將這些不穩定因素納入決策過程中，因為這些決策在短期內難以更動，所以此類方法是設計供應鏈決策中最重要的一環。我們在此描述此類方法，並顯現不確定因素的說明，能夠對設計供應鏈決策的價值，所造成的重要影響。

決策樹是一種評估不確定因素的圖形決策分析工具。當價格、需求、匯率與通貨膨脹具不確定性時，吾人可利用決策樹與**折現現金流量**評估供應鏈的決策。

首先建立決策樹涵蓋了整個決策所考量的週期數，而決策者必須考量每一週期的長度，它可能是一天、一個月、一季或是任何一段時間。至於如何決定這一週期的長度，它是某一不確定因素造成顯著影響決策的最小一段時間。但是「顯著」不容易定義清楚，因此建議在大多數的情況下，選擇每次整體規劃的時間長度為每一週期的長度；例如每個月規劃一次，則每一週期的長度為

月。在以下的討論中，T代表評估供應鏈決策的週期數。

接著決定那些不確定因素會影響決策，且它們在整個評估週期中是如何變動的；這些因素包括了需求、價格、匯率及通貨膨脹。決定主要因素後，再決定每一因素從某一週期到下一週期變動的機率分配。例如需求與價格是二個影響決策的主要因素，因此必須要決定在某一週期需求與價格的大小轉換到下一週期大小的機率。

接下來再決定整個評估週期內的現金流量，它們在每一週期的折現率k的大小。對於每一週期它們的折現率不必相等，折現率必須考量投資的潛在風險因素。通常投資風險越高，則折現率越大。

現在可以開始進行整個T週期決策樹的評估分析。在決策樹內的每一個節點，必須決定每一因素（例如價格與需求）各種可能的值。箭號從原始的節點週期i劃至終期節點週期$i+1$，代表著由週期i轉移至週期$i+1$。

決策樹分析法的衡量方式是從第T期開始而回溯至第0期。對於每一節點而言，最佳的決策就是衡量時考慮許多因素未來價值轉換成現在的價值。這分析是依據**貝爾曼原則**（Bellman's Priciple），這原則是假設在每一狀態決策的策略之最佳的策略選擇是使得下一個週期是另一個全新分析的開始。因此這原則允許從最後一期開始而得到最佳的決策。期望未來的現金流量折價，並且包含在不確定的當下決策中。第0期節點的價值賦予了投資的價值，以及每個週期中決策的制定。像計畫樹就是像這樣的工具，以試算表的方式解決決策樹的問題。

以下歸納決策樹分析的方法：

1. 確定每一週期的長度（月、季）及評估決策的全部週期長度T。

2. 確定那些因素的變動在未來的T期中將會影響決策。例如需求、價格及匯率。

3. 確認每個不確定因素的出現，也就是說，確定每一因素不確定性的機率分配模式。

4. 確定每一期的折現率k的大小。

5.決策樹的方式表達每一期的狀態，並計算連續兩期間的轉移機率。

6.第T期開始逆算回第0期。決定每期最後的決策與所期望的現金流量。而每期的現金流量必須折價至過去所考量的每一期。

以 Trips 公司經理所面臨的租賃決策為例，說明決策樹分析的方式與步驟。Trips 公司的經理面臨在未來的3年內要決定是否租賃倉儲空間，並決定要租賃多大的空間。長期租賃當下是比倉儲空間的賣場利率便宜。但經理面臨在未來3年需求及倉儲空間價格的不確定。雖然長期租賃比較便宜，但需承擔需求不如預期時倉庫閒置的風險。若賣場調降價格，長期租賃也會付出較貴的租金。相反地，賣場利率較高，如果需求大增賣場的倉儲空間也會耗費不少金錢。經理應該考慮以下三個意見：

1.從賣場取得所需的倉儲空間。

2.簽定租賃3年固定倉庫空間，並且取得賣場額外的條件。

3.簽定彈性的租賃，以最少費用取得多樣使用倉庫空間，以限制賣場額外的條件。

接下來討論 Trips 公司經理是如何考慮這些不確定以制定適當的決策。

每1,000單位的需求需要1,000平方呎的倉庫空間，現金 Trips 公司當下每年的需求是10萬單位。經理決定以二項式乘法運算來表達對於需求及價格的不確定性。從一年到另一年的時候，需求有0.5的機率上升20%，而有0.5的機率下降20%。而每一年到另一年的機率均不改變。

對於倉儲空間，總經理可以以每年每平方呎1美元的價值簽3年的租賃合約。而賣場倉儲空間是每年每平方呎1.2美元，但有依二項分配0.5的機率上升10%，而0.5的機率下降10%。而某年到次年的機率均不改變。

總經理認為倉儲空間的價格變化與產品需求的變化是互相獨立的。Trips 公司將處理所有的貨物需求，而處理每單位的貨品將得到1.22美元的收益。且對於未來的三年每年折現率 $k = 0.1$。

總經理假設費用的發生在每一期的開始，因此建構一個 $T = 2$ 期的決策樹，

如圖4.5。每一節點代表需求 D，以千為單位及價格 p。因價格與需求的變化是獨立的，因此轉移機率為0.25。

公司經理首先選擇不簽約運用賣場倉儲空間的方案。從第2期開始，他評估每一期公司得到的利潤。在 $D = 144$，$p = \$1.45$ 的節點，在第2期時公司必須處理144,000單位的貨品，而每平方呎賣場倉儲價格是1.45美元，以 C（$D =$

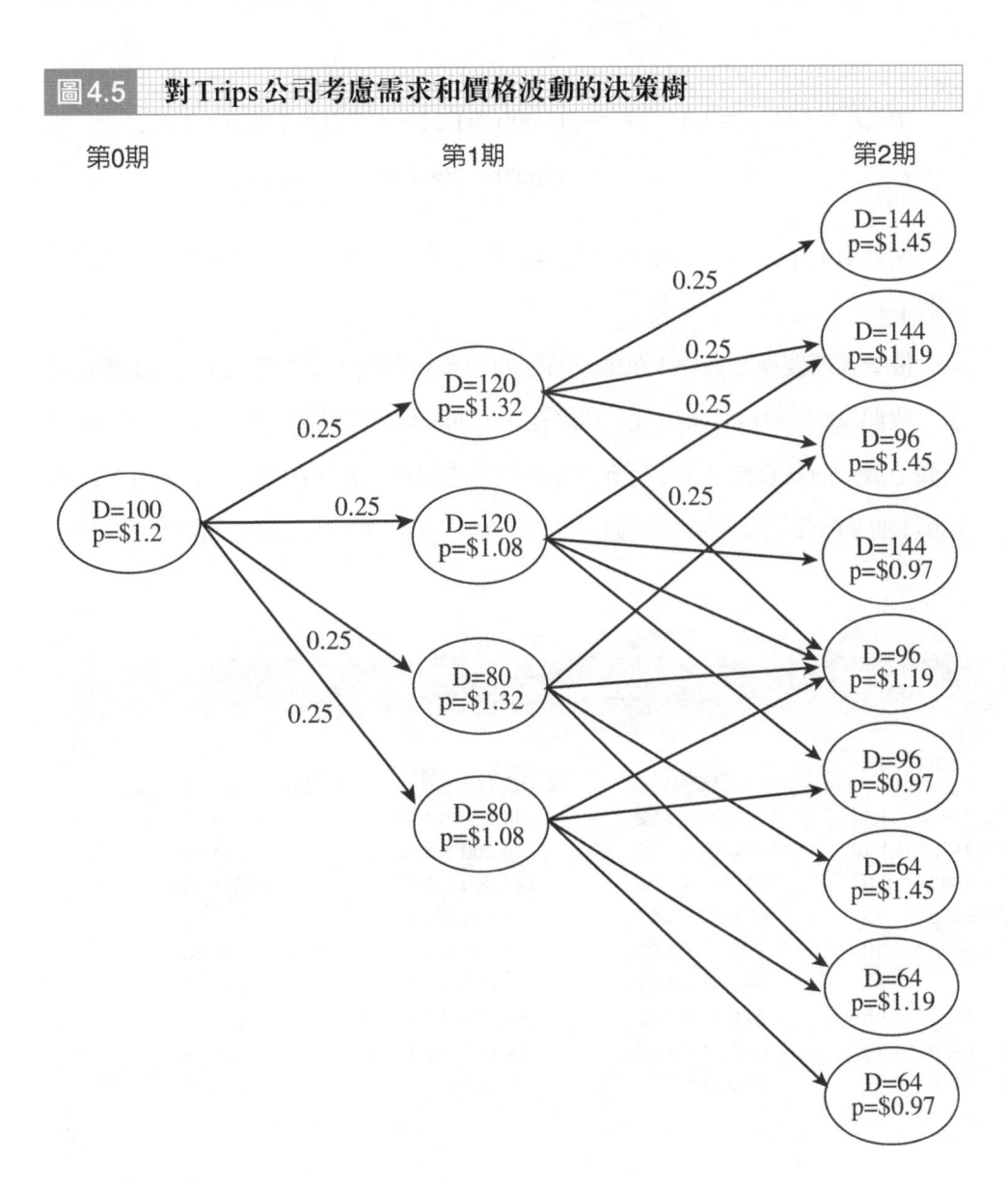

圖4.5　對 Trips 公司考慮需求和價格波動的決策樹

144, $p = 1.45$, 2）表示在第2期的需求 $D = 144$，$p = \$1.45$ 時 Trips 公司所產生的費用，可以計算如下：

$$C(D=144, p=1.45, 2) = 144,000 \times 1.45 = \$208,800$$

而第2期 Trips 公司所得到的利潤以 $P(D=144, p=1.45, 2)$ 表示且計算如下：

$$P(D=144, p=1.45, 2) = 144,000 \times 1.22 - C(D=144, p=1.45, 2)$$
$$= 175,680 - 208,800 = -\$33,120$$

因此對 Trips 公司在第2期的其他節點的利潤可以以上述的方式計算得到，如表4.5。

接著經理要衡量在第1期每一節點的期望利潤加上第2期利潤在第1期的現值。我們以 $EP(D=, p=, 1)$ 代表在第1期的某個節點的期望利潤。而這期望利潤是這一節點延伸至第2期所有節點利潤的總和。$PVEP(D=, p=, 1)$ 代表在第1期某節點期望利潤的現值。而 $P(D=, p=, 1)$ 代表第1期某個節點的總

表4.5 計算賣場倉儲空間的方案第2期

	收益	成本 $C(D=, p=, 2)$	利潤 $P(D=, p=, 2)$
$D=144, p=1.45$	$144,000 \times 1.22$	$144,000 \times 1.45$	$-\$33,120$
$D=144, p=1.19$	$144,000 \times 1.22$	$144,000 \times 1.19$	$\$4,320$
$D=144, p=0.97$	$144,000 \times 1.22$	$144,000 \times 0.97$	$\$36,000$
$D=96, p=1.45$	$96,000 \times 1.22$	$96,000 \times 1.45$	$-\$22,080$
$D=96, p=1.19$	$96,000 \times 1.22$	$96,000 \times 1.19$	$\$2,880$
$D=96, p=0.97$	$96,000 \times 1.22$	$96,000 \times 0.97$	$\$24,000$
$D=64, p=1.45$	$64,000 \times 1.22$	$64,000 \times 1.45$	$-\$14,720$
$D=64, p=1.19$	$64,000 \times 1.22$	$64,000 \times 0.19$	$\$1,920$
$D=64, p=0.97$	$64,000 \times 1.22$	$64,000 \times 0.97$	$\$16,000$

利潤。而這總利潤等於某節點在第1期的利潤加上第2期的期望利潤現值。以第1期$D=120$，$p=\$1.32$節點為例，它在第2期有4種可能的狀態，因此經理衡量此節點的期望利潤$EP(D=120, p=1.32, 1)$可以下式計算得到：

$$EP(D=120, p=1.32, 1) = 0.25 \times P(D=144, p=1.45, 2) + 0.25 \times$$
$$P(D=144, p=1.19, 2) + 0.25 \times P(D=96, p=1.45, 2) + 0.25 \times P(D=96, p=1.19, 2)$$
$$= -0.25 \times 33,120 + 0.25 \times 4,320 - 0.25 \times$$
$$22,080 + 0.25 \times 2,880$$
$$= -\$12,000$$

此期望利潤在第1期的現值可以下式計算得到：

$$PVEP(D=120, p=1.32, 1) = EP(D=120, p=1.32, 1) / (1+k)$$
$$= -12,000 / 1.1$$
$$= -\$10,909$$

公司經理可以計算得到第1期節點$D=120$, $p=1.32$的總期望利潤等於此節點在第1期的利潤加上此節點在第2期期望利潤的現值。

$$P(D=120, p=1.32, 1) = 120,000 \times 1.22 - 120,000 \times 1.32 +$$
$$PVEP(D=120, p=1.32, 1)$$
$$= -\$12,000 - \$10,909$$
$$= -\$22,909$$

因此在第1期所有節點的總利潤可以計算如表4.6。

對第0期節點$D=100$, $p=1.20$其總利潤$P(D=100, p=1.20, 0)$等於第0期的利潤加上第1期4個節點期望利潤的現值。

$$EP(D=100, p=1.20, 1) = 0.25 \times P(D=120, p=1.32, 1) + 0.25 \times$$

表4.6 計算賣場倉儲空間的方案第1期

節點	$EP(D=,p=,1)$	$P(D=,p=,1)=D\times 1.22 - D\times p + EP(D=,p=,1)/(1+k)$
$D=120, p=1.32$	$-\$12,000$	$-\$22,909$
$D=120, p=1.08$	$\$16,800$	$\$32,073$
$D=80, p=1.32$	$-\$8,000$	$-\$15,273$
$D=80, p=1.08$	$\$11,200$	$\$21,382$

$$P(D=96, p=1.08, 1) = -0.25 \times 22,909 + 0.25 \times 32,073 - 0.25 \times 15,273 + 0.25 \times 21,382$$

$$P(D=120, p=1.08, 1) + 0.25 \times P(D=96, p=1.32, 1) + 0.25 \times$$

$$= \$3,818$$

$$PVEP(D=100, p=1.20, 1) = EP(D=100, p=1.20, 0)/(1+k)$$

$$= 3,818/1.1 = \$3,471$$

$$P(D=100, p=1.20, 0) = 100,000 \times 1.22 - 100,000 \times 1.20 + PVEP(D=100, p=1.20, 0)$$

$$= \$2,000 + \$3,471 = \$5,471$$

因此可以結論以不簽約的方式運用賣場倉儲空間的方案,其淨值如下:

$$\text{NPV}(\text{不租賃}) = \$5,471$$

接著經理衡量租賃10萬平方呎倉儲空間的方案,衡量此一方案的程序和前一個案例非常相似。但是利潤不一樣,例如以$D=144, p=1.45$的節點為分析基準時,除了簽約的10萬平方呎的費用是1美元╱平方呎外,公司必須付1.45美元╱平方呎租44,000平方呎賣場的倉儲空間。若需求小於10萬平方呎時,公司

仍需支付全部10萬平方呎倉儲費用。表4.7是經理計算在第2期9個節點的利潤詳細資料。

接著經理計算在第1期每個節點全部期望利潤。同樣的，在第1期對每一節點期望利潤EP（$D=, p=, 1$）它所延伸是第2期的4個節點期望利潤的總和（見圖4.5），P（$D=, p=, 1$）是第1及第2期全部期望利潤，表4.8是經理計算所得到的結果。

對第0期而言，其期望利潤EP（$D=100, p=1.20, 0$）是在第1期的4個節點的利潤總和。計算如下：

$$EP（D=100, p=1.20, 0）= 0.25 \times P（D=120, p=1.32, 1）+ 0.25 \times$$
$$P（D=120, p=1.08, 1）+ 0.25 \times P$$
$$（D=96, p=1.32, 1）+ 0.25 \times$$
$$P（D=96, p=1.08, 1）$$
$$= 0.25 \times 35{,}782 + 0.25 \times 45{,}382 - 0.25 \times$$
$$4{,}582 - 0.25 \times 4{,}582$$
$$= \$18{,}000$$

表4.7　Trip公司租賃方案第2期利潤計算

節點	租賃空間	倉儲空間（S）	利潤P（$D=, p=, 2$）= $D \times 1.22 -（100{,}000 \times 1 + S \times p$）
$D=144, p=1.45$	100,000 sq. ft.	44,000 sq. ft.	\$11,880
$D=144, p=1.19$	100,000 sq. ft.	44,000 sq. ft.	\$23,320
$D=144, p=0.97$	100,000 sq. ft.	44,000 sq. ft.	\$33,000
$D=96, p=1.45$	100,000 sq. ft.	0 sq. ft.	\$17,120
$D=96, p=1.19$	100,000 sq. ft.	0 sq. ft.	\$17,120
$D=96, p=0.97$	100,000 sq. ft.	0 sq. ft.	\$17,120
$D=64, p=1.45$	100,000 sq. ft.	0 sq. ft.	-\$21,920
$D=64, p=1.19$	100,000 sq. ft.	0 sq. ft.	-\$21,920
$D=64, p=0.97$	100,000 sq. ft.	0 sq. ft.	-\$21,920

表4.8 Trip公司第1期利潤計算

節點	$EP(D=,p=,1)$	賣場倉儲空間 (S)	$P(D=,p=,1) = D \times 1.22 - (100{,}000 \times 1 + S \times p) + EP(D=,p=,1)/(1+k)$
$D=120$, $p=1.32$	$0.25 \times P(D=144, p=1.45, 2) +$ $0.25 \times P(D=144, p=1.19, 2) +$ $0.25 \times P(D=96, p=1.45, 2) +$ $0.25 \times P(D=96, p=1.19, 2) =$ $0.25 \times 11{,}880 + 0.25 \times 23{,}320 +$ $0.25 \times 17{,}120 + 0.25 \times 17{,}120$ $= \$17{,}360$	20,000	\$35,782
$D=120$, $p=1.08$	$0.25 \times 23{,}321 + 0.25 \times 33{,}000 +$ $0.25 \times 17{,}120 + 0.25 \times 17{,}120$ $= \$22{,}640$	20,000	\$45,382
$D=80$, $p=1.32$	$0.25 \times 17{,}120 + 0.25 \times 17{,}120 -$ $0.25 \times 21{,}920 - 0.25 \times 21{,}920$ $= -\$2{,}400$	0	$-\$4{,}582$
$D=80$, $p=1.08$	$0.25 \times 17{,}120 + 0.25 \times 17{,}120 -$ $0.25 \times 21{,}920 - 0.25 \times 21{,}920$ $= -\$2{,}400$	0	$-\$4{,}582$

而第0期期望利潤現值計算如下：

$$PVEP(D=120, p=1.20, 0) = EP(D=100, p=1.20, 0)/(1+k)$$
$$= 18{,}000/1.1$$
$$= \$16{,}364$$

第0期的總期望利潤是等於第0期的利潤加上第1期4個節點每個節點的期望利潤現值。計算如下：

$$P(D=100, p=1.20, 0) = 100{,}000 \times 1.22 - 100{,}000 \times 1 +$$
$$PVEP(D=100, p=1.20, 0)$$

$$= \$22,000 + \$16,364$$

$$= \$38,364$$

因此,簽訂3年租賃10萬平方呎倉儲空間的淨現值NPV計算如下:

$$NPV（租賃）= \$38,364$$

若比較此NPV(租賃)和忽略不確定因素時的NPV = $60,182,我們可以發現NPV(租賃)遠小於NPV(忽略不確定因素),這是因為租賃契約是固定的,而公司無法在因應市場需求變化時,而租用較小的倉儲空間。因此,在面對不確定因素時,此種沒有彈性的租賃契約比較不具吸引力。

當價格與需求不確定時,則減少租賃倉儲空間的優點,而增加租用賣場倉儲空間的優點,但是經理仍舊希望簽訂3年10萬平方呎的租賃合作,因為此選擇預期利潤較高。

> 供應鏈決策分析時必須將不確定因素和經濟因素加入財務分析內。而此不確定經濟因素或許對於決策評估具有顯著的影響。

❖ 以決策樹分析供應鏈彈性

當衡量供應鏈內的彈性時,決策樹分析是一種非常有用的方法。我們將運用決策樹分析法替Trips公司衡量租用倉儲空間的彈性因素。

Trips公司的經理在考量租用倉儲空間時,有一合約是若公司預付1萬美元,則可以每平方呎1美元的租金成本租用6萬平方呎至10萬平方呎倉儲空間的彈性。因此每年公司必須支付6萬美元的租金運用6萬平方呎的空間。再依需求的需要以每平方呎1美元的租金成本租用另外的4萬平方呎的空間。Trips公司的經理決定運用決策樹分析的方法衡量預付1萬美元取得使用空間彈性的合約

是否較固定租用10萬平方呎空間的合約有利。

衡量具有彈性合約的決策樹就如圖4.5一樣。然而因為租用空間的彈性,所以每一節點的利潤會改變。若需求大於10萬單位,則不管租用的彈性,Trips公司會租用全部10萬平方呎的倉儲空間。若需求介於6萬與10萬單位之間,則Trips公司會依需求的多少而彈性租用所需使用的空間。而不會租用全部10萬平方呎的空間。當需求在10萬以上單位時,所有節點的利潤相同,如表4.7。當需求少於10萬單位時,第2期所有節點利潤如表4.9。

運用前面所提過的計算方法,Trips公司的經理由第2期反推算第1期每一節點的期望利潤$EP(D=,p=,1)$,現值及總利潤,表4.10是這些計算過程。

第0期的總期望利潤是第0期的利潤與第1期期望利潤現值的總和。於是經理得到下列計算式:

$$EP(D=100, p=1.20, 0) = 0.25 \times P(D=120, p=1.32, 1) + 0.25 \times$$
$$P(D=120, p=1.08, 1) + 0.25 \times$$
$$P(D=96, p=1.32, 1) + 0.25 \times$$

表4.9　彈性合約下Trips公司第2期利潤計算

節點	$1倉儲空間($W$)	賣場倉儲空間(S)	利潤$P(D=,p=,2)$ $D \times 1.22 - (W \times 1 + S \times p)$
$D=144, p=1.45$	100,000 sq. ft.	44,000 sq. ft.	$11,880
$D=144, p=1.19$	100,000 sq. ft.	44,000 sq. ft.	$23,320
$D=144, p=0.97$	100,000 sq. ft.	44,000 sq. ft.	$34,200
$D=96, p=1.45$	96,000 sq. ft.	0 sq. ft.	$21,120
$D=96, p=1.19$	96,000 sq. ft.	0 sq. ft.	$21,120
$D=96, p=0.97$	96,000 sq. ft.	0 sq. ft.	$22,200
$D=64, p=1.45$	64,000 sq. ft.	0 sq. ft.	$14,080
$D=64, p=1.19$	64,000 sq. ft.	0 sq. ft.	$14,080
$D=64, p=0.97$	64,000 sq. ft.	0 sq. ft.	$14,200

表4.10　彈性合約下 Trips 公司第 1 期利潤計算

節點	EP ($D=, p=, 1$)	倉儲空間	賣場倉儲空間（S）	$P(D=, p=, 1) = D \times 1.22 - (W \times 1 + S \times p) + EP(D=, p=, 1) / (1+k)$
$D=120$, $p=1.32$	$0.25 \times 11,880 + 0.25 \times 23,320 + 0.25 \times 21,120 + 0.25 \times 21,120 = \$19,360$	100,000	20,000	\$37,600
$D=120$, $p=1.08$	$0.25 \times 23,320 + 0.25 \times 34,200 + 0.25 \times 21,120 + 0.25 \times 22,200 = \$25,210$	100,000	20,000	\$47,718
$D=80$, $p=1.32$	$0.25 \times 21,120 + 0.25 \times 21,120 + 0.25 \times 14,080 + 0.25 \times 14,080 = \$17,600$	80,000	0	\$33,600
$D=80$, $p=1.08$	$0.25 \times 21,120 + 0.25 \times 22,200 + 0.25 \times 14,080 + 0.25 \times 14,200 = \$17,900$	80,000	0	\$33,873

$$P(D=96, p=1.08, 1)$$
$$= 0.25 \times 37,600 + 0.25 \times 47,718 + 0.25 \times 33,600 + 0.25 \times 33,873$$
$$= \$38,198$$
$$PVEP(D=100, p=1.20, 1) = EP(D=100, p=1.20, 0) / (1+k)$$
$$= 38,198 / 1.1$$
$$= \$34,725$$
$$P(D=100, p=1.20, 0) = 100,000 \times 1.22 - 100,000 \times 1 + PVEP(D=100, p=1.20, 0)$$
$$= \$22,000 + \$34,725 = \$56,725$$

比較兩種合約的期望現值的差異，就可以得到彈性合約的價值。考慮到不確定性，Trips公司經理評估三項選擇如表4.11。

因此對於Trips公司而言，先預付1萬美元就可選擇彈性合約是有利的。因為扣除預付的1萬美元後仍比固定合約多得8,361美元的利潤。

> 對於需求和經濟因素而言，當考慮不確定性時，彈性是有助益的。通常，當不確定性增加時，彈性會有增加助益的傾向。

4.8 網路設計的風險管理

全球性的供應鏈網路要面對許多風險，包括**供應缺乏**（Supply Disruption）、**供應延遲**（Supply Delay）、**需求波動**（Demand Fluctuation）、**價格波動**（Price Fluctuation）及**匯率波動**（Fluctuation）。如果沒有適當的緩衝計畫，這些風險會嚴重損害供應鏈績效。例如，有二個為美國供應流感疫苗的供應商，其中一個受到污染，導致2004年流感季節開始時的疫苗嚴重短缺，結果造成許多州定量配給，還發生幾樁價格欺詐的案例。同樣的，歐元的巨幅升值也造成大部分供應商在西歐的公司受到傷害。表4.12敘述網路設計時必須考慮的風險類型和驅

表4.11　Trips公司不同租賃選擇方案的比較

選擇	價值
賣場所有倉儲空間	$5,471
三年租賃固定合約（100,000平方呎）	$38,364
彈性合約（60,000至100,000平方呎）	$56,725

供應鏈網路設計

表4.12　網路設計期間應考慮的供應鏈風險

風險類型	驅動因素
短缺	自然災害、戰爭、恐怖主義襲擊
	勞工抗爭
	供應商倒閉
延遲	供應來源高度產能利用
	供應來源缺乏彈性
系統性風險	資訊基礎建設故障
	系統整合或納入網路系統的程度
預測風險	因前置時間過長、季節型的預測不準確
	產品多樣、生命週期短、顧客基礎小
智慧財產風險	供應鏈垂直整合
	全球性外包和市場
採購風險	匯率風險
	單一來源的零散採購
	整個產業的產能利用
應收帳款風險	顧客數量
	顧客財務實力
存貨風險	產品過時廢棄的比率
	存貨持有成本
	產品價值
產能風險	產能成本
	產能彈性

資料來源：Adapted from "Managing Risk to Avoid Supply Chain Breakdown." Sunil Chopra and Manmohan S. Sodhi, Sloan Management Review (Fall 2004): 53—61.

動因素。

　　優良的網路設計在減緩供應鏈風險時，扮演重要的角色。舉例來說，擁有多個供應商就能緩減任一供應商所引發的短缺風險。以下所述是個絕佳的例子：Royal Phillips電子公司一家位於新墨西哥州的工廠於2000年3月失火，這對Nokia及Ericsson的衝擊就有所不同。Nokia運用網路中其他幾個供應商迅速調整短缺；相對的，Ericsson的網路中沒有備用來源，而無法因應。Ericsson評估結果損失了4億美元的收益。同樣的，具有彈性產能可以減緩全球需求、價

格及匯率波動的風險,例如,Hino Truck藉生產間的勞力移轉以運用彈性產能,為不同產品改變生產進程,結果,即使各生產線的產品有所變異,公司仍能維持工廠勞力穩定並滿足供應與需求。由上述例證,為網路設計緩減策略,顯著增進了供應鏈處理風險的能力。

然而,每個緩減策略也可能有成本增加或其他風險。例如,增加存貨減緩了延遲風險,但卻增加了廢品風險。多供應商來源減緩了短缺風險,但因為個別供應商難以達成規模經濟,而增加了成本。因此,在設計網路時,發展出能在減緩風險和增加成本之間取得均衡的緩減策略是非常重要的。表4.13概述幾個訂製的緩減策略。

表4.13 網路設計期間的訂製緩減策略

風險緩減策略	訂製的策略
增加產能	專注於低成本、為可預測的需求分散產能。 為不可預測的需求建立集中化的產能。當產能成本下降時增加分散程度。
多備供應商	量大的產品要多備供應商,量少的產品則少備供應商。量少的產品,集中向幾家有彈性的供應商訂購。
提高回應能力	日用產品應重視成本;生命週期短的商品應重視回應能力。
增加存貨	可預測、低價產品應採分散存貨。低預測性、高價值產品則採集中存貨。
增加彈性	對於可預測、量大的產品要重視成本;對於不可預測、量小的產品要重視彈性。若費用昂貴,則集中彈性於特定幾個地點。
聯營或累積需求	當不可預測性提高時,增加累積。
增加來源產能	對高價值、高風險產品偏重產能;對低價值產品則偏重成本。

資料來源:Adapted from "Managing Risk to Avoid Supply Chain Breakdown." Sunil Chopra and Manmohan S. Sodhi, Sloan Management Review (Fall 2004): 53－61.

4.9 問題討論

1. 倉庫的位址與大小如何影響類似Amazon網路書店的企業績效？當Amazon網路書店制定此決策時，應考量那些因素？
2. 進口稅及匯率如何影響供應鏈的位址決策？
3. 在全球網路中，生產設施扮演什麼不同的角色？
4. Amazon網路書店在成長時，增加了倉儲數量。此決策對Amazon網路書店供應鏈的各項變動成本與回應時間有何改變？
5. McMaster-Carr從美國境內的六座倉庫銷售MRO設備，W.W. Grainger則透過幾個倉庫供貨，以超過300個零售店來銷售產品。兩者的訂單均來自於網路及電話，試討論此兩種策略的優缺點為何？
6. 考慮一個類似Dell的企業，在全世界只有很少的製造設施，試列出其優缺點，並說明其是否適合電腦產業？
7. 考慮一個類似福特汽車的企業，在全世界有超過150家的製造設施，試列出其優缺點，並說明其是否適合汽車產業？
8. 當衡量供應鏈決策時，為何必須考量不確定性？
9. 那些主要的不確定性會影響供應鏈決策的價值？

供應鏈管理
Supply Chain Management

個案研討　全球產銷網路建置

　　捷安特股份有限公司（Giant）締造我國世界排名第一的產業成績；該公司跳脫傳統經營模式的桎梏，不但擁有自有品牌，還透過異業合作，致力研發並著重流程改造，是一個極為特別的案例。曾有全球自行車出口量第一美譽的台灣，身處開發中國家激烈競爭的環境及在對外投資政策受限下，出口量從1991年的983萬輛，下滑到2002年的420萬輛，跌幅將近4成。因而有專業媒體與產學業斷言：我國的自行車業即將從供應鏈環節中消失。但是，其後自行車的出口量不僅止跌回升，單價甚至大幅上升；2005年，Giant台灣自行車出口值達345美元，較2004年提高了23％；此亦帶動我相關產業的平均出口單價，一年間即成長了20％。自行車業能夠升級成功，主要在於2003年時A-Team合作升級組織的設立，以促使台灣成為全球高品質，且能自行研發與製造自行車的供應中心。（相關數據資料來源：*http://www.giant-bicycle.com/*）

❖ 企業發展概述

　　Giant成立於1972年，資本額為新台幣400萬元，主要營業項目為自行車及相關零組件之加工製造與銷售，1981年晉身為台灣第一、亞洲第二的自行車製造商。Giant能夠成功的原因，在於創始年代隸屬於擁有**低工資**、**高素質勞力**，且**以自行車為主要代步工具**的70年代。1982年Giant的品牌製造商巨大機械，著手建立自有品牌；隨後於1986年採行自有品牌國際行銷網策略，相繼於歐洲、美國、加拿大、日本等地，設立區域性管理或銷售中心。直至1992年成立中國大陸分公司，1993年設立中國大陸昆山廠後，海外設廠旋即展開，1996年設立了荷蘭歐洲廠。

　　Giant自行車從產品研發、製造到銷售，其運作模式如下：

　　產品研發方面。以「聯合開發、分工製造」為主，於台灣的研發中心從事新材料、新技術、新車種的研發，並負責開發**全球模組**（Global Model）；美國、荷蘭及大陸研發中

心，則就地域性作研發改良。

在**製造方面**。Giant利用**總部統籌規劃、各地分工製造**的模式製造生產自行車，其供應鏈模式為：台灣、中國大陸負責材料提供；中國大陸及荷蘭從事生產。各廠的製造品項區分為：台灣廠生產高附價值車種、大陸廠生產中低價位的車種、荷蘭廠生產歐洲車種。海外子公司同時必須配合集團的方針與目標，規劃執行適合的策略，再將成果彙總回報台灣營運總部。

在**行銷方面**。Giant極為重視「寰宇品牌，Giant」的品牌經營，每年投入的全球行銷費用占總營業額的5%，主要用途為：Giant國際形象宣傳事宜策劃與執行、提供全球子公司行銷相關廣告經費、贊助國際自行車隊或公益文化活動，以利品牌形象及行銷管道的快速建立。Giant完成全球產銷布局後，仍持續強化跨國研發、採購、製造、行銷、品牌、服務、經營管理等**價值鏈整合**工作，逐步建構以台灣為營運總部之跨國經營型態。

在**經營策略方面**。Giant的主要經營策略為：技術研發、製造策略、產銷策略、投資策略及財務運作，均由台灣營運總部規劃，再依各子公司在地資源的不同作調整，形成一套綿密的跨國操作模式（Giant之組織架構如圖B.1所示）。

❖ 全球供應鏈網路

邁向全球化產銷網路發展，Giant的經營策略建構在：**全球品牌、當地生根**的基礎上，近幾年來，更以「不要作世界第一大廠，而是要作Only One」為訴求，成其全球、區域、產業體系產業之定位。至2005年，Giant擁有75%產能的銷售業績，Giant不僅為歐洲自行車三大品牌之一，在美國的市占率亦達18.4％，而日本與澳洲亦為主要自行車進口品牌；在台灣，Giant的市占率超過25%，而中國大陸則有105萬台的銷售量，占第一品牌。另外，產量的其他25%，用以滿足OEM客戶之需求（Trek、Specialized是美國前三大品牌，日本Hodaka是量販市場的領導品牌）。總體而言，Giant的全球網路發展歷程可以歸納為：

製造優先階段（1972至1985年）：深根台灣，建立製造及研發能力，開創自有品牌。

圖B.1　Giant之組織系統圖

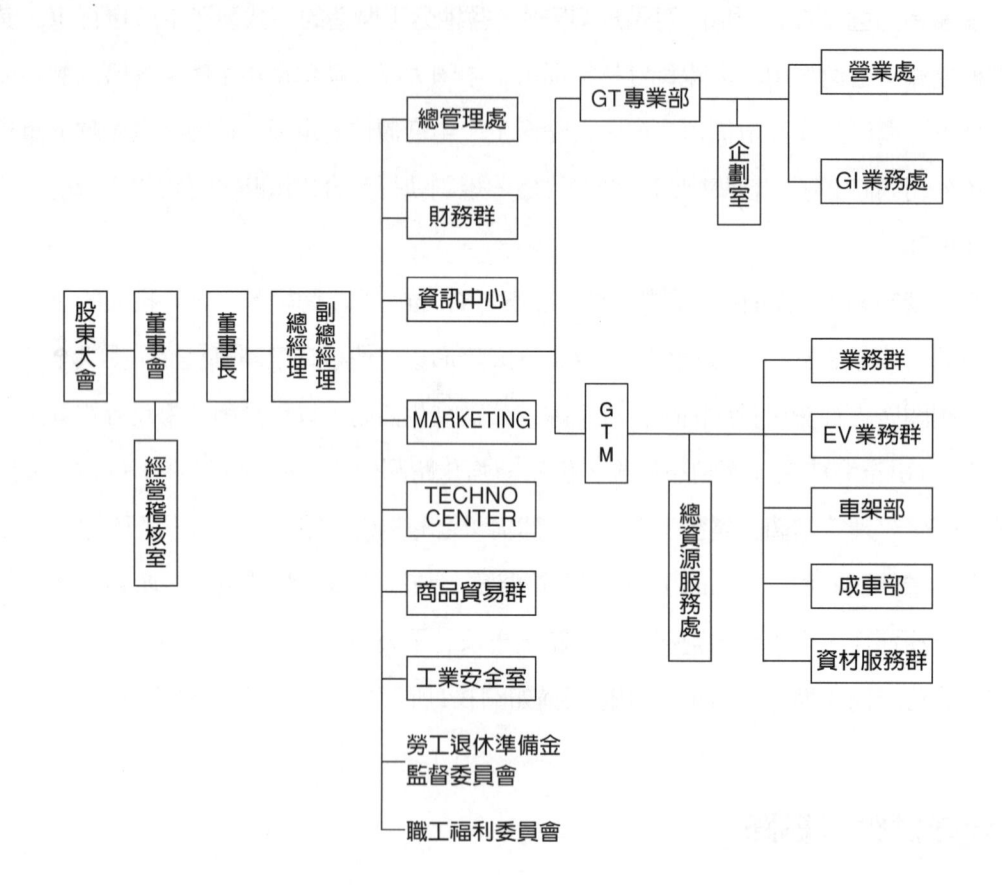

股東大會 — 董事會 — 董事長 — 副總經理／總經理

董事會下：經營稽核室

副總經理／總經理下轄：
- 總管理處
- 財務群
- 資訊中心
- MARKETING
- TECHNO CENTER
- 商品貿易群
- 工業安全室
- 勞工退休準備金監督委員會
- 職工福利委員會

GT專業部下：
- 企劃室
  - 營業處
  - GI業務處

GTM下：
- 總資源服務處
  - 業務群
  - EV業務群
  - 車架部
  - 成車部
  - 資材服務群

行銷優先階段（1986至1991年）：品牌國際化，依「全球品牌、當地生根」策略方針進行。

全球發展階段（1992至1999年）：製造國際化。

在創造供應鏈中的企業價值部分，Giant提出了**大笑曲線理論**，將製造區分為高價值和低價值兩類：低價的製造是下唇，由開發中國家作大量生產；高價的製造屬上唇，在台灣作少量多樣的生產，加上兩端較高的研發和行銷，即成為一個大笑的嘴型（如圖B.2）。大笑曲線主張：產品的研發和製造之間有密切的連結；若干美國科技公司，為配合海外設廠製造而將研發工作一併外移，由於缺少了製造命脈，導致許多研發工作無以為繼；我國

圖 B.2　Giant 的笑曲線圖

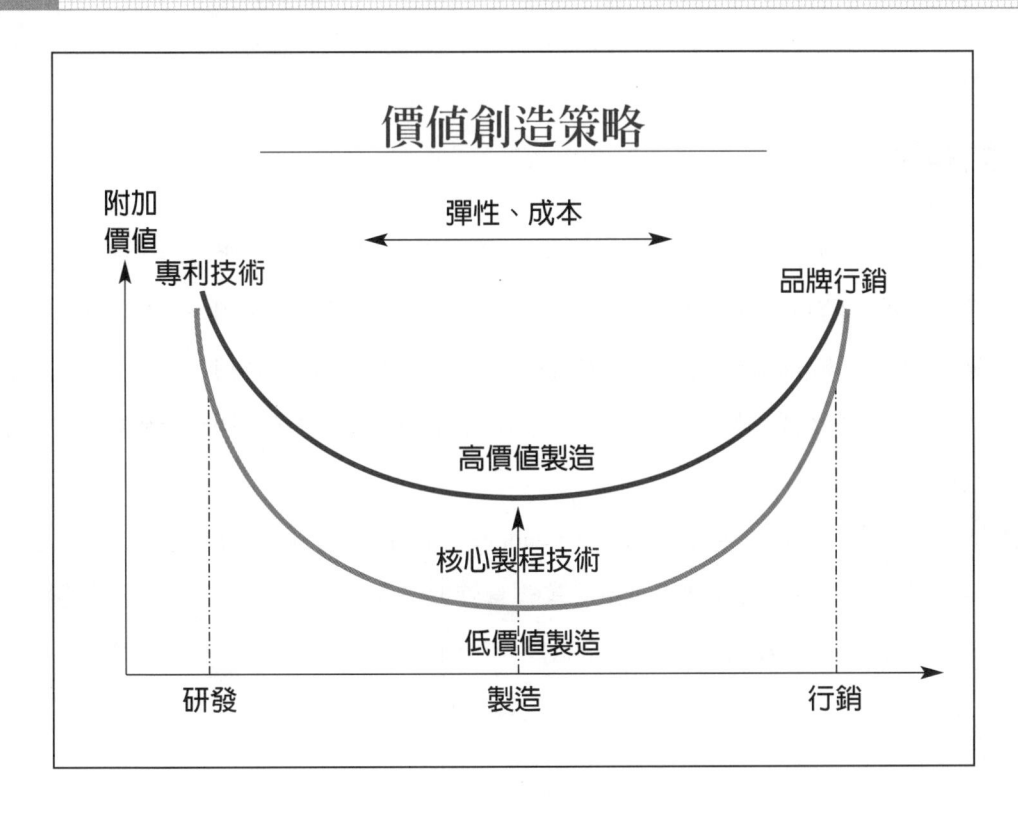

價值創造策略

附加價值 ↑

專利技術 ──── 彈性、成本 ──── 品牌行銷

高價值製造

核心製程技術

低價值製造

研發 ──── 製造 ──── 行銷

　　自行車業在台灣從事高階製造的勞力，乃是留住研發行銷的必要策略。目前，已有不少廠商體認到「不研發升級、而只外移降低成本」並非長久之計，因而，更要提出如何在微笑曲線上，利用**少量多樣化**創造高附加價值產品提升利潤，進而奠定大笑曲線的理論模式。

　　產業的競爭力，絕大部分取決關鍵技術的掌握。令人遺憾的是，我國許多產業的關鍵性技術仍高度仰賴他國，自身僅掌握代工技術而已，在這點上，值得吾人高度警惕。不重研發、不累積產業經驗、不發展自有技術，將加速產業競爭力的下滑；我國企業的資源和成本，隨著時空環境的變遷及以往發展的歷程，逐漸失去與主要對手的競爭優勢。Giant 就所處產業之特色，一方面避免與其主要的 OEM 委託代工客戶發生利基衝突；另一方面則順應全球化的趨勢，在中國大陸及荷蘭兩地投資設立新廠，以進行全球化設計、區域性專業化分工。大笑曲線的意義，即是將歐洲廠的生產線定位成 IA（Industry Art）線，把產

品品項當工業藝術來作,以供應歐洲市場的需求;藉以形成**利基差異化、企業價值增益**的目標。

❖ 問題討論

1. 以我國OEM製造業而言,運用大笑曲線之理念來規劃其未來發展時,經常會在國際化(例如,跨國研發、採購、製造、行銷等)、價值鏈整合(例如,品牌、服務、經營管理等)及策略聯盟等方面,存在力有未逮、難以落實的迷思;試問,吾人該如何由Giant的發展過程中,釐清OEM產業在邁向全球化供應鏈布局時所應採取的步驟與思維?

2. 對於進入門檻不高的產業,除了如Giant運用品牌之建立作為發展基礎之外,該如何結合其他供應鏈組成元件,創造企業經營管理之優勢?又,Giant在全球化競爭的潮流下,存在那些潛在危機?這些危機將產生何種衝擊?應如何因應處理?

資訊科技之於供應鏈

Chapter 5

學習目標

因為資訊提供供應鏈管理者制定決策的基本依據,所以資訊是影響供應鏈績效的重要因素。資訊科技包括了收集與分析資訊的工具,以及改善供應鏈績效的行為之工具。本章將介紹資訊科技的重要及運用的方式,協助管理者使用資訊制定出更佳的決策。

讀完本章後,您將能:

1. 瞭解資訊與資訊科技在供應鏈的重要性;
2. 瞭解供應鏈內每個驅動因素是如何運用資訊;
3. 瞭解在供應鏈資訊科技的主要應用及其過程。

5.1 資訊科技在供應鏈中扮演的角色

資訊是影響供應鏈績效的重要因素，因為它提供供應鏈執行交易過程以及管理者制定決策的依據。沒有資訊，管理者不知道顧客需求為何、存貨的數量，以及何時應該生產多少產品與配送；簡而言之，若沒有資訊，管理者是盲目地制定決策。所以，資訊可以擴展經營者的視野；有了擴展的視野，經營者所制定的決策將有助於提升供應鏈的績效。在許多方面來說，資訊是供應鏈最重要的驅動因素，沒有資訊，其他的驅動因素無法運作，而供應鏈就無法得到較高水準的績效。

因為資訊對於供應鏈成功扮演著重要的角色，因此經營者必須知道資訊是如何被收集與分析的。因此，在供應鏈管理中，資訊科技扮演著重要的角色。資訊科技包括了硬體與軟體兩部分，提供供應鏈資訊的收集、分析和行動。資訊科技就如同供應鏈管理的眼睛與耳朵（有時甚至是大腦的一部分），用來收集與分析資訊，以提供供應鏈經營者制定決策。例如，一家個人電腦製造商的經營者可利用資訊系統得知組裝新個人電腦的晶片存貨數量。資訊科技也可用來分析資訊以提供對策。若資訊科技扮演著這樣的角色，則經營者可以參考晶片存貨的數量配合需求的預測，而決定是否需要向 Intel 採購更多的晶片。

利用資訊科技系統的運用與資訊分析對於企業的績效有著顯著的影響。例如，一家工作站與伺服器的製造商，發現許多顧客需求的資訊並沒有被用來決定生產排程與存貨水準。因為缺少顧客需求的資訊，生產部門盲目地決定生產排程與存貨水準。藉由建構供應鏈的資訊系統，公司能夠收集並分析相關的資料，進而提供存貨水準的建議。應用此資訊系統的建議，公司可以將存貨水準減半，因為現在不是靠著經驗制定決策，而是靠資訊。如前所述例子的衝擊，更加強調資訊科技是供應鏈績效驅動因素的重要性。

資訊科技之於供應鏈

　　資訊是供應鏈成功的關鍵，因為資訊可以讓管理階層超越功能與公司層面，就比較寬廣的範圍作決策。如第二章所述，吾人應以供應鏈整體性的思維，而非單一層面的視野，來面對問題，方可制定成功的供應鏈決策。若採取全球的角度來看供應鏈，管理人員能夠擬定策略，將所有影響供應鏈的因素納入考量，而不單單只考慮影響供應鏈中特定層面或功能的因素。考慮整個供應鏈，可將全部供應鏈利益最大化，使供應鏈中每一家公司的利益增加。

　　管理人員要如何採取較寬廣的範圍呢？供應鏈的範圍完全是由資訊組成，資訊的**廣度**決定了其範圍為全球性或區域性。欲將供應鏈擴大為全球性範圍，管理人員需要精確且及時的資訊，包括所有公司功能與供應鏈裡的組織。例如，電腦工作站製造商在決定生產計畫時，只知道現有存貨量是不夠的，公司也需要瞭解下游需求，甚至是上游供應商的前置時間與變化性。只有在這樣的範圍下，公司方可訂定生產計畫與存貨程度，將利益最大化。

　　在制定供應鏈決策時，只有以下幾個特性的資訊，才是有用的資訊：

　　1. 資訊必須準確。如果資訊無法顯示供應鏈的真實狀況，要制定良好的決策是非常困難的，也並不是說資訊必須百分之百精確，但至少所得到的資訊必須標示出現實狀況發展的正確方向。

　　2. 資訊必須是可及時得到的。會有準確的資訊，但等到得到資訊的時候，資訊已經過時了或是現在的資訊，但卻無法取得。要制定良好的決策，管理人員需要擁有容易獲得的最新資訊。

　　3. 資訊必須是合適的。決策制定者需要可以使用的資訊，公司通常有眾多無益於決策的資料，公司必須深思那些資訊需要記錄下來。使有用資源不會浪費在收集無用資料上，反而未能將重要資料記錄下來。

　　如果管理人員掌握好的資訊，便可清楚看透供應鏈，使他們採取全球觀的思維，制定出供應鏈最佳決策。因此，資訊是供應鏈成功的關鍵。

　　供應鏈的每一個層面，以及決策中從策略、規劃到執行的每一個階段裡（如第一章所述），資訊都是關鍵要素。例如，在擬定供應鏈策略的過程中，資

訊與資訊分析扮演舉足輕重的角色,因為資訊可提供決策的基礎,像是供應鏈推／引界線的界定。資訊在營運決策的另一端也占有關鍵性的地位,像是何種產品會在今天的生產運作中生產。管理人員需要知道如何分析資訊以作出決策。本書許多部分是關於如何確立需要解決的供應鏈問題、獲得資訊、分析資訊,並根據資訊作出良好決策。

例如,Wal-Mart不管是在獲取資訊,或是在瞭解如何分析資訊,以作出好的供應鏈決策上,都屬於領先者。Wal-Mart收集各家分店各個產品銷售狀況的即時資訊,並立刻回傳給製造商。它藉由分析這些需求資訊,以決定各店的存貨量,以及再從製造商運送產品的時間。製造商則利用這些資訊訂定生產計畫,所以可以及時生產產品,滿足Wal-Mart的需求。Wal-Mart與其重要供應商不只是獲取資訊,它們分析資訊,並根據資訊採取行動。

為作出供應鏈內的種種決策,包括存貨、運輸與設施,需要使用資訊,如下所述:

1. 設施:欲決定位址、產能和設施計畫,需要效率與彈性間之利益交換、需求、匯率、稅賦等資訊。Wal-Mart的供應商使用從Wal-Mart各店得到的需求資訊決定生產計畫。Wal-Mart使用需求資訊,決定該在何處建立新店,以及到站轉運的設施。

2. 存貨:欲訂定最適存貨政策,需要需求模式、存貨成本、缺貨成本與訂貨成本等資訊。例如,Wal-Mart收集詳細需求、成本、利潤與供應商的資訊,以決定存貨政策。

3. 運輸:欲決定運輸網路、路徑、模式、貨運量與供應商,需要成本、顧客位址、貨運大小等資訊,來制定良好的決策。Wal-Mart藉由資訊,鞏固了與供應商間的買賣關係,讓Wal-Mart可在其運輸網路中採用到站轉運,節省存貨與運輸成本。

4. 採購:在制定採購決策時,必須要有產品利潤、價格、品質、交期前置時間等資訊。在處理企業的內部採購時,即使已訂出採購決策,也必須記錄各

方面的處理資訊，以便執行控管。

5. 定價和收益管理：要訂出價格政策，需要先取得需求的資訊，包括需求量和各區隔市場顧客願意支付的價格，同時還必須考量許多相關的供應議題，例如產品利潤、前置時間和供應力。運用這些資訊，公司才能明智地訂定價格，以增進其供應鏈的獲利能力。

總結來說，資訊對制定供應鏈決策十分關鍵，包括三個層級的決策（策略、規劃與運作），以及每個供應鏈驅動因素（存貨、運輸與設施）。資訊科技不但能夠收集資料，增加供應鏈能見度，也能夠分析資料，使得供應鏈決策可將利益最大化。

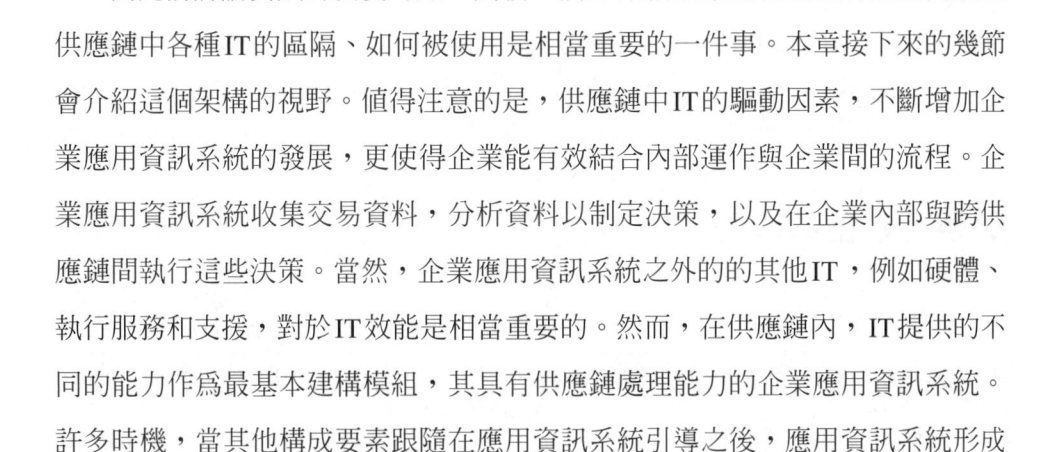

5.2 供應鏈IT架構

由先前討論資訊的廣度可知，開發一個IT架構以幫助經理瞭解這些資訊在供應鏈中各種IT的區隔、如何被使用是相當重要的一件事。本章接下來的幾節會介紹這個架構的視野。值得注意的是，供應鏈中IT的驅動因素，不斷增加企業應用資訊系統的發展，更使得企業能有效結合內部運作與企業間的流程。企業應用資訊系統收集交易資料，分析資料以制定決策，以及在企業內部與跨供應鏈間執行這些決策。當然，企業應用資訊系統之外的的其他IT，例如硬體、執行服務和支援，對於IT效能是相當重要的。然而，在供應鏈內，IT提供的不同的能力作為最基本建構模組，其具有供應鏈處理能力的企業應用資訊系統。許多時機，當其他構成要素跟隨在應用資訊系統引導之後，應用資訊系統形成整個IT產業的核心價值。為了這個原因，我們使用企業應用資訊系統和其發展作為分析IT與其對供應鏈衝擊的主要指南。企業應用資訊系統的發展不只提供IT未來的觀點，還包括供應鏈所謂的主要流程。現在討論此發展及其在企業的

供應鏈流程的衝擊。

在1990年代末期，企業應用資訊系統的前景展望逐漸變得人口眾多。史無前例的風險資本流進新的應用資訊系統公司，不只導致應用資訊系統公司的增加，還包括整個應用資訊系統種類組合的激增。應用資訊系統公司數目增加、新種類的出現以及應用資訊系統產品線的擴張，結合產生一個企業應用資訊系統前景展望，它不但比過去更繁雜，而且更為動態。這是環境夠成熟所發生的重大進展變化。

自2000年下半年之後，科技經費的下降已經引起進一步擴展的壓力，因此導致許多應用資訊系統公司停止營運或與現存的應用資訊系統公司**合併**。有些應用資訊系統種類則走上消失的命運，包含最近許多新開發的種類且被列為即將消失的清單中。

什麼驅使企業應用資訊系統產業的進展？為何有些種類的應用資訊系統公司長期以來，仍覺未來有利可圖，其他卻兵敗如山倒？無疑地，有廣泛的因素變化影響軟體公司的物競天擇。然而，我們提出發生在企業應用資訊系統進展上的三個主要驅動因素，其亦為是三個主要的供應鏈流程群組，我們稱為**供應鏈巨觀流程**（Macro Processes）。成功者將是那些聚焦在巨觀流程的應用資訊系統；另一方面，失敗的應用資訊系統將沒有聚焦在這個領域。

❖ 供應鏈巨觀流程

供應鏈的出現已經擴大了公司所作決策的範圍，此範圍已經擴展到從跨部門至全公司，到目前整個供應鏈的績效最佳化。這種範圍的擴大強調制定決策時，必須包含供應鏈所有流程的重要性。從一個企業的觀點，在供應鏈中的所有流程可以被分成三個主要領域：焦點集中在下游流程、內部流程，以及上游流程。使用這個分類，定義三個巨觀供應鏈流程（參考第一章）如下：

■ **顧客關係管理**（Customer Relationship Management, CRM）：流程集中在下

游,企業與其顧客之間的互動關係。

- **內部供應鏈管理**(Internal Supply Chain Management, ISCM):流程集中在企業內部的營運。注意到,雖然焦點放在企業內部,應用資訊系統產業通常稱這個為「供應鏈管理」(沒有「內部」這兩個字)。在我們的定義裡,供應鏈管理包括所有三個巨觀流程:CRM、ISCM和SRM。
- **供應商關係管理**(Supplier Relationship Management, SRM):流程集中在上游,企業與供應商之間的互動關係。

我們也必須注意到有個第四重要的軟體建構模組,它提供巨觀流程建立的基礎。這種軟體種類被稱為**交易管理基礎**(Transaction Management Foundation, TMF),其包括基本的ERP系統(例如財務、人力資源等構成要素模組)、基礎建設軟體和整合應用資訊系統。對於這三個巨觀流程來說,TMF應用資訊系統是必須的且可使彼此相互溝通。這三個巨觀流程和交易管理基礎之間的關係如圖5.1所示。

❖ 為何將焦點放在巨觀流程?

當企業績效與供應鏈績效變得更有關連時,公司能否聚焦在巨觀流程是非

圖5.1　供應鏈巨觀流程

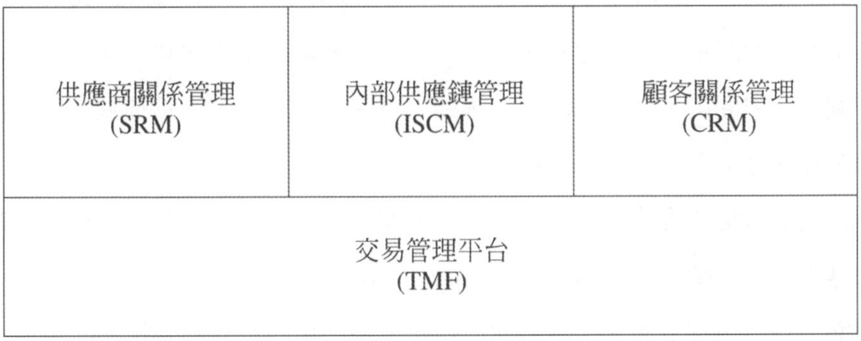

供應商關係管理 (SRM)	內部供應鏈管理 (ISCM)	顧客關係管理 (CRM)
交易管理平台 (TMF)		

常重要的。經歷幾十年把重點放在內部流程之後，公司必須擴張超過內部流程的領域，而注意整個供應鏈，才可以達成績效的突破。就如同我們所討論的，目標應該是增加整體供應鏈的利潤性（也稱為**供應鏈盈餘**）。好的供應鏈管理不是一個雙贏對局，即在供應鏈某一個階層的利潤增加時，在另一個階層卻必須支付費用。如同第二章所討論的，好的供應鏈管理是由一個**正面**的雙贏對局所替代，供應鏈夥伴可以藉由一起工作而增加整體收益水準。因此，為了最有效地增加供應鏈盈餘（以及這些公司自已的收益性），公司必須將領域擴張到更遠的地方，並且以三個巨觀流程方面思考。

❖ 巨觀流程被應用在軟體的發展

當科技支出的減少而引起企業應用資訊系統的發展壓力時，我們看到一個明顯的模型出現。大多數的倖存者選擇將其產品焦點，放在改善顧客的巨觀流程。有些軟體公司跨越超過一個巨觀流程的產品組合，但其他公司卻只有強調單一巨觀流程的一小部分。但是我們看到的共通主題是繼續生存，並且特別地繁榮興盛，企業應用資訊系統公司必須聚焦在一個或多個的巨觀流程上。幾乎所有企業應用資訊系統成長的領域存在於CRM、ISCM或SRM內。在企業應用資訊系統中新公司與大型公司兩者都更積極地把目標放在這三個巨觀流程上。在未來，可預見改善這三個巨觀流程的能力將操控企業應用資訊系統的輸贏。

因未能聚焦於巨觀流程上的失敗例子是B2B市集，及於1999到2000年間提供市集應用資訊系統的應用資訊系統公司。B2B電子市集聚焦在產生全新的供應鏈間資訊中間者，而不是改善供應鏈間巨觀流程的績效。這種缺乏聚焦巨觀流程是B2B電子市集沒落的主要成因。

在電子市集背後的應用資訊系統公司亦曾經歷過一段艱苦的時期，包括主要的應用資訊系統公司Ariba與Commerce One皆失去超過在尖峰市場時95%的資本額。為了生存下來，這些公司已經不再是市集應用資訊系統的提供者，而

逐漸朝向發展成以巨觀流程為主的應用資訊系統公司。Ariba與Commerce One幾乎都把焦點專門放在SRM巨觀流程；其他存活下來的電子市集，也開始把焦點集中在改善供應鏈巨觀流程的績效，而不是試著成為獨立於電子市集，經營的中間者。

第三個因焦點放在巨觀流程而轉型的應用資訊系統是ERP。ERP軟體已經成功地改善供應鏈資料的完整性，但本質上，資料的完整性所提供的價值很少。只有當資料可以被用來改善決策的制定時，才能從更精確的資料中真正產生改善效果。這就是三個巨觀流程進入市場的地方。假如這些系統可以被用來改善三個巨觀流程的決策制定時，才可以真正從適當地擁有ERP系統而得到價值。每個主要的ERP應用資訊系統商已經瞭解到這點而進行**企業再造**，並且重新推出強調集中在巨觀流程的產品。

企業應用資訊系統前景展望的驅動因素不只是對軟體供應商很重要；應用資訊系統使用者的公司也必須瞭解這些巨觀流程。藉由瞭解應用資訊系統公司是否強調巨觀流程，並且真正地可以改善這些領域的績效，一家公司可以較適當地判斷一個特定類型的應用資訊系統是否對其有價值。

巨觀流程內軟體的贏家

在強調巨觀流程的應用資訊系統公司之中，下面三個因素決定其成功與否：

1. 功能績效。
2. 與其他巨觀流程整合。
3. 軟體公司生態系統的強度。

功能績效對顧客而言是重要的，因為它提供顧客創造一個競爭優勢的能力。除了原功能的績效之外（品質，例如在整合的潮流下，使價格與供給最佳化的能力），我們相信這類應用資訊系統的簡單易用扮演著重要的成功因素。有些應用資訊系統有非常先進的功能，但是非常困難使用，結果導致這些先進的

功能很少被利用。有較低水準功能但簡單易用的應用資訊系統公司，在本質上，可以提供更有用的功能給顧客，並因此得到一個競爭優勢。

基於種種原因，**整合能力**對顧客而言是很重要的；容易整合的應用資訊系統通常較容易執行並且產生價值。橫跨不同巨觀流程的整合也非常重要，整合橫跨巨觀流程的應用資訊系統，可以提供整體延伸供應鏈制定決策的好處。提供三個巨觀流程全系列的整合解決方案會給公司一個競爭優勢。

最後，一個公司的生態系統，即軟體夥伴網路，以及更重要的系統整合者與安裝平台，提供軟體銷售與執行的協助。公司與執行夥伴合作良好，並且增加大量接受解決方案訓練的顧客群等，可以建立一個高度防禦位置。對其他公司而言，獲得此商務需要更進步以致於值得再教育及再整合的努力，而這努力是很顯著的。對顧客而言，一個健全的生態系統意指一個強大的網路在導入執行與上線期間提供支援。

如同先前所強調的，這些準則對供應鏈應用資訊系統的顧客也很重要。這些準則正好是應用資訊系統公司的關鍵成功因素，因為其改善企業供應鏈績效。因此，公司應該透過這些準則評估企業應用資訊系統供應商，決定其對應用資訊系統廠商選擇。

我們現在討論每一個巨觀流程，由那些部分所構成、參與者有誰，以及未來展望。

5.3 顧客關係管理

CRM巨觀流程包含由發生在企業與供應鏈下游顧客的流程。CRM巨觀流程的目標是產生顧客需求，以及促進交易與追蹤訂單。這個流程的弱點是會導致需求流失與不好的顧客體驗，此係因為未能有效地處理與執行訂單。CRM主

要流程如下：

- **行銷**：行銷流程包括決策，如那些是目標顧客、如何鎖定目標顧客、提供那些產品、產品如何定價、如何管理目標顧客的實際宣傳活動等。成功的CRM軟體廠商在行銷領域裡藉由顧客關係管理提供資料解析，幫助企業在其他功能之中的改善如定價、產品獲利性、以及顧客獲利性等行銷決策。
- **銷售**：銷售流程聚焦在賣產品給顧客的實際行為（與行銷相比較，銷售流程更集中在規劃賣給誰以及賣什麼）。銷售流程包括提供銷售人員需要的資訊，然後執行實際的銷售。執行銷售可能需要銷售人員（或顧客）藉由挑選不同的選擇和特徵來建立與分派訂單。銷售流程也需要詢價到期日，並且取得顧客訂單相關資訊功能的能力。成功的企業應用資訊系統供應商鎖定銷售力自動化、組合以及個人化來改善銷售流程。
- **訂單管理**：當顧客向企業下訂單時，管理顧客訂單的流程是很重要的，包括讓顧客追蹤其訂單以及讓企業規劃與執行相結合，以完成訂單這個流程，將顧客的需求與企業的供給聯結在一起。傳統上，訂單管理系統；由既有的系統處理或是由ERP系統的一部分來執行。近來，新的訂單管理系統出現了額外的功能，使訂單的能見度，能夠橫越許多公司既存的訂單管理系統。
- **電話／顧客服務中心**：電話／客服中心經常是公司與顧客之間最主要的接觸點。電話／客服中心協助顧客下單、建議產品、解決問題，以及提供訂單狀態的資訊。成功的企業應用資訊系統廠商幫助改善電話／客服中心的營運，包括經常藉由讓顧客自己動手作來幫助與減少顧客服務代表的工作量。

當應用資訊系統處理企業與顧客之間有很高的互動量時，前面提及的CRM流程對供應鏈是很重要的。當試著增加供應鏈盈餘時，顧客必須是出發點，因為所有需求以及所帶來的收益最後是由它所引起。因此，當改善供應鏈績效時，CRM的巨觀流程是起始點。同時這也是非常重要的，要瞭解到CRM流程

（也就是CRM應用資訊系統）必須與企業內部營運整合，使績效達到最佳化。許多公司經常讓他們的顧客服務單位從內部營運中獨立運作。整合CRM與內部營運之間的需求，強調CRM對一個有效率供應鏈的重要性。

CRM應用資訊系統已經是成長最快且現在是三個巨觀流程中最大的類型。CRM應用資訊系統供應商把焦點放在改善CRM本身的流程，但是要改善CRM與內部營運流程之間的整合有更多的工作要作。未來的成功將是部分由於整合CRM應用軟體與內部營運的能力所造成。

CRM應用資訊系統產業由三種公司類型所構成：最佳型的贏家、最佳型的新公司，以及ERP提供者。CRM目前是由Siebel Systems所支配，它是唯一最佳型贏家類的公司。然而，Siebel的確面對激烈的競爭，包括從強調功能面專業技術的最佳型新公司，及ERP提供者如SAP、Oracle、Peoplesoft等，這些公司提供一個強大的整合能力與生態系統。

往前看，最佳型贏家Siebel提供一個優質的功能與強大的CRM生態系統組合，不過它的確缺乏整合橫跨所有三個巨觀流程的能力。然而，ERP提供者在功能上有點落後，但是他們可以成功地利用其整合能力與生態系統來成功地競爭。小型最佳型軟體提供者，將在CRM能力最佳型的贏家與集中在CRM系統的ERP提供者之間，面對一個艱困的未來。他們唯一的機會是把焦點集中在目前其他提供者所缺乏的功能領域，並且在這個領域獲得大幅度的領先，這雖然不是不可能，但的確是一個艱困的任務。

5.4 內部供應鏈管理

如同先前討論的，ISCM把焦點放在企業內部的營運，包括所有規劃與履行顧客訂單的流程。ISCM各種不同的流程如下：

- **策略規劃**：此流程的目標是規劃供應鏈網路資源的可利用性。決策的制定包括工廠與倉庫設置地點、建造何種類型的設施、每種設施要服務的市場種類。雖然這些決策是由少數人來制定，但此對供應鏈績效的衝擊相當大，並且會持續多年。面對不確定的未來環境，擁有這些功能的成功軟體廠商正納入分析策略規劃的能力。
- **需求規劃**：這套流程包括預測顧客未來的需求。除了預測之外，需求規劃還包括管理需求的決策，如促銷方案。在這個領域的成功軟體廠商，讓企業可以提出一個闡釋行銷與促銷成果的需求方案。
- **供給規劃**：供給規劃流程，被當作需求規劃產生需求時之預測的輸入條件，及策略規劃可取得的資源，並握以產生最佳方案來滿足顧客需求。供給規劃軟體典型上提供工廠規劃與庫存規劃能力。
- **訂單履行**：一旦排定供給顧客的需求規劃，其必須被執行。訂單履行流程連結每一張訂單到特定的供應來源和運輸工具。訂單履行市場的主要應用應用資訊系統包括了運輸與倉儲應用資訊系統。
- **臨場服務**：最後，產品送達顧客手中後，必須進行臨場服務。服務流程集中在備用零件的庫存水準設定及電話服務的排程。

已知ISCM巨觀流程的目標是要履行由CRM流程產生的需求，其需要在ISCM與CRM巨觀流程之間進行完整的整合。預測需求時，當CRM的應用正與顧客接觸，且握有最大部分的資料及解析顧客行為，與CRM互動是不可或缺的。相似地，ISCM流程應該與SRM巨觀流程進行完整的整合。供給規劃、訂單履行以及臨場服務都需要依賴供應商及SRM流程。假如你的供應商不能提供零件讓你製造產品，你的工廠產能將無法滿足顧客的需求。如於CRM所討論的，訂單管理必須與訂單履行流程緊密的整合，並且成為有效需求規劃的輸入。再度重申，好的供應鏈管理需要整合橫跨巨觀流程。

成功的ISCM軟體廠商曾幫助改善ISCM流程決策的制定；然而，CRM和SRM間之良好的整合在組織與軟體水準中仍然不足。未來機會可能在於部分提

升每個ISCM流程的改善,但是主要仍在於改善CRM與SRM之間的整合。

和CRM一樣,今日的ISCM產業由三種類型所構成,即最佳型贏家、最佳型新公司和ERP提供者。然而,與CRM不同之處,在於ISCM沒有一個明顯的領導廠商。有兩個最佳型贏家的廠商,i2 Technologies與Manugistics,它們是ISCM的先驅,現在是這個功能的領導者。但是,以較優良功能起家和ERP提供者,正在侵蝕其領導地位。事實上,ERP提供者SAP已經宣稱超越i2成為ISCM市場的最高收益者。

最佳型ISCM提供者擁有領先的功能,但是缺乏強大的整合與生態系統能力。這些公司已經努力提供在SRM與CRM領域裡更多的產品,來改善它們的整合服務。有些ERP廠商的功能變得越來越有競爭力,ERP廠商的優勢是他們產品的整合能力與生態系統。相較在CRM相關的領域裡,Siebel在功能方面大幅度領先ERP廠商,而在ISCM領域裡,最佳型廠商與ERP提供者(尤其是SAP)的功能差距變小,而且正在縮短。因此像SAP這類的ERP提供者有潛在能力去統籌支配ISCM市場。為了保持競爭力,當提供可接受的整合能力與生態系統時,最佳型領導廠商必須殘酷地徹底改善現有的功能。有些小型ISCM廠商利用新的功能保持競爭力,尤其是鎖定特定產業裡非常依賴先進功能的顧客。

5.5 供應商關係管理

供應商關係管理(SRM)包含許多程序,重點在於供應鏈上游的供應商和企業之間的互動。因為建立內部計畫時,整合供應商的限制很重要,所以SRM過程和整合供應鏈管理(ISCM)過程非常自然的搭配在一起。之前已詳盡討論SRM的主要過程和資訊科技對SRM的影響。這些過程包括協同設計、找供應商、談判協商、採購和協同供應。如果SRM過程與適當的CRM和ISCM過程整

合良好，就能夠明顯改善供應鏈績效。例如設計產品時，導入顧客的需求資訊是改善設計的根本方法。這些需求資訊由CRM的過程得來。採購、協商、補貨和協同運作通常與ISCM緊密連結，因為必須要有供應商資訊，才能產生和執行一個最佳計畫。不過，這些部分也需與諸如訂單管理的CRM過程連結。再次強調，上述三個宏觀過程的整合，對改善供應鏈績效很重要。

之前提過SRM領域有三類競爭者；協同設計最佳型群組由Agile和MatrixOne領導。「採購」的最佳型公司是Ariba。最後，當然就是SAP和Oracle等ERP業者。

SRM的初期，SRM的最佳業者並沒有機會在功能上發展出大規模的領先地位，而且其發展所需的生態系統其實並不存在。如今SRM已經引起所有ERP大型業者的注意。如同其他領域，雖然最佳型業者已界定出專門領域也展現了其價值，但是ERP業者也慢慢在功能上有所進展，並運用其整合與生態系統，以成為SRM主要業者。因此，未來的SRM領域很可能由這些ERP業者統籌支配。

上述三個宏觀過程如圖5.2所示。

圖5.2　巨觀流程及其流程

SRM	ISCM	CRM
協同設計	策略規劃	行銷
蒐尋	需求規劃	銷售
協商	供給規劃	電話顧客服務中心
採購	訂單履行	訂單管理
協同供應	臨場服務	

TMF

5.6 交易管理基礎

對最大的企業軟體商而言，交易管理平台是其歷史發源地。在90年代初期，許多供應鏈管理的想法正起飛，ERP系統快速地普及，很少把焦點集中在先前討論的三個巨觀流程。事實上，應用軟體很少強調集中在改善的決策。取而代之的，當時是把焦點放在交易管理建構和流程自動化系統，事實證明這些後來成為決策支援應用軟體的基礎。這些系統優於簡單的業務與流程自動化，以及建立一個橫跨部門（有時橫跨企業）的整合方式來儲存與檢視資料。

在90年代，這些系統的大量需求驅使ERP業者成為最大的企業應用資訊系統公司。SAP持續成為市場的領導者，但其他強大的ERP業者則包括Oracle、Peoplesoft、JD Edwards和Baan。然而，最後ERP的銷售呈現遲緩，甚至前五大之一的Baan已經結束商務。

唯有供應鏈中的決策制定能被改善，才可以獲得交易管理平台真正的價值。因此，近來成長最快的企業應用資訊系統公司，來自於那些集中在改善三個巨觀流程決策的公司。這已經為我們今日所見和明日將見的未來定下步驟，也就是ERP公司、CRM、ISCM與SRM公司的再結盟。預期這個轉變將持續到往後幾年，而ERP廠商收益其主體將來自於三個巨觀流程的應用軟體。相對於最佳型的軟體供應商，ERP廠商的主要優勢是其經常透過交易管理平台去整合橫跨三個巨觀流程之與生俱來的能力。依我們的看法，集中在整合橫跨巨觀流程，以及在一個或多個巨觀流程中開發有效功能的ERP廠商，將占據一個有利位置。

5.7 供應鏈IT的未來

在最高水準上,相信這三個SCM巨觀流程將持續帶領著企業應用資訊系統的改革。為了這個目的,我們預見集中在巨觀流程的企業應用資訊系統,占有全體企業應用資訊系統產業一個很大比率,而且集中在巨觀流程的軟體公司比集中在其他的公司會更成功。為了讓公司鎖定巨觀流程,我們發現功能性、整合橫跨巨觀流程的能力,以及其生態系統強度是關鍵成功要素。

這個結論對使用應用資訊系統的公司而言有重要的涵義。如同先前提及的,成功應用資訊系統公司的準則是被嚴格地挑選,因為它們是改善使用者績效的應用資訊系統特性。因此,供應鏈應用資訊系統的使用者應該首先確認三個巨觀流程中的領域,其為流程改善提供最大的**槓桿效用**;應用資訊系統與IT決策應該繼續支援改善那些流程績效的目標。

最後一件值得提起的重點是關於這個領域新軟體廠商的未來。從我們的分析中,一個可能的結果就是新公司進入那些成功企業軟體公司的排序是非常困難的,因為那些已經存在的公司在功能上、整合能力以及生態系統占有領先的地位。然而,我們仍相信是有兩個潛在的途徑可以讓公司進入這個市場。首先是透過優秀的功能,不論它是針對特定產業所需的功能,或是改進現有簡單易用功能的應用軟體,它可以讓使用者完全的利用這些功能。在這個領域,我們發現新進入廠商在企業軟體中增加顯著重要的價值。

另一個途徑是由提供整合的產品所構成,這類產品增加巨觀流程之間的連結性。無疑地,讓新進入廠商獲得資源去建立一個橫跨CRM、ISCM和SRM的整合性產品將是件難事。然而,一個擁有巨大資源,且具備將不同的產品進入一個整合套裝軟體歷史記錄的大型軟體公司可以採用這個途徑。作者心中想到的一間公司是Microsoft。Microsoft確實注意到企業應用資訊系統市場的成長性

與規模,並且開始努力地進入這個領域。Microsoft獲得兩個超過10億美元的新增添產品,而且更多跡象顯示它們未來的焦點將放在那裡。即使有這些新增添產品,Microsoft還不是供應鏈應用資訊系統的重要廠商,而且它只有鎖定小型公司成為它們的顧客,對現存的廠商而言,還算不上是大型顧客與收益。已知Microsoft的**嘗試尋真策略**(tried-and-true)從低階市場開始,然後再向上擴展市場,然而,它們確實是一家注意到企業軟體全貌的公司。

5.8 資訊科技的風險管理

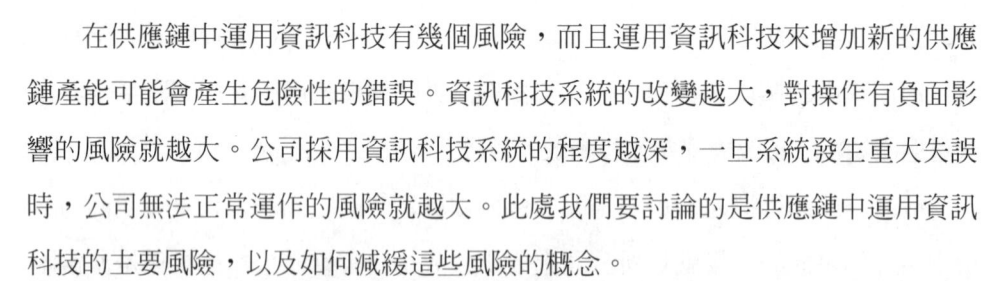

在供應鏈中運用資訊科技有幾個風險,而且運用資訊科技來增加新的供應鏈產能可能會產生危險性的錯誤。資訊科技系統的改變越大,對操作有負面影響的風險就越大。公司採用資訊科技系統的程度越深,一旦系統發生重大失誤時,公司無法正常運作的風險就越大。此處我們要討論的是供應鏈中運用資訊科技的主要風險,以及如何減緩這些風險的概念。

資訊科技中的主要風險可以分為兩大類。第一類,而且風險可能最大的,是安裝新的資訊科技系統。在嘗試運作新資訊科技系統的期間,公司被迫處於舊系統換新系統的過渡時期。此時在企業流程和技術方面都會產生很多問題。在企業流程方面,新系統通常需要員工依照新流程運作。這些新流程可能不易學習、需許多訓練才能正確執行,或者甚至可能受到偏好舊系統的員工的抗拒。由於最高管理階層通常不主動參與換系統的過渡時期,整個組織要適應新系統所帶來的改變就更形困難。除了企業流程的調整以外,要讓新系統運作順暢還需要克服許多技術上的障礙。在換系統的過程中必須要作的大量整合工作,往往令人不知所措。如果公司轉換到新系統時缺乏適當的整合,此新系統往往無法實現之前承諾的功能,有時執行效能甚至比舊系統更差。即使員工全

部改用新系統作業，也克服了所有的技術障礙，然而從過渡時期到新系統轉換成功，通常仍需謹慎處理。

即使資訊科技系統上線，公司仍要面對許多風險，亦即第二類風險。公司越依賴資訊科技來制定決策和執行流程，各種資訊科技問題的風險就越高。問題可能從應用資訊系統故障、電力中斷或是中了病毒，都可能造成系統完全關閉。這些是公司必須心裡有數，可能面對的風險。另外，資訊科技的流程僵化傾向也會引發風險；系統可能只接受單一種執行流程，那麼公司在執行該流程時就只能使用此唯一的流程，如此雖然頗具效益，但公司在執行效能上可能會有不如其競爭者的風險，而且難以轉變到更新、更有效率的流程。

上述各主要風險各有其風險減緩策略。執行資訊科技系統時，有三個概念必須謹記在心。首先，新系統的導入採用漸進式比激進式恰當，萬一出問題時，公司可以把損害減到最小，並確切找出問題所在。其次，公司在執行新系統時，也同時維持舊系統繼續運作，如此，萬一新系統運作有問題，或新系統的執行結果和舊系統相去甚遠，公司仍可繼續舊系統運作。事實上，全面改用新系統運作之前，可以模擬其所有可能的動作（與目前的系統並行），監控這些動作以測試新系統正式上線的運作情形。最後，執行所需要的系統功能就好。如果你不需要某種系統功能或額外的複雜度，就不要列入考慮，因為它們不會增加潛在利益，往往只會增加專案的風險。基本上，我們以風險最低為考量，根據供應鏈需求來訂製應用資訊系統。

在操作方面，風險減緩策略包括資料備援系統、系統並行運作以免被新系統的問題所困，而且須安裝防護軟體，以維護系統安全。另外，在需要改變時選擇具有彈性的系統也很重要。

5.9 問題討論

1. 巨觀流程中的那一項最適合被資訊科技所採用?那一項最不適合?
2. 最佳的企業應用資訊系統公司可提供什麼樣的關鍵優勢?
3. 例如負責企業資源規劃的大型軟體公司,可提供什麼樣的關鍵優勢?
4. 何種產業最有可能替其資訊科技系統選擇最佳方案?何種產業最有可能選擇大型單一的整合解決方案?
5. 討論為何高科技產業一直是採用供應鏈資訊科技系統的領導者。
6. 製造商是否是資訊科技較佳使用者?

供應鏈之需求預測

Chapter 6

學習目標

對供應鏈管理者的決策規劃過程上,對未來需求的預測是很必要的。在本章將會說明如何利用過去需求的資訊去預測未來需求,以及這些因素是如何影響供應鏈。我們也會提供幾種預測需求的方法並估計預測的正確性。

讀完本章後,您將能:

1. 瞭解預測在企業和供應鏈中扮演的角色;
2. 能辨識出需求預測的構成要素;
3. 在給定歷史需求資訊的情況下,利用時間序列方法在供應鏈上進行需求預測;
4. 分析需求預測並估計需求誤差。

6.1 預測在供應鏈中扮演的角色

在供應鏈上，未來需求的預測為所有策略和規劃決策的基礎。回顧第一章所討論供應鏈中推／引（Push／Pull）的觀點，所有推擠的過程是預測顧客需求而完成；而所有牽引的過程是回應顧客需求而完成。對於推的過程，管理者必須規劃的是生產水準；而對於牽引的過程，管理者必須規劃的是產能水準以符合需求。因此，不論推或引，供應鏈管理者的第一步就是要對顧客的未來需求提供預測（Forecasting）。

例如，Dell電腦公司預測顧客訂單進行零件的訂購，並回應顧客訂單進行組裝。Dell必須確保訂購了足夠數量的零件以滿足顧客需求（推擠的過程）。生產經理同時必須確保在組裝工廠中有足夠的產能以應付組裝需求（牽引的過程）。為了滿足上述兩種決策目的，管理者需要對未來需求作預測。供應鏈也必須進一步預測，例如在供應Dell零件時，Intel面對和其相似的需要，也就是需要決定生產和存貨的水準。當供應鏈的每個階段都獨自預測，這些預測將非常困難產生，結果就會造成供需間的不平衡。當供應鏈中的每個階段生產預測達到共識，預測值便會比較精確。精確的預測結果能讓供應鏈在服務顧客上較具回應和效率。從PC製造者到商品零售者，供應鏈中各個領導者為改善供需平衡的能力多開始朝向協同預測的方向前進。

我們列出了一些可以使用在需求上的決策，這些決策也可以強化供應鏈廠商間的協同預測：

- **生產**：排程、存貨控制、總體規劃、採購
- **行銷**：行銷人員分派、促銷、新產品介紹
- **財務**：工廠／設備投資、預算規劃
- **人事**：人力規劃、僱用、解僱

供應鏈之需求預測

基本上，供應鏈中的決策不應該因為功能性的領域，或甚至因企業而被分離，因為它們相互影響而最好給予整合性的考量。例如，Coca-Cola公司考量下一季的需求預測，並決定不同促銷的時間。接著，促銷資訊會用來修正需求預測。修正後的預測對於Coca-Cola內獨立的製造部門相當重要，基於預測結果，公司會決定可能需要增加投資或僱用更多人力的決策。沒有修正預設為基礎的製造業者只能倚賴促銷，供應鏈所能發揮的影響力便不如Coca-Cola。從這一個例子中可以看到，所有決策都有相互關係的。涵蓋範圍包括公司間的部門和供應鏈中的所有公司。

具有穩定需求的成熟產品通常較容易預測。超級市場中牛奶與紙巾等日常用品，就是這類產品的例子。然而，對原料供應或高度變動的最終產品之預測及伴隨的管理決策，是相當困難的。難以預測的例子包括流行商品和許多高科技產品。在這一些例子中，良好的預測是非常重要，因為這一些產品的銷售時窗非常短暫。如果公司過度或過少生產，很少有機會可採取彌補措施，來使得供給與需求配合。反之，對於生命週期較長的產品，預測錯誤的影響就顯得微不足道。

在開始深入探討預測的組成要素與預測方法前，本書簡單列出一些管理者必須預先瞭解，以有效設計及管理供應鏈的預測特性。

6.2 預測的特性

公司和供應鏈管理者必須察覺下列幾項供應鏈的特性：

1. 預測永遠會有誤差，所以必須包含期望值和預測誤差的量測。為瞭解預測誤差的重要性，考慮兩位車子銷售員。其中一位期望車子銷售額介於100至1,900輛之間，然而另一位期望車子銷售額介於900至1,100輛之間。雖然兩位銷

售員預期的平均銷售額都是1,000輛，但在已知預測正確性有差異的情況下，每一位銷售員供貨來源政策也會非常不同。因此，預測誤差（或稱需求不確定性）必須是大多供應鏈決策的一個重要關鍵輸入。針對不確定需求的預估值通常不幸地會因為預測而出錯。起因於供應鏈中沒有相互關連地預估而導致各個預估值差距甚大，

2. 長期預測通常較短期預測來得不準確。也就是說，相較於短期預測，長期預測有較大的標準差對平均值的比值。日本7-Eleven利用這個重要的性質去改善績效；公司建立了能使訂貨在數小時內就送達的補貨程序。例如，若某一分店經理在早上10點發出訂單，同一天下午7點訂貨即會送達店中。分店經理因此在真正銷售發生前，必須預測在該晚12小時內會有那一些商品被銷售。此短前置時間允許經理考量現行資訊，例如天氣，其可能影響產品銷售，在本例子中的預測，可能比分店經理必須要提前一週去作需求預測來得正確。

3. 總合預測通常比個別預測來得正確。總合預測通常有較小的標準差對平均值的比值。例如，對已知年度美國總國內產品（Gross Domestic Product, GDP）的預測，要有少於2個百分點的誤差，是很容易的一件事。然而，要預測一個公司的年收入且誤差小於2個百分點，這就比較困難了。另外，對已知一個產品，要對產品作上述相同誤差程度的需求預測，就更困難了。上述三種預測主要的差異在於總合的程度。總國內產品（GDP）是許多公司的總合，而一家公司的收入是許多產品線的總合；總合的程度越高，預測的正確性就越高。

4. 一般來說，一家公司的供應鏈越長（也就是公司與顧客之間的距離越遠），所獲訊息失真的可能性越大。最典型的例子是**長鞭效應**（Bullwhip Effect），當訂單與最終顧客的距離越來越遠，訂單變動程度會越大。結果，一家企業的供應鏈越長，越有可能發生預測誤差。根據對最終顧客銷售所作的協同預測可以幫助企業更進一步降低預測誤差。

下一小節將討論預測的基本構成要素，並解釋預測方法的四個分類。同時介紹預測誤差的概念。

6.3 預測的構成要素與預測方法

前紐約洋基隊補手 Yogi Berra 曾因文字誤用而聞名，其曾被引述的話為「推測（Predication）通常是困難的，特別是對於未來」。一般人可能傾向於認為需求預測是魔術或藝術，而寧願將一切歸諸於運氣。一個公司若知道其顧客過去的行為則可反映出他們未來的行為，以及當公司採取某一些作為時，他們可能會有的反應為何。需求不是憑空而來。更進一步的說，顧客需求受許多因素的影響，若一個公司可以決定未來需求和這些因素現有價值間的關係，那麼顧客需求可以被預測。對於好的需求預測，公司首先會指出影響未來需求的因素，接著確定這一些因素和未來需求之間的關係。

當預測需求時，公司必須平衡客觀和主觀的因素。雖然本章著重在定量的預測方法，但公司在作它們最終的預測時，必須包含人為考量的輸入。日本 7-Eleven 說明這一個觀點。

日本 7-Eleven 提供它們的店經理一個與目前水準同步的決策支援系統進行預測需求。決策支援系統進行預測並提供建議訂單。然而，店經理要負責的是進行最終預測並發出訂單，原因是他（或她）可能有接觸到一些市場狀況的資訊，而這些資訊是歷史的需求資料所沒有提供的。而這一些市場狀況的知識很可能改善預測。例如，如果店經理知道明天的天氣可能變濕變冷，儘管在前幾天氣候炎熱的情況下冰淇淋需求是高的，店經理仍可根據上述資訊去降低冰淇淋的訂購量。在這一個例子中，市場資訊（天氣）的改變，是不可能經由歷史需求資料加以預測出來的。因此，定性法的人為考量介入，供應鏈可以經由需求預測的改善得到明顯的好處。

一個公司必須對於需求預測相關的多個因素具備相當的知識，其相關因素包括：

- 過去的需求
- 產品的前置時間
- 計畫中的廣告與行銷
- 經濟景氣
- 計畫的價格折扣
- 競爭者採取的行動

一個公司在採取適當的預測方法前，必須瞭解上述諸因素。例如，歷史資料顯示一家公司的雞汁麵湯在10月是低需求，而在12月與1月有高需求。如果公司決定在10月給予該產品折價，上述情況可能會改變。未來月份的一些需求可能會因此轉移到10月。公司在作預測時必須將這個因素予已考慮。

預測方法可以依據下列四種型態區分：

1. 定性法（Qualitative）：定性的預測方法是主觀的，其依個人的判斷和意見去進行預測。這種方法最適用的情況為適當可用的歷史資料很少，或當專家在進行預測時有重要的市場情報。在一個新的產業，這樣的預測方法行之數年可能是必要的。

2. 時間序列法（Time Series）：時間序列預測方法使用歷史需求去進行預測。這種方法是基於「過去需求資料是未來需求之良好指標」的假設而為之。當環境穩定且從這一年到下一年的基本需求型態變動不大，最適合利用此類方法作預測。這些方法在執行上是最簡單的，可以當成需求預測的一個起點。

3. 因果關係法（Causal）：因果關係的預測方法是假設需求預測與環境中的某些特定因子是高度相關（例如經濟、利率狀態等）。因果關係的預測方法是去發現需求與環境因子們之間的相關性，然後藉著對環境因子們可能為何的估計，去預測未來需求。例如，產品價格與需求強烈相關。公司因此可使用因果分析法去決定價格促銷對需求的影響。

4. 模擬法（Simulation）：模擬的預測方法模仿消費者的選擇，這些選擇會引起需求，因而推導出預測。使用模擬法，公司能結合時間序列與因果分析去

回答以下的問題:價格促銷將會有何影響?競爭者在鄰近地區開了一家商店將會有何影響?航空公司模擬顧客購買行為去預測當低價位座艙已無票可訂時,較高價位座艙的需求。

公司可能會發現要決定最適當的預測方法是困難的。事實上,許多研究指出使用多種預測方法,再綜合它們的預測結果當成實際預測值,往往比只使用任何一種個別預測方法更有效。

本節主要處理時間序列方法。當未來需求期望遵循歷史型態,時間序列方法就最適當。當公司企圖以歷史資料去預測需求,很明顯地,目前的需求、任何過去成長趨勢以及任何過去季節性的資訊,都將影響公司未來需求。再者,此種預測方法總是會有歷史需求無法解釋的一部分存在。因此,任何可觀察到的需求被分成系統與隨機兩個部分。

$$可觀察到的需求(O)=系統部分(S)+隨機部分(R)$$

系統成分(Systematic Component)由需求的期望值予以度量。其組成為:**水準**(Level),意即去除季節性因素的目前需求;**趨勢**(Trend),意即對於下一個週期在需求上成長或衰退的比例;以及季節性因素(Seasonality),意即在需求上可以預測的季節性變動。

公司可以利用過去資料去預測需求水準、**趨勢**和季節性因素,以獲得預測的系統成分。而隨機成分(Random Component)則是偏離系統成分的預測。公司不能(也不應該)預測隨機成分;公司能預測的是可能的大小與變化性,因而提供預測誤差一個度量。隨機,同時意味著公司不能預測此成分的方向。平均而言,良好的預測方法總會有誤差,而誤差的大小與需求的隨機成分相當。管理者應該對宣稱對於過去資料沒有預測誤差的預測方法感到懷疑。在此情況下,該方法一定已經將過去隨機與系統成分結合在一起了。因此,這一種預測方法的效果會很差。預測的目的是過濾隨機成分(雜訊)並估計系統成分。而**預測誤差**(Forecast Error)是量測預測與真實需求之間的差距。

6.4 需求預測的基本方法

下列敘述基本的六個進行預測之步驟，以幫助企業完成有效的預測：

1. 瞭解預測目標。
2. 整合供應鏈中的需求計畫和預測。
3. 瞭解與確認顧客的類別。
4. 確認影響需求預測的主要因素。
5. 決定適當的預測技術。
6. 建立預測的成果與誤差量測。

每一個組織應該使用上述的六個步驟以進行有效的預測。

❖ 瞭解預測目標

每一個預測的目的都是為了支援基於預測所作的決策，因此公司首先要清楚地確認這些決策。這些決策的例子包括製作特別產品的價格、存貨的價格、訂單的價格。所有受供應鏈決策影響的成員必須察覺決策和預測之間的關聯。例如，若Wal-Mart規劃一個促銷案，它將在7月對洗衣粉折價，這個資訊必須分享出來讓與滿足此需求相關的製造部門、運輸部門以及其他相關部門知道。以此預測為基礎，所有的成員必須對此促銷案提供共同的預測及共享行動方案；進行這些聯合決策的失敗原因，可能是在供應鏈的不同階段有太多或太少的產品。

❖ 整合供應鏈中的需求計畫和預測

　　公司必須將供應鏈上會使用到預測或影響需求的所有規劃活動聯結起來。其中，包括了產能規劃、生產計畫、促銷計畫和採購計畫。這些聯結必須存在於資訊系統以及人力資源管理層級。因為許多功能都會受到規劃過程的結果所影響，將它們整合進入預測過程是很重要的。不幸地，在一般的情境裡，銷售與行銷發展預測引導出行銷活動，然而製造發展出另外一個不同的預測進行生產計畫。行銷可能在明年的特定時間計畫了一個大型促銷案。在此同時，製造基於過去資料進行預測，而並沒有考慮任何的促銷方案。結果，製造可能沒有足夠的產品供應零售商，最後導致不良的顧客服務。

　　總而言之，一家公司擁有跨功能的成員是很好的想法，其成員來自每個受影響的部門並為預測需求負責；將供應鏈中不同公司的成員結合一起工作，以共同產生預測甚至是個更好的主意。

❖ 瞭解與確認顧客的類別

　　每家公司都必須辨識出供應鏈服務的顧客類別。為瞭解與辨識顧客類別，可以將顧客依服務需求、需求量、訂購次數、需求變化以及季節性等方面的相似度而作歸類。一般說來，公司對不同的類別可以使用不同的預測方法。對顧客類別的清楚瞭解可以幫助用正確且簡單的方式進行預測。

❖ 確認影響需求預測的主要因素

　　接著，公司必須辨識出影響需求預測的主要因素；對於這一些因素正確的分析對發展適當的預測技術是重要的。影響預測主要的因素是需求、供給以及

產品相關情況。

在需求這一方面，公司必須確定是否需求正在成長、衰退或是有季節性的趨勢。這些估計值是基於需求而來，而非銷售資料。例如，超級市場可能在2005年7月促銷特定廠牌的早餐麥片。結果，各早餐麥片的需求在7月份可能很高，然而其他廠牌的早餐麥片可能很低。這家超級市場不應該由2005年7月的銷售資料去估計這家廠牌在2006年7月會有高需求，因為只有在同樣的牌子在2006年7月再次促銷，而其他廠牌的反應和去年相同的狀況下，同樣的狀況才會再發生。當進行需求預測時，超級市場必須瞭解在去除促銷活動後的需求為何，以及促銷會如何影響需求。在已知2003年的計畫促銷活動下，上述兩種資訊的結合可以讓超級市場進行預測需求。

在供給方面，公司在決定所想要的預測正確性時，必須要考量有多少供應來源。若有較短前置時間的供應來源可以選擇，具有較高正確性的預測可能不是那麼必要。然而，若只有唯一的一家供應商，而且前置時間很長，那麼正確的預測就相當具有價值。

就產品方面，公司必須知道一個產品的數個銷售型態以及這些產品的替代和互補關係。若這一個產品的需求影響其他產品需求或被其他產品影響，這兩個產品的預測最好一起進行。例如，公司推出一個現存產品的改良版本，因為新顧客將會買改良版而使得有可能現存產品需求會下降。雖然根據歷史資料並不會顯示原先產品的需求會下降，但在公司去估計兩個版本的產品的總合需求時，歷史資料仍然有幫助。很清楚的，這兩個產品的需求應該放在一起預測。

❖ 決定適當的預測技術

在選擇適當的預測技術上，公司首先必須瞭解與預測有關的範圍。這些範圍包括地理區域、產品群以及顧客群。公司必須瞭解在每一個範圍需求上的差異。公司必須明白每一個範圍有不同的預測和技術。在此階段，公司從之前討

論過的四種方法中作選擇，也就是定性、時間序列、因果或模擬；如稍早提及的，綜合使用這一些方法經常是最有效的方法。

❖ 建立預測的成果與誤差量測

公司應該建立清楚的績效衡量，用以評估預測的正確性和及時性。這一些衡量，必須與基於這一些預測所作的公司決策的目標相關。例如，考慮一個郵購公司，使用預測資訊對供應商發出訂單。供應商送出訂貨需要兩個月的前置時間，接著產品才被銷售。這個訂單的目的是希望提供公司適當的產品數量，既能讓季末庫存最小，並能避免因缺貨導致的銷售損失。郵購公司必須確認在銷售季節開始的兩個月前預測就已經完成，因為供應商必須要兩個月的時間才能送出所訂購的數量。在銷售季末，公司必須比較實際需求與預測需求，用以估計預測的正確性。觀測到的正確性又必須與期望的正確性作比較，兩者之間的差距必須用來指出郵購公司必須採取的矯正措施。

下節將討論靜態性與適應性預測的基本技術。

6.5 時間序列的預測方法

任何預測方法的目標都是為了預測需求的系統部分，以及估計需求隨機的部分。對於需求系統部分的資料，最普通的形式為包含水準、趨勢和季節性因素。系統部分可能以很多種形式呈現，如下列公式所述：

- 相乘：系統部分＝水準×趨勢×季節性因素
- 相加：系統部分＝水準＋趨勢＋季節性因素
- 混合：系統部分＝（水準＋趨勢）×季節性因素

系統部分的某種特定形式應用於某種預測，完全取決於需求的特性。公司可以發展出每一種形式的靜態與適應的預測方法。

❖ 靜態方法

靜態方法假設當新需求已知時，不會去變動原先已估計的系統成分中的水準、趨勢和季節性因素。在此情況下，基於過去資料估計這些參數，然後使用相同資料進行所有未來預測。在本節，用於當需求有趨勢且有季節性因素狀況的靜待性預測方法。假設需求的系統部分是混合的，也就是：

$$系統成分＝（水準＋趨勢）\times 季節性因素$$

相同方法可以一樣用於其他形式的系統成分。開始進行一些基本定義：

$L＝$期間0的水準估計（即期間0去掉季節性因素的需求估計）

$T＝$趨勢估計（每個期間需求的增加或減少）

$S_t＝$期間t季節性因素的估計

$D_t＝$期間t可觀察到的真實需求

$F_t＝$期間t的需求預測

對於靜態預測方法，期間$t＋l$的需求在期間t作預測可以表示如下：

$$F_{t+1}=[L+(t+l)T]S_{t+1} \tag{6.1}$$

現在描述估計這三個參數的一種方法。舉例來說，考慮一個Tahoe Salt生產用來融雪的鹽需求。Tahoe Salt的產品經由內華達州山區塔霍湖週圍的零售商銷售。過去Tahoe Salt老是依賴零售商所給的需求樣本的預估，但近年來它們注意到這些零售商預測值總是比實際購買數量高，導致塔霍湖、甚至部分零售商存貨過高。在和塔霍湖的零售商開會之後，Tahoe Salt決定生產相關性的預測數量。如今Tahoe Salt手上握有零售商實際銷售的數量資料，藉由這些資料，

Tahoe Salt要和零售商們預測出更精確的預估。過去三年季需求的資料表現在表6.1和圖6.1上。

從圖6.1可以看出鹽的需求是季節性的，需求由給定年度的第二季遞增到下一年度的第一季。每一個年度的第二季有該年度四季中最低的需求。每一個循環持續四季，而且每年相同的需求型態重演。在需求上也有成長趨勢，在過去3年鹽的銷售有逐年成長。以歷史資料來看，公司估計在明年會持續成長。現在介紹如何估計水準、趨勢和季節性因素這三個參數。以下兩個步驟在進行評估時是必要的：

1. 去掉季節性因素的需求，並且進行迴歸分析以估計出水準和趨勢。
2. 估計季節性因素。

估計水準和趨勢

這個步驟的目的是評估期間0的水準和趨勢。在估計水準和趨勢之前，必

表6.1 Tahoe Salt的季需求

年	季	期間 t	需求 D_t
2000	2	1	8,000
2000	3	2	13,000
2000	4	3	23,000
2001	1	4	34,000
2001	2	5	10,000
2001	3	6	18,000
2001	4	7	23,000
2002	1	8	38,000
2002	2	9	12,000
2002	3	10	13,000
2002	4	11	32,000
2003	1	12	41,000

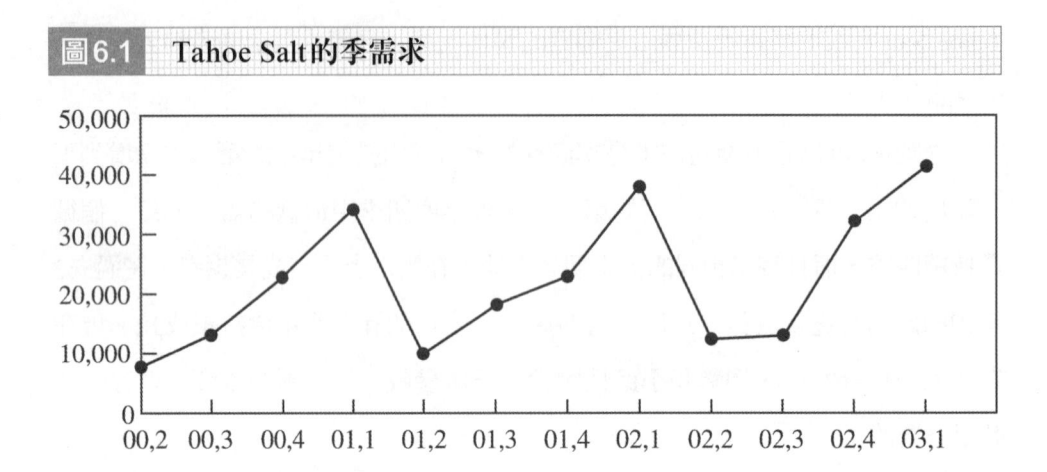

圖6.1　Tahoe Salt的季需求

須將需求資料的季節性因素去掉。去掉季節性因素的需求，亦即代表在去除季節變動影響下所觀察到的需求。週期代號 p 代表每一季節性循環中的週期數。以Tahoe Salt的需求為例，這種型態是每年重複。若以季為基礎去看需求，那麼在表6.1的需求週期數為 $p=4$。

當需求要去除季節性因素時，為了確保每一個季節給定相同的權重（Weight），取 p 個連續週期數需求的平均值。由期間 $l+1$ 到 $l+p$ 的平均需求提供第 $l+(p+1)/2$ 期間的去除季節性需求。若 p 是奇數，這種方法提供現存期間點的去除季節性需求。若 p 是偶數，這種方法提供介於 $l+(p/2)$ 期間與 $l+1+(p/2)$ 期間中間一個時間點的去除季節性需求。藉著取期間 $l+1$ 到 $l+p$ 的去除季節性需求與 $l+2$ 到 $l+p+1$ 期間的去除季節性需求兩者的平均值，可以得到第 $l+1+(p/2)$ 的去除季節性需求。計算期間 t 季節性需求的過程可以下列公式表示：

$$\text{如果}p\text{是偶數 } \overline{D_t} = \left[D_{t-(p/2)} + D_{t+(p/2)} + \sum_{i=t+1-(p/2)}^{t-1+(p/2)} 2D_i \right] / 2p \quad (6.2)$$

$$\text{如果}p\text{是奇數 } \sum_{i=t-\lfloor p/2 \rfloor}^{t+\lfloor p/2 \rfloor} D_i / p$$

在此例子裡，$p=4$是偶數。對於期間$t=3$，可以利用公式6.2得到去除季節性的需求。這個需求計算如下：

$$\overline{D_3} = \left\{ D_{t-(p/2)} + D_{t+(p/2)} + \sum_{o=t+1-(p/2)}^{t-1+(p/2)} 2D_i \right\} / 2p = \left\{ D_1 + D_5 + \sum_{i=2}^{4} 2D_i \right\} / 8$$

利用這個程序可以得到期間3至期間10的去除季節性需求，列示在圖6.2和圖6.3。

一旦需求被去除季節性因素，它一定不是以一個穩定的速率增加就是減少。因此，去除季節性因素的需求和時間t之間存在一個線性關係。這一個關係定義如下：

$$\overline{D_t} = L + T_t \tag{6.3}$$

注意在公式6.3中，使用$\overline{D_t}$代表在時間t的去除季節性因素需求，而不是在時間t的需求，L代表水準（Level），意即在時間0的去除季節性因素需求，而T

圖6.2　Tahoe Salt 去除季節性需求的 Excel 工作底稿

	A Period t	B Demand D_t	C Deseasonalized Demand
2	1	8,000	
3	2	13,000	
4	3	23,000	19,750
5	4	34,000	20,625
6	5	10,000	21,250
7	6	18,000	21,750
8	7	23,000	22,500
9	8	38,000	22,125
10	9	12,000	22,625
11	10	13,000	24,125
12	11	32,000	
13	12	41,000	

儲存格	儲存格公式	公式	複製至
C4	=(B2+B6+2*SUM(B3:B5))/8	7.2	C5:C11

圖6.3　Tahoe Salt 去除季節性需求

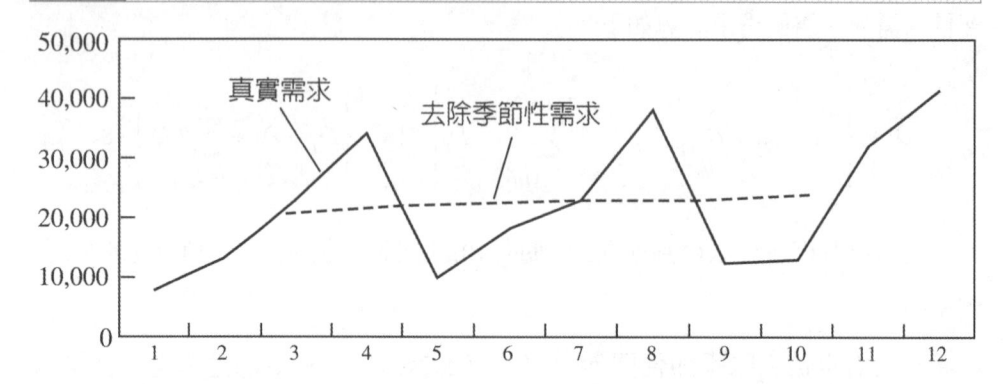

代表去除季節性因素需求的成長率或趨勢（Trend）。我們需要將圖6.2中計算出的去除季節性因素的需求以估計 L 與 T 之值。可以利用線性迴歸估計出這兩個值，利用圖6.2中計算出的去除季節性因素需求當作應變數，而時間當成自變數。這樣的迴歸式可以利用 Excel（工具／資料分析／迴歸）這些指令的程序會打開 Excel 的迴歸對話視窗。在表6.2中 Tahoe Salt 的工作底稿上的迴歸對話窗中輸入：

輸入 Y 範圍：C4:C11

輸入 X 範圍：A4:A11

然後按下確定（OK）鍵。一個包含迴歸結果的新工作底稿會開啟。這一個新工作底稿包含了起始水準 L 以及趨勢 T 的估計值。從新工作底稿中可以從**截距**（Intercept Coefficient）得到起始水準 L 的估計值，可以由 X 變數係數（Variable Coefficient）或者是斜率（Slop）得到趨勢 T 的估計值。以 Tahoe Salt 為例，我們得到 L = 18,439 和 T = 524。對於此例，對任何期間 t 的去除季節性需求 $\overline{D_t}$ 可以表示如下：

$$\overline{D_t} = 18,439 + 524t \tag{6.4}$$

注意對原始需求資料及時間再使用線性迴歸是不適當的，因為原始需求資

料是非線性的，因此線性迴歸的結果也不會是正確的。在計算線性迴歸之前一定要將需求去除季節性因素。

估計季節性因素

利用公式6.4可以得到每一個期間的去除季節性因素需求。對於期間t的去除季節性因素，是真實需求$\overline{S_t}$對去除季節性需求的比值，可以表示如下：

$$\overline{S_t} = D_t / \overline{D_t} \qquad (6.5)$$

對於Tahoe Salt的例子，使用公式6.4估計去除季節性因素的需求，使用公式6.5估計季節性因素，結果顯示在圖6.4。

給定循環週期數p，可以得到特定週期的季節性因素，方法是將相對應的相似週期們的季節性因素平均。例如，若循環週期數為$p=4$，週期1、5和9將會有相同的季節性因素。這些期間的季節性因素可以得到原來3週期的季節

圖6.4　Tahoe Salt 去除季節性因素的需求和季節性因素

	A	B	C	D
1	Period t	Demand D_t	Deseasonalized Demand (式 7.4) $\overline{D_t}$	Seasonal Factor (式 7.5) $\overline{S_t}$
2	1	8,000	18,963	0.42
3	2	13,000	19,487	0.67
4	3	23,000	20,011	1.15
5	4	34,000	20,535	1.66
6	5	10,000	21,059	0.47
7	6	18,000	21,583	0.83
8	7	23,000	22,107	1.04
9	8	38,000	22,631	1.68
10	9	12,000	23,155	0.52
11	10	13,000	23,679	0.55
12	11	32,000	24,203	1.32
13	12	41,000	24,727	1.66

儲存格	儲存格公式	公式	複製至
C2	=18439+A2*524	7.4	C3:C13
D2	=B2/C2	7.5	D3:D13

因素平均值。若給定 r 個季節循環資料，對於任一給定週期 $pt+i$，$1 \leq i \leq p$，可以得到季節性因素如下：

$$S_i = \left(\sum_{j=0}^{r-1} \overline{S}_{jp+i} \right) / r \tag{6.6}$$

對於Tahoe Salt的例子，資料總計是12週期，循環週期數 $p=4$，表示有 $r=3$ 的季節性循環週期。利用公式6.6可以得到季節性因素如下：

$S_1 = (\overline{S}_1 + \overline{S}_5 + \overline{S}_9) / 3 = (0.42 + 0.47 + 0.52) / 3 = 0.47$

$S_2 = (\overline{S}_2 + \overline{S}_6 + \overline{S}_{10}) / 3 = (0.67 + 0.83 + 0.55) / 3 = 0.68$

$S_3 = (\overline{S}_3 + \overline{S}_7 + \overline{S}_{11}) / 3 = (1.15 + 1.04 + 1.32) / 3 = 1.17$

$S_4 = (\overline{S}_4 + \overline{S}_8 + \overline{S}_{12}) / 3 = (1.66 + 1.68 + 1.66) / 3 = 1.67$

在此階段，估計出水準、趨勢和所有季節性因素。利用公式6.1可以得到下四季的預測值。在本例中，利用靜態預測方法對下四季求得的預測值如下：

$F_{13} = (L + 13T) S_{13} = (18{,}439 + 13 \times 524)0.47 = 11{,}868$

$F_{14} = (L + 14T) S_{14} = (18{,}439 + 14 \times 524)0.68 = 17{,}527$

$F_{15} = (L + 15T) S_{15} = (18{,}439 + 15 \times 524)1.17 = 30{,}770$

$F_{16} = (L + 16T) S_{16} = (18{,}439 + 16 \times 524)1.67 = 44{,}794$

Tahoe Salt和它的零售商現在有了更精確的需求預測。零售商和製造商之間若無法分享銷售資訊，供應鏈只會出現較不準確的預測，結果會造成多種產品無效率的囤積。

❖ 適應性預測方法

適應性預測方法中，水準、趨勢和季節性因素的估計都會因為觀測到的需

求值而修正。現在討論一個基本的架構和幾種能用來進行適應性預測的方法。此架構是以當需求資料的系統成分包含水準、趨勢和季節性因素等最一般化的狀況而提供。在此提供的架構假設系統組成是混合形式，然而它很容易可以修正成其他二種形式，架構也可簡化到特別狀況如系統成分不包含季節性或趨勢。假設已有一組 n 期間的過去資料，而需求每隔週期 p 就重複季節性的循環一次。給定每年循環一次的資料下，可以觀察到每一循環週期數 $p = 4$。

定義下述名詞作為開始：

L_t ＝在週期 t 結束時水準的估計值

T_t ＝在週期 t 結束時趨勢的估計值

S_t ＝在週期 t 的季節性由來估計值

F_t ＝週期 t 需求的估計值（在週期 $t-1$ 或更早前作的估計）

D_t ＝在週期 t 觀察到實際需求

E_t ＝週期 t 的預測誤差（Forecast Error）

就適應性預測方法，在期間 t 時對期間 $t+1$ 作預測可以下式表示：

$$F_{t+l} = (L_t + lT_t)\, S_{t+l} \tag{6.7}$$

適應性預測方法架構中的四個步驟說明如下：

1. 計算起始值：由給定的過去資料計算水準（L_0），趨勢（T_0）以及季節性因素（$S_1, \cdots, S_p$）等數個起始值。完成此步驟的方法正如在本章稍前所提及的靜態預測方法。

2. 預測：給定週期 t 的預測值利用公式 6.7 求週期 $t+1$ 的預測需求。利用週期 0 的水準、趨勢和季節性因素的預測值可以進行第一步預測，即進行週期 1 的預測。

3. 估計誤差：記錄週期 $t+1$ 的真實需求 D_{t+1} 和計算在週期 $t+1$ 的預測誤差 E_{t+1}，即預測與真實需求之間的差值。期間 $t+1$ 的誤差可以表示如下：

$$E_{t+1} = F_{t+1} - D_{t+1} \tag{6.8}$$

4. 修正估計值：在已知預測誤差E_{t+1}下，修正水準（L_{t+1}）、趨勢（T_{t+1}）和季節性因素（S_{t+p+1}）的估計值。修正的想法是，當需求值低於預測值時，預測值會向下修正。當需求值高於預測值時預測值會向上修正。

在期間$t+1$的修正估計值會被使用以進行期間$t+2$的預測，而步驟2，3，4會一直重複直到期間n所有過去資料都計算完成。在期間n的預測值將被使用對未來需求作預測。

現在討論幾種適應性預測方法。那種方法最適合則取決於需求的特性和需求系統成分的組成。在以下的例子中均假設考慮的期間為t。

移動平均法（Moving Average）

當需求假設沒有明顯的趨勢和季節性因素時，可使用移動平均法。在此情況下，下式成立：

$$需求的系統成分 = 水準$$

利用此方法，以最近N個期間的平均水準當成期間t水準的估計值。這代表**N-期間移動平均**（N-period Moving Average）。因此，導出下式：

$$L_t = (D_t + D_{t-1} + \cdots + D_{t-N+1}) / N \tag{6.9}$$

所有用於未來期間需求的目前估計值是相同而且是以目前水準估計值來估算。因此預測值可表示如下：

$$F_{t+1} = L_t \text{ 且 } F_{t+n} = L_t \tag{6.10}$$

在觀察完期間$t+1$的需求後，可以修正預測值如下：

$$L_{t+1} = (D_{t+1} + D_t + \cdots + D_{t-N+2}) / N, F_{t+2} = L_{t+1}$$

因此，計算新的移動平均，只需要加上最近的預測值，並拿掉最舊的預測

值,修正過的移動平均當成下一期預測值。移動平均相當於是在預測時給定最近 N 個期間資料有相同的權重,並且忽略掉比這個新移動平均更舊的所有資料。當增加 N 值,移動平均變得較少反應最近觀測到的需求。例6.1說明移動平均的使用。

例6.1

考慮Tahoe Salt公司在表6.1中的需求資料。使用4週期的移動平均去預測第5週期的需求。

分析:在第4週期計算5週期作預測。假定目前週期數為 $t=4$。首要目標是估計出期間4的水準。使用公式6.9,令 $N=4$ 可以得到下式:

$$L_4 = (D_4 + D_3 + D_2 + D_1)/4$$
$$= (34{,}000 + 23{,}000 + 13{,}000 + 8{,}000)/4 = 19{,}500$$

期間5的需求預測(使用公式6.10)可以表示如下:

$$F_5 = L_4 = 19{,}500$$

若期間5的需求 D_5 是1萬,對於期間5有預測誤差:

$$E_5 = F_5 - D_5 = 19{,}500 - 10{,}000 = 9{,}500$$

在觀察到第5期間的實際需求後,期間5的修正水準估計值可計算如下:

$$L_5 = (D_5 + D_4 + D_3 + D_2)/4$$
$$= (10{,}000 + 34{,}000 + 23{,}000 + 13{,}000)/4$$
$$= 20{,}000$$

簡單指數平滑法（Simple Exponential Smoothing）

當需求沒有明顯的趨勢或季節時，簡單指數平滑法是適當的方法。在此方法中下列公式可以應用：

$$需求的系統部分 = 水準$$

水準 L_0 的初始估計值可以用所有歷史資料的平均值來計算。因為需求已被假設沒有明顯的趨勢或季節性因素，對於期間1到n的需求資料，有下列關係：

$$L_0 = \frac{1}{n}\sum_{i=1}^{n} D_i \tag{6.11}$$

現在對於所有未來期間的預測值都等於現在的水準預測值，且可表示如下：

$$F_{t+1} = L_t \text{ 且 } F_{t+n} = L_t \tag{6.12}$$

在觀察到期間$t+1$的需求D_{t+1}之後，修正水準的估計值如下：

$$L_{t+1} = \alpha D_{t+1} + (1-\alpha) L_t \tag{6.13}$$

在此 α，$0 < \alpha < 1$，是對於水準的平滑係數。水準的修正值是在期間$t+1$的水準觀測值D_{t+1}以及在期間t的水準估計值L_t的加權平均。使用公式6.13能將給定期間的水準表示成現在需求和前面期間水準的函數。可改寫公式6.13如下式：

$$L_{t+1} = \sum_{n=0}^{t+1} \alpha(1-\alpha)^n D_{t+1-n}$$

水準的目前估計值是所有過去需求預測值的加權平均，伴隨著較近觀測值的權重大於較舊觀測值的權重。在預測中有較大的 α 值越能反應出最近觀測的結果，而較低的 α 值則反應出較穩定預測，而較少反應出最近觀測值的狀況。以例6.2說明指數平滑法的應用。

供應鏈之需求預測

> **例6.2**
>
> 考慮在表6.1中Tahoe Salt公司的需求資料。使用簡單平滑法對期間1進行預測需求。

分析：在此例中$n=12$期間的需求資料。使用公式6.11水準的起始估計值可表示如下：

$$L_0 = \frac{1}{12}\sum_{i=1}^{12} D_i = 22{,}083$$

因此期間1的預測值（使用公式6.12）如下：

$$F_1 = L_0 = 22{,}083$$

期間1的觀測需求$D_1=8{,}000$。期間1的預測誤差可表示如下：

$$E_1 = F_1 - D_1 = 22{,}083 - 8{,}000 = 14{,}083$$

假設平滑常數$\alpha=0.1$，使用簡單指數平滑公式6.13所作的期間1水準的修正估計值表示如下：

$$L_1 = \alpha D_1 + (1-\alpha)L_0 = 0.1 \times 8{,}000 + 0.9 \times 22{,}083 = 20{,}675$$

觀察到期間1水準的估計值低於期間0的估計值，是因為期間1的需求低於期間1的預測值所致。

趨勢修正的指數平滑法（Holt模式）

趨勢修正的指數平滑法適用於當需求的系統成分有水準和趨勢的特性，而沒有季節性因素時。在此狀況下可導出下式：

$$\text{需求的系統成分} = \text{水準} + \text{趨勢}$$

利用求解需求D_t和時間週期t的線性迴歸式可以得到水準和趨勢的起始值如下式：

$$D_t = at + b$$

在此狀況下求取需求的時間週期間之線性迴歸式是適當的，因為假設需求有趨勢但沒有季節性因素。因此需求和時間之間的關係是線性的。常數b量度出在期間$t=0$的需求估計值，並且是起始水準L_0的估計值。常數a代表每週期需求的改變率，並且是趨勢T_0的起始估計值。

對於期間t在給定水準L_t和趨勢T_t的估計值下，未來期間的估計值可表示如下：

$$F_{t+1} = L_t + T_t \text{ 且 } F_{t+n} = L_t + nT_t \tag{6.14}$$

觀察期間t的需求後，修正水準和趨勢的估計值如下：

$$L_{t+1} = \alpha D_{t+1} + (1-\alpha)(L_t + T_t) \tag{6.15}$$

$$T_{t+1} = \beta(L_{t+1} - L_t) + (1-\beta)T_t \tag{6.16}$$

在此α，$0 < \alpha < 1$是水準的平滑係數，而β，$0 < \beta < 1$是趨勢的平滑係數。觀察上式兩個修正值，修正估計值（對於水準或趨勢）是觀測值與舊估計值的加權平均值，在例6.3說明Holt模式的應用。

例6.3

考慮在表6.1 Tahoe Salt公司的需求資料。使用趨勢修正指數平滑預測週期1的預測需求值。

分析：第一步以線性迴歸計算水準和趨勢的起始估計值。首先與以需求與時間週期間線性迴歸計算（使用 Excel 工具的迴歸，即工具／資料分析／迴歸）。對於在圖 6.2 中的迴歸對話視窗，輸入如下：

輸入 Y 的範圍：B2:B11

輸入 X 的範圍：A2:A11

並且按下確定（OK）鈕，一個新的包含迴歸結果的工作底稿被開啟。起始水準 L_0 的估計值可由截距得到，而趨勢 T_0 可由 X 變數的係數（或斜率）得到。對於 Tahoe Salt 公司的例子可得到結果如下：

$$L_0 = 12{,}015 \text{ 且 } T_0 = 1{,}549$$

期間 1 的預測值（使用公式 7.14）因此可給定如下：

$$F_1 = L_0 + T_0 = 12{,}015 + 1{,}549 = 13{,}564$$

期間 1 觀測到的需求是 $D_1 = 8{,}000$，而期間 1 的誤差因此可給定如下：

$$E_1 = F_1 - D_1 = 13{,}564 - 8{,}000 = 5{,}564$$

假定平滑常數 $\alpha = 0.1$，$\beta = 0.2$，則使用趨勢修正指數平滑法（公式 6.15 和 6.16）對於期間 1 的水準和趨勢之修正估計值可計算如下：

$$L_1 = \alpha D_1 + (1-\alpha)(L_0 + T_0) = 0.1 \times 8{,}000 + 0.9 \times 13{,}564 = 13{,}008$$
$$T_1 = \beta (L_1 - L_0) + (1-\beta) T_0 = 0.2 \times (13{,}008 - 12{,}015) + 0.8 \times 1{,}549 = 1{,}438$$

觀察可知期間 1 的起始估計值高估了需求。因此修正之後降低了期間 1 的水準估計值，由 13,564 向下修正為 13,008，並且趨勢估計值由 1,549 向下修正為 1,438。使用公式 6.14，可得如下期間 2 的預測值：

$$F_2 = L_1 + T_1 = 13{,}008 + 1{,}438 = 14{,}446$$

趨勢和季節性修正的指數平滑法（Winter模式）

當需求的系統部分假定有水準、趨勢和季節性因素時，便是用於本方法。在此情況下有下列關係：

需求的系統成分＝（水準＋趨勢）×季節性因素

假設需求的重複循環期數為p。一開始需要水準（L_0）、趨勢（T_0）和季節性因素（$S_1, ..., S_p$）的起始估計值。使用在本章稍早提及的靜態預測方法的程序可得到上述的起始估計值。

對於期間t，給定水準L_t、趨勢T_t和季節性因素$S_t, ..., S_{t+p-1}$的估計值，對未來期間的預測可以下式表示：

$$F_{t+1} = (L_t + T_t) S_{t+1} \text{ 且 } F_{t+l} = (L_t + lT_t) S_{t+l} \tag{6.17}$$

在得到期間$t+1$的需求觀測值後，修正水準、趨勢和季節性因素之估計值如下：

$$L_{t+1} = \alpha (D_{t+1} / S_{t+1}) + (1-\alpha)(L_t + T_t) \tag{6.18}$$

$$T_{t+1} = \beta (L_{t+1} - L_t) + (1-\beta) T_t \tag{6.19}$$

$$S_{t+p+1} = \gamma (D_{t+1} / L_{t+1}) + (1-\gamma) S_{t+1} \tag{6.20}$$

在此α，$0 < \alpha < 1$是水準的平滑係數，而β，$0 < \beta < 1$是趨勢的平滑係數，另外γ，$0 < \gamma < 1$是季節性因素的平滑係數，觀察每一個修正值（水準、趨勢或季節性因素）修正估計值是觀測值與舊估計值的加權平均。用例6.4說明Winter模式的使用。

例6.4

考慮在表6.1中 Tahoe Salt 公司的需求資料,使用趨勢和季節性修正指數平滑法對期間1進行需求預測。

分析:在靜態方法中已得到水準、趨勢和季節性因素的起始值。結果表示如下:

$$L_0 = 18,439,T_0 = 524,S_1 = 0.47,S_2 = 0.68,S_3 = 1.17,S_4 = 1.67$$

因此期間1的預測值可給定如下(利用公式6.17):

$$F_1 = (L_0 + T_0)S_1 = (18,439 + 524)0.47 = 8,913$$

期間1觀測到的需求是$D_1 = 8,000$,而期間1的誤差因此可給定如下:

$$E_1 = F_1 - D_1 = 8,913 - 8,000 = 913$$

假定平滑係數 $\alpha = 0.1$,$\beta = 0.2$,$\gamma = 0.1$ 使用趨勢和季節性因素修正指數平滑法(利用公式6.18、6.19和6.20)可以求算出期間1的水準、趨勢及期間5的季節性因素的修正估計值如下:

$$L_1 = \alpha(D_1 / S_1) + (1 - \alpha)(L_0 + T_0)$$
$$= 0.1 \times (8,000 / 0.47) + 0.9 \times (18,439 + 524)$$
$$= 18,769$$

$$T_1 = \beta(L_1 - L_0) + (1 - \beta)T_0 = 0.2 \times (18,769 - 18,439) + 0.8 \times 524 = 485$$

$$S_5 = \gamma(D_1 / L_1) + (1 - \gamma)S_1 = 0.1(8,000 / 18,769) + 0.9 \times 0.47 = 0.47$$

因此期間2的需求預測可求解如下(利用公式6.17):

$$F_2 = (L_1 + T_1) S_2 = (18,769 + 485) 0.68 = 13,093$$

前面所討論的數個預測方法及其一般適用的情況彙總如下表：

預測方法	可適用的範圍
移動平均	沒有趨勢或季節性的需求
簡單指數平滑	沒有趨勢或季節性的需求
Holt模式	有趨勢但沒有季節性的需求
Winter模式	有趨勢且有季節性的需求

如果Tahoe Salt公司根據從零售店得來的銷售數據，而採用適應性預測方法，Winter模式會是最佳選擇，因為它符合趨勢且季節性的需求。

如果不知道Tahoe Salt公司曾經歷過趨勢與季節性的問題，我們要如何發現？預測誤差可以確定使用那一個預測方法是不適合的。我們會在下一部分介紹管理者可以用來估計和使用預測誤差的方法。在下一節將介紹管理者可以用來估計和使用預測誤差的方法。

6.6 預測誤差的衡量

如前所述，所有的需求都有隨機的成分。好的預測方法是能描繪出需求的系統成分而非隨機成分。隨機的成分本身以預測誤差的形式表現。預測誤差包含有價值的資訊，必須要小心分析。管理者因各下列兩個重要的原因必須進行完整的預測誤差分析：

1. 管理者可以利用誤差分析，決定是否目前的預測方法能夠正確地預測需求的系統成分。例如，若一個預測方法持續有正值的誤差，管理者可確定這個

預測方法是高估了系統成分,因此可採取適當的矯正行動。

2. 因為偶發的情況會導致誤差,管理者要估計此預測誤差。例如,考慮一家郵購公司,其位於亞洲的供應商必須要二個月來處理訂貨,但其他本地供應商只需一週即可處理。本地供應商較昂貴,然而亞洲成本較低,若需求超過亞洲供應商所提供的量,郵購公司需要與本地供應商簽訂某些訂貨量,以應付偶發的產能需求。而本地產能數量的決策與預測誤差的大小緊密相關。

只要實際的誤差是在過去誤差估計內,公司通常能繼續使用其目前的預測方法。若公司察覺到誤差遠大於過去估計值,這樣的發現可能指出現在所使用的預測方法不再適當。若所有的公司預測皆呈現高估或低估需求,這可能是公司必須改變預測方法的另一個警訊。

如之前所定義的期間t的預測誤差若以E_t表示,則下式成立:

$$E_t = F_t - D_t$$

也就是說,期間t的誤差是期間t的預測值和期間t需求真實值兩者間的差值。很重要的是,管理者至少要在需要利用預測值去作一些決策的前置時間前,即估計出預測誤差。例如,若預測值被用來決定訂購量的多寡,而供應商的前置時間是6個月,管理者必須在真實需求發生的前6個月估計出預測誤差。在前置時間要6個月的情況下,在一個月前才進行預測誤差的估計是沒有意義的。

另一個對預測誤差量度的指標是平均誤差(Mean Squared Error, MSE)以下式表示:

$$MSE_n = \frac{1}{n}\sum_{t=1}^{n} E_t^2 \qquad (6.21)$$

MSE可能會與預測誤差的變異數有關。實際上,按估計,需求隨機成分的平均數為0,變異數為MSE。

定義在期間t的絕對誤差(Absolute Deviation)A_t,即在期間t誤差的絕對

值，可表示如下：

$$A_t = |E_t|$$

定義平均絕對誤差（Mean Absolute Deviation, MAD）是所有期間的絕對誤差的平均值，可以表示如下：

$$MAD_n = \frac{1}{n} \sum_{t=1}^{n} A_t \tag{6.22}$$

MAD可以被使用來估計隨機成分的標準差，並假設隨機成分是依循常態分配。在此情況下，隨機成分的標準差可以表示如下：

$$\sigma = 1.25\, MAD \tag{6.23}$$

然後估計需求的隨機部分的平均值為0，需求隨機部分的標準差是σ。

平均絕對百分比誤差（mean absolute percentage error, MAPE）是平均絕對誤差對需求的百分比，可以表示如下：

$$MAPE_n = \frac{\sum_{t=1}^{n} \left|\frac{E_t}{D_t}\right|100}{n} \tag{6.24}$$

要判別是否預測方法持續高估或低估需求，可以使用預測誤差的總和去評估此偏差（Bias），可表示如下：

$$bias_n = \sum_{t=1}^{n} E_t \tag{6.25}$$

若誤差是真的隨機且不會偏向高估或低估，則偏差會在0附近跳動。理論上，若將所有的誤差畫在圖上，則穿過這些誤差點的最佳直線斜率應為0。

追蹤指標（Tracking Signal, TS）是偏態和MAD的比值，可表示如下：

$$TS_t = \frac{bias_t}{MAD_t} \qquad (6.26)$$

若在任何期間的TS值在±6的範圍外，此訊息代表預測是偏態的，且不是低估（當追蹤指標TS小於－6），就是高估（當追蹤指標大於＋6）。在此情況下，公司可以決定另外選擇一個新的預測方法。以追蹤指標值為一極大負值為例，可能有此結果的原因是需求有成長**趨勢**，而管理者正在使用的預測方法卻是移動平均準所導致。因為**趨勢**因素沒有被考慮，過去需求的平均值永遠會低於未來需求，而負值的追蹤指標會持續偵測到這個預測方法低估需求，而對管理者發出警告。

6.7 資訊科技在預測中扮演的角色

假定涉及大量資料處理、作預測的頻率，以及務求獲得最高品質結果，資訊科技在預測中便更形重要。供應鏈資訊系統的預測模組，通常稱為**需求計畫模組**（Demand Planning Module），是供應鏈企業應用資訊系統產品的核心。預測中善用資訊科技的能力有幾個重要好處。

企業需求計畫模組伴隨許多可能非常先進，並具專利的預測演算規則。用這些方法得到的結果，通常比使用Excel的一般性工具更為精確。大多數的需求計畫應用系統，都能依據歷史資料來測試不同預測演算規則，以決定何者與所採用的需求型態最配適。取得許多預測方案是很重要的，因為不同的預測演算規則，會依實際需求型態提供不同程度的品質。在這裡，資訊科技可以用來為公司，甚至為產品類別和市場，決定出最佳預測方法。

優良的預測配套系統，適用於廣大的產品類型，只要輸入任何新需求資訊，系統便能及時更新，使得公司能快速回應市場的改變，並且避免因反應延遲而造成的成本。優良的需求規劃模組不僅連結到顧客訂單，通常也直接連結到顧客銷售資訊，因而將最新資料具體併入需求預測中。許多領域的進步就是因為資訊科技的革新，例如，**協同規劃**（Collaborative Planning）就因為資訊科技創新，使得企業間能夠交換與併入預測資訊而大有進展。

最後，正如**需求規劃**這個名稱的意義，這些模組把需求具體呈現。優良的需求規劃模組包含許多工具，對於潛在價格變化對需求的衝擊，能夠進行「假定推測」分析。這些工具有助於分析促銷對需求的影響，也能用來決定促銷的時程和程度。

要注意的是，這些工具沒有一種是絕對安全可靠的。事實上，預測往往是錯的。良好的資訊科技系統應有助於追蹤歷史預測的錯誤，並且把這些錯誤納入未來的決策流程。結構良好的預測，加上誤差的測量，能夠明顯改進決策的制定。即使有了這些複雜工具，有時候還是依靠人的直覺比較好。這些資訊科技工具的陷阱之一，就是太過依賴它們而忽視了人的因素。在運用這些預測並看重其結果的同時，也要記住，它們無法評估某些未來需求比較質性的面向，這部分你可能就得自己作。

預測模組可從各主要供應鏈軟體公司獲得，包括SAP和Oracle等ERP公司，以及諸如i2 Technology和Manugistics等最佳的供應鏈培訓業者。此外，還有許多統計分析軟體公司的程式也能用來作預測，例如SAS。有些以顧客關係管理（CRM）系統為主的公司，產品中也包含有預測單元，焦點設定在**顧客互動過程**（Customer Facing Processs）。

預測和資訊科技有著很深的淵源。預測模組是整個供應鏈軟體產業成長中的三大核心產品之一。典型的供應鏈資訊科技應用軟體，會有預測模組把預測資料提供給規劃模組。規劃模組會設定時程和存貨水準，然後交由執行系統執行。因此，預測可以說是供應鏈資訊科技的核心。

6.8 預測中的風險管理

規劃未來時，必須考量**預測誤差**的風險。錯誤的預測會造成明顯的存貨、設施、運輸、外包、訂購甚至資訊管理等資源的不當分配。網路設計時的預測誤差則可能造成太多、太少或類型錯誤的設施建立。在規劃層級，計畫是依據預測來作決定，實際庫存、生產、運輸、外包和定價計畫皆有賴於精確的預測。即使在運作層級，預測也關係著實際的日常活動。由於這每一階段的初始過程都會影響其他許多過程，預測也就包含相當大的內在風險。

有很多原因會造成預測的誤差，其中有些更是經常發生，所以要特別注意。前置時間長就需要預測得更長遠，因而減低了預測的可信度。季節性因素也會增加預測誤差。當產品生命週期短的時候，因為預測時缺乏歷史資料，也會增加預測誤差。顧客少的公司，產品需求狀況往往不穩定，可作為依據的資料少，預測往往比較困難；相形之下，產品需求來自許多小型顧客的公司，就比較容易作需求預測。當預測是以供應鏈中間商所下的訂單為基礎，而不是根據末端顧客的需求時，預測的品質就會比較差。2001年長途電信業有一個案例可以證實這一點，當時就是製造商的預測遠超過實際顧客需求，使得預測不可靠。如果不察看末端消費者的需求，公司永遠難以產生可靠的預測。

有兩個策略可減緩預測的風險：一是提升供應鏈的回應性；另一個是利用機會整合需求。W.W. Grainger就偕同供應商努力將前置時間由8週減到少於3週。增加回應性使公司減少預測誤差，進而降低相關風險。**整合需求**旨在整合多重來源的需求，以避免需求不穩定所導致的問題。Amazon網路書店就是將地區需求整合到它的倉庫，所以預測誤差比Borders書店低。

改善回應性和整合需求往往也會增加成本。加快速度可能需要作產能方面的投資，而需求的整合可能會增加運輸成本。為了取得減緩風險和成本之間的

平衡，就必須量身訂製一套風險減緩策略。例如，處理日常用品這種能輕易由現貨市場購買而補足缺貨的產品時，就不適合花費鉅資來提升供應鏈的回應性。相對的，對生命週期短的產品，投資提高回應性就有其價值。同理，只有預測誤差高的時候，由整合需求的獲利才可能高；對預測誤差小的產品，投資於需求的整合可能較不恰當。

6.9 問題討論

1. 對於像Dell一樣訂單生產（BTO）的製造商，預測在供應鏈中所扮演的角色為何？
2. Dell如何和供應商運用協同預測來改善供應鏈？
3. 對於像L.L. Bean一樣的的郵購公司來說，預測在供應鏈中所扮演的角色為何？
4. 對巧克力的需求而言，你期望它的系統與隨機的部分為何？
5. 若一個預測家宣稱預測過去資料不會有任何預測誤差，為何管理者會對此結果起疑？
6. 舉出具有季節性需求的產品實例。
7. 若管理者使用上一個年度的銷售資料替代上一個年度的需求以進行下一年度的需求預測，會產生什麼問題？
8. 靜態性和適應性預測方法有何不同？
9. MAD和MAPE提供管理者什麼資訊？管理者可以如何使用這些資訊？
10. 偏態與追蹤指標提供管理者什麼資訊？管理者可如何使用這些資訊？

供應鏈之供應規劃

Chapter 7

學習目標

本章討論公司如何利用總合規劃管理供給,在最大利潤的前提下作最佳的取捨,以及在管理供應的其他方面,以能應付需求上可預測的變化。經由使用價格和推銷,也討論面對可預測的變化時,需求可以如何管理。藉由管理供給與需求,管理者能將供應鏈整體的利潤最大化。

讀完本章後,您將能:

1. 區別出最適合利用總合規劃求解的決策型態;
2. 瞭解供應鏈活動總合規劃的重要性;
3. 描述出在進行總合規劃時需要何種資訊;
4. 解釋在進行總合規劃時,管理者基本上會進行的取捨;
5. 當面對可預測的變異性時,同步管理和改善供應鏈中的供給;
6. 當面對可預測的變異性時,同步管理和改善供應鏈中的需求。

7.1 總合規劃在供應鏈中扮演的角色

想像一個在製造產能、運輸能量、儲存能量,以及甚至於資訊能量都沒有任何限制且不需要成本的世界。想像前置時間為0,允許貨物可以立刻生產且被運送的狀況,在上述世界裡,對需求進行規劃是沒有需要的,因為任何時候顧客需要一個產品,需求就可以立刻被滿足,在此世界裡,**總合規劃**(Aggregate Planning)沒有意義。

然而在現實世界裡,產能需要成本,並且前置時間也大於0。因此公司必須對產能水準、如何去使用產能、甚至何時去促銷以刺激需求進行決策,公司必須預測需求,並且在需求發生之前決定如何滿足需求。公司是否擴充工廠的產能大到能夠滿足最尖峰月份的需求呢?或者公司只需要建造一個比較小的工廠,在淡季時生產存量以滿足後續旺季的需求,但要承擔儲存存貨的成本?這些型態的問題就是總合規劃可以幫助公司去解答的問題。

總合規劃是一個過程,包含在某特定的一段時間中,公司決定產能水準、生產、外包、存貨、補貨及定價。總合規劃的目標是以最大利潤的方式去滿足需求。總合規劃正如其名稱一般,是解決有關整合決策的問題,而不是枝節的問題。舉例來說,總合規劃會決定某月份工廠的總生產水準,但在作此規劃時並沒有細部決定出每一個別產品的生產量。由於決策詳細程度的特性,使得總合規劃對於時間區間約為3到18個月的決策時特別有用。在此時間區間長度,決定每一個將產品的生產水準似嫌太早,但相對於設置一新的設施而言,又嫌太慢。因此,總合規劃可以協助回答下述問題「公司應該如何使用現有的設施才會最佳?」

傳統上,大部分總合規劃的重心都是放在企業內部,有時並不被視為供應鏈管理的一部分。然而總合規劃是一個供應鏈的重要議題,因為實際上來說,

供應鏈之供應規劃

總合規劃需要全部供應鏈的輸入數值，同時總合規劃的結果對供應鏈有很大的影響。正如我們在預測那一章看到的，協同預測是由多供應鏈企業所創造的，也是總合規劃重要的輸入因素。良好的預測需要下游供應鏈夥伴的協同合作，除此之外，總合規劃編列時需要考慮的許多限制，是來自企業外部的供應鏈夥伴，特別是上游夥伴。如果缺乏上下游夥伴的輸入因素，總合規劃便無法發揮最大效用，而創造價值。而總合規劃的輸出對上下游夥伴來說也是十分重要的；一家公司的生產計畫可確立對供應商的需求，以及建立對顧客的供應限制。本章旨在介紹無論是企業內部或橫劈整個供應鏈，使用總合規劃時所應具備的基礎認知。

舉例來說，考慮一個高級紙張的供應鏈是如何運用總合規劃，讓利益達到最大。許多紙廠面臨季節性的需求，需求像漣漪從顧客擴散到印刷業者、批發商，最終到製造商。不同類型的高級紙張需求量在春天與秋天達到最高峰，因為春天時需要印行公司年度報告，秋天時正是發行新車宣傳冊子的時候。建立一個在需要時，可以符合春秋需求產能的紙廠代價甚高，因為紙廠產能的建置成本極高。除此之外，高級紙張往往需要特別添加物與外層物，這些有可能會供應短缺，而須及早事先訂購。紙張製造商須面對這些限制條件，並將利益達到最大。因此，紙廠使用總合規劃來確立淡季時生產與存貨的水準，而在春秋兩季需求遠大於紙廠產能的時候，可販售原有的存貨。總合規劃把全體供應鏈的輸入因素納入考量，使紙廠與供應鏈的利益達到最大。

運行總合規劃者，他的主要工作是確認在確定的時間區間內，下列作業參數數值：

1. 生產速率（Production Rate）：每單位時間完成的單位數（例如每週或每月）。

2. 人力（Workforce）：在生產中配合產能所需的人力數。

3. 加班（Over Time）：計畫的加班生產量。

4. 機器產能水準（Machine Capacity Level）：生產所需的機器產能數。

5. **外包**（Subcontracting）：在規劃期間內所需的外包產能。

6. **待補數量或簡稱「補單」**（Backlog）：在本期未能滿足的需求，必須延至未來期間補足的量。

7. **每期庫存量**（Inventory On Hand）：規劃時間區間中每一時期，計畫持有的存貨量。

總合規劃提供作業的一個鳥瞰藍圖，並建立相關的參數，據此可作出在該期間的短期生產和配送決策。總合規劃允許供應鏈去改變產能的安排和改變供應契約。如之前所提，整個供應鏈必須配合規劃過程；若製造商計畫在某特定時間區間內增加生產，供應商、運送者以及倉儲中心必須意識到這個計畫，並且將此計畫的影響納入考量中。理想上供應鏈的每一階段都應該與總合規劃緊密配合，才能使供應鏈有最佳的表現。若每一個階段都發展本身的總合規劃，所有的計畫很難互相配合。缺乏整合將導致供應鏈中的短缺或過度供給。因此，執行總合規劃的範圍儘可能合理地涵蓋到供應鏈中足夠的範圍，是相當重要的。

下節將正式定義總合規劃問題。文中介紹了總合規劃所需要的資訊，並討論總合規劃能提供的決策。

7.2 總合規劃問題

對公司而言，總合規劃的目標是以獲取最大化利潤的前提下去滿足需求。總合規劃問題可以正式陳述如下：

> 已知規劃時間區間內每一期間的需求預測，決定每一期間的生產水準、存貨水準和產能水準，以使得在規劃時間區間內公司利潤最大。

供應鏈之供應規劃

　　為產生總合規劃，公司必須明確定出規劃的時間區間；規劃的時間區間是指總合規劃求解相關問題的時間區間──通常介於3到18個月。公司必須指出在規劃時間區間內每期間的時間長度（例如週、月或季）。接著公司決定需要進行總合規劃的關鍵資訊，並提出總合規劃想要建議的決策。對一般性總合規劃問題。

　　總合規劃需要下列各項資訊：

- 整個規劃時間區間T，所包含的期間t，其對應的需求預測F_t
- 生產成本
    - 勞工成本、正常時間（$/小時）和加班成本（$/小時）
    - 外包生產成本（$/單位或$小時）
    - 產能改變成本，特別是聘用／解僱勞工成本（$/每人工）和增加或減少機器產能成本（$/每機器）
- 每單位產品所需的勞工／機器小時
- 存貨持有成本（$/單位/期間）
- 缺貨或補單成本（$/單位/期間）
- 限制
    - 加班限制
    - 解僱限制
    - 可用產能限制
    - 缺貨和補貨限制
    - 企業供應者的限制

　　這些資訊被使用以產生一個總合規劃，並幫助公司進行下列決定：

1. 經由正常工作時間、加班和外包所生產的數量：藉以決定勞工的人數及供應商購貨水準。

2. 存貨水準：以決定所需倉庫空間及資金需求。

3. 缺貨／補貨量：以決定顧客服務水準。

235

4. **人力聘用／解僱**：以決定將面臨的任何勞力問題。
5. **機器產能增加／減少**：以決定是否必須購置新的生產設備或是予以閒置。

總合規劃的品質對公司的利潤有顯著的影響，一個不良的總合規劃，在可利用的存貨和產能不能與需求配合的情況下，會導致銷售損失與利潤損失。一個不適合的總合規劃也可能導致大量的超額庫存和產能，因而提高成本。因此，總合規劃在幫助公司利潤最大化時是一個非常重要的工具。

7.3 總合規劃策略

總合規劃必須在產能、存貨和補貨成本間作取捨。通常一個總合規劃，如果降低了上述三種成本中的其中一種，經常會導致另外二種成本的增加。在這種情況下，成本表示出取捨的特性：為了降低庫存成本，規劃者必須增加產能成本或延後送達顧客的時間。因此，規劃者必須在庫存成本以及產能和補單成本之間作取捨，亦即總合規劃的目標就是作到利潤最大的取捨。在需求會隨著時間變化的情況下，這三種成本的一項，其相關水準的決定是規劃者用來最大化利潤之主要手段。若改變產能的成本較低，公司可能不需要在淡季製造存貨或進行補單生產。若改變產能的成本高，公司可能會在淡季生產一些應付旺季的存貨或旺季供給不足的補貨。

一般而言，規劃者係在下列成本間進行取捨：

- 產能（正常工時、加班、外包）
- 庫存
- 補貨／銷售損失

為達到這些成本間的平衡，三種不同的總合規劃策略是必要的。這些策略

包含在資本投資、人力多寡、工作時數、存貨以及補貨／銷售損失之間作取捨。規劃者實際使用的大部分策略是這三種的組合，並稱之為**混合策略**（mixed Strategies）。這三種策略介紹如下：

1. 追求策略（Chase Strategy），**使用產能作為手段**：在此策略下，當需求率改變時，利用改變機器產能或聘用解僱員工，使得生產率可以與需求率同步。實務上，達到這樣的同步化可能是非常有問題的，因為在短時間要改變產能和人力是非常困難的。若改變機器或人工的產能成本很高，執行這種策略將會是很昂貴的，同時它會引起員工士氣上的負面影響。追求策略會造成供應鏈中較低的存貨水準，以及產能和人力上高度的變動。它適用的時機是存貨持有成本非常昂貴，而改變產能和人力的成本很低廉時。

2. 時間彈性策略（Time Flexibility Strategy），**使用利用率作為方法**：若存在過多的機器產能時，此策略可能可以被採用；也就是說若機器不是每週7天，每天24小時滿額運轉的情況下，人力（產能）是保持穩定，但為保持與需求同步化的生產，工作小時數可以因時間而變化。規劃者可以使用可變動的加班量或彈性的排程，以達成同步化。雖然這種策略需要人力是彈性的，可是它避免了追求策略的一些問題，例如改變人員編制的大小。這個策略將造成較低的存貨水準，但比起追求策略有達到較低的平均利用率。當存貨的持有成本相當高，並且產能相當便宜時，應可使用此策略。

3. 均準策略（Level Strategy），**使用存貨作為手段**：在此策略下，均準的機器產能和人力被維持在一個均準的產出率。需求短缺或過剩使得存貨水準隨時間而變動時，此策略的生產並不追求與需求同步。存貨不是為了未來需求預先儲備就是為了在需求高峰期下及供貨量留待需求淡季進行補單。員工因為穩定的工作狀態而獲益，這種策略的缺點是有可能會累積大量的庫存與補單，這種策略保持產能並使改變產能的成本相當低，當存貨持有成本和補貨成本相當低時，應該使用此策略。

下節將討論一種常使用於總合規劃的方法。

7.4 求解總合規劃

如之前所討論的,總合規劃的目標是當面對需求時將利潤最大化。每一家公司都盡力去配合顧客需求,也都面臨某些限制,如它所擁有設施的產能或其人力,當公司企圖讓利潤最大化,卻受到一連串限制的情況,一種非常有效的工具是**線性規劃**(Linear Programming, LP)。線性規劃可求解問題如滿足公司所面對的限制條件下,使公司利潤最大化的答案。

下列經由 Red Tomato 工具公司的討論說明線性規劃。Red Tomato 工具公司是一個小型的園藝設備製造商。該公司的作業包含將購入零件組裝成多功能的園藝工具。因為在它們的組裝作業時所需的設備和空間有限,其產能主要決定於人力的多寡。

對於本例,使用 6 個月的時間週期,因為這樣的週期足夠大且容易去說明我們的觀點。

❖Red Tomato 工具公司

Red Tomato 園藝工具的需求是高度季節性的,春天當人們在花園中栽種時達到需求高峰。這個季節性的需求影響著供應鏈中的零售商至製造商 Red Tomato。Red Tomato 決定使用總合規劃去克服這種季節需求的障礙,並使利潤最大化。Red Tomato 選擇去處理季節性的因素是在需求旺季增加員工、部分外包,在需求淡季生產庫存,並生產補貨以便稍後送交顧客。

經由總合規劃決定如何最好的安排上述選擇。Red Tomato 的供應鏈副總裁開始著手於下半年工具的需求預測。雖然 Red Tomato 企圖自行預測需求,但結合供應鏈中的零售商和 Red Tomato 產生協同生產預測,這個數值將會更精確。

Red Tomato的副總裁結合了部分重要的零售商組成團隊以協同預測，如表7.1示。

Red Tomato以每個工具40美元賣給零售商，在1月初工具的存貨為1,000個。一月初公司有員工數80人，公司每個月有20個工作天，並且每位工人每個正常工作小時工資為4美元。每個員工每天基本工時為8小時，其餘則為加班時間。如前所述，生產作業產能主要取決於勞工總工作時數。因此，機器產能不會限制生產作業產能。基於勞工法規規定，每月每位勞工加班工時不能超過10小時，不同的成本列示在表7.2。

目前，Red Tomato對外包、存貨和缺貨／補貨沒有限制。所有缺貨都可由接下來月份的生產進行補貨。存貨成本發生在每月底。供應鏈主管的目標是在Red Tomato於6月底有至少500單位的庫存下，求取最佳的總合規劃（也就是說在6月底沒有缺貨，並至少有500單位的庫存）。

最佳的總合規劃是指在6個月的規劃期間內。從現在開始，在Red Tomato公司希望有高水準的顧客服務下，假設所有需求必須被滿足，雖然利用額外的補貨成本也可以滿足需求。因此，在已知固定價格下，在規劃期間內所能賺得的利潤是固定的。在此情況下，於規劃期間內求成本最小與利潤最大同義。在許多情況下，公司有權選擇可以不配合某些需求，或價格本身是變動的，公司

表7.1　Red Tomato工具公司的需求預測

月份	需求預測
1月	1,600
2月	3,000
3月	3,200
4月	3,800
5月	2,200
6月	2,200

表7.2　Red Tomato公司的成本

項目	成本
物料成本	$10／單位
存貨持有成本	$2／單位／月
缺貨／補貨的邊際成本	$5／單位／月
僱用和訓練成本	$300／每人工
解僱成本	$500／每人工
需用工時數	4／單位
正常工時成本	$4／小時
加班成本	$6／小時
外包成本	$30／單位

必須基於總合規劃才可以決定。在這種情況下，成本最小化不一定等於利潤最大化。

❖ 決策變數（Decision Variables）

要建構出一個總合規劃模型的第一步是要確認出一群決策變數。這些決策變數之值由總合規劃來決定。對於Red Tomato公司，在總合規劃模式中有下列決策變數被定義：

$W_t = t$月份的人力規模，$t = 1, ..., 6$

$H_t = $在$t$月份初時的僱用員工數，$t = 1, ..., 6$

$L_t = $在$t$月份初時的解聘員工數，$t = 1, ..., 6$

$P_t = $在$t$月份的生產單位數，$t = 1, ..., 6$

$I_t = $在$t$月份底的存貨量，$t = 1, ..., 6$

$S_t = $在$t$月份底的缺貨／補貨數，$t = 1, ..., 6$

$C_t = $在$t$月份的外包數量，$t = 1, ..., 6$

O_t = 在 t 月份的加班工時數，$t = 1, ..., 6$

建構總合規劃模式的下一步是定義出目標函數。

❖ 目標函數（Objective Function）

在期間 t 的需求以 D_t 表示。D_t 之值以表7.1中的需求預測值代入。目標函數是將規劃期間所涉及的總成本最小化（相當於在所有需求被滿足的情況下將總利潤最大化）所牽涉到的成本計有：

- 正常工時成本
- 加班成本
- 聘用和解僱成本
- 持有存貨成本
- 缺貨成本
- 外包成本
- 物料成本

這些成本評估如下：

1. 正常工時成本。員工的正常工時薪資是每月640美元（4美元／小時×8小時／天×20天／月）。因為 W_t 是期間 t 的員工人數，所以在規劃期間的正常工時成本可以表示如下：

$$\text{正常工時成本} = \sum_{t=1}^{6} 640 \, W_t$$

2. 加班成本。加班成本每小時6美元（見表7.2）並且 O_t 代表期間 t 的加班時數，所以在規劃期間的加班成本可以表示如下：

$$\text{加班成本} = \sum_{t=1}^{6} 6 \, O_t$$

3. 聘用和解僱成本。聘用一位員工作成本是300美元,而解僱一位員工成本是500美元(見表7.2)。H_t和L_t分別表示在期間t聘用和解僱人數。因此,聘用和解僱的成本如下:

$$聘用和解僱成本 = \sum_{t=1}^{6} 300\, H_t + \sum_{t=1}^{6} 500\, L_t$$

4. 存貨和缺貨成本。每單位存貨每月的持有存貨成本是2美元,而缺貨成本是每單位每月5美元(見表7.2)。I_t和S_t分別表示在期間t的存貨和缺貨單位數。因此,持有存貨和缺貨成本表示如下:

$$持有存貨和缺貨成本 = \sum_{t=1}^{6} 2\, I_t + \sum_{t=1}^{6} 5\, S_t$$

5. 物料和外包成本。每單位的物料成本是10美元,而每單位的外包成本是30美元(見表7.2)。P_t代表在期間t製造的產品數量,而C_t代表在期間t的外包數量。因此,物料和外包成本可表示如下:

$$物料和外包成本 = \sum_{t=1}^{6} 10\, P_t + \sum_{t=1}^{6} 30\, C_t$$

在規劃期間的總成本是上述所有成本的加總,表示如下:

$$\begin{aligned}&\sum_{t=1}^{6} 640\, W_t + \sum_{t=1}^{6} 300\, H_t + \sum_{t=1}^{6} 500\, L_t + \\ &\sum_{t=1}^{6} 6\, O_t + \sum_{t=1}^{6} 2\, I_t + \sum_{t=1}^{6} 5\, S_t + \sum_{t=1}^{6} 10\, P_t + \sum_{t=1}^{6} 30\, C_t\end{aligned} \quad (7.1)$$

Red Tomato公司目標是作出使得規劃期間內所涉及之總成本最小化的總合規劃(見公式7.1)。

在目標函數中的決策變數值不能是任意值。它們受到許多限制。在建立總合規劃模式的下一步，就是清楚定義與決策變數相關的限制條件。

❖ 限制條件（Constraints）

Red Tomato公司的副總裁現在要決定決策變數不可以違反的限制條件。這些條件列示如下：

1. 人力、聘用和解僱限制。在期間t的人力規模W_t與期間$t-1$的人力規模W_{t-1}，期間t的聘用人數H_t和期間t的解僱人數L_t之間的關係列示如下：

$$W_t = W_{t-1} + H_t - L_t \quad 當 \quad t = 1,\ldots,6 \quad (\textbf{7.2})$$

人力規模的起始值為$W_0 = 80$

2. 產能限制。在每一期間，製造數量不可以超過可用產能，這類的限制條件限制公司內部可用總產能所生產的總生產量（可用產能基於可用勞工時數，包含正常工時和加班工時來決定）。在此限制條件中不包含外包生產，這個限制條件只限於在工廠內的生產。在每位員工每月正常工時的產出為40單位（每單位4小時，如表7.2所示），以及每4小時加班產生一單位的情況下，可表示限制條件如下：

$$P_t \le 40W_t + O_t/4 \quad 當 \quad t = 1,\ldots,6 \quad (\textbf{7.3})$$

3. 庫存量平衡限制。第三組限制條件是為了使每期期末的庫存量平衡而設。期間t的淨需求由目前需求D_t和前期補貨量S_{t-1}加總而得。這個需求經由目前生產（廠內產量P_t或外包生量C_t）或經由前期存貨I_{t-1}（同理在期末時一些存貨I_t可能剩下）或部分由補貨S_t來滿足。上述關係可以表示如下：

$$I_{t-1} + P_t + C_t = D_t + S_{t-1} + I_t - S_t \quad 當 \quad t = 1,\ldots,6 \quad (\textbf{7.4})$$

存貨的起始值是 $I_0 = 1,000$，而規劃期間結束時的存貨量必須至少是 500 單位，即 $I_6 \geq 500$，而一開始沒有補貨量，即 $S_0 = 0$。

4. 加班限制。第四組條件必須滿足每個月沒有員工的加班工時超過 10 小時。可使用的加班總小時數的限制表示如下：

$$O_t \leq 10W_t \quad 當 \quad t = 1,\ldots,6 \tag{7.5}$$

此外，每一個變數都必須非負數，且在第 6 期間末必須沒有補貨存在，即 $S_6 = 0$。

當用 Excel 執行這個模式時，限制條件將改寫成等式或不等式其右手邊皆為 0，則較容易執行。加班限制（公式 7.5）可改寫如下：

$$O_t - 10W_t \leq 0 \quad 當 \quad t = 1,\ldots,6$$

由上述可知很容易加入限制每月份外包購置量的限制，或是聘用或解僱的員工數目的最大數目。任何其他限制補貨或存貨的限制條件也可如法炮製。理想上員工人數應該是整數變數。然而，允許員工人數以小數位數可以得到不錯的近似值。這樣可以明顯加快求解的時間。如此的線性規劃問題可以用 Excel 中的**規劃求解工具**（Solver）來計算。

若假設在期間 t 的平均存貨是期初存貨與期末存貨的平均值，即 $(I_{t-1} + I_t)/2$。在規劃期間的平均存貨可以表示如下：

$$平均存貨 = \left\{ \left[(I_0 + I_T)/2 + \sum_{t=1}^{T-1} I_t \right] / T \right\}$$

產品在規劃期間內平均流動時間可以用 Little 法則得到（平均流動時間＝平均存貨／物料通過量）。平均流動時間可以表示如下：

$$平均流動時間 = \left\{ \left[(I_0 + I_T)/2 + \sum_{t=1}^{T-1} I_t \right] / T \right\} / \left(\sum_{t=1}^{T} D_t / T \right) \tag{7.6}$$

將受到上述限制條件（公式7.2至公式7.5）的目標函數最佳化（在公式7.1的成本最小化），副總裁得到總合規劃如表7.3所示。

對於這個總合規劃其結果為：

$$在規劃期間之總成本 = \$422{,}275$$

Red Tomato公司在1月初解僱了15名員工，之後公司保持相同的人工和生產水準。在整個規劃期間內沒有外包，公司只有從4月至5月有補貨，在其他的月份都沒有缺貨。事實上Red Tomato公司在所有其他月份都持有存貨。因為持有存貨的原因是預期未來需求會增加，這些存貨稱為季節性存貨。已知銷售價格為每單位40美元，並且總銷售量為16,000單位，在規劃期間的收益為：

$$規劃期間的收益 = 40 \times 16{,}000 = \$640{,}000$$

在總合規劃期間的平均季節性存貨為：

$$平均季節性存貨 = \left[(I_0 + I_6)/2 + \sum_{t=1}^{5} I_t\right]/T = 5{,}367/6 = 895$$

表7.3 Red Tomato公司的總合規劃

期間 t	聘用人數 H_t	解僱人數 L_t	人力規模 W_t	加班時數 O_t	存貨量 I_t	缺貨量 S_t	外包量 C_t	總產量 P_t
0	0	0	80	0	1,000	0	0	
1	0	15	65	0	1,983	0	0	2,583
2	0	0	65	0	1,567	0	0	2,583
3	0	0	65	0	950	0	0	2,583
4	0	0	65	0	0	267	0	2,583
5	0	0	65	0	117	0	0	2,583
6	0	0	65	0	500	0	0	2,583

對此整合規劃在規劃期間內的平均流動時間（使用公式7.6）為：

平均流動時間＝895／2,667＝0.34月

若需求的季節性變動增加，供給和需求的同步化變得更困難，導致存貨或補貨增加，以及供應鏈的總成本增加。這些在例7.1中有說明，即需求預測變動更大。

例7.1

除了需求預測值外，所有Red Tomato公司的資料都和先前所討論的一樣。假設相同的總需求量（16,000單位）以需求的季節性變動較高的方式重新分配予6個月，如表所示。

試求出這個狀況的最佳總合規劃。

分析：在本例中最佳總合規劃（使用如前所述相同成本）列示在表7.5。

觀察到每月生產量維持相同，但存貨量和缺貨量（補貨量）比起以表7.1的需求而導出之表7.3的總合規劃來得高。滿足如表7.4所列新需求的成本

表7.4　較高季節性變動的需求預測

月份	需求預測
1月	1,000
2月	3,000
3月	3,800
4月	4,800
5月	2,000
6月	1,400

表7.5　對應表7.4需求量的最佳總合規劃

期間 t	聘用人數 H_t	解僱人數 L_t	人力規模 W_t	加班時數 O_t	存貨量 I_t	缺貨量 S_t	外包量 C_t	總產量 P_t
0	0	0	80	0	1,000	0	0	
1	0	15	65	0	2,583	0	0	2,583
2	0	0	65	0	2,167	0	0	2,583
3	0	0	65	0	950	0	0	2,583
4	0	0	65	0	0	1,267	0	2,583
5	0	0	65	0	0	683	0	2,583
6	0	0	65	0	500	0	0	2,583

（432,858美元）較高（和表7.1所示之前需求所求得成本值422,275美元比較）。

在規劃期間的季節性存貨計算如下：

$$季節性存貨 = \left\{ \left[(I_0 + I_T)/2 + \sum_{t=1}^{T-1} I_t \right] / T \right\} = 6,450 / 6 = 1,075$$

在規劃期間之總合規劃的平均流動時間（使用公式7.6計算）如下：

$$平均流動時間 = 1,075 \diagup 2,667 = 0.4月$$

從例7.1中可以發現，在零售商需求變數的增加，衝擊到供應鏈中製造商生產排程以及存貨需要儲存的空間。

Red Tomato公司的例子，可以看到當成本改變時最佳取捨因素的改變。這種情況利用例7.2說明，可觀察到當持有存貨成本增加，最好持有較少的存貨而改以較多的產能、補貨和外包來回應。

供應鏈管理
Supply Chain Management

> **例7.2**
>
> 假設Red Tomato公司的需求如表7.1所示,除了每單位的存貨持有成本由每月每單位2美元增加至每月每單位6美元外,所有其他資料都相同。計算對應到表7.3總合規劃的總成本,對新的成本結構建議一個最佳的整合規劃。

分析:若存貨持有成本由每月每單位2美元增加到每月每單位6美元,對應到表7.3總合規劃的成本由422,275美元增加到442,742美元。考量新成本並決定一個新的最佳總合規劃如表7.6所示。

如同預期的,比較表7.3所顯示的總合規劃,存貨持有量降低了(因為存貨持有成本增加)。總合規劃改以增加外包量因應。在持有成本是每單位每月6美元下,相較於表7.3總合規劃的成本為442,742美元,在表7.6總合規劃的總成本是441,200美元。

在規劃期間的季節性存貨計算如下:

表7.6 持有成本6美元／單位／月下的最佳總合規劃

期間 t	聘用人數 H_t	解僱人數 L_t	人力規模 W_t	加班時數 O_t	存貨量 I_t	缺貨量 S_t	外包量 C_t	總產量 P_t
0	0	0	80	0	1,000	0	0	
1	0	23	57	0	1,667	0	0	2,267
2	0	0	57	0	933	0	0	2,267
3	0	0	57	0	0	0	0	2,267
4	0	0	57	0	0	67	1,467	2,267
5	0	0	57	0	0	0	0	2,267
6	0	0	57	0	500	0	433	2,267

$$季節性存貨 = \left\{\left[(I_0 + I_T)/2 + \sum_{t=1}^{T-1} I_t\right]/T\right\} = 3,350/6 = 558$$

在規劃期間的上述總合規劃的平均流動時間（使用公式7.6）表示如下：

$$平均流動時間 = 558 / 2,667 = 0.21 月$$

❖ 總合規劃的預測誤差（Forecast Error）

在本章中所討論的總合規劃方法並沒有考慮任何預測誤差。然而，我們知道所有預測都有誤差。當建構總合規劃時，應該予以考量此誤差以改善總合規劃的品質。預測誤差可以利用**安全存量**（Safety Inventory）來處理，安全存量的定義是高於預測值而為滿足需求所持有的存貨量，或**利用安全產能**（Safety Capacity）來處理，安全產能定義為高於預測值為滿足需求的產能。公司能夠以多種方式利用安全存量和安全產能對預測誤差產生緩衝，方法如下：

- 使用加班作為一種安全產能
- 一直維持較多的人力以作為安全產能
- 利用外包作為安全產能
- 製造並持有較多的存貨作為安全存量
- 公開或是由現貨市場上購買產能或產品，以作為安全產能

公司可能會採取何種行動取決於各種方案的相關成本。當然，若實務上公司能在短期內藉著僱用額外的員工來改變產能，這種方案也是一種選擇。問題是在採行這種方案還要考慮到後來需解聘員工的成本（包含金錢和士氣）。

7.5 反應供應鏈中可預測的變異性

　　前面討論的公司中，如何利用總合規劃去計畫供給以使利潤最大化。對於需求穩定的產品，進行總合規劃是非常容易的。在此情況下，一家公司安排足夠的產能去配合期望的需求，然後進行生產以滿足需求，產品在接近銷售時點製造出來。因此，供應鏈中只有少量的庫存。

　　然而，對於許多在各期間快速變化需求的產品而言，變化通常是源於可預期的影響所致。這些影響包含季節性因素（例如草地除草機、滑雪外套），或是非季節因素（如促銷或產品採用比率）。這些因素可能引起在銷售上可預測的大幅增加或減少。

　　可預測的變異性（Predictable Variability）是在需求上可以預測到的變化。產品遇到這種型態的需求改變時會引起在供應鏈上的許多問題，範圍從在需求旺季時高度缺貨到在需求淡季時過多存貨。這些問題增加產品的成本和減少供應鏈的反應能力。當供給和需求的管理是應用在可預測變動的產品時，會產生較大的影響。

　　面對可以預測的變化，公司的目標是以利潤最大化的方式為主；公司必須在以下兩方面作選擇，以處理可預測的變異性：

1. 利用產能、存貨、外包和補單以管理供給。
2. 利用短期的價格折扣和交易促銷以管理需求。

　　使用這些工具強化供應鏈，因為可促使公司在多種協同方式中的供需間能夠得到平衡，可以使得大量地增加獲利。

　　為了說明一些所涉及的關鍵點，考慮前面討論過的 Red Tomato 園藝工具製造商。園藝工具的需求是季節性的，銷售量都集中在春季，Red Tomato 公司需要去規劃如何與需求配合以創造最大利潤。其中一種滿足需求的方法是Red

Tomato公司建立足夠的製造產能以符合任一期間的需求。這種方法的優點是Red Tomato公司有非常低的存貨成本，因為任何期間都不需要堆積存貨。然而，其缺點是當需求很低時，在大多數月份裡，許多昂貴的產能都沒有被使用到。

其他配合需求的方法是在淡季時建立存貨，以使得全年都有穩定的生產，這種方式的好處是Red Tomato公司會有最小較便宜的工廠。然而，較高的存貨持有成本會使此方案成本增加。第三種方法是Red Tomato公司在春季前的淡季進行價格促銷。這種促銷會使得一部分的春季需求轉移到之前的淡季，因此整年的需求可以更平均，並且降低季節性的起伏。這種需求的型態對供給來說是較划算的，Red Tomato公司需要去決定那一種方案可以將利潤最大化。

通常公司將供給和需求管理的工作分成不同的功能部門為之。行銷主要管理需求，而作業部門主要管理供給。在較高的層級來說，供應鏈則面臨零售商獨自管理需求，而製造商獨自管理供給的問題。將供給和需求的管理決策分開，使得配合供應鏈時會益形困難，而降低利潤。因此，最大化利潤必須仰賴這些決策是以合作的方式進行，並且需要供應鏈中的各個夥伴超越企業界限共同合作。經由對Red Tomato公司進一步的討論，說明一個公司如何取得這樣的合作。

首先，將集中注意力在利用管理供給，供應鏈可以改善利潤的一些行動方案。

7.6 管理供給

公司藉由控制下列二種因素的組合可以改變產品的供給：

- 生產產能。

■ 存貨。

目的是希望利潤最大化,而我們討論的利潤,是由銷售產生的收益再減去因物料、產能和庫存所產生的總成本所計算出來的。一般而言,公司在管理供給時會使用改變產能和存貨的組合方式為之。我們列出一些管理產能和存貨的特殊方法,以達成最大利潤的目標。

❖ 管理產能

當面對可預測的變動去管理產能,公司使用下列數種方法的組合:

1. 經由人力調配的彈性工時。在此方法下,公司彈性的工作小時較能配合生產需求。有許多案例,工廠沒有持續的作業,取而代之是在每天或每週的部分時間閒置下來。因此,當工廠沒有運轉時,備用的工廠產能以小時為單位存在著。例如,許多工廠並沒有執行三班制。因此,現存的人力在需求旺季時能加班工作以製造更多產品以符合需求。加班的變異性可以迎合需求的變異性。這樣的系統可以由生產工廠的角度轉而更符合顧客的需求。若在一週內的需求每天都會變化,或在一月內每週都會變化,並且人力允許彈性調整,公司可以對人力作排班以使得可用產能更能符合需求。在這樣的前提下,使用兼職的人力能使公司在需求旺季有更多的人力,而可以更增加產能的彈性。電視行銷中心和銀行廣泛的使用兼職人員以使供給和需求有更好的配合。

2. 使用季節性的人力。在此方法下,公司在需求旺季使用暫時性的人力去增加產能以配合需求。旅行業常用此種方式,其會聘用一群基本的全職員工,其他的員工只有在需求旺季時才聘用。日本Toyota汽車廠也定期使用季節性的工人以使供給和需求有更好的配合。這種方法當面臨勞動市場緊縮時可能會很難維持。

3. 使用外包。在此種方法下,公司將旺季的生產外包出去,以維持公司內生產的水準,並且能以較便宜的方式生產。利用外包方式處理旺季需求,公司

能夠建立相當彈性且使生產維持相當穩定的低成本設施（除了加班所引起的變動外）。旺季需求可以外包出去給更具彈性的設施來生產。關鍵點是外包產能有相當彈性的可用性。外包廠商常能藉著將許多製造商的產能變動量集合在一起生產，以取得較低價格的彈性。彈性的外包廠商產能同時具有維持量（由單一製造商而來的變動需求）和變動彈性（由很多製造業而來的需求）。例如，大部分的電力公司並沒有產能去供應它們的顧客在需求尖峰天數的所有電力需求。它們取而代之的是依賴能夠向其他的供應商或外包商購買其多餘的電力。這樣使得電力公司能以較低的成本維持穩定的供給。

4. 使用並行設施——專用的和彈性的：在這種方法下，公司同時建立專用的和彈性的設施。專用的設施以非常有效率的方式在涵蓋時間內相當穩定製造出一定量的產品。彈性的設施可以製造許多不同種類的產品，且生產量可以作大幅度的調整，但單位成本較高。例如一家個人電腦零件製造業能有各種不同專用的設施製造各種不同型態的電路板，也有可以製造所有型態電路板的一種彈性設施。每一種專用設施可以相當穩定的生產率進行製造，而需求變動的部分則由彈性設施來吸收。

5. 設計產品彈性引入生產製程中。在此種方法下，公司擁有彈性的生產線，其生產速率可以輕易的改變。因此生產可以和需求配合。日本的Hino卡車對不同的產品群擁有多條生產線。生產線被設計成能改變工作人員的數目，因而可以改變生產速率。只要不同生產線上的需求變化是互補的，也就是說當其中一項需求增加，其他項則趨向減少。每一條生產線上的產能能夠藉由工作人員由一條生產線移動到另一條生產線而改變。當然上述狀況需要工作人員是擁有多項技能的員工，且由一條生產線轉換到另一條生產線時可以很快適應。若被使用的生產機器是彈性的，可以由生產一種產品很容易的改變到生產另一種產品，那麼也可以達到生產彈性。當對所有產品的總需求是相當穩定時，這種方法可以相當有效。許多生產季節性需求產品的公司企圖藉由組合投資尖峰需求分布全年的各項產品，以達成這種彈性的方法。典型的例子是割草機的製造

廠商，同時生產吹雪機。許多策略顧問公司也提供平衡的產品投資組合策略，當經濟繁榮時，主要的是成長策略專案，而當經濟蕭條時，主要的是節省成本的專案。

❖ 管理存貨

當配合可以預測的變動去管理存貨時，公司使用下列方式的組合：

1. 對多種產品使用共用零件。應用這種方法，公司對多種產品設計使用共用零件，每種產品都有可預測的變動需求，但其總合的需求量卻是相當穩定的。對這些產品使用共用零件將造成該零件的需求相當穩定。例如，對除草機和吹雪機使用共用的引擎，即使除草機和吹雪機的需求在全年中是變動的，引擎需求還是相當穩定。因此，在供應鏈中製造零件這一部分可以容易地作到供給與需求同步化，並且只有相當少的零件存貨。同理，在顧問公司，同樣的顧問在有需求時可以負責生產成長方面的策略，但當另一種需求產生時，也同時負責生產節省成本的策略。

2. 建立高需求或可預測需求產品的存貨。當公司生產的大部分產品有相同的尖峰需求季節時，上述方法不再適當。公司必須決定在需求淡季時應生產何種產品作為存貨。答案是在淡季時應生產比較可以預測需求的產品，因為它們的需求比較不需要藉由等待來得到答案。當越接近銷售季節，其需求就知道得越多，而較不確定的項目應開始被生產。例如，假設有一冬季夾克的製造商生產夾克供給零售商販賣，同時並供給紐約市的警察和消防部門。紐約市警察和消防人員夾克的需求將是比較可以預測的。因此在淡季時會製造一些此類夾克，並庫存至冬天。然而，零售店夾克的需求，因為時間趨勢變化快速的關係，可能要到接近販賣的時間才會知道。因此，夾克製造商必須在接近銷售旺季時，才製造零售店販賣的夾克，在那時它們可以得到較多需求方面的資訊。這樣的策略可以幫助供應鏈在供給和需求有較好的同步。

供應鏈之供應規劃

下節將考慮供應鏈藉由管理需求去改善效益所可以採取的行動。

7.7 管理需求

在許多的例子裡，可以利用價格或其他形式的促銷影響一年中不同時期的需求。一般而言，行銷和銷售部門進行促銷和定價決策，決策的目的是將利潤最大化。但前幾章可以得知，當需求型態改變時，公司為配合需求所涉及的成本會跟著改變。因此，若只基於收入的考量而進行定價決策，經常導致整體利益的下降。換成是供應鏈也是如此。零售商設定售價後開始進行促銷以使顧客產生需求，這類經常的促銷行動之進行往往沒有考慮到供應鏈其他的部分。本節的目標是說明如何結合定價和總合規劃（同時需求與供給管理），使得供應鏈的利潤最大化。

讓我們再回到園藝工具製造商Red Tomato公司例子。Green Thumb公司是一家大型零售連鎖店，獨家與Red Tomato公司簽訂契約，銷售Red Tomato公司製造的所有產品。園藝工具的需求在春季3、4月時達到最高峰，那時正是園丁開始栽種的時間。制定計畫時，雙方的目標均是使供應鏈利益達到最大，因為這樣的結果使雙方不致意見分歧。為了達到利益最大化，Red Tomato與Green Thumb公司需要找出合作方法，同樣重要地，也需決定供應鏈利益的分配方式。合作成功的關鍵就在於決定如何將利益分配給供應鏈中的不同成員。

Red Tomato與Green Thumb公司正在探討什麼樣的零售促銷可以增進收益性。他們所必須制定的關鍵決策就即是如何選擇促銷時機，究竟是在需求高峰期，或是在需求低谷期推出價格促銷較有利？Green Thumb公司的銷售副總裁贊同在需求高峰期推出促銷，這可以將收益提到最高；另一方面，Red Tomato公司的製造副總裁則反對這項提議，因為此項提議會增加公司成本，他偏好在

需求低谷期推出促銷，這可平衡需求以及降低生產成本。

　　Red Tomato與Green Thumb公司必須藉著考慮預估需求以及最佳整體規劃展開行動。Red Tomato與Green Thumb公司共同預估未來6個月的需求，如表7.7所示。

　　每一個工具的銷售價格是40美元。Red Tomato公司立即組裝運送至擁有所有存貨的Green Thumb公司。Green Thumb公司在1月時的初存貨為1,000個工具。在1月初Red Tomato公司有80名員工。每個月總共有20個工作天，且Red Tomato員工每一個非加班小時可賺工資4美元。每一個員工一天的正常工時是8小時，其餘為加班時間。因為Red Tomato公司的作業大部分為手工組裝作業，所以生產作業的產能主要由總工作勞工小時來決定，也就是說，並不是由機器產能所限制。每一個月每一名員工的加班工時不能超過10小時。不同的成本列示在表7.8。

　　外包、存貨和缺貨量沒有限制，所有缺貨可以補單生產，並由後續月份的生產來供應。存貨成本由每月月底存貨來計算。Red Tomato公司允許公司在6月底至少有500單位（也就是6月底沒有缺貨且至少有500單位存貨）的情況下，目標是得到最佳的總合規劃。

　　Red Tomato公司和Green Thumb公司的最佳總合規劃列示在表7.9。

表7.7　Red Tomato工具公司的需求

月份	需求預測
1月	1,600
2月	3,000
3月	3,200
4月	3,800
5月	2,200
6月	2,200

表7.8　Red Tomato工具公司和Green Thumb公司成本

項目	成本
物料成本	$10／單位
存貨持有成本	$2／單位／月
單位缺貨的邊際成本	$5／單位／月
聘用和訓練成本	$300／人工
解僱成本	$500／人工
所需勞工小時	4／單位
正常工時成本	$4／小時
加班成本	$6／小時
外包成本	$30／單位

表7.9　Red Tomato公司和Green Thumb公司的總合規劃

期間 t	聘用人數 H_t	解僱人數 L_t	人力規模 W_t	加班時數 O_t	存貨量 I_t	缺貨量 S_t	外包量 C_t	總產量 P_t
0	0	0	80	0	1,000	0	0	
1	0	15	65	0	1,983	0	0	2,583
2	0	0	65	0	1,567	0	0	2,583
3	0	0	65	0	950	0	0	2,583
4	0	0	65	0	0	267	0	2,583
5	0	0	65	0	117	0	0	2,583
6	0	0	65	0	500	0	0	2,583

對於這一個總合規劃，供應鏈將得到下列成本和收入：

規劃期間的總成本＝ $422,275

已知銷售價格為40美元／單位和總銷售量16,000單位，規劃期間的收入可以求得如下：

規劃期間的收入＝40×16,000＝$640,000

規劃期間的利潤＝$217,725

在規劃期間的平均季節性存貨可求得如下：

$$平均季節性存貨 = \left[(I_0 + I_6)/2 + \sum_{t=1}^{5} I_t\right]/T = 5,367/6 = 895$$

這個總合規劃在規劃期間內的**平均流動時間**（The Average Flow Time）可以求算如下：

$$平均流動時間＝平均存貨／平均銷售量＝895／2,667＝0.34月$$

這些都是Red Tomato公司沒有提供促銷情況下的結果。Red Tomato公司想要瞭解是否需要提供促銷以及何時需要提供促銷有關。四項關鍵因素影響交易促銷的時間，如：

- 促銷在需求上的衝擊
- 產品毛利
- 持有庫存的成本
- 改變產能的成本

Red Tomato的管理者想要去瞭解每一個因素在需求旺季或淡季對提供促銷的影響。他們由瞭解促銷在需求上的影響開始。當在一期間提供促銷，該期間的需求會趨向上升。需求的增加是因為下面三個因素的綜合結果：

1. 市場成長：產品消費的增加來自於新來或現有的顧客。以Toyota這個非園藝工具產業的例子來審查。當Toyota對CAMRY這一款車子進行價格促銷，它可能吸引原先打算購買較低價位車型的買主前來購買。因此，促銷增加家庭房車市場的占有率，也增加了Toyota的銷售量。

2. 轉移占有率：顧客用公司的產品替代競爭廠商的產品。當Toyota提

CAMRY車款的促銷，原先可能購買HONDA ACCORD車款的顧客可能轉向購買CAMRY。因此，當保持房車市場占有不變的情況下，促銷增加了Toyota的銷售量。

3. 提前購買：顧客將未來的購買提前到現在進行。促銷可能吸引原就屬意CAMRY車款的顧客提前購買。這樣的促銷以長期來看並未增加Toyota的銷售量，也沒有讓房車市場的占有率改變。

前兩個因素增加豐田汽車的總需求，而第三個因素只是將未來需求轉移到現在。很重要的是在進行最佳促銷時間的決定之前，要知道促銷結果的三個因素相關影響。一般而言，若需求增加的部分是來自提前購買，則在旺季提供促銷就不具吸引力。在旺季提供促銷會導致明顯的提前購買，將此促銷前製造更多的變動需求；在淡季被需求的產品一旦轉移到旺季的需求，將使這樣的需求型態需花更多成本才能被滿足。

Green Thumb公司的銷售部門估計Red Tomato公司一單位產品由40美元折價到39美元（1美元的折扣），會導致期間需求增加10%。原因是消費增加或替代消費。另外，接下來兩個月每一個月都有20%的需求發生提前購買，管理者便需要決定是在1月或者4月提供折扣較佳。

公司內部的小組首先考慮在1月提供折扣的影響。若在1月提供折扣，需求預測例示在表7.10。最佳的總合規劃列示在表7.11。在1月有折扣的情況下，此供應鏈得到下列關係：

規劃期間總成本＝$421,915

規劃期間總收入＝$643,400

規劃期間總利潤＝$221,485

現在考慮在4月份提供折扣的影響。若Green Thumb公司在4月份提供折扣，需求預測列示如表7.12。最佳的總合規劃列示在表7.13。在4月份折扣的情況下，有下列關係：

表7.10　當在1月份折扣價格成$39時的需求

月份	需求預測
1月	3,000
2月	2,400
3月	2,560
4月	3,800
5月	2,200
6月	2,200

表7.11　在表7.10中需求的最佳總合規劃

期間 t	聘用人數 H_t	解僱人數 L_t	人力規模 W_t	加班時數 O_t	存貨量 I_t	缺貨量 S_t	外包量 C_t	總產量 P_t
0	0	0	80	0	1,000	0	0	
1	0	15	65	0	610	0	0	2,610
2	0	0	65	0	820	0	0	2,610
3	0	0	65	0	870	0	0	2,610
4	0	0	65	0	0	320	0	2,610
5	0	0	65	0	90	0	0	2,610
6	0	0	65	0	500	0	0	2,610

表7.12　在4月份促銷價格為$39的需求

月份	需求預測
1月	1,600
2月	3,000
3月	3,200
4月	5,060
5月	1,760
6月	1,760

規劃期間的總成本 = $438,857

規劃期間的總收入 = $650,140

規劃期間的總利潤 = $211,283

相對於表7.7，觀察表7.12的需求變動增加了，因為折扣提供在最高需求月份。對於這樣需求型態的最佳總合規劃列示在表7.13。

觀察在1月份的價格促銷比沒有促銷有更高的利潤，然而在4月促銷比沒有促銷卻有更低的利潤。結果，Red Tomato公司和Green Thumb公司應該在淡季的1月份提供折扣。雖然折扣在4月份的收入較高，而作業成本的增加使得此方案較不利。1月份的促銷可以讓Red Tomato公司和Green Thumb公司增加彼此可以分享的收益。只要零售商和製造商在規劃階段願意協調配合，這項分析便有其可行性。這項結論支持先前的說法，在各自有自己的預測下，僅在行銷領域進行價格決策和僅在作業領域進行總合規劃，對供應鏈是不恰當的。很重要的是在供應鏈中，預測、訂價和總合規劃必須互相協調配合。

若情況是大部分的需求增加來自於市場成長或市場占有率轉移，而非提前購買，協調配合的重要性將會被進一步地被證明。考慮每單位產品由40美元折

表7.13　在表7.12需求的最佳總合規劃

期間 t	聘用人數 H_t	解僱人數 L_t	人力規模 W_t	加班時數 O_t	存貨量 I_t	缺貨量 S_t	外包量 C_t	總產量 P_t
0	0	0	80	0	1,000	0	0	
1	0	14	66	0	2,047	0	0	2,647
2	0	0	66	0	1,693	0	0	2,647
3	0	0	66	0	1,140	0	0	2,647
4	0	0	66	0	0	1,273	0	2,647
5	0	0	66	0	0	387	0	2,647
6	0	0	66	0	500	0	0	2,647

扣到39美元，因為消費增加或替代增加而使得期間需求增加100%。並且，下兩個月的需求每個月都有20%提前購買。管理者想要決定在1月份或者4月份提供折扣何者較有利。

在1月份提供折扣的需求預測結果列示在表7.14。

在這種情況下的最佳總合規劃列示在表7.15。在1月份有折扣的情況下可得到下列關係：

規劃期間的總成本＝$456,750

表7.14 在1月份折扣價格為39美元引起大量需求增加的需求狀況

月份	需求預測
1月	4,440
2月	2,400
3月	2,560
4月	3,800
5月	2,200
6月	2,200

表7.15 在表7.14中需求的最佳總合規劃

期間 t	聘用人數 H_t	解僱人數 L_t	人力規模 W_t	加班時數 O_t	存貨量 I_t	缺貨量 S_t	外包量 C_t	總產量 P_t
0	0	0	80		1,000	0	0	
1	0	0	80	0	0	240	0	3,200
2	0	11	69	0	140	0	0	2,780
3	0	0	69	0	360	0	0	2,780
4	0	0	69	0	0	660	0	2,780
5	0	0	69	0	0	80	0	2,780
6	0	0	69	0	500	0	0	2,780

規劃期間的總收入＝$699,560

規劃期間的總利潤＝$242,810

若折扣是在4月提供,需求預測會是如表7.16所示。

在此情況下的最佳總合規劃列示在表7.17

Red Tomato公司在4月份有折扣的情況下可得到下列關係：

規劃期間的總成本＝$536,200

表7.16 在4月份折扣價格為39美元且需求因此大量增加之下的需求狀況

月份	需求預測
1月	1,600
2月	3,000
3月	3,200
4月	8,480
5月	1,760
6月	1,760

表7.17 在表7.16需求下的最佳總合規劃

期間 t	聘用人數 H_t	解僱人數 L_t	人力規模 W_t	加班時數 O_t	存貨量 I_t	缺貨量 S_t	外包量 C_t	總產量 P_t
0	0	0	80		1,000	0	0	
1	0	0	80	0	2,600	0	0	3,200
2	0	0	80	0	2,800	0	0	3,200
3	0	0	80	0	2,800	0	0	3,200
4	0	0	80	0	0	2,380	100	3,200
5	0	0	80	0	0	940	0	3,200
6	0	0	80	0	500	0	0	3,200

規劃期間的收入＝$783,520

規劃期間的利潤＝$247,320

當進行折扣只會引起提前購買行為小部分的增加，Red Tomato公司停止在4月的尖峰需求月份進行折扣是較好的決策。

如同在之前所討論的，當每單位產品價格是31美元而折扣價格是30美元時是最佳結合規劃和利潤。不同狀況的結果彙總在表7.18。

由表7.18的結果，可以針對促銷的影響得到下述結論：

1. 如表7.18所示，若促銷在旺季進行則平均存貨增加，若促銷在淡季進行則平均存貨減少。

2. 若需求增加原因有很大的比例是因為提前購買導致，則在旺季促銷會引起全期總利潤下降。由表7.18可以觀察到在4月份進行促銷時，提前購買的百分比是20%以及需求增加是因為消費和替代的增加也是占10%的情況下，利潤會降低。

3. 當促銷引起需求增加，是因為提前購買的原因占很小的比例時，在旺季進行促銷會比較有利可圖。由表7.18所示，在售價40美元的情況下，當提前購

表7.18 不同狀況下Red Tomato公司的表現

正常價格	促銷價格	促銷期間	需求增加百分比	提前購買百分比	利潤	平均存貨
$40	$40	無	無	無	$217,725	895
$40	$39	1月	10%	20%	$221,485	523
$40	$39	4月	10%	20%	$211,283	938
$40	$39	1月	100%	20%	$242,810	208
$40	$39	4月	100%	20%	$247,320	1,492
$31	$31	無	無	無	$73,725	895
$31	$30	1月	100%	20%	$84,410	208
$31	$30	4月	100%	20%	$69,120	1,492

買占20%以及消費增加占10%的情況下，最佳的促銷時間應該在淡季的1月份進行。然而，當提前購買占20%以及消費增加占100%時，最佳的促銷時機是在旺季的4月份。

4. 當產品毛利減少時，在需求旺季進行促銷會變得較不利。由表7.18顯示，產品售價為40美元，當提前購買占20%且消費增加占100%的情況下，最佳的促銷時機是在旺季的4月份。反之，若產品售價是31美元，最佳的促銷時機在淡季的1月份。

例如持有成本和改變產能成本等其他的因素，同樣會影響到最佳的促銷時機，不同的因素和其影響彙總在表7.19。

在本章中考慮到的Red Tomato公司的例子有一個重要的觀念，也就是面對季節性需求時，公司可以綜合使用定價（去管理需求）、生產和存貨（去管理供給）以改善利潤。每一種手段的正確使用依情況而有所變動。因此供應鏈上的各家企業的共同合作於預測和規劃上的工作是非常重要的，只有如此才可以使利潤最大化。

表7.19 促銷時機衝擊的彙總

因素	影響促銷時機
高提前購買	低需求期間
高度移轉占有率	需求高峰期間
高度整體市場成長	需求高峰期間
高獲利	需求高峰期間
低獲利	低需求期間
高存貨持有成本	低需求期間
高產能轉換成本	低需求期間

7.8 問題討論

1. 總合規劃對那一些企業而言特別重要？
2. 上述企業具有那一些特性，使得這類型的企業適合作總合規劃？
3. 總合規劃各種策略的主要差異性為何？
4. 那一種型態的企業或情形分別適用追求策略、彈性策略或均準策略？
5. 總合規劃如何在高度需求不確定的情況下被使用？
6. 要作到彈性的人力調配時會有那些阻礙？會有什麼好處？
7. 討論外包商為什麼可以提供比公司自己製造更便宜的產品和服務？
8. 什麼樣的產品你容易看到並存設施的型態（一些設施專用於某種產品，而其他則可以泛用於多種產品）？那一些產業這種情形會很少？為什麼？
9. 在許多產品上使用共用零件的生產線有那一些？這樣作的好處是什麼？
10. 討論一家公司的行銷與作業部門如何基於協調供給與需求，以使利潤最大化的前提下一起努力。
11. 公司如何可以利用定價去改變需求型態？
12. 在什麼情況下一家公司會在需求旺季時提供價格促銷？
13. 在什麼情況下一家公司會在需求淡季時提供價格促銷？

管理供應鏈的週期存貨

Chapter 8

學習目標

週期存貨的存在是因為以大批量的生產或購買可以使供應鏈中的一個階段可以得到規模經濟和較低的成本。與訂購和運輸有關之固定成本的存在，在產品價格上的數量折扣，以及短期折扣或貿易促銷，會鼓勵供應鏈中的不同階段去利用規模經濟，並以大批量訂購。本章將研究供應鏈中每一種因素是如何影響批量大小和週期存貨。同樣指出不增加成本的情況下，在供應鏈中降低週期存貨的管理手法。

讀完本章後，您將能：

1. 在適當的成本中取得平衡，以使得供應鏈中的週期存貨可以選擇最佳的數量；
2. 瞭解數量折扣在批量大小和週期存貨上造成的影響；
3. 對於供應鏈設計出適當的折扣計畫；
4. 瞭解交易促銷在批量大小和週期存貨上造成的影響；
5. 指出在不增加成本的情況下，供應鏈中減少批量大小和週期存貨的管理手法。

8.1 週期存貨在供應鏈中扮演的角色

批量大小（Lot Or Batch Size）是指在一已知時間內，供應鏈中一個階段製造或購買的數量。例如，考慮一家賣印表機的電腦量販店，這家店每天平均銷售4台印表機。然而，店經理每一次向製造商發出訂購80台印表機的訂單。在此例中，批量大小是80台印表機。當80台送達時不會立刻全數賣出。已知每天賣出4台印表機，該店需花20天才可賣完全部的批量，並再重新補充新的一批量。因為店經理購買的批量大過該店每日銷售量，於是該店持有印表機的存貨。**週期存貨**（Cycle Inventory）是在供應鏈中的平均存貨，因為供應鏈中一個階段在製造或購買批量的大小大於顧客需求量。

本章後續內容中，將使用下列符號：

Q：一次訂購的批量大小

D：每單位時間的需求

因為對於批量大小和週期存貨會有邊際的影響，我們暫不考量需求變動的影響。本章假設需求是穩定的，第九章會詳細討論需求變動和它對安全存貨的影響。

考慮在Jean-Mart一家百貨公司的牛仔褲銷售。牛仔褲的需求相當穩定，每天 $D = 100$ 件牛仔褲。首先，考慮Jean-Mart的店經理以 $Q = 1,000$ 件為批量來購買的狀況。可以畫出在Jean-Mart牛仔褲的存貨概況圖（Inventory Profile），此圖描繪出經過時間的存貨水準，如圖8.1所示。

因為是以 $Q = 1,000$ 單位為批量購買，但需求只有每天 $D = 100$ 單位，故需要花10天才能將一批的量賣完。在這10天Jean-Mart公司牛仔褲的存量由1,000（當這一批量到達時）穩定下降到0（當最後一件牛仔褲被賣出）。一個批量到達並因需求逐漸耗用存貨，這樣的過程直到下一次補入一批量的貨時又再重複，

圖 8.1　Jean-Mart的牛仔褲的存貨概況圖

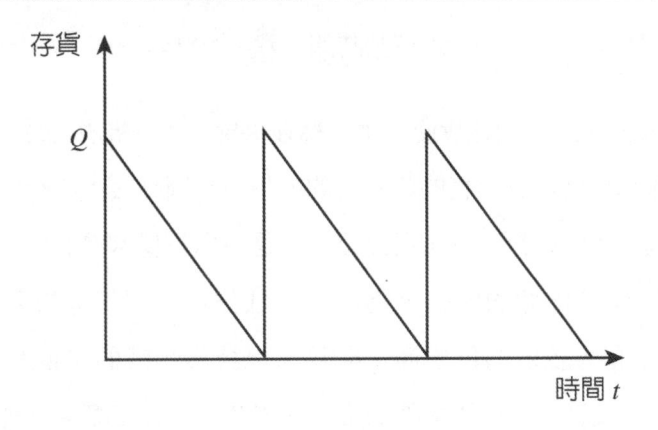

以每10天的方式重現,如圖8.1的存貨概況圖所示。

當需求是穩定的,週期存貨和批量大小有下列關係:

$$週期存貨 = 批量／2 = Q／2 \qquad (8.1)$$

已知批量大小為1,000單位,Jean-Mart公司持有週期存貨量為 $Q／2 = 500$ 件牛仔褲。由此關係(公式8.1)可以看到週期存貨和批量大小成比例。供應鏈中各階段較大批量的生產或購買將會比購買較少批量的階段擁有較多的週期存貨。例如,若一個競爭商店購買批量為200件牛仔褲,其將持有100件的週期存貨。

批量大小和週期存貨也會影響物料在供應鏈的流動時間。根據等候理論中的Little's法則(公式3.1):

$$平均流動時間 = 平均存貨／平均流動比率$$

對於任何供應鏈,平均流動比率等於需求。因此可得下式:

$$由週期存貨所導致的平均流動時間 = 週期存貨／需求 = Q／2D$$

對於Jean-Mart公司,它每日需求是100件牛仔褲,而以1,000件牛仔褲為購

買批量，可得下式：

$$\text{由週期存貨所導致的平均流動時間} = Q / 2D = 1,000 / 200 = 5 \text{天}$$

Jean-Mart公司的週期存貨使得牛仔褲在供應鏈上多花5天的時間。週期存貨越大，則產品由製造到銷售的延滯時間就越長。因為較大的時間延滯會讓公司在面對市場變化時較難反應，所以公司總是傾向較低水準的週期存貨。較低週期存貨另一個受歡迎的原因是它可以降低公司營運資金的需求。例如，Toyota在工廠和大多數的供應商之間只有保持幾小時的週期存貨。因此，Toyota永遠不需要留下它所不需要的零件。同時它也在工廠中安排極小的空間來安置存貨。

在建議管理者可以採取降低週期存貨的行動之前，瞭解為什麼供應鏈中的許多階段製造或購買大批量的原因，及批量若降低會如何影響供應鏈的成效是相當重要的。

持有週期存貨的主要好處是規模經濟和在供應鏈中降低成本。增加批量大小或週期存貨經常降低供應鏈中不同階段所涉及的成本。瞭解供應鏈如何達成這些規模經濟，必須先指出受批量大小影響的供應鏈成本。

購買的每單位平均價格是在批量大小決策中的關鍵成本。若增加批量可以導致每單位平均購買價格的減少，買家可能會增加批量。例如，若牛仔褲製造商對訂購量在500件以下每件售價20美元，而若訂購量在至少500件以上每件售價18美元，Jean-Mart公司的店經理可能至少訂購500件以上的批量以獲取較低的價格。產品的單位價格稱為**物料成本**（Material Cost），以符號C表示，單位為美元／單位。在許多實例上，物料成本顯示規模經濟，且當批量增加物料成本會降低。

固定訂購成本（Fixed Ordering Cost）包含每一次發出一張訂單所涉及的所有成本，但此成本不會因訂購量大小而改變。例如，發出一張訂購單可能涉及固定的管理成本，運輸一張訂單的訂貨可能涉及一台卡車的成本，同時接收一

批訂貨涉及一個勞工的成本。例如，Jean-Mart公司由製造商運載牛仔褲的卡車成本是400美元。假設卡車可以承運的運載量高達2,000件牛仔褲。而不論這一趟卡車上載運多少件牛仔褲都要花費400美元成本。若牛仔褲的批量是100件導致每件的運輸成本是4美元，然而若批量是1,000件可以導致每件的運輸成本是0.4美元。已知每批次的固定運輸成本，店經理傾向於增加批量大小以降低牛仔褲每件的運輸成本。每批量或批次的固定訂購成本以S表示（一般視為整備成本），單位為美元／批。訂購成本也顯示出規模經濟，當批量增加會降低每次購買單位的固定訂購成本。

持有成本（Holding Cost）是在一指定的時間區間持有一單位存貨的成本，通常是以一年計之。它結合了資金成本、實體儲存的存貨成本，以及產品變成過時而導致的成本。持有成本以H表示，單位為元／單位／年。它也可以比例h的方式得到，這裡h是持有1美元的存貨一年所需的成本。已知一單位成本C，則持有成本H計算如下：

$$H = hC \tag{8.2}$$

當批量大小和週期存貨增加則總持有成本增加。

總而言之，任何批量大小決策必須考慮的成本如下：

- 每單位購買平均成本＝$\$C$／單位
- 每批量的固定訂購成本＝$\$S$／批
- 每年每單位的持有成本＝$\$H$／單位／年＝$hC$

在本章稍後，將討論在實務上不同成本如何估計。然而，為了方便討論，假設這些成本都是已知。

週期存貨的主要角色是容許供應鏈中的不同階段，在物料、訂購和持有成本的總數最小化的批量下購買產品。若管理者單獨考慮持有成本，他（或她）會減少批量大小和週期存貨。然而，購買或訂購所導致的規模經濟會刺激管理者去增加批量大小和週期存貨。管理者在進行批量大小決策時，必須在總成本

最小化的情況下作取捨。

理論上，週期存貨的決策必須考量涵蓋整個供應鏈的總成本。然而，實務上每一個階段獨立地進行其週期存貨決策。如同在本章稍後所討論的，實務上這樣的作法，會增加週期存貨水準以及供應鏈的總成本。

> 在供應鏈中存在週期存貨是因為不同階段利用規模經濟去降低總成本而導致。考慮的成本包含物料成本、固定訂購成本和持有成本。

在供應鏈的任何階段，以下列三種典型的狀況應用規模經濟於補充存貨決策上：

1. 每次一筆訂單發出或生產所發生的一筆固定成本。
2. 供應商基於每一批所購買的數量提供價格折扣。
3. 供應商提供短期折扣或保持交易促銷。

接下來，我們要檢視管理者如何從上述情況中獲取利益。

8.2 規模經濟應用在固定成本上

為能較清楚地瞭解本節所討論的成本取捨，考慮在我們每天生活上常會產生的一種情況：雜貨和其他家用產品的購買。這些東西可以就近在便利商店購得或在距離比較遠的 Sam 店（一間大型的消費產品會員制量販店）購得。購買的固定成本是去任一地點所花的時間。這樣的固定成本對便利商店而言是低了許多。然而，在當地便利商店的售價較高。當考慮到固定成本，我們傾向根據一次購買量來決定去那購物。當只需要購買小量時，因為固定成本較低，會去附近的便利商店購買。然而，若要購買大量時，會去 Sam 量販店購買，在那裡

大批量的較低價格可以彌補並超過固定成本的增加。

本節將著重在每發出一張訂單，供應鏈所涉及固定成本的情況。如稍早所提及，這樣的固定成本可能包含發出訂單、接收訂單以及運送訂貨。我們指出在進行批量大小決策時需要考慮的適當成本取捨。批量大小決策的目標是使得滿足需求的總成本最小；我們由考量一個單一產品的批量大小決策開始。

❖ 一個單一產品的批量大小（經濟訂購批量）

考慮一家電腦販售商，如Best Buy販賣HP的電腦。當它賣掉現有的存貨，Best Buy的經理必須發出補貨訂單再進一批新的電腦。HP電腦使用卡車經由它的經銷處運送這一批訂貨。不論有多少電腦在這一輛卡車上，Best Buy都要付這一趟卡車的費用。管理者要作的主要決策是這一批要向HP訂購的電腦量應該是多少？對於這一個決策，假設有下列輸入：

$D=$ 產品的年需求

$S=$ 每次訂購發生的固定成本

$C=$ 每單位成本

$h=$ 每年持有成本為產品成本的一個比例

假設HP不提供任何的折扣，且不論一次訂購量多大，每單位成本皆為$C。因此持有成本可以下式求得$H=hC$（公式8.2）。

Best Buy的經理進行批量大小的決策以使得該店所發生的總成本最小。他在決策批量大小時必須考慮三種成本：

- 年度物料成本：所購買物料的年成本。
- 年度訂購成本：所訂購批量的年訂購成本。
- 年度持有成本：持有存貨的年成本。

因為購買價格與批量大小獨立，有下列關係：

$$\text{年度物料成本} = CD$$

已知批量大小為 Q，訂購的批量必須能夠滿足年需求量。因此有下列關係：

$$\text{每年訂購的次數} = D/Q \tag{8.3}$$

因為對應每一次發出訂單時，就有一次訂購成本 S 產生，推導出下式：

$$\text{年度訂購成本} = \left(\frac{D}{Q}\right)S \tag{8.4}$$

已知批量大小為 Q，平均存貨為 $Q/2$。因此年持有成本就是持有 $Q/2$ 單位的存貨一年所需的成本，並以下式表示：

$$\text{年度持有成本} = \left(\frac{Q}{2}\right)H = \left(\frac{Q}{2}\right)hC$$

總年成本是所有上述三項成本的加總：

$$\text{總年度存貨成本}, TC = CD + (D/Q)S + (Q/2)hC$$

圖 8.2 顯示出當批量大小改變時，在不同成本上的變化狀況。

觀察到當批量大小增加時，年持有成本增加。相反的，當批量增加時，年

圖 8.2　Best Buy 公司的批量大小在成本上的影響

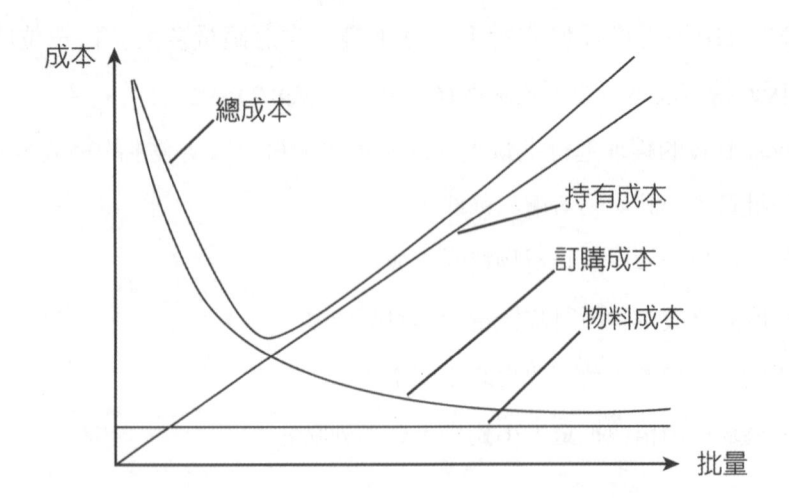

訂購成本下降。因為假設價格是固定的，所以物料成本與批量大小無關。因此總成本隨著批量的增加，在開始時會減少，然後會增加。店經理要作的基本取捨是在 Best Buy 所發生的固定訂購成本和持有成本間作選擇，因為在這個例子裡物料成本是和批量大小無關的。

由 Best Buy 經理的觀點來看，使得 Best Buy 總成本最小的批量大小就是最好的。最佳批量可以藉著將總成本對 Q 作一次微分，並令它等於 0 而得到。這個最佳批量大小稱為**經濟訂購批量**（Economic Order Quantity，EOQ）。它以 Q^* 來表示，並滿足下式：

$$\text{最佳批量大小}, Q^* = \sqrt{\frac{2DS}{hC}} \qquad (8.5)$$

當使用此公式，須注意的是對持有成本 h 和需求 D 要有相同的時間單位。在每一批的批量大小為 Q^* 的情況下，系統的週期存貨為 $Q^*/2$。每一單位在系統內花費的流動時間為 $Q^*/(2D)$。注意當最佳批量大小增加，週期存貨和流動時間也會增加。最佳訂購次數 n^* 可表示為：

$$n^* = \frac{D}{Q^*} = \sqrt{\frac{DhC}{2S}} \qquad (8.6)$$

例 8.1 說明 EOQ 公式和進行批量大小決策的程序。

例 8.1：經濟訂購批量

Best Buy 的桌上型電腦需求是每月 1,000 台。Best Buy 每一次發出一張訂單時會發生一筆固定成本 4,000 美元，其中包含發出、運送和接收的成本。每一台電腦成本 500 美元，而零售商還有 20% 持有成本。請計算店經理每次訂購的補充電腦批量數應該是多少？

分析：此例中，店經理有下列輸入資料：

$$年需求，D = 1,000 \times 12 = 12,000 單位$$

$$每批訂購成本，S = \$4,000$$

$$每台電腦的單位成本，C = \$500$$

$$占存貨價值一定比例之每年持有成本，h = 0.2$$

使用EOQ公式（公式8.5），最佳批量計算如下：

$$最佳訂購量 = \sqrt{\frac{2 \times 12,000 \times 4,000}{0.2 \times 500}} = 980$$

令Best Buy公司的總成本最小下，店經理在每一次電腦補貨時訂購批量大小為980台。對於批量$Q^* = 980$，週期存貨是此結果的平均存貨（使用公式8.1），並可求算如下：

$$週期存貨 = Q^*／2 = 980／2 = 490$$

對於批量大小$Q^* = 980$，店經理計算狀況如下：

$$每年訂購次數 = D／Q^* = 12,000／980 = 12.24 次$$
$$每年訂購和持有成本 = (D／Q^*)S + (Q^*／2)hC = \$97,980$$
$$平均流動時間 = Q^*／2D = 490／12,000 = 0.041 年 = 0.49 月$$

因此在Best Buy每台電腦在賣出前平均花費0.49個月。這種在儲存上的流動時間主要是因為固定成本影響批量大小而引起。

由這個簡單的例子裡我們可以得到一些重要的觀察。首先，注意到使用批量為1,100（取代原先的980）增加年成本至98,636美元（原為97,980美元）。雖然現在的批量大小比Q^*多了10%，總成本卻只有增加0.6%。這樣的問題在實務上是相當重要的。例如，Best Buy可能發現電腦磁片的EOQ是6.5箱。製造商

管理供應鏈的週期存貨

可能不願意送半箱的貨,也可能對這樣的服務要額外收費。我們的討論說明了Best Buy可能將批量大小取成6或7箱,因為這樣的改變對存貨相關成本只會有少許的影響,但能節省製造商對運送半箱所可能額外收取的費用。

> 在EOQ附近的總訂購和持有成本是相當的穩定。公司經常採用接近EOQ但方便使用的訂購批量,而非精確的EOQ。

若在Best Buy的需求增加成每月4,000台電腦(需求比較之前每月1,000台已增加成4倍),使用EOQ公式決定出最佳批量大小為原先的兩倍,以及每年發出訂單數亦為兩倍。然而,平均流動時間減少為原先的1/2。換句話說,當需求增加,若批量大小決定採用最佳批量,則以需求天數(或月數)來度量的週期存貨一定會減少。這樣的觀察可以說明如下:

> 若需求增加成k倍,則最佳批量大小增加成$\sqrt{k}$倍。每年訂購次數也增加成$\sqrt{k}$倍。由週期存貨導出的流動時間會減少成原先的$\sqrt{k}$倍

再回到每月需求1,000台桌上型電腦的情況。現在假設管理者想要減少批量大小成$Q = 200$單位以降低流動時間。若只有批量大小改變,可以計算如下:

$$年存貨相關成本 = (D/Q)S + (Q/2)hC = \$250,000$$

明顯地,這樣的成本遠高過在例8.1中當訂購批量大小為980時,Best Buy所要支付的總成本數97,980美元。因此,為什麼店經理不願意將批量降至200台,明顯地有財務上的考量。若要讓降低批量成為可行,Best Buy經理必須去減少固定訂購成本。例如,若每一批的固定成本降為1,000美元(由現行成本值4,000美元),最佳批量大小可降為490(由現行的980)。例8.2說明期望的批量大小和訂購成本之間的關係。

供應鏈管理
Supply Chain Management

> **例8.2：期望的批量大小和訂購成本之間的關係**
>
> 在Best Buy的店經理想要將最佳批量大小由980減少為200。對於減少的批量大小又要求最佳的情況，店經理想要計算出每批的訂購成本要下降多少才能達成。

分析：在本例中可計算如下：

$$期望的批量大小，Q^* = 200$$
$$年需求，D = 1,000 \times 12 = 12,000 單位$$
$$每台電腦的單位成本，C = \$500$$
$$占存貨價值一定比例的每年持有成本，h = 0.2$$

使用EOQ公式（公式8.5），期望的訂購成本如下：

$$S = \frac{hC(Q^*)^2}{2D} = \frac{0.2 \times 500 \times 200^2}{2 \times 12,000} = \$166.7$$

因此，在Best Buy的店經理必須將每批訂購成本由4,000美元減少為166.7美元，批量大小200才會是最佳的情況。

由例8.2的觀察可以彙整結論如下：

> 為了降低最佳批量大小成 k 倍，固定訂購成本 S 必須減少成 K^2 倍。

❖ 整合多種產品在一張訂單上

要有效地降低批量大小，店經理需要去瞭解固定成本的來源。如同稍早所

指出，固定成本的一項主要來源在運輸。在許多公司，被賣出的一系列產品依類別分成群組，每一群組獨立由不同的產品經理負責。例如Best Buy也向桌上型電腦的同一製造商購買輕型、中型、重型的電腦。目前，對於每一種產品的存貨和銷售都有個別的產品經理負責。結果，每一種產品的訂購和運輸都是獨立的。對每一種產品都分別要負擔固定運輸成本4,000美元。這樣會使得每一位產品經理對於他（或她）的產品訂購較大的批量。

考慮在例8.1中的數據，假設這四種產品每一種的需求都是每月1,000單位。在這種狀況下，若每一位產品經理分別訂購，他會訂購批量大小分別為980單位。合計這四種產品，因此總週期存貨會是1,960單位。

現在考慮在Best Buy的店經理體認到分四次裝運的貨物其實是來自於同一個供應來源。他會要求所有的產品經理去協調他們的採購以確保這四種產品以同一輛卡車運送。在此狀況下，合併四種產品的最佳組合批量大小變成1,960單位。這相當於是每一種產品490單位。將固定運輸成本分攤給由同一供應商供應的多種產品，結果Best Buy的店經理降低每一個別產品的批量並達到財務上的最佳情況。這樣的行動明顯地降低Best Buy的週期存貨和成本。

其他可以得到這樣結果的方法是結合多家供應商作一次運送（可以使固定運輸成本由多個供應商來分攤），或一次卡車分送多個零售點（可以使固定運輸成本由多個零售商來分攤）。這樣的結果可以說明如下：

> 在一次訂貨上整合多個產品、零售商或供應商，可以降低個別產品的批量大小，因為這時的固定成本和運輸成本已由多個產品、零售商或供應商所分攤。

Wal-Mart和其他零售商運用**越庫**（Cross-Docking，或稱為到站轉運）的方式，沒有積存中間存貨，把許多供應和運送據點整合起來。各家上游供應商都派送滿卡車的貨量到物流配銷中心（DC），其中包含許多零售商的需求整合。

在物流配銷中心，每輛進貨卡車把貨卸下，完成商品的越庫作業後，直接到配送貨車上出貨。現在每輛出貨卡車都整合了數個供應商要給單一零售商的產品。

當考慮固定成本，我們不能忽略接收或裝載成本。當一個訂單上包含較多的產品，在卡車上的產品種類就會增加。在此情況下接收倉庫在每一輛卡車上有更多品項要更新存貨記錄。此外，將存貨移至倉儲的位置會變得更複雜，因為每一個不同的品項必須存放在不同的位置。因此，當企圖去減少批量大小時，須注意的是必須降低這些成本。**提前運送通知單**（Advanced Shipping Notice, ASN）是一個由供應商傳送給顧客的電子檔，藉由**電子資料交換**（Electronic Data Interchange, EDI）進行傳送，其中包含卡車運載貨物的詳細清單。這些電子通知單幫助存貨記錄的更新以及儲存位置的決策，幫助減少接收的固定成本。在接收之固定成本上的減少使得減少訂購批量大小可以達到最佳，因此減少了週期存貨。接著我們將分析在這樣的狀況下如何決定最佳的批量大小。

❖ 多種產品或顧客的批量大小

讓我們回到Best Buy公司在同一輛卡車上運送所訂購多種產品的例子。在之前的討論，我們假設固定訂購成本只與批次有關，但與該批中所包含的種類無關。在實務上，通常不是如此。一般而言，固定成本的其中一部分和運輸有關（這部分和卡車上的產品種類無關）。固定成本的另一部分是和裝貨與接收有關（這一部分的成本隨卡車上產品種類增加而增加）。現在討論在這一種狀況下如何決定最佳的批量大小。

我們的目標是在最小化總成本的情況下，導出批量大小和訂購策略。假設有下列輸入：

D_i：產品i的年需求

S：每一次訂單發出時所發生和訂單內產品種類無關的訂購成本

S_i：若產品 i 被包含在訂單中所增加的訂購成本

在 Best Buy 有多種產品的例子，店經理可能考慮三種方法去進行批量大小的決策：

1. 每一個產品經理獨自訂購他所管理的產品。

2. 在每一批中，產品經理們共同訂購每一種產品。

3. 產品經理共同訂購，但不是每一次訂購都包含所有產品；也就是說，每批只包含所有產品中所選定的部分產品。

第一種方法沒有作到任何整合，將導致最高的成本。第二種方法整合所有的產品在一張訂單上，缺點是在每一次訂貨時耗用量低的產品與耗用量高的產品一起訂購，使得耗用量低的產品每一次訂貨時都發生特殊產品訂購成本。在這種情形下，最好是耗用量低的產品之訂購次數應該少於耗用量高的產品。這樣的方法會使因耗用量低的產品所發生的特殊產品訂購成本減少。因此，第三種方法可能有最低的成本。

我們利用 Best Buy 購買電腦的例子，說明這三種方法中的每一種在供應鏈成本上的影響。

每個產品之批量其訂購和運送各自獨立

這種情況是很單純，且相當於是將使用 EOQ 公式的單一產品方法應用到每一種產品上。例 8.3 說明在批量都是獨立訂購和運送的情況下，批量大小決策是如何進行的。

例 8.3：多種產品其批量之訂購和運送都各自獨立

Best Buy 銷售輕型、中型和重型三種形式的電腦產品。這三種產品的年需求分別為：輕型的 $D_L = 12,000$ 單位，中型的 $D_M =$

> 1,200 單位，重型的 $D_H=120$ 單位。假設每一種形式 Best Buy 需花費成本 500 美元。每次運送一批訂貨的固定運輸成本是 4,000 美元。對於每一種訂購的產品運送在同一輛卡車上，要增加一筆處理接收和儲存的固定成本 1,000 美元。Best Buy 發生 20% 的持有成本。若每一種產品都是單獨的訂購和運送，計算 Best Buy 經理應該訂購的批量大小，同時計算這樣策略下的年成本。

分析：在本例中，有下列的資訊：

需求，$D_L=12,000$／年，$D_M=1,200$／年，$D_H=120$／年

共同訂購成本，$S=\$4,000$

特殊產品訂購成本，$S_L=\$1,000$，$S_M=\$1,000$，$S_H=\$1,000$

持有成本，$h=0.2$

單位成本，$C_L=\$500$，$C_M=\$500$，$C_H=\$500$

因為每個產品是單獨訂購和運送，由不同卡車運送不同產品。因此，對於每一個產品的運送所發生的固定訂購成本是 5,000 美元（$4,000＋$1,000）。這三個產品的最佳訂購策略和相關成本（當三個產品是分別訂購），使用 EOQ 公式計算（公式 8.5），並列示在表 8.1。

輕型的產品一年訂購 11 次，中型的產品一年訂購 3.5 次，而重型的產品每年訂購 1.1 次。Best Buy 公司在三種產品都單獨訂購的情況下所發生年訂購的持有成本是 155,140 美元。

如先前所提到的，單獨訂購忽略掉整合訂購的機會。若 Best Buy 的產品經理結合不同產品的訂購在同一輛卡車上，則 4,000 美元的卡車成本不會分別在每一種產品上都發生。接著討論當每一次發出訂單時三種產品都同時被訂購和運送的狀況。

表8.1　獨立訂購的批量大小和成本

	輕型	中型	重型
每年需求	12,000	1,200	120
固定成本／訂購	$5,000	$5,000	$5,000
最佳訂購批量	1,095	346	110
週期存貨	548	173	55
年持有成本	$54,772	$17,321	$5,477
訂購次數	11.0次／年	3.5次／年	1.1次／年
年訂購成本	$54,772	$17,321	$5,477
平均流動時間	2.4週	7.5週	23.7週
年成本	$109,544	$34,642	$10,954

註：雖然這一些數字是正確的，但因為計算上的四捨五入，可能有一些差異。

三種產品之批量共同被訂購和運送

當每次一張訂單發出，同時包含三種產品，則每次訂購的結合固定訂購成本可表示如下：

$$S^* = S + S_L + S_M + S_H$$

下一步是確定最佳訂購次數，令 n 表示每年發生的訂單次數。則有下列關係：

$$年訂購成本 = S^*n$$
$$年持有成本 = (D_L hC_L / 2n) + (D_M hC_M / 2n) + (D_H hC_H / 2n)$$

因此總年成本如下：

$$總年成本 = (D_L hC_L / 2n) + (D_M hC_M / 2n) + (D_H hC_H / 2n) + S^*n$$

使總年成本最小化的最佳訂購次數可以藉由將總成本對 n 作一次微分並令其等於0而得到。

最佳訂購次數 n^* 的結果如下：

$$n^* = \sqrt{\frac{D_L h C_L + D_M h C_M + D_H h C_H}{2S^*}} \tag{8.7}$$

公式 10.7 也可改用在一張訂單上有 K 項產品的情況，公式如下：

$$n^* = \sqrt{\frac{\sum_{i=1}^{k} D_i h C_i}{2S^*}} \tag{8.8}$$

經由比較最佳 n^* 時的整體負載和卡車容量，也能將卡車容量因素納入考量。如果最佳裝載量超過卡車容量，n^* 會持續增加直到負載等於卡車容量。以不同 K 值代入公式 8.8，可得到單趟運輸所要整合的項目或供應商的數量。

在例 8.4，考慮在 Best Buy 的產品經理每一次發出一張訂單都包含三種產品的訂購狀況。

例8.4：多種產品共同被訂購和運送

考慮在例 8.3 中 Best Buy 公司的資料。三位產品經理決定每一次發出訂單時共同訂購這三種產品。計算每一種產品的最佳批量大小。

分析：因為每一次訂購都包含三種產品，共同的訂購成本如下：

$$S^* = S + S_A + S_B + S_C = 每次訂購 \$7,000$$

使用公式 8.7 可以得到最佳訂購次數如下：

$$n^* = \sqrt{\frac{12,000 \times 100 + 1,200 \times 100 + 120 \times 100}{2 \times 7,000}} = 9.75.$$

因此，若每次訂購和運送都被包含每種產品，Best Buy的產品經理每年必須發出9.75次訂單，在此狀況下訂購策略和成本如表8.2所示。

因為每年發出9.75次訂單，且每一次訂購成本總數是7,000美元，計算年訂購成本如下：

$$\text{年訂購成本} = 9.75 \times \$7,000 = \$68,250$$

經由這三種形式，之前所提的政策可得知年訂購成本和持有成本。

$$\text{年訂購和持有成本} = \$61,512 + \$6,150 + \$615 + \$68,250 = \$136,528$$

可觀察到Best Buy的產品經理藉由共同訂購所有產品而將年成本由155,140美元減少到136,528美元，約有13%的降幅。

這種方法的主要好處是容易管理和實施。缺點是在結合應該一起訂購的特定產品時不易選擇。在每一次訂購時所有三種產品的特殊產品訂購成本1,000美元都要支付。若低耗用量的產品訂購次數減少，總成本可以被降低。接下來，考慮的策略是產品經理在每次訂單發出時仍協調他們的訂單，但不需要訂購所有的產品。

例8.5中，我們將考量當有容量限制時，訂單或運輸的最佳整合。

表8.2 Best Buy公司共同訂購下的批量大小和成本

	輕型	中型	重型
每年需求	12,000	1,200	120
訂購次數	9.75次／年	9.75次／年	9.75次／年
最佳訂購大小	1,230	123	12.3
週期存貨	615	61.5	6.15
年持有成本	$61,512	$6,151	$615
平均流動時間	2.67週	2.67週	2.67週

> **例8.5：有容量限制下的整合**
>
> W.W. Grainger擁有上百個供應商考慮藉由進貨整合來降低成本。每輛卡車運送成本500美元，並有100美元的收集整理費用。各供應商的年度平均需求是1萬單位。每單位的成本是50美元，W.W. Grainger的持有成本是20%。如果Grainger決定每卡車整合4個供應商的量，最佳訂購次數和訂單大小為何？如果卡車容量為2,500單位，最佳訂購次數和訂單大小為何？

分析：本例中，W.W. Grainger輸入下列條件：

$$每產品需求，D_i = 10{,}000$$
$$持有成本，h = 0.2$$
$$產品單位成本，C_i = \$50$$
$$共同訂購成本，S = \$500$$
$$特殊供應商訂購成本，S_i = \$100$$

四個供應商的組合成本是：

$$S^* = S + S_1 + S_2 + S_3 + S_4 = 每次訂購\$900$$

由公式8.8可知最佳訂購次數是：

$$n^* = \sqrt{\frac{\sum_{i=1}^{k} D_i h C_i}{2S^*}} = \sqrt{\frac{4 \times 10{,}000 \times 0.2 \times 50}{2 \times 900}} = 14.91$$

因此Grainger的最佳訂購次數是每年14.91次。供應商平均年訂購成本是：

$$年訂購成本 = 14.91 \times \frac{900}{4} = \$3{,}354$$

每位供應商的訂購數量是Q = 10,000／14.91＝每筆訂單671單位，每供應商的年持有成本是：

$$\text{每供應商的年持有成本} = \frac{hC_iQ}{2} = 0.2 \times 50 \times \frac{671}{2} = \$3,355$$

然而此政策需要每卡車總容量為4 × 671 ＝ 2,684單位。

指定卡車容量為2,500單位，訂購次數必須增加以確保每位供應商的訂購數量為2,500／4 ＝ 625。因此，W.W. Grainger應該增加訂購次數到10,000／625 ＝ 16。這會增加供應商的年訂購成本到3,600美元，並減少供應商年持有成本到3,125美元。

聯合訂購產品的最大好處是容易管理和執行。壞處則是，合併必須一起訂購的特定產品時，選擇性不夠。如果產品的相關訂購成本高，聯合訂購產品就會非常貴。在我們的例子中，這三種模式每筆訂單的特定產品訂購成本是1,000美元。如果低需求量的產品訂購次數少，就能降低總成本。以下我們將考量產品經理不需要每次都訂購所有的產品，而仍能協調其訂單的政策。

對於各種產品依照選定的部分其批量共同被訂購與運送

現在討論在結合產品共同被訂購和依訂購時程到達的選擇上更具彈性的一種程序。在此討論的這種程序不需要提供最佳解。然而，它導出的訂購策略所耗用的成本接近最佳。

對於Best Buy公司的三種產品，首先要指出那一項產品是最常被訂購的。一旦此產品決定出來，對於其他的每一種產品，必須指出它要被包含在那一次的訂購當中。一般而言，不需要以固定週期的方式（也就是說，被包含在每隔二次或三次訂購中）將特定產品包含在訂單中才是最佳的。然而，在我們的程序中，假設每一個產品是以固定間隔的方式包含在訂單裡。一旦找出最常被訂購的產品，對於每一個其他的產品i需要確定次數m_i，即產品i是每隔m_i次就訂購一次。

首先完整的描述這個程序,接著應用它在特例上。假設不同的產品以 i 表示,i 由 1 到 n(假定共有 n 種產品)。每種產品 i 有年需求 D_i,單位成本 C_i 和產品特別訂購成本 s_i。而一般訂購成本為 S。

步驟一:首先我們假設每一項產品都是獨立被訂購的情況下,指出最常被訂購的產品。在此狀況下,每一個產品都要負擔一項固定成本 $S + s_i$。對每一個產品 i,計算最佳訂購次數如下(使用公式 8.6):

$$\overline{n_i} = \sqrt{\frac{hC_i D_i}{2(S + s_i)}}$$

若產品 i 是唯一被訂購的產品,上式代表產品 i 被訂購的次數(在此狀況下每一次訂購會發生一筆固定成本 $S + s_i$)。以 $\overline{n}$ 表示最常被訂購產品的訂購次數,也就是說 $\overline{n}$ 是所有值 $\overline{n_i}$ 中最大的。這一項最常被訂購的產品在每一次訂單發出時都被包含在訂單中。

步驟二:指出其他產品會伴隨著最常被訂購的產品一起訂購的次數。即計算每一個產品的訂購次數,此次數的倍數是最常被訂購產品訂購次數。假設最常被訂購產品每一次都被訂購,所有的固定成本 S 由此產品來負擔。對其他的每一個產品 i,因此只需負擔產品特別固定成本 s_i。在計算所有其他產品的訂購次數時,只要使用產品特別固定成本代入公式 8.6 計算(除了最常訂購的產品),計算訂購次數如下:

$$\overline{\overline{n_i}} = \sqrt{\frac{hC_i D_i}{2 s_i}}$$

計算最常訂購產品的訂購次數相對於產品 i 的訂購次數之比率如下:

$$\overline{m_i} = \overline{n} / \overline{\overline{n_i}}$$

一般而言,通常 $\overline{m_i}$ 有包含小數部分。對每一個產品 i(除了最常訂購的產

品），定義次數 $\overline{m_i}$ 為產品 i 和最常訂購產品共同訂購的頻率，即：

$$m_i = \lceil \overline{m_i} \rceil$$

在本狀況下，「 」是將小數部分取到最接近整數的運算。

步驟三：決定每一個產品的訂購次數之後，重新計算最常訂購產品的訂購次數 n。

$$n = \sqrt{\frac{\sum hC_i m_i D_i}{2(S + \sum s_i/m_i)}} \qquad (8.9)$$

因為分配給每一次訂購的固定成本是 $S+s_i$，其中 i 是最常訂購產品，$\overline{n_i}$ 的最初計算。公式8.9反應出產品 i 的訂購次數 m_i。

步驟四：對每一個產品，計算每一個的訂購次數 $n_i = \dfrac{n}{m_i}$。接著計算這樣訂購策略下的總成本。

上述的程序導出專門製作的總合規劃的早期結果，當產品適當的被集合在一起，消耗較快的產品較常訂購，而消耗較慢的產品則較少訂購。在例8.6，考慮在例8.3中 Best Buy 公司的訂購決策進行專門製作的總合規劃。

例8.6：每一批選訂的產品都不同的情況下，其批量共同被訂購和運送

考慮例8.3中 Best Buy 公司的資料。產品經理決定共同訂購，但在每一訂購批中那些產品要被包含進去是可以選擇的。使用先前所討論的程序計算訂購策略和成本。

分析：如例8.3中 $S = \$4,000$，$S_L = \$1,000$，$S_M = \$1,000$，$S_H = \$1,000$。應用步驟一，得到下列結果：

$$\overline{n_L} = \sqrt{\frac{hC_L D_L}{2(S+s_L)}} = 11.0, \overline{n_M} = 3.5 \text{ 和 } \overline{n_H} = 1.1$$

很清楚地,輕型電腦是最常被訂購的產品。因此,令 $\overline{n} = 11.0$。

現在應用步驟二去計算中型和重型隨同輕型電腦訂購的次數。先計算:

$$\overline{\overline{n_M}} = \sqrt{\frac{hC_M D_M}{2s_M}} = 7.7 \text{ 和 } \overline{\overline{n_H}} = 2.4$$

接著,計算:

$$\overline{m_M} = \overline{n}/\overline{\overline{n_M}} = 11.0/7.7 = 1.4 \text{ 和 } \overline{m_H} = 4.5$$

及

$$m_M = \lceil 1.4 \rceil = 2 \text{ 和 } m = \lceil 4.5 \rceil = 5$$

因此,每兩次訂購就會包含中型電腦1次;而重型電腦每5次訂購就會包含1次(輕型電腦則每次都被訂購,是最常被訂購的類型)。現在我們已經有了每個產品類型的訂購次數,應用步驟三(公式8.9)重新計算最常訂購類型的訂購次數如下:

$$n = 11.47$$

因此,輕型電腦每年訂購11.47次。接著應用步驟四得到每個類型的訂購次數如下:

$$n_L = 11.47/\text{年},\ n_M = 5.74/\text{年},\ \text{以及}\ n_H = 11.47/5 = 2.29/\text{年}$$

對此三種產品的訂購策略和訂購成本如表8.3所示。

此策略的年度持有成本是65,383.5美元。年度訂購成本如下:

管理供應鏈的週期存貨

表8.3 使用啟發法計算訂購策略下的批量大小和成本

	輕型	中型	重型
每年需求	12,000	1,200	120
訂購次數	11.47次／年	5.74次／年	2.29次／年
訂購批量大小	1,046	209	52
週期存貨	523	104.5	26
年持有成本	$52,307	$10,461	$2,615
平均流動時間	2.27週	4.53週	11.35週

$$ns + n_L s_L + n_M s_M + n_H s_H = \$65{,}383.5$$

因此總年度成本等於130,767美元。相較於所有產品都包含在訂單中的情況，此特製的整合導致成本減少5,761美元（約4%）。成本減少是因為每個類型的固定成本1,000美元並非每次訂購都發生。

由Best Buy的例子，總合規劃可以提供在供應鏈中的週期存貨明顯的成本節省和數量減少。一般說來，如果產品特定的訂購成本低廉的話，所有的產品簡單的整合到每次訂購中，會比每一種產品均單獨訂購來得好。然而，專門製作的總合規劃會提供更低的成本，它利用低耗用和高耗用產品間的差異，而依序調整其訂購次數。一般來說，當產品特定的訂購成本低廉時，應該應用完整的總合規劃，但當產品特定的訂購成本較高時，就應該調整總合規劃。

已觀察固定訂購成本和在供應鏈中其對存貨和成本的影響。在這個討論中最重要的結果是：降低批量大小的關鍵在於減少每一訂購批的固定成本。這些成本和造成成本發生的程序必須詳細瞭解，才可以採取適當行動。

> 降低週期存貨的關鍵是降低批量大小。不增加成本而降低批量大小的重點是減少每一訂購批量的固定成本。這可以藉由減少固定成本本身或將多種產品、顧客或供應商整合在批量中而得到。當將多種產品、顧客或供應商整合，專門製作的總合規劃提供最佳解答，尤其在產品特定訂購成本高的時候。

接著，在物料成本也顯示規模經濟的情況下，考慮其批量大小。

8.3 規模經濟應用在數量折扣上

先前的討論，假設無論購買數量多寡，物料成本維持常數。然而，許多例子中價格會有規模經濟，即當批量增加時，價格會下降。這種形式的定價在企業對企業的交易中非常的普遍。若價格折扣的提供是基於單一批中訂購的數量而定，這是以**批量大小為基礎**（Lot Size-Based）的折扣。不論在該期間訂購次數有多少，若折扣是基於在一已知期間內總購買數量而定，折扣是以**總量為基礎**（Volume-Based）。兩種常使用的以批量大小為基礎的折扣方法：

- 所有單位都有數量折扣
- 邊際單位才有數量折扣或多段的價格

在本節，將觀察這樣的數量折扣在供應鏈的影響。在此必須回答下列二個基本的問題：

1. 已知數量折扣的價格表，對於一位尋求最大利潤的買家，什麼是最佳的購買決策？這樣的決策在批量大小、週期存貨和流動時間上如何影響供應鏈？

2. 在什麼情況下供應商應該提供數量折扣？對於一位尋求最大利潤的供應

商而言，適當的價格表應該爲何？

當面對製造業所提供的兩種以批量大小爲基礎的折扣時，我們以研究零售商（買家）的最佳回應開始。因爲物料成本隨批量大小而改變，零售商在進行批量大小決策時需要考慮年物料、訂購和持有等成本。零售商的目標是在總成本最小化下選擇最佳的批量大小。接著計算在所有單位都有數量折扣（即全量折扣）情況下最佳的批量大小。

❖ 全量折扣

全量折扣下，價格表包含特定的分界點 $q_0, q_1,\ldots, q_r$，其中 $q_0 = 0$。若發出訂單的大小是大於等於 q_i 和小於 q_{i+1}，則每一單位的平均成本是 C_i。一般而言，當訂購數量增加時，單位成本降低，也就是 $C_0 \geq C_1 \geq \ldots C_r$。下面的討論集中注意在面對這種訂價表的零售商上。零售商的目標是利潤最大化，以及物料、訂購和持有成本等最小化下決定批量大小。

對於所有單位都進行折扣，平均單位成本隨著訂購數量而變動，如圖 8.3 所示。觀察在這樣的折扣方法下，訂購 $q_1 + 1$ 單位比訂購 $q_1 - 1$ 單位可能有較低的

圖 8.3　所有單位都數量折扣下的平均單位成本

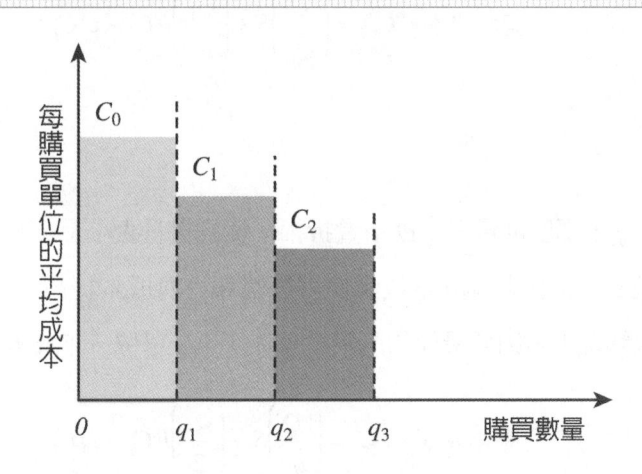

花費（以物料成本來看）。

求解過程計算出對應每一價格C_i的最佳批量大小（批量大小介於q_i和q_{i+1}之間），接著決定在全體成本最小化的批量大小。對每一個i值，$0 \leq i \leq r$，計算如下：

$$Q_i = \sqrt{\frac{2DS}{hC_i}} \qquad (8.10)$$

對於Q_i有三種可能的狀況：

1. $q_i \leq Q_i < q_{i+1}$
2. $Q_i < q_i$
3. $Q_i \geq q_{i+1}$

由於狀況3是對Q_{i+1}的考量，對於Q_i，可以忽略狀況3。因此我們僅需考慮前二個狀況。

狀況1

若$q_i \leq Q_i < q_{i+1}$，那麼批量大小Q_i將導致折扣價格為每單位C_i。在此狀況下，訂購的總年成本可計算如下（這種成本包含訂購成本、持有成本和物料成本）：

$$總年成本，TC_i = \left(\frac{D}{Q_i}\right)S + \left(\frac{Q_i}{2}\right)hC_i + DC_i \qquad (8.11)$$

狀況2

若$Q_i < q_i$，那麼批量大小Q_i不會折扣。提高批量大小至q_i單位則造成折扣價格為每單位C_i。訂購超過q_i單位會使得訂購和持有成本提高，卻不會減少物料成本。在此狀況下，因此最佳的訂購批量大小為q_i單位。年成本可計算如下：

$$總年成本，TC_i = \left(\frac{D}{q_i}\right)S + \left(\frac{q_i}{2}\right)hC_i + DC_i \qquad (8.12)$$

對每個價格C_i，我們應用適當狀況並計算總成本TC_i和相對應的批量大小。解決方法是訂購能讓年總成本最小的批量。D.C. Montgomery（1974）指出，找出一個區分價格C^*，使最佳解在其以上無法發生，就能進一步縮減以上的程序。回顧C_r是在門檻數量q_r之上的最低單位成本。C^*可由下式獲得：

$$C^* = \frac{1}{D}\left(DC_r + \frac{DS}{q_r} + \frac{h}{2}q_rC_r - \sqrt{2hDSC_r}\right)$$

在例8.7，已知所有單位有數量折扣的情況下計算最佳批量大小。

例8.7：所有單位都有數量折扣

Drugs Online（DO）公司是一家處方藥和健康補充品的線上零售商。維他命在該店銷售中占了明顯的比例，每月維他命的需求是1萬瓶。DO在每次發出一張維他命訂單給製造商時會發生100美元的固定訂單發出成本、運輸和接收成本。DO有20%的持有成本。製造商收取的價格，是依照所有產品均有折扣條件的下列價目表而定。計算DO管理者在每一批應該訂購的瓶數是多少？

訂購數量	單位價格
0～5,000	$ 3.00
5,001～10,000	$ 2.96
超過10,000	$ 2.92

分析：在此狀況下，管理者有下列輸入：

$q_0 = 0$，$q_1 = 5,000$，$q_2 = 10,000$

$C_0 = \$3.00$，$C_1 = \$2.96$，$C_2 = \$2.92$

$D = 120,000$／年，$S = \$100$／批，$h = 0.2$

對於 $i = 0$，計算 Q_0（使用公式8.9）得 $Q_0 = \sqrt{\dfrac{2DS}{hC_0}} = 6{,}324$。

對於 $i = 0$，令批量大小為 $q_1 = 5{,}000$，因為 $6{,}324 > q_1 = 5{,}000$。
在此狀況發生的總成本計算如下（使用公式8.12）：

$$TC_0 = \left(\dfrac{D}{q_1}\right)S + \left(\dfrac{q_1}{2}\right)hC_1 + DC_1 = \$359{,}080$$

對於 $i = 1$，使用公式8.9，得到 $Q_1 = 6{,}367$ 單位。因為 $5{,}000 < 6{,}367 < 10{,}000$，設批量大小 $Q_1 = 6{,}367$ 單位，並以公式8.10計算訂購6,367單位的成本如下：

$$TC_1 = \left(\dfrac{D}{Q_1}\right)S + \left(\dfrac{Q_1}{2}\right)hC_1 + DC_1 = \$358{,}969$$

對於 $i = 2$，使用公式8.9，得到 $Q_2 = 6{,}410$ 單位。因為 $6{,}410 < q_2 = 10{,}000$，設批量大小 $q_2 = 10{,}000$ 單位，並使用公式8.11計算訂購1萬單位的成本如下：

$$TC_2 = \left(\dfrac{D}{q_2}\right)S + \left(\dfrac{q_2}{2}\right)hC_2 + DC_2 = \$354{,}520$$

觀察最低總成本是 $i = 2$ 時。因此，對於DO最佳每批訂購 $q_2 = 10{,}000$ 瓶和得到折扣價格為每瓶2.92美元。

若在例8.7的製造商對每一瓶都訂價3美元，則對DO最佳的訂購批量是6,324瓶。數量折扣鼓勵DO去訂購1萬瓶的較大批量，而同時提高了週期存貨和流動時間。若DO將它的固定訂購成本更努力減少到 $S = \$4$，則折扣的影響更加被放大。在缺乏折扣情況下的最佳批量大小是1,265瓶。在全量折扣的情況下，最佳批量大小仍然是1萬瓶。在此狀況下，數量折扣的存在使得在DO的平均存貨和流動時間8倍的增加。

全量折扣的價目表鼓勵零售商增加他們的批量大小以取得數量折扣的利

益,如此增加供應鏈中的平均存貨和流動時間。存貨增加衍生了在供應鏈中提供所有單位數量折扣價值的問題,在思考這個問題之前,我們先討論邊際單位數量折扣。

❖ 累進折扣

累進折扣也被稱為**多階段價目表**(Multi-Block Tariffs)。在此狀況下,價目表包含特定的分界點$q_0, q_1,\ldots, q_r$。然而,它不是一單位的平均成本,而是一單位在邊際點時減少的邊際成本(相對於所有單位都折扣的方法)。若發出訂單的訂購大小為q,則$q_1 - q_0$單位訂價為C_0,接下來$q_2 - q_1$價格為C_1,依此類推。隨購買數量大小每單位邊際成本改變,如圖8.4所示。

面對如此的訂價單,零售商的目標是決定最大化利潤的批量大小,即相當於將成本最小化的批量大小。

解題程序是計算每一個邊際價格C_i(強迫批量大小介於q_i和q_{i+1}之間)的最佳批量大小,接著並計算使整體成本最小的批量大小。

對每一個i值,$0 \leq i \leq r$,令V_i是訂購q_i單位的成本。定義$V_0 = 0$和V_i,$0 \leq i$

圖8.4 累進折扣下的邊際單位成本

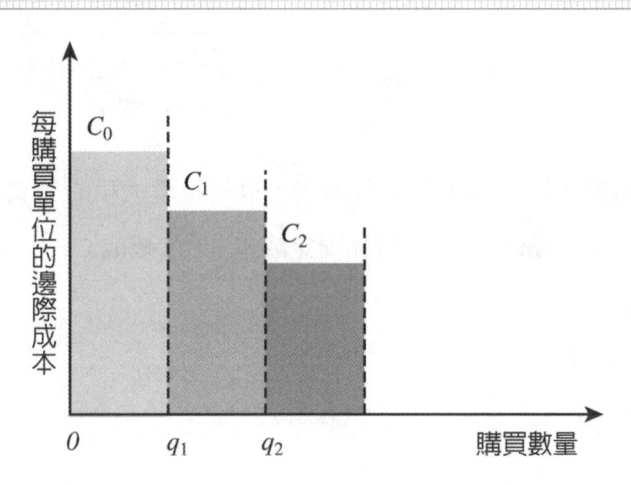

$\leq r$,如下:

$$V_i = C_0(q_1 - q_0) + C_1(q_2 - q_1) + \ldots + C_{i-1}(q_i - q_{i-1}) \qquad (8.13)$$

對於每一個i值,$0 \leq i \leq r-1$,考慮訂購大小Q介於q_i和q_{i+1}單位之間,也就是$q_{i+1} \geq Q \geq q_i$。每次訂購大小為Q的物料成本已知為$V_i + (Q - q_i)C_i$。對於這樣一次訂購的不同相關成本,計有:

$$年訂購成本 = \left(\frac{D}{Q}\right)S$$

$$年持有成本 = [V_i + (Q - q_i)C_i]h/2$$

$$年物料成本 = \frac{D}{Q}[V_i + (Q - q_i)C_i]$$

總年度成本是三種成本的加總並給定如下:

$$總年度成本 = \left(\frac{D}{Q}\right)S + [V_i + (Q - q_i)C_i]h/2 + \frac{D}{Q}[V_i + (Q - q_i)C_i]$$

對於這種範圍的最佳批量大小,可以由總成本對批量大小作一次微分,並設等於0而求得。對於此價格範圍的最佳批量大小結果如下:

$$價格 C_i 的最佳批量大小 = \sqrt{\frac{2D(S + V_i - q_i C_i)}{hC_i}} \qquad (8.14)$$

觀察得到,除了數量折扣有出現,最佳批量大小的公式非常像EOQ公式(公式8.5)。影響為每次訂購增加固定成本(由S變成$S + V_i - q_i C_i$)。Q_i有三種可能的情形:

1. $q_i \leq Q_i \leq q_{i+1}$
2. $Q_i < q_i$

3. $Q_i > q_{i+1}$

狀況1

若 $q_i \leq Q_i \leq q_{i+1}$，那麼批量大小 Q_i 將導致在此範圍內的折扣價格。在此狀況下，在此價格範圍下的最佳批量大小是訂購 Q_i 單位。此策略的總年成本計算如下：

$$TC_i = \left(\frac{D}{Q_i}\right)S + [V_i + (Q_i - q_i)C_i]h/2 + \frac{D}{Q_i}[V_i + (Q_i - q_i)C_i]$$

狀況2 和狀況3

若 $Q_i < q_i$ 或 $Q_i > q_{i+1}$，在此範圍的批量大小不是 q_i 就是 q_{i+1}，決定何者有較低的總成本。計算其總年成本如下：

$$TC_i = \text{Min}\left\{\left(\frac{D}{q_i}\right)S + V_i h/2 + \frac{D}{q_i}V_i, \left(\frac{D}{q_{i+1}}\right)S + V_{i+1} h/2 + \frac{D}{q_{i+1}}V_{i+1}\right\}$$

在已知最小總成本下，那麼這個範圍的批量大小對應到分界點。觀察每一個範圍，若在公式8.14定義的批量是可行的，則此批量是最佳的批量大小；若不是可行的，則兩個分界點中的其中一個會是最佳解。

對每一個 i 計算最佳批量大小和總成本。在所有範圍 i 內，使總年成本最小的批量大小即是解答。可以顯示出最佳批量無法對應到狀況2和狀況3，而必須對應到狀況1。

例8.8：累進折扣

回到例8.6的DO公司。假設製造商使用下列邊際單位折扣價格表：

訂購數量	單位價格
0～5,000	$ 3.00
5,000～10,000	$ 2.96
超過10,000	$ 2.92

這表示若訂購是7,000瓶，前5,000瓶每一瓶是3美元價格，其餘的2,000瓶每一瓶是2.96美元。計算DO公司應該在每一批訂購的瓶數是多少。

分析：此例子有下列條件：

$q_0 = 0$，$q_1 = 5,000$，$q_2 = 10,000$

$C_0 = \$3.00$，$C_1 = \$2.96$，$C_2 = \$2.92$

$V_0 = 0$，$V_1 = 3(5,000 - 0) = \$15,000$

$V_2 = 3(5,000 - 0) + 2.96(10,000 - 5,000) = \$29,800$

$D = 120,000／年，S = \$100／批，h = 0.2$

對於 $i = 0$，計算 Q_0（使用公式8.14）如下：

$$Q_0 = \sqrt{\frac{2D(S + V_0 - q_0 C_0)}{hC_0}} = 6,324$$

因為 $6,324 > q_1 = 5,000$，計算 $q_1 = 5,000$ 訂購批量的成本（不考慮批量為0）。每批訂購5,000瓶的總年成本為（令 $Q = 5,000$ 和 $i = 1$）：

$$TC_0 = \left(\frac{D}{Q}\right)S + [V_i + (Q - q_i)C_i]h/2 + \frac{D}{Q}[V_i + (Q - q_i)C_i] = \$363,900$$

對於 $i = 1$，使用公式8.14計算 Q_1 如下：

$$Q_1 = \sqrt{\frac{2D(S + V_1 - q_1 C_1)}{hC_1}} = 11,028$$

因為 11,028 > q_2 = 10,000，計算 q_2 = 10,000 訂購批量的訂購成本（稍早已經計算過訂購批量大小為 5,000 的成本）。每批訂購 1 萬瓶的總年成本如下（令 Q = 10,000 和 i = 2）

$$TC_1 = \left(\frac{D}{Q}\right)S + [V_i + (Q-q_i)C_i]h/2 + \frac{D}{Q}[V_i + (Q-q_i)C_i] = \$361,780$$

因為 \$361,780 < \$363,900，訂購批量為 1 萬比批量為 5,000 較划算。若批量小於或等於 1 萬單位，最好每批改為訂購 1 萬單位。現在觀察每批訂購數量大於 1 萬單位的成本，也就是 i = 2。對於 i = 2，使用公式 8.14 計算 Q_2 如下：

$$Q_2 = \sqrt{\frac{2D(S + V_2 - q_2 C_2)}{hC_2}} = 16,961$$

每批訂購 16,961 瓶的總年成本如下（設 Q = 16,961 和 i = 2）：

$$TC_2 = \left(\frac{D}{Q}\right)S + [V_i + (Q-q_i)C_i]h/2 + \frac{D}{Q}[V_i + (Q-q_i)C_i] = \$360,365$$

DO 應該訂購批量大小為 16,961 瓶，因為那個數量有最低的總成本。這個結果比製造商沒有提供任何折扣的情況下之最佳批量大小 6,324 大了許多。

若訂購的固定成本是 4 美元，比較在沒有折扣情況下的最佳批量是 1,265，DO 在有邊際折扣情況下的最佳批量是 15,755。上述討論說明了只要提供數量折扣，在缺乏任何正式固定訂購成本的情況下，會產生極大的訂購批量，因而此有極大的週期存貨。因此，數量折扣會導致在供應鏈中週期存貨顯著的增加。在許多供應鏈，數量折扣比固定訂購成本對週期存貨的影響更大，這讓我們再一次的討論數量折扣在供應鏈的價值。

301

❖ 為何要數量折扣？

本節將發展出支持數量折扣在供應鏈應該存在的不同論點。數量折扣在供應鏈中具有價值，因為它們有下列兩項理由：

- 在供應鏈中改善協調
- 經由差別訂價獲取盈餘

在供應鏈中的協調

若零售商和供應商在進行決策時都是以總供應鏈利潤最大為依歸，則供應鏈是協調的。若供應鏈是垂直整合，且在每一階段的績效都是基於總供應鏈的利潤來作判斷，則上述協調可能發生。實際上，每一個階段有不同的廠商，且都在努力將自己利潤最大化的情況下考慮它自己的成本。例如，零售商基於自己的利潤考量作週期存貨的決策。獨立決策的結果使得供應鏈缺乏協調，因為使零售商最大利潤的行動不見得能將供應鏈利潤最大化。

本節將討論即使在已知的成本結構下，零售商企圖將它自己的利潤最大化下，製造商如何使用適當的數量折扣去確保協調的結果。

◎ 對於消費品的數量折扣

經濟學家爭論過像牛奶等消費品，市場決定價格且公司的目標是降低成本。例如，考慮先前所討論的線上藥品零售商 DO。其所銷售的維他命就可以稱是一種消費品。當對製造商發出訂單時，DO 基於它自己的成本進行批量決策。

對維他命的需求是每月 1 萬瓶。DO 在每一次對製造商發出維他命訂單時，會發生固定訂單發出、運輸和接收等成本為 100 美元。DO 發生的持有成本為 20%。對每一瓶購買的維他命，製造商向 DO 收取價格 3 美元。使用 EOQ 公式（公式 8.5），DO 計算最佳批量為 $Q = 6,324$ 瓶。在此策略下 DO 發生的年訂購和持有成本是 3,795 美元。

每次DO發出訂單，製造商必須處理、包裝和運送訂貨。製造商有一包裝線以穩定的速率生產。對於製造商滿足每張訂單的固定成本是250美元。製造商的每瓶成本是2美元，且持有成本是20%。已知DO訂單的批量大小為6,324瓶，計算製造商的年訂購和持有成本如下：

製造商的年訂購成本＝（120,000／6,324）×250＝$4,744

製造商的年持有成本＝（6,324／2）×2×0.2＝$1,265

製造商的總訂購和持有成本＝$6,009

在DO訂購批量為6,324情況下，製造商發生年成本6,009美元。在DO訂購批量為6,324的情況下，供應鏈上的總成本為$6,009＋$3,795＝$9,804。

若DO改以批量9,165單位訂購，供應鏈中的總成本降至9,165美元。因此供應鏈有機會節省638美元。觀察訂購批量為9,165瓶，每年增加DO成本238美元，使成本變為4,059美元（雖然它降低了供應鏈的總成本。）反之，製造商的成本降了905美元而變成每年5,106美元。製造商必須提供DO適當的誘因使得DO去提高批量。

在本例中，以批量大小為基礎的數量折扣是適當的誘因。若製造商對維他命的訂價是，對於批量小於9,165瓶，每瓶售價3美元；而對於批量大於或等於9,165瓶，每瓶售價則為2.9978美元，那麼DO有訂購批量大小為9,165瓶的誘因。這是因為數量折扣減少了DO的物料成本，剛好可以彌補在訂購和持有成本上的增加。製造商以物料成本減少的方式回饋264美元給DO（以數量折扣的形式），使得DO依9,165瓶的批量訂購會是最佳決策。在此例中製造商和總供應鏈的利潤增加638美元。它可以在實務上主張，製造商可能應該將增加的638美元分享給DO。在供應鏈上利潤增加的明確分配是依照在供應鏈中不同階段的相對協調權力而定。

觀察在本例中提供以批量大小為基礎的折扣減少總供應鏈成本。然而，它增加零售商購買批量大小，因此增加供應鏈中週期存貨。

> 對於由市場決定價格的消費品，製造商可以使用以批量大小為基礎的數量折扣，去得到供應鏈的協調並減少供應鏈成本。然而，以批量為基礎的折扣增加在供應鏈中的週期存貨。

對消費品協調的討論凸顯出提供以批量大小為基礎的折扣，以及製造商所發生的訂購成本兩者間關係的重要性。當製造商設法降低它的訂購和整備成本，它提供給供應商的折扣應該要改變。但在實務上並沒有這樣作。經常，公司發現在減少訂購成本上作了很多努力，由於數量折扣，並沒有減少供應鏈的週期存貨。在大部分的公司，行銷部門設計數量折扣，而作業部門則在降低整備和訂購成本。這兩個功能部門必須協調這些活動是非常重要的。

◎ 公司具有市場力量產品的數量折扣

現在考慮的狀況是製造商研發了一種新的維他命藥丸，稱為生命藥草。它是由草本成分提煉出來，且具有對市場高度價值的特性。只有少數公司具有與生命藥草相似的產品。在此狀況下，可以說DO公司銷售生命藥草的價格會影響需求。假設DO所面對的年需求曲線是以 $360{,}000 - 60{,}000p$ 表示，其中 p 是DO販賣生命藥草的價格。製造商賣出每瓶生命藥草的生產成本為 $C_s = \$2$。在此狀況下製造商必須決定對顧客的售價。當他們二者都獨立作決定，對DO最佳的售價是每瓶 $p = \$5$，而製造商對DO的售價則是每瓶價格 $C_R = \$4$。在此生命藥草的總市場需求是 $360{,}000 - 60{,}000p = 60{,}000$ 瓶。在這個策略下的DO利潤可計算如下：

$$Prof_R = p(360{,}000 - 60{,}000p) - (360{,}000 - 60{,}000p)C_R = \$60{,}000$$

製造商的利潤計算如下：

$$Prof_M = C_R(180{,}000 - 30{,}000C_R) - C_S(180{,}000 - 30{,}000C_R) = \$120{,}000$$

若這兩個階段共同協調訂價,且DO訂價在 $p = \$4$,市場需求將會變成12萬瓶。在兩階段協調下,總供應鏈的利潤將會是 $\$120,000 \times (\$4 - \$2) = \$240,000$。每一個階段獨自訂價的結果,會讓供應利潤上損失6萬美元。這個現象指出雙方面的排斥。雙方面的排斥會帶來利潤上的損失,因為供應鏈的利潤是分割成兩階段,但每一個階段只考慮自身利益來制定決策。

> 若供應鏈中的每一個階段都以自己利潤最大化為目標進行定價決策,則供應鏈的利潤會較低。互相協調結果會有較高的利潤。

儘管DO是以最大化自己的利潤為之,有兩種製造商可以使用的訂價方法以得到協調的答案,並將供應鏈利潤最大化,方法分述如下:

1. **兩段式價目表**(Two-Part Tariff)。在此狀況下,製造商將所有利潤當成開始的權利金,並賣給零售商而成為成本。所以還是要兩階段協調,才能達成零售商的最佳價格。在DO的例子,當兩階段協調下總供應鏈利潤為24萬美元,DO每瓶生命藥草賣給顧客的售價是4美元。當二階段不協調下,DO利潤是6萬美元。對製造商而言,一種可用的方法是建立兩段式價目表,此價格一部分為對DO收取開始權利金18萬美元,另一部分為每瓶物料成本 $C_R = \$2$。若維他命每瓶價格 $p = \$4$,DO可以將利潤最大化。年銷售量為 $360,000 - 60,000p = 120,000$ 個,且利潤是6萬美元。另外,製造商在已知每瓶物料成本2美元下,創造18萬美元的利潤。

2. **總量基礎數量折扣**(Volume-based Quantity Discount)。上述兩段式價目表其實就是一種總量為基礎的數量折扣。當每年購買數量增加,DO的平均物料成本下降。可以更清楚地觀察到藉由設計一個以總量為基礎折扣同時也可以達到協調的方法。這裡的目標是在兩階段協商的價格下,零售商會購買所有要銷售之數量的情況下去定價。在DO的例子裡,當供應鏈經過協調,每年會賣出12萬瓶。製造商必須提供DO一個總量折扣,以吸引DO將上述數量全數購買。

製造商因此提供了若DO每年購買的量小於12萬，則每瓶價格$C_R = 4$美元。而若在該年度的購買總量大於或等於12萬，DO只需要付$C_R = \$3.50$。因此對DO而言，最佳的訂購數量是12萬單位，且對顧客的每瓶售價是$4。DO賺到的總利潤是$(360{,}000 - 60{,}000p)(p - C_R) = \$60{,}000$。由製造商賺到的總利潤是$120{,}000(C_R - \$2) = \$180{,}000$。總供應鏈利潤是24萬美元。

> 對於公司具有市場力量的產品，兩段式價目表或以總量為基礎的數量折扣可以被使用以得到供應鏈上的協調，並將供應鏈利潤最大化。

在此階段，能看到即使在缺乏存貨相關成本，數量折扣在供應鏈協調和改善供應鏈利潤上扮演重要角色。然而，折扣的方法最好是以總量為基礎，而不是以批量大小為基礎。在我們的分析，沒有假設任何存貨相關成本，所以可以討論在存貨成本出現下，以批量大小為基礎的折扣可能是最佳的。然而，可以證明即使在存貨成本存在的情況下（訂購和持有），已知當零售商增加價格，顧客需求減少的假設下，由製造商傳遞了一些固定成本給零售商的兩段式價目表或提供以總量為基礎的折扣，能最佳化協調供應鏈，並最大化利潤。

> 對公司有市場力量的產品，即使在存貨成本存在的情況下，對供應鏈而言，以批量大小為基礎的折扣不是最好的方法。在此狀況下，經由兩段式價目表或是以總量為基礎的折扣，這兩種方法中的任一種，將供應商的一些固定成本傳遞給零售商的情況下，才是供應鏈達成協調與最大化利潤所需要的方法。

以批量為基礎和以總量為基礎的折扣主要差別在於以批量大小為基礎的折扣是基於每批所購買的數量，而非購買速率。以總量為基礎的折扣，相反地是基於購買速率或每給定特定時間區間平均所購買總量（如一個月、一季或一

年)。以批量為基礎的折扣,在鼓勵零售商增加每批數量大小的情況下,容易增加供應鏈中的週期存貨。反之,以總量為基礎的存貨,強調增加供應鏈的利潤,並與小批量相容,且減少週期存貨。

即使在以總量為基礎的折扣下,可以看到零售商傾向在評估期間結束前增加批量大小。例如,若生命藥草在一季的購買瓶數超過4萬,則製造商提供DO公司2%的折扣。這個策略在該季初期不會影響到DO訂購的批量大小,DO會配合需求數量去訂購較小批量。然而,考慮在該季季末只剩一週的情況下,DO只賣了3萬瓶。為得到數量折扣,DO雖然在期望最後一週只能賣3,000瓶的情況下,會在最後一週訂購1萬瓶。在此狀況下,儘管沒有批量大小為基礎折扣存在的事實,在供應鏈中的週期存貨仍然會增加。訂購尖峰趨向於在財務區間的末期發生,稱之為**曲棍球球桿現象**(Hockey Stick Phenomenon)。這種現象在很多公司都發生過。這種現象的可能解答之一是以滾動週期為基礎進行總量折扣。例如,每一週製造商可以提供DO的總量折扣是基於過去12週的銷售量而定。藉著於12週水平最後週數中的每一週,此滾動水平抑制曲棍球球棍現象。

到目前為主,只限於討論供應鏈只有單一零售商的狀況。有人可能會問若供應鏈中有多個零售商,每個有不同的需求曲線,都由同一製造商供應的情況下,是否夠健全且可以應用。在上述設定下,可以預測到提供折扣方法的形式會變得更複雜(一般會取代原先以總量為基礎的折扣只提供一個分界點,現在有多個分界點)。然而,最佳定價方法的基本形式不會改變。最佳的折扣仍然會是以總量為基礎的折扣,當購買速率(每單位時間購買量)增加,對零售商的平均賣價會降低。

價格差異化以最大化供應商利潤

價格差異化是指對顧客索取不同的價格,是公司用來極大化利潤的實務方法。同一班機上的旅客通常機票價格不同,就是個價格差異化的例子。

對所有的產品設定單一價格,並不能將製造商的利潤最大化;原則上,依

據顧客對各數量的邊際評價，來設定各產品的不同價格，能使製造商獲得需求曲線以下、邊際成本以上的整個區域。**數量折扣**（Quantity Discount）是價格差異化的機制之一，顧客基於購買數量而有不同的價格。

> 價格差異化以使製造商利潤最大化，可能也是在供應鏈中提供數量折扣的一個原因。

接著，討論交易促銷和其在供應鏈中對批量大小和週期存貨的影響。

8.4 短期折扣：交易促銷

製造商提供折扣進行交易促銷推廣，在一定期間內折扣是有效的，例如，湯罐頭製造商在12月15日至1月25日出貨的產品可能提供10%的折扣價，零售商這期間購買均有10%的折扣。有時製造商會要求零售商作一些特別的促銷活動，如展示、廣告、推廣等，以促進交易促銷。在包裝消費產品業對消費者進行促銷活動是很平常，製造商每年均在不同時間推出不同的促銷產品。

促銷的目的是影響零售商去達成製造商的目標。交易促銷還有下列一些主要的目標（由製造商的觀點）：

1. 誘導零售商進行折扣、展示或廣告來刺激銷售。
2. 將製造商的庫存移到零售商或顧客。
3. 在競爭中保有品牌。

雖然這些也許是製造商的目標，但是無法清楚說明促銷一定可達到上述目標。本節是要研究促銷對零售商行為，以及整個供應鏈績效的影響。要能瞭解這個影響的關鍵，需注意製造商提供折扣時零售商的反應，面對交易促銷，零

售商通常有以下選擇：

1. 反應部分或全部折扣給顧客以刺激銷售。

2. 反應少部分折扣給顧客，但是在折扣期間，零售商趁短期較低價格，進行大量採購。

第一種動作對顧客提供較低的產品價格，可導致採購增加，對整個供應鏈可增加銷售。而第二種動作不但顧客沒有增加採購，而且增加零售商的持有存貨量，結果供應鏈因而增加週期存貨與流動時間。

提前購買（Forward Buy）是指零售商將未來期間的銷售提前至現在採購的量。提前購買可幫助零售商在促銷期間以後，有較低的貨品成本來銷售。通常採用提前購買是零售商正常的反應，而且能增加零售商的獲利，但是也因增加供應鏈庫存與流動時間而增加需求的變異，如第七章所討論的，這會降低供應鏈的獲利。

本節的目標是要瞭解零售商面對交易促銷的最佳反應。確定影響零售商提前購買及提前購買量的因素。也要確定影響零售商轉給顧客數量及零售商轉給顧客最佳數量的因素。

先敘述零售商因交易促銷而影響提前購買行為。在考慮一個Cub Foods超級市場銷售Campbell公司製造的雞麵湯。顧客每年對雞麵湯的需求量為D罐，每罐的價格為$\$C$，Cub Foods承受$h$的持有成本，使用EOQ的方式（公式8.5），Cub Foods正常訂購量如下：

$$Q^* = \sqrt{\frac{2DS}{hC}}$$

Campbell宣布在未來四週期間提供每罐$\$d$的折扣，Cub Foods相較於正常訂購量$Q^*$，要決定在折扣期間應訂購多少。假設$Q^d$是折扣期間的訂購量。

在制定決策時，零售商必須考量物料成本、持有成本及訂購成本。對Cub Foods而言，因為用折扣價格購買較多罐（供現在及未來銷售），增加的量將有較低的物料成本。增加的量Q^d，因存貨增加將使持有成本上升。增加的量Q^d，

因訂購次數減少而使訂購成本降低。Cub Foods 希望在取捨之下得到最低總成本。

當 Q^d 的量遵循 Q^* 時其存貨的圖樣如圖 8.5 所示，目標是要確定 Q^d（促銷期間的訂單）在被耗用期間能使總成本降幅最大（物料成本＋訂購成本＋持有成本）。

要精確地分析這個個案是挺複雜，所以要在設定一些限制下，來呈現分析的結果。第一個重要假設是：折扣僅有一次，未來將無任何折扣。第二個重要假設是：訂購的量 Q^d 是 Q^* 的倍數。第三個重要假設：零售商不舉辦活動（如任何促銷的折扣轉至顧客）來影響消費需求。消費需求因此維持不變。在這些假設下在折扣期間的最佳訂購量如下：

$$Q^d = \frac{dD}{(C-d)h} + \frac{CQ^*}{C-d} \tag{8.15}$$

在實務上，零售商通常知道下次促銷的期間。如果到下次期望促銷的需求

圖 8.5　提前購買的存貨變化圖

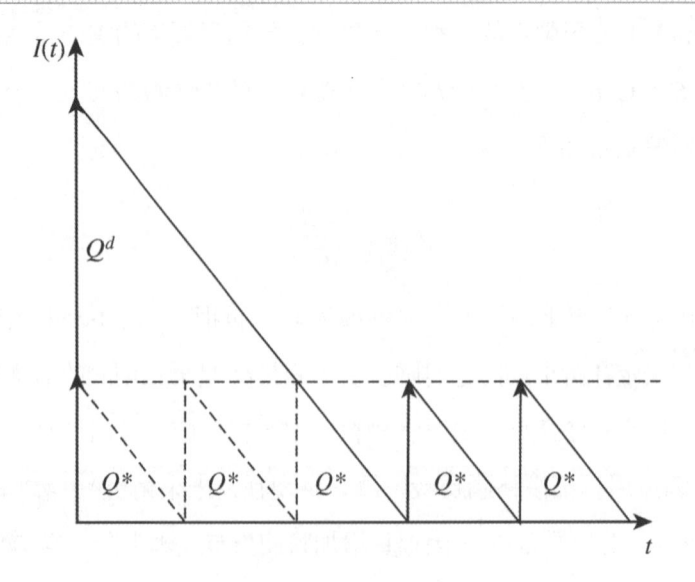

是 Q_1，則零售商最佳的訂購量為 $min\{Q^d, Q_1\}$。觀察在促銷時的量 Q^d 將大於正常訂購量 Q^*，而在這個案的提前購買如下：

$$提前購買 = Q^d - Q^*$$

甚至在比較少的折扣下，當量大的時候訂購的批量也會增加，導致大量的提前購買。將以例8.9來說明促銷在訂購批量上的影響。

例8.9：交易促銷在批量大小上之影響

在例8.7中DO販售一種維他命補充品，稱之為生命藥草。每年生命藥草的需求是12萬瓶，製造商售價為每瓶3美元。DO承受20%的持有成本。DO現在以經濟批量訂購6,324瓶。製造商為了促銷，在下個月針對零售商將提供每瓶0.15美元的折扣。請估計DO在促銷時，訂購維生命藥草的瓶數。

分析：非促銷期間，DO將訂購6,324瓶的批量。如果每月需求為1萬瓶，DO正常每0.6324個月需訂購一次。在非促銷期間DO的週期存貨與平均流動時間如下：

$$週期存貨 = Q^*/2 = 6,324/2 = 3,162 瓶$$
$$平均流動時間 = Q^*/2D = 6,324/(2D) = 0.3162 月$$

而在促銷期間依公式8.15可得到最佳批量如下：

$$Q^d = \frac{dD}{(C-d)h} + \frac{CQ^*}{C-d} = \frac{0.15 \times 120,000}{(3.00-0.15) \times 0.20} + \frac{3 \times 6,324}{3.00-0.15} = 38,236$$

所以DO在促銷期間的經濟訂購量為38,236瓶，也就是DO需訂購3.8236瓶

的月需求值。因此,在促銷期間的週期存貨與平均流動時間如下:

$$在 DO 的週期存貨 = Q^d / 2 = 6,324 / 2 = 19,118 瓶$$
$$平均流動時間 = Q^* / 2D = 38,236 / (2D) = 1.9118 月$$

在非促銷期間,DO訂購批量為6,324瓶下,提前購買量如下:

$$提前購買量 = Q^d - Q^* = 38,236 - 6,324 = 31,912 瓶$$

在此提前購買量下,DO在未來3.8236個月就不需再下任何訂單(若無提前購買,DO在這段期間每次訂購6,324瓶,將有31,912／6,324＝5.05次訂購)。藉由超過500%,觀察5%折扣增加多少批量。

上述例題,零售商為了促銷而對存貨將造成顯著的增加(物料流動時間亦是),零售商在可降低總成本下,來認定提前購買的適當與否,而製造商可在無意間存貨過高或從旺季的量移至淡季生產的考量下,來考量促銷的活動。實際上,製造商通常在計畫促銷期間先建立庫存。促銷期間即可以提前購買方式,將庫存移轉至零售商。如果提前購買的存貨在促銷期間確是銷售主要部分時,製造商將完全降低促銷期間的獲利,因為大部分的產品是以折扣出售。在為了促銷的情形下,庫存的增加及利潤降低,造成了製造商降低整體獲利。而整個供應鏈也會因庫存增加而降低獲利。

> 促銷活動將因零售商的提前購買造成訂單批量及週期存貨的顯著增加。除非在促銷期間減少需求的波動,否則將導致整個供應體系的獲利降低。

現在考慮零售商到底要將製造商的折扣反應多少給顧客,來刺激銷售的問題。在例8.10中將會看到,零售商提供給顧客所有折扣的方式並不是最好的。換言之,最好的方式是零售商獲得部分的折扣及部分折扣轉給顧客。

例8.10

如果DO面對生命藥草有300,000－60,000p的需求曲線時，製造商每瓶正常價格為，C_R＝$3元。在不考慮所有存貨相關成本下，評估DO在製造商每瓶0.15美元折扣時，最佳的銷售折扣。

分析：零售商DO的獲利如下：

$$Prof_R = (300,000 - 60,000p)p - (300,000 - 60,000p)C_R$$

零售商的最佳獲利及最佳售價可從上式中對p微分後令其等於0，獲得公式如下：

$$300,000 - 120,000p + 60,000C_R = 0$$

或

$$p = (300,000 - 60,000C_R) / 120,000 \qquad (8.16)$$

將C_R＝$3代入公式8.16，可獲得售價p＝$4。而在零售商不進行促銷時的需求如下：

$$D_R = 300,000 - 60,000p = 60,000$$

由於促銷，製造商提供0.15美元的折扣，導致售價C_R＝$2.85。代入公式8.16，DO的最佳售價如下：

$$p = (300,000 + 60,000 \times 2.85) / 120,000 = \$3.925$$

顯然的在製造商提供0.15美元的折扣之下，零售商僅將0.075美元反應在顧客的最終售價。零售商並未將所有折扣反應給顧客，在這種折扣價下，依經驗DO的需求如下：

$$D_R = 300,000 - 60,000p = 64,500$$

在需求上僅增加7.5%。此例中DO僅將一半的促銷折扣反應給顧客，導致需求增加7.5%。

從例8.9與例8.10可看到促銷可增加顧客需求（例8.10中需求增加7.5%）下，對零售商將明顯增加提前購買的量（例8.9中500%）。顧客需求增加的影響，可能將因顧客的行為而大失所望。對清潔劑及牙膏類的產品也很難證實，因為顧客多買的量僅留作未來使用，而不會因在促銷期間多買牙膏而增加刷牙的頻率。對此類產品，促銷將不會增加需求。

> 面對短期的折扣，最好的方式是將部分折扣轉至顧客，部分折扣則保留為自己利潤。同時，在促銷期間可增加採購量與對未來期間的提前購買量，對零售商是最好的。這也將導致促銷期間因無法增加顧客需求而增加供應鏈的週期庫存。

上述兩個結果一般在工業上都可觀察到。而對零售商僅將部分的折扣反應在顧客，製造商對於這點相當在意。在1990年在乾貨供應鏈中的配銷商，將近1/4的存貨，是為提前購買的量而準備。

前面的討論可以支持促銷增加供應鏈的週期存貨而有負面績效的論點。這種現況使得許多公司，包括世界最大的零售商Wal-Mart及P&G等製造商採用天天低價（Every Day Low Price, EDLP）的方式。這些價格長期是固定的，並無提供短期的折扣，這就消除了提前購買的誘因。因此，供應鏈每階段的採購量均符合需求。

認為促銷為合理的情況是將它當成一個競爭反應。在考慮一個可樂飲料的品牌競爭的情況下，因某個品牌提供較低價格會改變一些顧客，對品牌忠實者仍不受影響。例如Pepsi提供零售商一個促銷價，零售商將增加對Pepsi的訂購

量,而且反應部分折扣給顧客,對注重價格的顧客可能增加購買量,如果 Coca-Cola 不作任何反應,可能會流失一些注重價格的顧客群。Coca-Cola 可以判斷是否採取同樣的促銷活動,觀察兩大品牌同時促銷時,任何一家的需求將不會增加,但將增加兩家供應鏈的庫存,這種情況促銷僅是因應競爭的需求,但因供應鏈的庫存增加而導致所有競爭者的獲利降低。

當提供促銷時,應對零售商的提前購買量予以規範,並提供更多的折扣給消費者,畢竟製造商主要的目標是提高市場占有率與銷售量,而不是要零售商明顯提高提前購買量。要達到這種結果的方法是,實際促銷產品給顧客的零售商給予折扣,而不是因零售商提高採購量而提供折扣。這個折扣價希望在促銷期間完全反應在顧客,而不是反應在零售商的採購量,如此將取消提前購買的所有誘因。

許多製造商使用資訊技術,提供掃描式促銷,零售商以實際促銷價賣給消費者,製造商則給予信用的激勵。然而,零售商就不喜歡接受一些品牌較弱的促銷方案。另外一個選擇,是以零售商過去的銷售業績來限制分配。這也是對零售商提前購買量的限制的一種作法。

8.5 多階層週期存貨管理

截至目前的討論,我們已經探討在供應鏈單一階層中,許多局部的批量決策。多階層式的供應鏈存在著許多階層,每個階層皆有許多的成員,且一階層供給另一階層。在多階層系統裡,每個參與者必須決定其批量大小。而其中一個簡單的方法,就是整合參與者的需求,且可使用公式 8.5 來求算適當的 EOQ 以獲得參與者的批量大小。而此種方法會有一問題是其將導致補貨訂單無法一致,並使得供應鏈存在著大於實際需求的週期存貨。另外此種方法也將會造成

諸多不必要的訂單，而使得供應鏈訂購成本提高。在這兩個例子，其目標就是希望在供應鏈中找到能使訂單一致的訂購政策。

首先考慮的是在多階層式的系統中，一個製造商供給一個零售商。並假設產品的生產是即時的，因此製造商在有需求時，可以立即生產產品。若此二者有相同的最佳訂購量 Q，但並非同時發生時，製造商在運送訂購量 Q 給後，隨即生產新的 Q 量的產品。圖8.6顯示了在二個階層中的存貨。在此例子中，零售商持有的平均存貨為 $Q／2$ 單位，製造商持有的平均存貨為 Q 單位。

相對地，若製造商將其生產與運送至零售商同步時，製造商可以在接到零售商的訂單後立即安排其製造批量，生產訂單上的批量。在此情形下，製造商將無存貨的問題，而零售商依舊是持有 $Q／2$ 單位的平均存貨。所以補貨訂單的同步，可以使供應鏈有較低總循環存貨從 $3Q／2$ 單位降至 $Q／2$ 單位。

圖8.6 未同步時零售商與製造商庫存情形

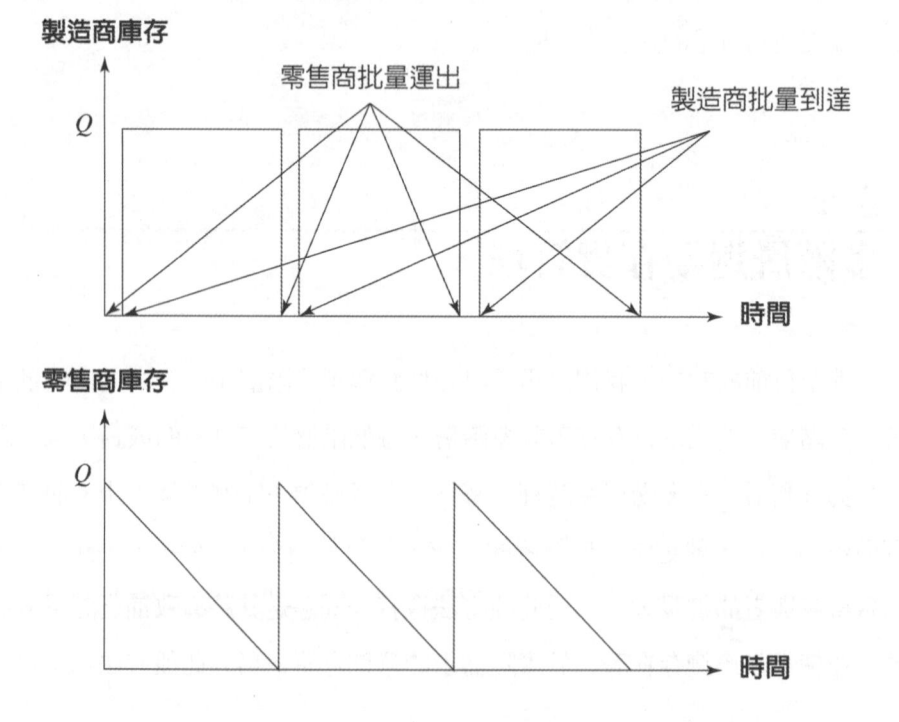

當供應鏈有一連串的階層時，其目標乃是在不同的階層中使其批量為一致，而每一階層無不必要的循環存貨存在。在單一序列階層的供應鏈裡，可以藉由存貨政策的設計來使得其批量為一致，而此存貨政策為層層之間的相互套疊以及具備固定的區間。若某一特定的階層 S 和其顧客的訂單同時發生時，意即補貨訂單到達階層 S，而階層 S 及時將補貨訂單運送至其顧客端，此時的存貨政策為相互套疊的型態。然而，階層 S 的補貨頻率可能比其鄰近的顧客層較低。若每個階層皆在一個固定的時間區間再訂購，則此存貨政策為固定區間。使用相互套疊的存貨政策等同於每一個階層有機會至少在其補貨訂單的一部分越庫，因為當兩個正在相互協調補貨時，此時越庫就發生。對在單一序列多階層供應鏈中，每一階層的批量為其最近鄰近顧客批量整數倍時（互相套疊的存貨政策），訂貨政策曾被證實已趨於理想。這樣一個訂貨政策相當於每一階層的批量為其和下一階層越庫量的整數倍，即從顧客階層中每次 k 個訂單有一次越庫，其中 k 為一個整數。越庫的範圍是依據每階層 S 固定訂購成本和持有成本 H 的比率而定。兩個階層間的比率越接近，最佳比例的越庫產品就會更高。

　　當供應鏈中一成員供應下階層多個成員時，有一個稍微不同的問題發生，例如一個配送商供給數個零售商。在此情形下，若部分零售商的需求量低，而其他零售商需求量高時，越庫政策將會非常不具效力。而對於需求量較低的零售商其訂購頻率若比配送商低，則較有好處，這是因為訂購太過頻繁將會導致供應鏈的訂購成本增加。在此設定中，Roundy（1985）也曾指出應將零售商組合成群，而定群中的所有零售商再集體訂購，以及對任何零售商的訂購頻率為配送商訂購頻率的整數倍，或者配送商的訂購頻率為零售商訂購頻率的整數倍。此政策說明的例子如圖 8.7 所示。在此政策下，配銷商每兩週開出補貨訂單，而部分的零售商每週開出補貨訂單，其他則是每二週或每四週開出訂單。由圖觀察可知若零售商的訂購頻率高於配送商，則其訂購頻率為配送商訂購頻率的整數倍。而零售商的訂購頻率小於配送商時，而配送商的的訂購頻率為零售商的整數倍。

圖8.7　整數補貨政策的說明

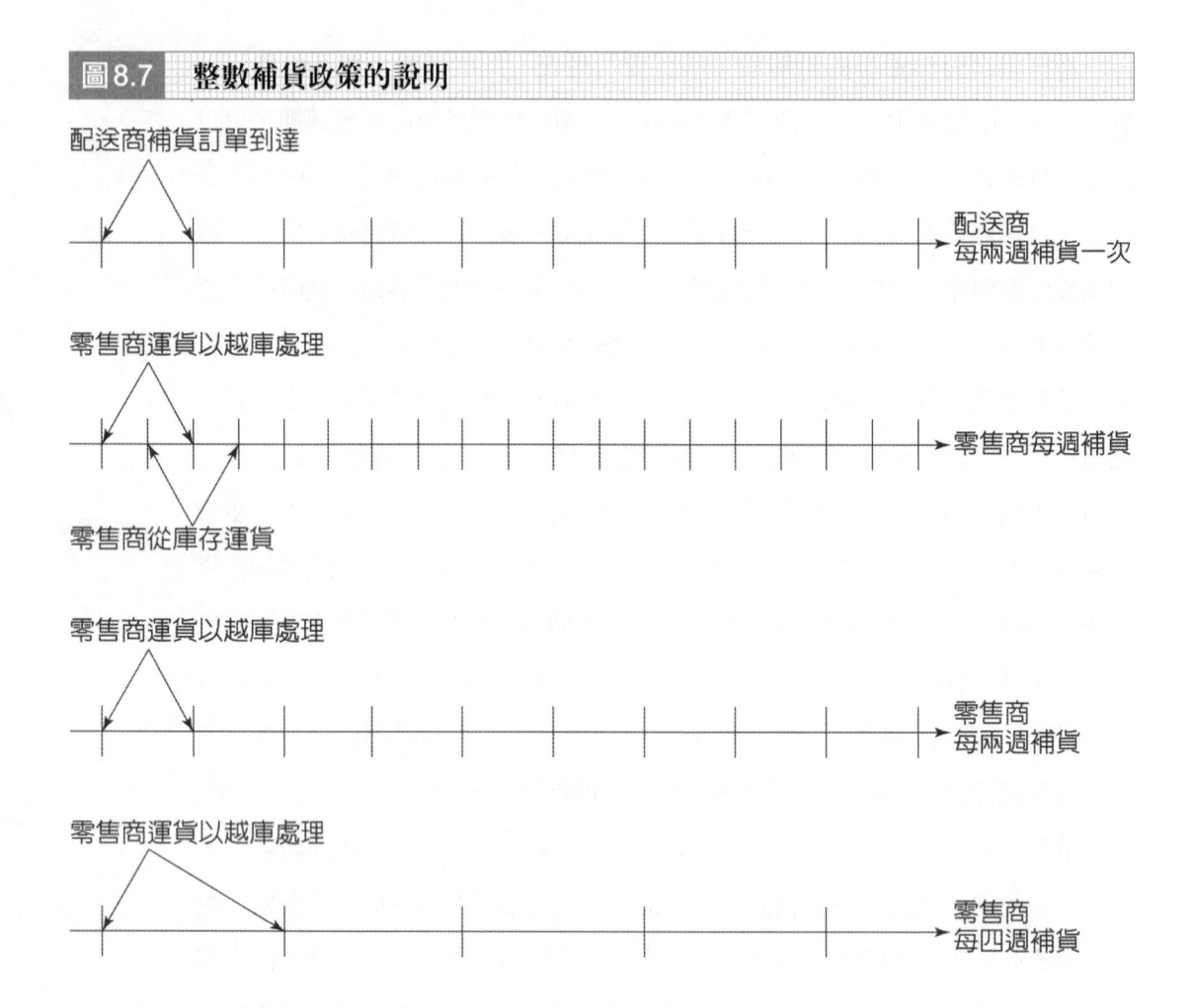

若配送商的訂單頻率大於零售商,則所有運送至零售商以越庫處理,如圖8.8所示。當零售商每四週訂購,則配送商的補貨便可與運送至零售商同步發生。所以,每四週配送商即時到達的補貨訂單,就可進行越庫處理並運送至零售商,而零售商為每四週下訂單一次,如圖8.7所示。若配送商訂單頻率小於零售商,則零售商的部分訂單將進行越庫處理,而其他的訂單則需從庫存處獲得。當零售商每週下訂單一次,在第二週時配送商的補貨訂單將即時到達,而可以進行越庫處理並運送至零售商,如圖8.7所示。然而,每隔一週,至零售商的補貨訂單將從存貨處運送。因此,在此例,有一半的補貨訂單被越庫處理。

考量圖8.8中所示之供應鏈，其擁有許多階層的供應鏈組合，其中每一階層為上一個階層的顧客，也是下一層的供應商。在這樣一個多階層的供應鏈裡，一個好的補貨政策需具有下列的特點：

1. 將同一階層的所有成員分成數組，而同組所有成員同時向同一供應商發出訂單。

2. 當某一成員收到補貨訂單，其收據應同時附在運送到至少一個顧客的補貨訂單上。換言之，某階層的補貨訂單其中的一部分應該越庫至下個階層。

3. 若顧客的補貨頻率低於其供應商，則供應商的補貨頻率應為其顧客補貨頻率的整數倍，且這兩個階層的補貨需要同時進行越庫。換言之，對於訂購頻率比自己還低之顧客的所有補貨訂單，供應商都需進行越庫。

4. 若顧客的補貨頻率高於其供應商，則顧客的補貨頻率應為其供應商補貨頻率的整數倍，且這兩個階層的補貨需要同時進行越庫。換言之，供應商應該對顧客每次 k 個訂單有一次越庫，而顧客訂單頻率比自己高，在此 k 為整數。

圖8.8　**多階層配送的供應鏈**

再訂購的相對頻率是依不同成員的設置成本、持有成本及不同各方的需求而定。

> 在多階層供應鏈中，補貨訂單應該同部化以使得週期存貨與訂單成本持續降低。一般而言，每一個階層應該致力於整合從訂單頻率較低之顧客的訂單，並以越庫處理此所有的訂單。一些訂單頻率較高的顧客其訂單應該也要以越庫被處理。

上述的層數政策，使得供應鏈中補貨得以協調一致，並且減少存貨週期；因為再訂購時間缺乏彈性，他們也會增加安全存貨。因此，這些政策對於週期存貨大而且需求可預測的供應鏈最具意義。

8.6 問題討論

1. 一個超級市場向P&G下一個補貨的訂單，當決定訂購數量時，應該考慮那些成本？
2. 如果超級市場降低從P&G補貨的訂購量時，請討論各種成本會如何變化。
3. 當超市鏈的需求成長時，對週期存貨的庫存天數，你會希望如何改變？請解釋。
4. 如果超市的經理在不增加成本的情況下，想要降低採購批量時，他會採取什麼行動來達成目標？
5. 何時進行供應鏈的數量折扣是適當的？
6. 以總量為基礎的數量折扣與以批量為基礎的數量折扣有何差異？
7. 為何像Kraft和Sara Lee等製造商要提供促銷活動？促銷對供應鏈會產生何

種影響？促銷活動應如何在增加供應鏈最少成本下使促銷達到最大的影響？

8. 為何公司估算持有成本與訂購成本時只考慮增加的成本？

管理供應鏈中的安全存量

Chapter 9

學習目標

本章將討論現有供給與需求變異下,安全存量如何幫助供應鏈以改善產品的可用性。除了討論產品可用性的不同準則與管理者如何設定安全存量水準來提供所要的產品可用性外,還要探討管理者以什麼方式來降低需要維持或更好產品可用性安全存量的數量。

讀完本章後,您將能:

1. 瞭解安全存貨在供應鏈中扮演的角色;
2. 確定影響安全存量需求水準的因素;
3. 說明產品可用性不同的衡量方法;
4. 善用管理手法以降低安全存量及改善產品可用性。

9.1 安全存量在供應鏈中扮演的角色

安全存量是滿足一定期間內實際需求量大於預期需求量的存貨。因為**預測不確定**，當實際需求大於預期時會產生缺貨現象，所以需維持一定的安全存量。試以一個以高級百貨商店的Bloomingdale為例，這是一家從義大利皮件製造商Gucci進貨女用皮包的專賣店。當地每週平均皮包市場需求為100件，由於運費高，商店經理下了一批600件的訂單，Gucci將Bloomingdale訂購的皮包於3個月送達店裡，如果沒有不確定的需求存在，每週確定可出售100件皮包件，所以當存貨剩300件時，Bloomingdale的店經理可以下單訂貨；如果不確定需求不存在，這個訂貨政策可在Bloomingdale出售最後一件皮包時，新訂單的貨恰好送到。

然而在第六章所談的預測需求似乎不完全正確，由於預測的誤差，這3週的實際需求可能高於或低於300件的預測；如果實際需求高於300件時，有些顧客可能因買不到貨而對公司造成潛在的邊際損失。因此，店經理會決定在存貨僅剩400件時開始向Gucci訂貨，這個訂貨政策允許店經理改善產品的可用性，因為現在只有皮包需求三個禮拜超過400件時店裡才會缺貨。當平均每週需求為100件皮包時，倉庫有大量補充時還維持有100件皮包，及所訂購的貨物送達時，安全存量即是平均剩餘的庫存量，因此Bloomingdale有100件庫存量。

假設訂購批量為600件錢包時，週期存量是$Q/2 = 300$件，在Bloomingdale所表現的安全存量形式如圖9.1所示。在圖9.1所描述Bloomingdale的平均存貨是週期和安全存貨的總和。

這個例子顯示供應鏈經理在考慮安全存量時會有所取捨。提高安全存量一方面可增加產品的可用性，因此可以增加邊際機會。另一方面，若提高安全存量會增加供應鏈中庫存量的持有成本。在高科技產業中，當產品生命週期很短

圖9.1 安全存量的存貨形式

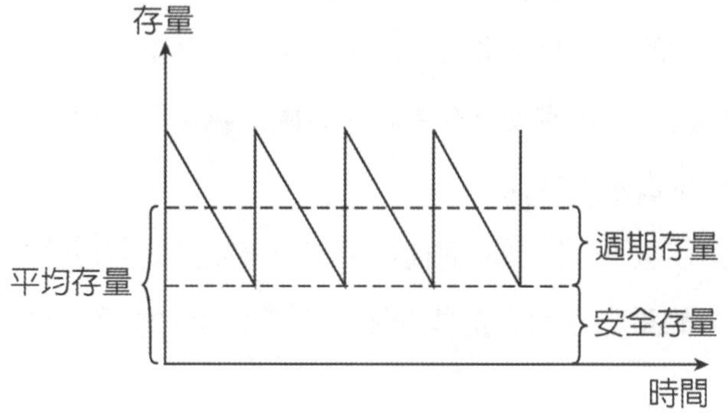

和需求多變時，這個問題是非常重要的。持有過多的存貨可以幫助滿足多變的需求，但可能會造成新產品加入不易，以及舊產品庫存耗用不易等問題，將使這些庫存變成毫無價值。

在今天的商業環境，網際網路的興起，可以透過網路結合其他的商店來對顧客提高產品的可用性。在網路向Amazon網路書店購買書籍，當一本書賣完時，顧客可在BarnesandNoble.com看到是否還有存書，這種便利的搜尋可促使公司改善產品的可用性。同時，越來越多的客製化也會增加產品的種類。因此，市場增加產品的異樣性和個別化的產品其需求就不穩定，因而預測困難。在增加產品的種類與增加產品可用性壓力下，可促使公司增加安全存量的水準。面對產品種類快速變化與需求高度不確定性，高科技產業供應鏈中，安全存量明顯是庫存的一部分。

然而，產品種類變化快速，生命週期又縮短。今天很熱門的產品明天就沒有人要了，如果持有太多的存貨則會增加公司的成本。因此，供應鏈成功的關鍵是在不影響產品可用性下找出減少安全存量水準的方法。

Dell電腦和Compaq（現爲HP電腦一部分）電腦在1998年價格降低時，就已強調降低安全存量的重要性。相較於Compaq有100天的存貨，Dell卻僅有10天。過多的存貨，當價格下滑時，Compaq的傷害就很深。事實上，此狀況導致

Compaq在1998年對外宣稱第一季沒有獲利。

Dell成功的關鍵是在其供應鏈中的安全存量低,對顧客提升產品的可用性。這個事實在成功的Wal-Mart和日本的7-Eleven中扮演非常重要的角色。

對任何的供應鏈,在規劃安全存量時,有兩個關鍵問題值得去深入討論:

1. 安全存量的適當水準為何?
2. 在減少安全存量下,應採取何種行動來改善產品的可用性?

本章其餘部分的重點在回答這些問題。下節將探討影響安全存量適當水準的因素。

9.2 決定安全存量的適當水準

安全存量的適當水準由下列兩項因素決定:

- 需求或供應的不確定性
- 產品可用性所希望的水準

當需求或供應的不確定性升高時,安全存量的需求水準亦隨之增加。考慮一個Palm PDA的配銷商B&M銷售的例子。當新型Palm發表時,需求有著高度的不確定性。B&M為了應付需求,持有很高的安全存量水準。當市場對新型Palm的反應變得比較明確時,不確定性會降低,需求也將易於預測。基於這點,B&M就可以較低的安全存量水準來面對需求。

當產品可用性的希望水準提高時,對應的安全存貨水準也會增加。當B&M對一個新型Palm的產品可用性有較高的希望水準時,必須對新型產品持有較高的安全存貨水準。

接下來,要討論一些需求不確定性的衡量方法。

❖ 測量需求不確定性

如第六章所討論的,需求是經常性且任意形成的。預測的目標在於預測這個系統成分,並估計隨機成分。估計隨機成分是一種對於需求不確定性的測量方法,隨機成分通常以需求的標準差來估計。假定以下為輸入的需求值:

D:每期的平均需求

σ_D:每期需求的標準差

現在假設需求是一個常態分配,在B&M的案例中,每週Palm的需求有平均數D與標準差σ_D的常態分配。

前置時間(Lead Time)是下訂單後到貨品送達的這段時間。在討論中,將前置時間的符號表訂為L。在B&M的範例中,L是下訂單訂購Palm後到貨品送達的時間,B&M在這段前置時間中必須面臨需求的不確定性。B&M在這段前置時間中,庫存能否滿足所有需求要依過去前置時間的經驗需求與B&M有多少庫存而定。因此,B&M必須估計在前置時間中需求的不確定性,而不是單一期間。現在以每期均有這個需求分配時,來估計k個期間的需求分配。

假設對每個期間i($i = 1, \cdots L$)屬常態分配,平均數為D_i,標準差為σ_D,ρ_{ij}是期間i和j之間的相關係數。本案例中,在L個期間,總需求為平均數P與標準差Ω的常態分配,如下所示:

$$P = D_L = \sum_{i=1}^{L} D_i \qquad \Omega = \sqrt{\sum_{i=1}^{k} \sigma_i^2 + 2\sum_{i>j} \rho_{ij}\sigma_i\sigma_j} \qquad (9.1)$$

L個期間,若$\rho_{ij} = 1$,則為完全正相關;若$\rho_{ij} = -1$,則為完全負相關;若$\rho_{ij} = 0$,則是互相獨立。假設各該L個期間的需求獨立而且是平均數D,標準差σ_D的常態分配。由公式9.1可得L個期間的總需求為平均數D_L與標準差σ_L的常態分配。如下所示:

$$D_L = LD \qquad \sigma_L = \sqrt{L}\sigma_D \qquad (9.2)$$

另一重要量測不確定性的方法為**變異係數**（Coefficient of Variation, cv），是一個標準差與平均數的比值。在一個平均數和標準差的需求下，變異係數公式如下：

$$cv = \sigma / \mu$$

變異係數可衡量需求不確定性的大小。其能說明一件事實，即需求平均數為 100 與標準差 100 的產品比需求平均數為 1,000 和標準差 100 的產品之不確定性需求還高。若僅討論標準差是無法知道這點差異。

下一步要討論針對產品可用性的一些衡量方法。

❖ 衡量產品可用性

產品的可用性是反應一家公司在可用存貨出清後能否滿足顧客訂單的能力。無存貨情形的結果是，顧客訂貨後沒有可用產品供貨。因此，有幾項測量產品可行性的方法。所有產品可用性的衡量是以時間區隔的平均來定義，時間區隔可從小時到年。以下為一些重要的衡量方法：

1. 產品滿足率（Product Fill Rate, PFR）。是以庫存產品來滿足需求的比例。相當於有效庫存範圍滿足產品需求的機率。假定 B&M 接到一張訂購 100 台 Palm 的訂單，庫存可提供 90 台 Palm 滿足需求。在這案例中 B&M 達到 90% 的滿足率。

2. 訂單滿足率（Order Fill Rate, OFR）。為從可用的存貨來滿足訂單的比例。在眾多產品下，滿足訂單是在可用存貨來滿足訂單所有的產品。在 B&M 的例子中，顧客可能訂購 Palm 與計算機，只有當商店可用存貨中有足夠的 Palm 和計算機才算滿足訂單。訂單滿足率一般要比產品滿足率還要低，因為所有產品都需要庫存以滿足需求。

3. 週期服務水準（Cycle Service Level, CSL）。是為滿足所有顧客需求時，所需要補貨期間的比例。補貨週期是持續補貨前次與本次交貨的時間。週期服務水準是在補貨期間未發生存貨不足的機率。如果B&M訂購Palm補貨批量600個，連續補貨批量送達之間的時間為補貨週期。如果B&M的經理在管理存貨時商店在10次補貨週期終有6次未使庫存用盡，則商店有60%的週期服務水準，這樣的週期服務水準是一個很高的滿足率。在這週期期間B&M的存貨有60%的時間並沒有用完，這段期間已可用存貨來滿足所有顧客的需求。另外的40%的期間因發生存貨出清，但大部分顧客的需求是以補貨來滿足。在接近週期末僅有少數比率訂購，而B&M庫存售完會損失此訂單。結果，滿足率遠大於60%。

在一個單一產品的情形，產品滿足率與訂單滿足率的區別不是很明顯。然而，當公司銷售多項產品時，這個差別就很明顯。例如，如果多數訂單包含10種或以上需運送的不同產品，當其中一種產品缺貨時，導致無法由存貨來滿足訂單。在這種情形下，公司或許有高的產品滿足率但卻有一個低的訂單滿足率。當顧客下了一張高價位的訂單時，要同時滿足整個訂單時，訂單滿足率的追蹤是很重要的。

接著敘述兩個常被實務引用的補貨政策。

❖ 補貨政策

一個補貨政策的決定包含何時再訂購和再訂購的數量，這些決策在產品滿足率和週期服務水準中僅決定週期及安全存量。有幾個補貨政策形式可採用，將著重下面兩種情況：

1. 連續複查：存貨是要連續追蹤的，而當存貨減低到**再訂購點**（Reorder Point, ROP）時，就需發出一張數量Q訂單。例如，B&M的店經理連續追蹤Palm的庫存，當存貨下降到400個時，就訂購600個Palm。這種情形，訂單中

數量沒改變,但訂購的間隔時間,可能受需求的改變而變動。

2. 定期複查:存貨狀態要定期檢查,下單訂購將使存貨水準升高到一個高點。例如,以B&M採購底片為例,店經理沒有連續追蹤底片的存貨,他每週六檢查底片的存貨,並訂購1,000個底片,使有足夠的庫存可用性。在這種情形下,下訂單的時間為固定的。然而,每張訂單的數量也可能受需求的改變而不同。

這些存貨政策不是全部的政策,但也足以說明記錄安全存貨的主要管理議題。

❖ 已知補貨政策,計算週期服務水準和滿足率

現在討論在一個補貨政策下,計算週期服務水準和滿足率的過程。這一節著重在討論連續複查政策。這個補貨政策是當現在存貨下降到再訂購點(ROP)時,訂購一個Q的數量。假設,每週的需求量呈現常態分配,其平均數為D和標準差為σ_D。再假設補貨的前置時間是L週。

在已知補貨政策下計算安全存量

在B&M的例題中,安全存貨符合Pam現有的平均數。當補貨訂單到達時,已知前置時間是L週,且平均週需求量D,利用公式9.2,可得到下列公式:

$$在前置時間中的期望需求量 = DL$$

已知店經理當Palm的存貨下降到再訂購點時,發出一個批量Q的訂單,當正好到再訂購點,得到下列公式:

$$安全存量,ss = ROP - DL \quad (9.3)$$

這是因為,一般DL的Palm是提供當發出訂單到貨到達期間的銷售。當補貨到達時,平均存貨是$ROP - DL$。例9.1為計算安全存量之過程。

管理供應鏈中的安全存量

> **例9.1**
>
> 假設Palm在B&M電腦世界的週需求量是呈常態分配，平均值為2,500，標準差為500。製造商補充一張由B&M店經理所發出的訂單需時2週。當現有存貨下降到6,000個時，店經理正確地訂購10,000個的Palm。請計算B&M的安全存量和平均存量，也計算Palm在B&M平均流程時間？

分析：在這個補貨政策下，得到下式：

平均每週需求，$D = 2,500$ 個

週需求的標準差，$\sigma_D = 500$ 個

補貨的平均前置時間，$L = 2$ 週

再訂購點，$ROP = 6,000$ 個

平均批量，$Q = 10,000$ 個

利用公式9.3，得到下列公式：

安全存貨，ss ＝再訂購點（ROP）－前置時間內期望需求量（DL）

　　　　　＝ 6,000 － 5,000 ＝ 1,000 個

因此B&M持有1,000個Palm的安全存量。

週期存貨＝ Q／2 ＝ 10,000／2 ＝ 5,000 個

所以得到下列公式：

平均存量＝週期存貨＋安全存量＝ 5,000 ＋ 1,000 ＝ 6,000 個

因此，B&M持有Palm的平均存量為6,000個，利用Little's法則（公式9.1），得到：

平均流程時間＝平均存量／生產量＝ 6,000／2,500 ＝ 2.4 週

所以,每個Palm在B&M平均流程花費2.4週的時間。

接著,將討論在已知補貨政策時,如何計算週期服務水準。

計算已知補貨政策的週期服務水準

在一個已知的補貨政策下,我們的目標是計算週期服務水準(CSL),即在補貨期間沒有發生存貨用罄的機率。回到B&M連續觀察的補貨政策,當現有存貨下降到再訂購點時,下一個訂購量為Q單位的訂單,前置時間為L週,週需求平均數為D和標準差為σ_D的常態分配。當前置時間內需求量大於再訂購量時,在這週期將發生缺貨的情形,所以得到下列公式:

週期服務水準 $CSL = \text{Prob}$(前置時間L週內的需求量 ≤ 再訂購量)

為了計算這個機率值,需要獲得前置時間內需求量的機率分配。根據公式9.2,知道前置時間內需求量呈常態分配,其平均數為DL與標準差為σ_L:

$$D_L = DL \quad 和 \quad \sigma_L = \sqrt{L}\,\sigma_D$$

使用附錄9A中常態分配使用的符號,週期服務水準表示如下:

$$CSL = F(ROP, D_L, \sigma_L) \tag{9.4}$$

現在以例9.2說明此評估。

例9.2

B&M公司Palm每週需求量的平均數為2,500個,標準差為500個的常態分配。補貨前置時間為2週。假設每週需求量是相互獨立。當Palm存貨有6,000個時,評估在訂購1萬個Palm政策時的週期服務水準。

分析：這此例題中，資料如下：

平均批量，$Q = 10{,}000$ 個

再訂購點，$ROP = 6{,}000$ 個

補貨的平均前置時間，$L = 2$ 週

平均每週需求，$D = 2{,}500$ 個／週

週需求的標準差，$\sigma_D = 500$ 個

在當下訂單到補貨到達的兩週期間，觀察B&M的缺貨風險，因此是否發生缺貨則依兩週前置時間的需求量而定。

因為需求期間是獨立的，前置時間在平均數D_L及標準差σ_L的常態分配下，可使用公式9.2來求得需求量。

$$D_L = DL = 2 \times 2{,}500 = 5{,}000 \text{ 個} \quad \text{和} \quad \sigma_L = \sqrt{L}\,\sigma_D = \sqrt{2} \times 500 = 707$$

使用公式9.4來計算週期服務水準：

$$\text{週期服務水準} = \text{在週期內的無缺貨機率} = F(ROP, D_L, \sigma_L)$$
$$= F(6{,}000, 5{,}000, 707)$$

使用Excel中功能 *NORMDIST* 評估週期服務水準的結果：

$$F(ROP, D_L, \sigma_L) = NORMDIST(ROP, D_L, \sigma_L, 1)$$

如此，得到B&M的週期服務水準如下：

$$CSL = F(6{,}000, 5{,}000, 707) = NORMDIST(6{,}000, 5{,}000, 707, 1) = 0.92$$

0.92的週期服務水準是指92%的補貨週期，B&M可從可用存貨供應所有需求。在剩餘8%即是發生缺貨，也因為存貨不足使得一些需求無法滿足。

下一階段將在一個補貨政策下，討論滿足率的評估。

補貨政策下評估滿足率

回顧滿足率是衡量自可用的存貨量滿足顧客需求的比例。從零售商的觀點，滿足率是比週期服務水準更為切題的方法。因為零售商可估計由需求轉為銷售的部分。兩個方法非常相關，因為公司提高週期服務水準也將會提高滿足率。討論重點是當現有存貨量降至再訂購點時，而訂購 Q 單位的量，評估在連續複查政策下的滿足率。

為評估滿足率，瞭解補貨週期可能發生缺貨的過程是很重要的。假設在前置期間的需求超出再訂購量，則會發生缺貨。如此，需要評估每次補貨週期超過再訂購量的平均需求量。

每次補貨週期的**期望短缺**（Expected Shortage Per Replenishment Cycle, ESC）是指在每個補貨週期無法從庫存滿足需求的平均數量。在批量為 Q 單位（也是補貨週期的平均需求）時，需求損失比例為 ESC/Q。產品滿足率 fr 定義如下：

$$fr = 1 - ESC/Q = (Q - ESC)/Q \tag{9.5}$$

補貨週期中僅在前置期間中的需求超出再訂購量 ROP 時會發生缺貨情形，令 $f(x)$ 是在前置期間中需求的密度函數。在每次補貨週期下的期望缺貨是如下：

$$ESC = \int_{x=ROP}^{\infty} (x - ROP) f(x) dx \tag{9.6}$$

在前置時間中的需求量是常態分配，安全庫存 ss 下，以平均數 D_L 與標準差 σ_L 為例，公式 9.6 可簡化如下：

$$ESC = -ss\left[1 - F_s\left(\frac{ss}{\sigma_L}\right)\right] + \sigma_L f_s\left(\frac{ss}{\sigma_L}\right) \tag{9.7}$$

其中F_s是標準常態累積分配函數，f_s是標準常態密度函數。附錄9A有詳細說明常態分配。公式9.7簡化的細節描述於附錄9C。使用Excel功能，衡量（用公式9.7）ESC的公式如下：

$$ESC = -ss\left[1 - NORMDIST\left(ss / \sigma_L, 0, 1, 1\right)\right] \\ + \sigma_L NORMDIST\left(ss / \sigma_L, 0, 1, 0\right) \quad (9.8)$$

在每次補貨週期中的期望缺貨（ESC），可以公式9.5來衡量滿足率fr。接下來以例9.3來說明。

例9.3

在例9.2中，B&M公司Palm每週需求量在以平均數為2,500個，標準差為500個的常態分配下，補貨前置時間為2週。假設每週需求是相互獨立。當有Palm存貨6,000及訂購政策為1萬Palm時，請計算滿足率。

分析：從例9.2中的分析，得到以下資料：

批量大小，$Q = 10,000$個

前置期間平均需求量，$D_L = 5,000$個

前置期間需求量標準差，$\sigma_L = 707$個

使用公式9.3，得到：

安全存量，$ss = ROP - DL = 6,000 - 5,000 = 1,000$個

從公式9.8，得到：

$ESC = -1,000\left[1 - NORMDIST\left(1,000 / 707, 0, 1, 1\right)\right]$

$$+ 707\ NORMDIST(1,000/707, 0, 1, 0)$$
$$= 25$$

因此,一般而言,補貨週期中,無法以可用庫存滿足顧客需求為25個Palm。因此可以利用公式9.5得到補貨滿足率:

$$fr = (Q - ESC)/Q = (10,000 - 25)/10,000 = 0.9975$$

換言之,需求的99.75%是由庫存存貨來滿足。這比例9.2中相同補貨政策的92%週期服務水準還要高。

例9.3的所有計算可以在Excel下執行,詳如圖9.2所示。

上述中有一些必要的觀察重點。第一,在相同補貨政策下,例9.3的補貨滿足率(0.9975)明顯高於例9.2週期的服務水準(0.92)。接著,利用不同的批量來重新計算例題,可以發現批量改變所帶來的影響在於服務水準。增加Palm的

圖9.2 以Excel解例題9.3

	A	B	C	D	E
1	Inputs				
2	Q	R	σ_R	L	ss
3	10,000	2,500	500	2	1,000
4	Distribution of demand during lead time				
5	R_L	σ_L			
6	5,000	707			
7	Cycle Service Level and Fill Rate				
8	CSL	ESC	fr		
9	0.92	25.13	0.9975		

Cell	Cell Formula	Equation
A6	=B3*D3	11.2
B6	=SQRT(D3)*C3	11.2
A9	=NORMDIST(A6+E3, A6, B6, 1)	11.4
B9	=-E3*(1-NORMDIST(E3/B6, 0, 1, 1)) + B6*NORMDIST(E3/B6, 0, 1, 0)	11.8
C9	=(A3-B9)/A3	11.5

批量從1萬到2萬,對週期服務水準沒有任何影響(服務週期水準保持在0.92)。然而,此補貨滿足率卻已增加到0.9987。這是因為批量的增加導致較少的補貨週期。在B&M的例題中,批量從1萬增加到2萬,使得每隔4週變為每隔8週補貨一次。在92%的週期服務水準,對於一個平均為1萬的批量,將會導致每年會有一次存貨用完;若是批量為2萬,則平均兩年會有一次存貨用完,因此滿足率比較高。

> 當安全存量增加,則滿足率和週期服務水準都會隨著增加。而對於相同的安全存量,若批量增加,在週期服務水準不增加下,滿足率會隨著增加。

現在所要討論的是如何在一期望的週期服務水準或滿足率下,取得適當的安全存量水準。

❖ 在已知期待的週期服務水準或滿足率下,計算安全存量

在實務上,很多公司期待有一個產品可用性的水準和想設計可達到這個水準的補貨政策。例如,Wal-Mart對在商店裡所賣的每一種產品有一個可用性的期待水準,Wal-Mart必須要設計一個有合適的安全存量水準的補貨政策來達到這個目標。其他的例子,在契約中有明白敘述期待的產品可用性(CSL或滿足率的一種形式)的水準,而且管理者必須設計不同的補貨政策來達到想要的目標。

在已知期待的週期服務水準下,計算需要的安全存量

我們的目標是在已知期待的週期服務水準下,獲得適當的安全存量水準。假設要採行連續複查政策,考慮在Wal-Mart的商店經理負責對店裡所有產品設計補貨政策。他已經針對樂高(Lego)組合玩具的基礎盒設定CSL的週期服務

水準。在已知前置時間 L 的情況下，商店經理想要確定一個可以達到期待服務水準的合適再訂購點和安全存貨。假設Wal-Mark的樂高組合玩具從本週到下週的需求是常態分配，而且是獨立，可以假設：

$$\text{期待的週期服務水準} = CSL$$
$$\text{前置時間的平均需求} = D_L$$
$$\text{前置時間內的需求標準差} = \sigma_L$$

從公式9.3知道 ROP（再訂購量）$= D_L + ss$。商店經理需要確定安全存量 ss，使得：

$$\text{Prob}（\text{在前置時間內的需求} \leq D_L + ss）= CSL$$

在常態分配的需求下（使用公式9.4），商店經理必須要確定安全存量 ss，使得：

$$F(D_L + ss, D_L, \sigma_L) = CSL$$

在反常態的定義中，可得到下面的：

$$D_L + ss = F^{-1}(CSL, D_L, \sigma_L)，\text{ 或 } ss = F^{-1}(CSL, D_L, \sigma_L) - D_L$$

使用附錄9A的標準常態分配及其反函數的定義，亦可表示如公式9.9。

$$ss = F_s^{-1}(CSL) \times \sigma_L \tag{9.9}$$

在例9.4中，將在期待週期服務水準下說明安全存量的計算。

例9.4

樂高在Wal-Mart商店每週的需求量成常態分配,平均需求為2,500盒,標準差為500盒,補貨前置時間為2週。如果為連續複查的補貨政策,請計算安全存量為多少才能達到90%的週期服務水準。

分析:在本例中得到以下資料:

$Q = 10,000$ 盒

$CSL = 0.9$

$L = 2$ 週

$D = 2,500$ 盒／星期

$\sigma_D = 500$ 盒

因每時期的需求量是獨立的,在補貨期間的需求平均 D_L 和標準差 σ_L 的常態分配下,使用公式9.2求得需求:

$$D_L = DL = 2 \times 2,500 = 5,000, \quad \sigma_L = \sqrt{L}\ \sigma_D = \sqrt{2} \times 500 = 707$$

使用公式9.9得到如下:

$$ss = F_S^{-1}(CSL) \times 標準差$$
$$= NORMSINV(CSL) \times 標準差$$
$$= NORMSINV(0.9) \times 707 = 906 \text{盒}$$

因此要有週期服務水準90%的安全存貨為906盒。

在期待滿足率下,計算期待安全需求存量

在期待滿足率 fr 下,計算期待安全需求存量,而事實上遵循的是連續盤點

的補貨政策。考量Wal-Mart的店經理對樂高組合玩具達到一個的滿足率。現行補貨的批量為Q。首先是用公式9.5來獲得補貨週期的期望缺貨ESC，這個期望缺貨如下：

$$ESC = (1-fr)Q$$

其次是在先前計算所得到的補貨週期期望缺貨ESC，以公式9.7求得安全存量（與Excel相等，公式9.8），要有一個提供答案的公式是不可能的，以不同的ss值在Excel上求解公式9.8，可容易獲得合適的安全量存。在Excel上，從GOALSEEK的工具可直接得到安全存量，以例9.5加以說明。

例9.5

樂高在Wal-Mart一星期的需求量成常態分配，平均2,500盒，標準差500盒，補貨前置時間為2週，而此經理現在要訂貨1萬盒。如果是連續複查的補貨政策，計算店裡的安全庫存為多少才能達到97.5%的滿足率？

分析：在本案例中，得到如下：

期待滿足率，$fr = 0.975$

批量，$Q = 10,000$盒

前置期間需求標準差，$\sigma_L = 707$盒

利用例9.5，得到以下補貨週期的期望缺貨：

$$ESC = (1-fr)Q = (1-0.975)10,000 = 250$$

現在利用公式9.7算安全存量ss如下：

$$ESC = 250 = -ss\left[1 - F_s\left(\frac{ss}{\sigma_L}\right)\right] + \sigma_L f_s\left(\frac{ss}{\sigma_L}\right) = -ss\left[1 - F_s\left(\frac{ss}{707}\right)\right] + 707 f_s\left(\frac{ss}{707}\right)$$

利用公式9.8，這個公式以Excel功能在說明如下：

$$250 = -ss[1 - NORMSDIST(ss/707)] \\ + 707 NORMSDIST(ss/707) \tag{9.10}$$

公式9.10是在Excel中以不同的ss值代入直到滿足公式9.10為止。一個更完美來解決公式9.10的方法是使用Excel的工具GOALSEEK，說明如下：

先建立電腦空白表格如圖9.3，D3格為任意的安全存量值ss。

使用Tool／Goal Seek引用GOALSEEK。在GOALSEEK的對話畫面輸入以下資料，並且點選ok，如圖9.3。在這個例子中，D3不斷改變直到A6等於250時的公式價值。

使用GOALSEEK，得安全存量ss＝67盒，如圖9.3。因此，Wal-Mart的店

圖9.3　使用GOALSEEK解決ss的Excel表

	A	B	C	D
1	Input			Variable
2	fr	σ_L	Q	ss
3	0.975	707	10000	67
4	Formula			
5	ESC			
6	250			

Goal Seek
Set cell: A6
To value: 250
By changing cell: D3

Cell	Cell Formula	Equation
A6	-D3*(1-NORMSDIST(D3/B3)) + B3*NORMDIST(D3/B3, 0, 1, 0)	11.10

經理應以安全存量為67盒才能達到97.5%的滿足率。

接下來要確定影響安全庫存量需求水準的因素。

❖ 安全存量中產品可用性與不確定性的影響

二個主要影響安全存量需求水準的因素是產品可用性與不確定性的需求水準。現在加以分別討論其在安全存量的影響。

現在談論安全存量的影響，如需求產品可用性增加，必要的安全存量將同時也增加。因為供應鏈必須能容納非尋常的高需求或非尋常的低供給，在例9.5中Wal-Mart的情況，對滿足率不同水準計算其需求安全存量如表9.1所示。

觀察滿足率從97.5%提高至98.0%，需要增加116單位的安全存量，而滿足率從99.0%提高到99.5%時，需增268單位的安全存量。因此，當產品可用性與安全存量提高，邊際效益也會增加。這種現象指出選擇合適產品可用水準的重要。需要高可用水準的產品與在那些情況下只需較高的安全存量對供應鏈的經理是非常重要。以任意選定產品高可用性的水準及要求其他所有產品是不合適的。

表9.1　不同滿足率下的需求安全存量

滿足率	安全存量
97.5%	67
98.0%	183
98.5%	321
99.0%	499
99.5%	767

> 在期待產品可用性增加下,需求安全存量快速成長。

從公式9.9可以看到需求安全存量 ss 在前置期間是受需求標準差的影響。而 L 前置期間的需求標準差 σ_D 是受前置期間的長短與需求期間的標準差 D 的影響,如公式9.2。安全存量與 σ_D 是線性的關係,在安全存量成長10%時,也成長10%。而安全存量也是因前置時間 L 增加而增加。如論如何,安全存量是前置時間(如果需求隨時間獨立)的平方根,且較前置時間增加較慢。

> 在前置時間或定期需求的標準差增加下,需求安全存量也隨之增加。

在不影響產品可用性下,減少安全存量水準是供應鏈管理者的共同目標。先前的討論強調兩個重要的管理手段來達到這個目標:

1. 減少供應商前置時間 L。假如前置時間以 k 因子減少,這需要安全存量將以 $\sqrt{k}$ 因子減少。唯一要注意的是要減少供應商前置時間需要供應商顯著的努力,同時也要減少在零售商所發生的安全存量;所以,與零售商分享利益是很重要的。Wal-Mart、日本的7-Eleven和很多其他零售商應用極大的壓力在它們的供應商,以減少補貨前置時間。像Dell這類製造廠已經要求供應商減少它們的前置時間。在此例中,利益是以降低安全存量的形式表示。

2. 減少需求的不確定性(以 σ_D 表示)。假如 σ_D 是以 k 因子減少,需要安全存量也以 k 因子減少。較好的市場情報與較精確的預測方法可能降低 σ_D 值。日本的7-Eleven提前提供商店經理有關受天氣影響的需求以及其他可能影響需求的因素等詳細資料,這個市場情報可讓商店經理有更好的預測來降低不確定性。然而,大部分的供應鏈,降低預測不確定性的關鍵是要能連結所有供應鏈到顧客的需求資料。很多的需求不確定的存在,只因僅規劃供應鏈的一個階段或個別自行作預測。這將扭曲整個供應鏈的需求,增加不確定性。於第五章所

討論的協同改善能夠顯著降低需求的不確定性。Dell和日本的7-Eleven與它們的供應商共享需求資訊，在供應鏈的安全存量內降低不確定性。

9.3 安全存量中供應不確定性的影響

討論到此，我們著重在需求不確定狀況的預測誤差形式。在很多實務的狀況，供給不確定扮演一個顯著的角色。考慮Dell於奧斯丁的裝配工廠事件。Dell在奧斯丁組合電腦送給顧客。當規劃零件的存量水準時，Dell必須清楚地計算需求的不確定性。然而，供應商由於許多的問題或許無法準時將需要的零組件送達，Dell在規劃安全存量時必須考慮供應的不確定性。

先前的討論，考慮固定的補貨前置時間。在這個例子中考慮前置時間是不確定和確認前置時間不確定在安全存量的影響。假設Dell的顧客每期需求與零件供應商補貨的前置時間是常態分配，提供下列輸入資料：

D：每期平均需求

σ_D：每期平均需求的標準差

L：補貨的平均前置時間

s_L：前置時間的標準差

在Dell以連續盤點政策管理零件存量之下，考慮其安全存量需求。假如在前置時間中需求超過再訂購量—ROP；即當Dell下一個補貨訂單時的存貨量，Dell會經歷零組件缺貨的情形。因此，需要確定在前置時間中顧客需求的分配。已知前置時間和週期性的需求是不確定，前置時間中的需求是一個平均需求為D_L與標準差為σ_L的常態分配，即：

$$D_L = DL \quad \sigma_L = \sqrt{L\sigma_D^2 + D^2 s_L^2} \tag{9.11}$$

管理供應鏈中的安全存量

在公式9.11中前置時間需求的分配和週期服務水準CSL之下，Dell使用公式9.9可得到需求的安全存量。假如產品可用性被定為一個滿足率，Dell可以從例9.5概述的程序獲得需求的安全存量。在例9.6中，我們說明Dell在安全存量需求水準下前置時間不確定的影響。

例9.6

Dell個人電腦的每日需求為常態分配，平均需求為2,500件和標準差為500件。個人電腦組合中，硬碟是一個關鍵零件，Dell對這硬碟的存量補充，供應商平均需要L天。Dell對硬碟的週期服務水準的目標為90%（提供接近100%的滿足率）。在前置時間的標準差為7天，請計算Dell的硬碟需有多少的安全存量？Dell正努力與供應商降低標準差到零，要達到這個期望，計算Dell的硬碟安全存量要降低到多少？

分析：本案中，有以下的資料：

平均每期需求，$D = 2,500$件

每期需求的標準差，$\sigma_D = 500$件

補貨的平均前置時間，$L = 7$天

前置時間的標準差，$s_L = 7$天

先用公式9.11來計算前置期間需求的分配如下：

前置期間的平均需求，$D_L = DL = 2,500 \times 7 = 17,500$件

前置時間需求的標準差：

$$\sigma_L = \sqrt{L\sigma_D^2 + D^2 s_L^2} = \sqrt{7 \times 500^2 + 2500^2 \times 7^2} = 17,550 \text{件}$$

使用公式9.9與公式9.24可算出需求安全存量如下：

$$ss = F_s^{-1}(CSL) \times 標準差$$
$$= NORMSINV(CSL) \times 標準差$$
$$= NORMSINV(0.90) \times 17{,}550$$
$$= 22{,}491 件$$

如果前置時間的標準差為7天，Dell必須存有22,491件硬碟的安全存量，這大約是9天的硬碟需求。

於表9.2中，提供Dell努力與供應商降低標準差到零時的需求安全存量。

從表9.2的觀察，減少前置時間的不確定，可讓Dell的硬碟安全存量明顯下降，當前置時間的標準差從7天降為零時，9天的安全存量數量將降到比1天還低的安全存量數量。

這例題強調前置時間的變異性在安全存量條件（和物質的流動時間）的影響，以及減少前置時間變異性或在時間運送的改善將有很大的潛在利益。通常安全存量在實務上的計算不包含任何供給不確定的衡量，導致比需求還低的存量水準。這對產品的可用性有負面的影響。

表9.2 需要的安全存量為前置時間不確定的函數

σ_R	σ_L	ss（件）	ss（天）
6	15,058	19,298	7.72
5	12,570	16,109	6.44
4	10,087	12,927	5.17
3	7,616	9,760	3.90
2	5,172	6,628	2.65
1	2,828	3,625	1.45
0	1,323	1,695	0.68

> 💡 降低供應的不確定性,有助於大量降低需求的安全存量,又不致傷害到產品的可用性。

實務上,供給前置時間的變異性是來自於供應者與訂單接收者兩方。供應商有較差的規劃工具以致無法有效規劃執行生產的排程。大部分的供應鏈,有一套好的生產規劃手法,可允許供應商符合所承諾的前置時間,這可以幫助減少前置時間的變異。另外,下單一方的行為通常會影響前置時間的變異。以一個例子說明,配送商於這週同一天下單給所有的供應商。結果,全部訂單在這週同一天送達,這激增的送貨使得無法在同一天來接收,只能在存貨送達的當天記錄下來。這會導致一個供應前置時間很長而多變的感覺。為調整這週的所有訂單,前置時間和前置時間的變異會顯著的降低,這也會讓配送商的安全存量減少。

接下來,要討論如何以集體降低供應鏈的安全存量。

9.4 安全存量中補貨政策的影響

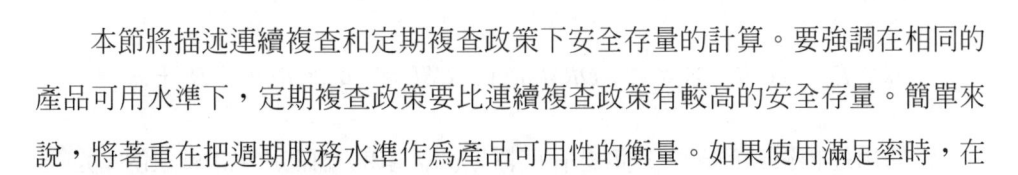

本節將描述連續複查和定期複查政策下安全存量的計算。要強調在相同的產品可用水準下,定期複查政策要比連續複查政策有較高的安全存量。簡單來說,將著重在把週期服務水準作為產品可用性的衡量。如果使用滿足率時,在管理的涵義是相同的。不過,這個分析是比較麻煩的。

❖ 連續複查政策

先前已詳細討論過連續複查政策,在這裡只討論其重點。當使用連續盤點政策時,當庫存降到再訂購點ROP時,經理訂購了Q單位。很清楚的,一個連續盤點政策需要一個可以監督可用存貨水準的技術。這也是很多公司像是Wal-Mart和Dell就連續監督庫存的情況。

已知一個期望的週期服務水準CSL,我們的目標是確定需要的安全存量ss與再訂購點ROP。假定這種需求為以下資料的常態分配:

D:每期的平均需求

σ_D:每期需求的標準差

L:補貨的平均前置時間

這個再訂購點表示在前置時間L滿足需求的可用庫存。在前置時間L如果需求大於再訂購點ROP則發生缺貨。假設這段期間的需求是獨立,前置期間的需求為常態分配,其基本資料:

前置時間中平均需求,$D_L = DL$

前置時間中需求標準差,$\sigma_L = \sqrt{L}\ \sigma_D$

已知一個期望的週期服務水準CSL,由公式9.9和公式9.3可以算出安全存量ss與再訂購點:

$$ss = F_s^{-1}(CSL) \times \sigma_L = NORMSINV(CSL) \times \sigma_L, ROP = D_L + ss$$

當使用連續複查政策,只需把在前置期間需求的不確定性計算在內。這是因為連續監督庫存允許管理者依經驗需求調整補貨訂單的時間。如果需求很高,庫存很快就達到再訂購點,導致快速補貨。如果需求很低,則庫存會較慢到達再訂購點,導致延後補貨。一旦補貨訂單發生後,這段期間,管理者沒有依靠可以求助,可用的安全存量必須在這段時間內能提供不確定的需求。

一般而言，於連續複查政策中，補貨週期中的訂單量都是固定的。最佳的批量可用第八章中討論到的EOQ公式計算。

❖ 定期盤點政策

定期複查政策，是在期間T定期清點庫存水準，下完訂單後將現有存貨加上補貨的量，等於是先前制定的存貨水準稱為下訂水準（Order Up To Level, OUL）。複查期間為兩個連續訂單之間的時間。依據持續訂單的經驗需求與訂購期間的存貨，每個訂單的數量可能改變。定期複查政策對零售商可能較容易，因為沒有要求零售商要有連續監督庫存的能力。供應商亦可能比較喜好，因為它們會在固定期間訂購補貨的量。

考慮在Wal-Mart工作的管理者，對回應樂高組合玩具補貨政策的設計，如果使用定期盤點政策，其要分析安全庫存的影響。對樂高組合玩具每週的需求都是獨立且常態分配，假設有下列的數字：

D：每期的平均需求

σ_D：每期需求的標準差

L：補貨的平均前置時間

T：定期複查的間隔

CSL：期望的週期服務水準

為了瞭解安全存量的條件，當管理者下完訂單時，連續追蹤整個事件的順序。管理者在$T=0$時開始下第一個訂單，則訂單的批量和現有庫存的總和即為下訂水準（OUL）。一旦下單後，補貨的量會在前置時間L後送達。下個複查的時間T為管理者訂下一個訂單的時候。然後在$T+L$時下個訂單的貨會送達。OUL代表可用的存貨要能應付在時間0和$T+L$期間產生的所有需求。Wal-Mart公司在時間0和$T+L$期間產生的需求大於OUL時，將會遭到缺貨的情況，所以管理者必須用OUL認清以下的敘述是真的：

$$\text{Prob.}(L+T\text{期間的需求} \leq OUL) = CSL$$

下個步驟是計算在 $T+L$ 時段之需求的分配。用公式9.2，在時段 $T+L$ 中，需求通常有下列情形的常態分配：

$$T+L\text{期間的平均需求}(D_{T+L}) = (T+L)D$$
$$T+L\text{期間的需求標準差}(\sigma_{T+L}) = \sqrt{T+L}\sigma_D$$

在這個案例中，在時段 $T+L$ 期間，安全存量是Wal-Mart超過 D_{T+L} 期間的數量。這個OUL和安全存量 ss 的關係如下：

$$OUL = D_{T+L} + ss \tag{9.12}$$

在已知一個週期服務水準CSL下，需要的安全存量如下所列：

$$ss = F_s^{-1}(CSL) \times \sigma_{T+L} = NORMSINV(CSL) \times \sigma_{T+L} \tag{9.13}$$

平均批量等於在複查期間 T 的平均需求，用以下公式表示：

$$\text{平均批量，} Q = D_T = DT \tag{9.14}$$

以例9.7來說明Wal-Mart的定期複查政策。

例9.7

對Wal-Mart公司，樂高玩具的每週需求以平均需求2,500箱和標準差為500箱的常態分配。補貨的前置時間為2週，管理者決定每4週複查一次。依據定期複查政策，試計算一個可以提供90%CSL的安全存量。並計算此政策的OUL。

管理供應鏈中的安全存量

分析：在此題中，有以下條件：

每期的平均需求，$D = 2,500$ 箱

每期的需求標準差，$\sigma_D = 500$ 箱

補貨平均前置時間，$L = 2$ 週

盤點時間間隔，$T = 4$ 週

先在時段 $T+L$ 得到需求的分配。用公式9.2，在時段 $T+L$ 的需求是常態分配如下：

$T+L$ 期間平均需求 $D_{T+L} = (T+L)D = (4+2)2,500 = 15,000$ 箱

$T+L$ 期間的需求標準差 $\sigma_{T+L} = \sqrt{T+L}\,\sigma_D = (\sqrt{4+2})500 = 1,225$ 箱

由公式9.13要達成CSL＝0.9的安全存量的公式為：

$$ss = F_s^{-1}(CSL) \times \sigma_{T+L}$$
$$= NORMSINV(CSL) \times \sigma_{T+L}$$
$$= NORMSINV(0.90) \times 1,225$$
$$= 1,570 \text{ 箱}$$

使用公式9.12，OUL為：

$$OUL = D_{T+L} + ss = 15,000 + 1,570 = 16,570 \text{ 箱}$$

所以每4週，管理者在16,570和目前的存貨量間訂購不同的批量。

現在比較使用連續與定期複查政策的安全存量。在連續複查政策，安全存量是用來應付前置時間 L 的不確定需求。而定期複查政策，安全存量是用來應付前置時間 L 與複查期間 $L+T$ 之間的不確定需求。在說明高度不確定時，定期複查政策需要一個較高安全存量水準。此論點可在例9.4及例9.7的解答中證實，90%的週期服務水準中，當使用連續的複查政策時，管理者需要906箱的安全存量。當使用定期的複查政策時，則需要1,570箱的安全存量。

> 在相同的前置時間及產品可用水準下，定期複查政策比連續複查政策需要更多的的安全存量。

當然，定期複查政策較容易實施，因為它對存貨不需要連續追蹤。當廣泛使用電腦條碼及銷售點系統後，連續追蹤所有的存貨，比1980年間顯得平常許多。同樣的例子，公司以其價值來分割它們的產品，高價的產品管理上使用連續複查政策，低價產品在管理上則使用定期複查政策。如果存貨的長期追蹤成本高於安全存量的節省來得高，把所有的產品改為連續複查政策是合理的。

9.5 多階層供應鏈安全庫存管理

討論到目前為止，我們係假設每一個供應鏈階段有明確定義的需求與供給分配，以用來設定安全庫存水準。實務上，在多階層供應鏈的情況下是不正確的。例如考慮一個簡單的多階層供應鏈，一個供應商供貨給賣到終端顧客的零售商。此時零售商必須知道需求與供給的不確定性，以便訂定安全庫存水準。然而，供應商的安全庫存水準將影響供給的不確定性。當零售商下訂單時，假如供應商有足夠的庫存，則供給的前置時間較短；相對的，假如供應商呈現缺貨狀態，則補貨給零售商的前置時間將增加。因此，假如供應商可以提高安全庫存水準，零售商便可以減少所持有的安全庫存量。這意味著在一個多階層供應鏈，所有階層之安全庫存水準是有相互關係的。

在一個階層和終端顧客之間的所有存貨稱為**階層庫存**（Echelon Inventory）。一個零售商的階層庫存僅是零售商所持有的存貨或送到零售商的在途存貨。然而，一個配送商的階層庫存則包括配送商本身所持有的存貨和其所要供給的所

有零售商存貨。在一個多階層供應鏈的情況下，每一階層的再訂購點與訂購量應該依據階層庫存來設定，而非當地庫存。因此，一個配送商的安全庫存水準應該依據它所要供給所有零售商的安全庫存水準而定。零售商所持有的安全庫存量越多，配送商所需的安全庫存量則越少。當零售商降低所持有的安全庫存水準時，配送商則必須增加安全庫存量，以確保零售商經常性的補貨可以執行。

假如供應鏈的所有階層企圖去管理本身的階層庫存時，如何區隔分散在不同階層之間的庫存是一個重要的議題。在供應鏈的上游持有庫存可以有較多聚集，因此可以減少所需的庫存量。然而，上游的持有庫存將增加終端顧客必須等待的機率，因為顧客無法在最接近的階層裡獲得所需的產品。因此，在一個多階層供應鏈下需決定不同階層的安全庫存水準。假如存貨非常昂貴，而且顧客也願意容忍一些延遲時，則增加上游的安全庫存量而非終端顧客，以發揮聚集效益。但假如存貨是價錢低廉，而且顧客對送貨時效很敏感，則最好在最接近終端顧客的下游增加安全庫存量。

9.6 資訊科技在存貨管理中的角色

許多供應鏈運用資訊科技系統改善存貨管理，因而節省了大量成本，這絕非誇大其詞。1980年代之前，存貨管理通常運用**經驗法則**（Rule Of Thumb），例如在倉庫儲存三個月的需求量。這通常不太適當（雖然不盡如此），結果造成錯的項目太多，對的項目太少。當產品需求高度變異或者關鍵水準有變化時，常會造成嚴重的錯誤。造成存貨過剩的第二大原因，是每個地點獨立管理自己的存貨，忽略了其他地點的存貨。結果形成服務水準偏低而且存量膨脹的存貨系統。

資訊科技系統的第一個貢獻,是把存貨管理帶離經驗法則,轉而以歷史需求和服務水準為基礎。資訊科技系統可以對百萬個SKUs進行分析,也能在需求改變時重新計算存貨水準。該分析和因應需求變化而改變存貨的能力,通常會明顯降低存貨,同時也提高服務水準。一段時間之後,資訊科技存貨管理系統的技術又演變得更成熟,包含各種不同的需求分配,可達到比常態分配更良好的需求模式。

1990年代中期以來的一大改進,是包含了多重階層模式,讓存貨分析不再僅限於個別的地點,而能橫跨整個供應鏈網路。就單一個點所作的分析,往往會造成存貨重複,這是因為每個點各有其規定的存貨水準。相反的,多重階層分析藉由指派適當的存貨位置,來減少整體網路的存貨。有些更先進的公司還把存貨系統和其供應商及顧客的系統連結起來。這很重要,因為公司需持有的存貨數量,端視顧客持有數量和供應商持有或將生產的數量而定。資訊科技系統也能讓存貨管理和生產計畫連結,把存貨決策和生產決策連結起來。

隨著產品越來越多樣化、產品的生命週期縮短和需求的快速波動,今天不用資訊科技系統幾乎已經無法管理存貨。資訊科技系統以下列能力改善存貨管理:可處理大量產品、可經常被更新,以及可在企業內和整個供應鏈中,協調其他需求和供應規劃系統。

然而,存貨管理系統仍然有很大的改善空間。其中一個範疇是,建立不同的情況下的需求模型。使用過度簡化的需求分配通常很不精確,甚至造成存貨水準比使用經驗法則還要糟。例如,試想積存在生產場所的各種零件。這表示中某種零件的平均需求可能非常低,但是需要的時候,它不僅非常重要,而且可能還需要另一組特定零件。這時,以常態分配和獨立需求所建立的需求模型,結果可能很糟。

另外一個存貨管理系統改善的範疇,是橫跨供應鏈的應用資訊系統整合。存貨對供應鏈內的供需變化有緩衝的作用。因此,如果存貨管理系統不能和其他規劃執行系統緊密溝通,就無法得到最佳的存貨水準。存貨管理系統和需求

規劃系統的溝通，對於季節性和促銷需求的影響特別重大。如果存貨管理系統無法提供能見度，也無法與其他資訊科技系統作有效溝通，往往是成功的最大障礙。

存貨管理系統的賣主，正是主要的供應鏈管理應用資訊系統的提供者，包括ERP業者的SAP和Oracle、i2 Technology和Manugistics等。也有一些以不同產業為利基的公司，具有重要的存貨管理套件。

總括而言，存貨管理系統扮演了改善供應鏈績效的重要角色。由於越來越多供應鏈系統開始以其夥伴的存貨和產能為基礎來設定存貨水準，資訊科技的重要性未來仍會持續成長。

9.7 問題討論

1. 安全存量在供應鏈中扮演的角色是什麼？
2. 解釋前置時間的減少，如何幫助供應鏈減少安全存量而又不損害到產品可用性。
3. 產品可用性之不同衡量的正反論調是什麼？
4. 描述訂購政策的兩種形式和安全存量上彼此的影響。
5. 安全存量中供應不確定的供給影響是什麼？
6. 為什麼像Home Depot這類擁有少量大型商店的硬體連鎖商店與比擁有多家小型的硬體連鎖商店Tru-Value相比，前者能以較少的庫存提供較高的產品可用性？
7. Amazon網路書店與透過零售店販賣的連鎖商店相比較，為什麼前者可以在較少存貨下提供多樣的書籍與唱片？
8. 在1980年代，油漆販賣是依顏色及容量大小。在今日，油漆已由油漆店依

需求配好顏色，討論供應鏈中安全存量在此種改變的影響。
9. 有種新技術可使書本在10分鐘內印好。Borders決定為每一間店購入這種機器。他們必須決定那些書籍存放在店裡與那些書籍才需要用這些技術印出。你會推薦暢銷書或其他書籍？為什麼？

供應鏈的運輸

Chapter 10

學習目標

本章將討論運輸在一個供應鏈中扮演的角色,且在制定運輸決策時所必須考量的替代方案。本章的目標是要使負責運輸決策的管理者具有訂出運輸策略、設計、計畫及作業能力,並瞭解他們所作選擇的所有優點與缺點。

讀完本章後,您將能:

1. 瞭解運輸在供應鏈中所扮演的角色;
2. 評估不同運輸型態的優缺點;
3. 辨明各種運輸網路設計方案及其優缺點;
4. 設計運輸網路時要辨明的替代方案;
5. 運輸網路中途程與日程方法論的應用。

10.1 運輸在供應鏈中所扮演的角色

運輸是指產品由一個地點到另一個地點的移動,也就是由供應鏈中的起點運送到顧客端的過程。由於產品很少在同一地點生產並消費,運輸於是成為供應鏈重要的驅動因素,也是大多數供應鏈成本結構的重要因素。事實上,運輸作業在2002年占美國國民生產總值(GDP)的10%以上,只有房屋、健康照顧和食品等三個產業,對GDP的貢獻大於運輸;2002年運輸相關工作僱用了將近2,000萬人,占美國總僱用率的16%。

運輸在全球性供應鏈中所扮演的角色就更為重要。目前Dell電腦的供應商分布世界各地,但僅以少數工廠生產,提供給全世界的顧客;運輸使得Dell的產品能夠在全球網路中移動。同樣的,全球運輸系統也讓Wal-Mart能在美國境內銷售全球各地製造的產品。

國際貿易逐漸形成世界經濟活動占有最高比例的項目。依據美國運輸統計局(Bureau Of Transportation Statistics)的資料,1990到2001年期間,美國進出口貿易的總國際商品的平均年增率是9.3%。同期間,國際商品貿易的成長速度比美國經濟成長高出3倍以上。1970年到2001年間,美國的國際商品貿易成長超過20倍,而同期間的美國經濟成長約為10倍。隨著國際貿易的快速成長,如何妥善運用多元化貨物運輸系統來移動貨物,也變得比以往更為重要。

妥善運用運輸系統是供應鏈成功的關鍵。IKEA是北歐的的家具零售商,以有效率的運輸為基礎,建立了遍布23個國家、約180個店面的全球網路。2004年8月底,IKEA的年度銷售達到128億歐元。IKEA的策略是以低價格提供高品質的產品,其目標是每年降低成本2到3%。因此,IKEA積極為每項產品尋找全球最便宜的來源。組合式的家具設計,使得IKEA比傳統家具製造商能夠以更符合成本效益的方式在全球運輸其貨品。IKEA的大型店面和大規模裝運,使得

家具能夠很便宜的一路運送給零售店；再加上符合效益的採購和低廉的運輸，讓IKEA在全球能以低價供應高品質的家具。

日本的7-Eleven是另一家運用運輸來達成策略目標的公司；公司有一個目標是，不論何地、何時，店內都備有產品，來滿足顧客的需求。為了達成此目標，日本7-Eleven採用了快速回應的運輸系統，表達各零售店在一天內數次補貨，讓產品的可取得性符合顧客需求。來自不同供應商的產品，依據所需溫度集貨於卡車上，以達到能夠以合理的成本作非常頻繁的運輸。日本7-Eleven運用快速回應運輸系統和集貨處理，降低其運輸和接收成本，同時確保產品的可取得性高度符合顧客需求。

供應鏈也運用快速回應的運輸系統來集中存貨，並且以較少的設備來運作。例如，Amazon網路書店仰賴包裹遞送和和郵務系統，從集中存貨的倉庫直接運送顧客的訂貨。Dell在美國少數地點製造，並運用包裹運輸業者所提供的回應式運輸系統，以提供顧客價格合理的高度客製化產品。

貨主（Shipper）是供應鏈中需要將產品在二點間移動的一方。載運者（Carrier）則是移動或運送這些產品的一方。例如，Dell使用UPS將電腦從工廠運送給顧客時，Dell電腦就是貨主，UPS就是載運者。另有兩者對運輸有重要的影響：運輸基礎設施的所有者和操作者，例如道路、港口、運河和機場；以及制定全球運輸政策的團體。上述四者的作為會影響運輸系統的效益。

要瞭解供應鏈中的運輸，必須就上述四者的觀點考量。載運者制定投資決策時會考量運輸設備（火車、卡車、飛機等），而有時考量的是基礎設施（鐵路），然後再決定運作決策，以期將投資在這些資產上的報酬予以最大化。而貨主則是藉由運輸來使總成本最小化（運輸、存貨、資訊、採購和設施），以提供顧客適當的回應水準。

我們可以把運輸網路想成許多結點和連結線的組合。運輸從一個結點開始，在連結線上行進，然後在其他結點結束。諸如港口、道路、水路航道和機場等基礎設施，對大多數運輸型態的結點和連結線來說都是必要的。大多數運

輸基礎設施在世界各處都被當成公共財（Public Good）來管理，如此一來才會有足夠的經費來維護和擴大產能。運輸政策設定了國家資源的運用方針，以改善運輸基礎建設。此外，運輸政策著眼於**預防壟斷、推動公平競爭**，以及**平衡運輸中的環境、能源和社會層面顧慮**。

接下來我們將探討各種運輸型態的成本與績效特性。

10.2 運輸型態及其績效特性

供應鏈使用下述運輸型態的組合為之：

- 空運
- 包裹遞送
- 公路
- 鐵路
- 水路
- 管線
- 跨態聯運

2002年美國的商業貨運活動型態如表10.1所示。

在討論不同運輸型態之前，必須先瞭解美國經濟的幾個重要趨勢。從1970到2002年間，美國的實際GDP，以2000年的幣值計算，成長了176%。同時期，美國的貨運，以噸－哩（Ton-Mile）衡量，只成長了73%。1970年，2.1噸－哩的貨運只產生1美元的貨物GDP。但在2002年，僅1.1噸－哩便產生1美元的貨物GDP。這個趨勢反映出，新技術縮小了產品的尺寸，因而改善了貨物運輸系統的效益。

任何運輸型態的效率，都會受到運送者的設備投資和作業決策，以及基礎

表10.1　運輸實例

運輸型態	貨運價值($10億)	1993年以來的變化百分比	貨運噸數($10億)	1993年以來的變化百分比	貨運噸—哩(百萬)	1993年以來的變化百分比
空運（含陸空聯運）	777	96.7	10	45.9	15	63.2
公路	6,660	42.2	9,197	26.4	1,449	55.5
鐵路	388	39.2	1,895	19.9	1,254	29.9
水路	867	39.9	2,345	10.2	733	−16.9
管線	285	−8.7	1,656	3.8	753	27.0
跨態聯運	1,111	67.0	213	−7.5	226	36.7

設施和運輸政策的影響。運送者的主要目標是確保其資產的利用率，並提供顧客可接受的服務水準。運送者的決策會受下列因素影響：設備成本、固定作業成本、變動作業成本、運送者希望提供給目標市場的回應性，以及目標市場能負擔的價格。例如，FedEx為包裹運輸設計了一種**輻軸式**（Hub-And-Spoke）空運網路，以提供快速可靠的遞送時間。相對的，UPS則運用空運、鐵路、公路的運輸組合，以提供較便宜但遞送時間稍長的運輸。這兩種運輸網路的差異，反映在各自的價格時間對照表上。FedEx主要是依照包裹大小收費；UPS則同時以包裹大小和目的地來收費。以供應鏈的觀點來看，當價格與目的地無關，而貨品迅速送達最重要時，採用輻軸式空運網路比較恰當；當價格隨目的地而有所不同，而且送達時間稍慢是可以接受的情況下，公路運輸就比較適合。

❖ 空運

包括美國航空、聯合航空、達美航空等美國主要航空公司，會同時載運乘客及貨物。航空公司在基礎建設與設備上有很高的固定成本，至於人工與燃料成本和航運相關，而與載運的旅客及貨物數量無關。航空公司的目標是要使一

架飛機每日的飛行時間最大化而產生收益，在此頗高的固定成本及相對低的變動成本情況下，航空公司座位價格的改變及分成不同等級價位的收益管理，就成為航空客運公司成功的主要因素。目前，航空公司在實務上只針對客運及極少數的貨運實施收益管理。

空運載運業對運輸提供了快速而公平的收費模式。小而高價值的或是對時間敏感的緊急運送訂單，且要運送長距離的產品項，最適合空運方式。通常空運最適於產品500磅以下，高價但重量輕的高科技產品。隨著高科技產業的發展，近20年來，即使空運的載重量下降，但是空運的價值卻提升了不少。

空運業所需面對的關鍵議題包含了航站數與地點的確認、飛行途徑的指派、飛機維護日程的設定、機組員排班表、價格管理及不同價格的提供。

❖ 包裹遞送

包裹遞送包含了如FedEx、UPS及美國郵局等的小包運輸公司；其運送的對象是由信件到重約150磅的包裹。包裹遞送業常利用空運、卡車及鐵路來輸送具時效性的小包裹。包裹遞送在面對大量運輸成本時，其運費昂貴且難與散裝貨運競爭，只有對小型且具**時效性**的貨品，貨主才會以包裹來遞送。包裹遞送業者也會提供其他附加價值的服務，以協助貨主加速存貨流動及追蹤訂單資訊；經由訂單狀態的追蹤，讓遞送業者能主動通知顧客包裹狀況。包裹載運同時可至起點取貨並將其送至目的地；隨著**及時運送**（Just-In-Time, JIT）的興起及產業對降低存貨水準的努力，包裹遞送的需求已逐漸成長。

像Amazon網路書店和Dell、Grainger及Master-Carr等電子化企業將小包裹運交顧客時，包裹遞送即為較佳的選擇。隨著電子化企業的成長，包裹載運在過去幾年也顯著的增加。包裹遞送主要是以空運為主，像FedEx就類似航空貨運，但所運送的產品較小、裝運時間快，且資料追蹤與其他的附加價值更為重要。FedEx以卡車在起運點取貨及運送至目的地。而空運業者則無法提供此類

組合性的服務。企業會利用航空貨運輸送大量的貨品，而以包裹載運來輸送小但時間急迫的產品；例如，Dell使用空運運送亞洲生產的元件，但卻使用包裹遞送將個人電腦（PCs）送至顧客手中。

就已知的小包及運送點，**運送任務的整合**是提升包裹遞送利用率及減少成本的關鍵因素。包裹遞送業者以卡車作為當地運輸工具並收取包裹。然後將包裹送到大型的分類中心，再利用整車裝載或空運方式，送至接近運送點的分類中心，再將包裹以小卡車**一趟多點**（Milk Run）地送貨到家。此產業的主要議題包含了轉運點的位置與產能，以及調配追蹤包裹的資訊處理能力。至於運送至顧客端之主要考量，著重於卡車的排程及進程指派。

❖ 公路運輸

在2002年，卡車在公路上承擔了美國64%貨運價值及58%貨運重量的貨品運送。公路運輸以**卡車載運**，主要有**整車**（TL）與**散裝**（LTL）兩種形式。整車裝載是以車次計費與裝運量無關，其費率因運送距離而變化；散裝則是以裝運量及運送距離作為計價基礎。一般而言，卡車運費比鐵路貴，但卻具有送貨到府及運送時間較短的利益。同時在取貨及送貨之間不需轉換。美國主要的卡車運輸公司有Schneider National、JB Hunt、Ryder Integrated、Werner及Swift Transportation等。

整車裝載作業有相對較低的固定成本；只要擁有少數幾輛卡車，就可以入行營業，結果造成有很多的卡車運輸業者存在。Schneider National是最大的整車裝運公司。在1996年時，在美國40大卡車業者只有17%的市場占有率。在TL產業中，連續兩次裝載間的閒置時間與運送距離均要計入成本中。因此，業者會嘗試將裝運日程配合服務需求，以使卡車閒置時間與空車運輸時間最小化。

TL以運送距離計價可產生經濟規模。相對的，以聯結車為例，在計價時也

會就車輛大小，依經濟規模觀念來計價。TL裝運方式較適合製造設施與倉庫間或供應商與製造商間的運輸。例如，P&G提供了到顧客倉庫的TL裝運方式。

　　散裝作業的計價方式是適於小批量的運輸，雖然TL在量大時比較便宜，但是如果裝運量不到半車時，則LTL就較為划算。以裝運量及運送距離的計價方式，可顯現一些經濟規模。因為LTL要額外的取貨及卸貨作業，因而較TL的裝運時間長。LTL運輸較適於裝運太大不易郵寄，但少於整車一半裝運量的包裹。

　　減少LTL成本的關鍵為裝運與裝運量的統合程度。LTL業者運用**集貨中心**，卡車從一個地區帶進許多小包，並將其運至顧客所在地。雖然運送時間稍微增加，但使得LTL裝運業者改善其卡車使用率。LTL業中較大的公司由於設立集貨中心的固定成本而產生較大利益；因為在一個區域內高密度的取貨與運輸點所產生的利益，使得LTL業在區域內有強力的發展。

　　對LTL產業的關鍵議題包含了集貨中心的位置、卡車裝載的指派、取貨及送貨排程與途程；其目標則是在不妨害運送時間與信賴度的情形下，經由集貨統合使成本最小化。

❖ 鐵路

　　北美洲的主要鐵路運輸包括了Burlington Northern Santa Fe、Canadian National、CSX Transportation及Norfolk Southern等公司。鐵路運輸業者在鐵路、火車機頭、車廂及調車廠的固定成本很高。運送成本與距離和時間無關，但會因運輸距離與時間有關的人工與燃油成本（燃油成本會因車廂數多寡而有變化）會有顯著的變化。一旦火車啟動後，即使火車沒有移動，但因仍會發生人工與燃油成本，任何時間的閒置都會有很高的成本。當目的地不同而轉換車廂及鐵軌擁擠時會產生閒置時間。此人工與燃油成本佔鐵路運輸費用60%以上。由作業觀點來看，保持火車機頭及機組員的利用率對鐵路運輸而言是非常重要的。

鐵路運輸的計價結構與重裝載的能力，使得鐵路成為裝運大、重及高密度的產品且長距離運輸的理想工具。然而鐵路運輸的時間卻可能會較長。因此，鐵路是裝運重量重但價值較低產品的理想工具，但時間敏感度較差，而為了降低運輸成本，便採用成本較低像煤的能源作為動力主要來源。小、趕時間、短距離及前置時間的運輸極少會使用鐵路運輸。

鐵路運輸的主要目標是要維持火車機頭及機組員的利用率。鐵路運輸的主要議題包括了車輛與人員排程、鐵軌場站的誤點與準點績效。對鐵路運輸績效傷害最大的，就是每次轉運所必須耗費的大量時間。鐵路運輸的移動時間通常只占鐵路裝運總時間的一小部分。延遲的情形持續擴大，乃是因為火車行車時刻，不是根據排程的結果安排，而是以堆積木的方式拼湊出來的。換句話說，當有足夠車廂裝載足夠貨運量，車廂會等待載貨，並加入貨主之不確定的輸送日期後，火車才會離站。鐵路運輸可以排定部分的裝運排程來替代建立的全部排程以改善準點績效。如此的設定會使定價策略越形複雜，對安排好排程的車班將會需要制定收益管理。

❖ 水路

美國主要的海運有 Maersk Sealand、Evergreen Group、American President Line 及 Hanjin Shipping Co. 等公司。水路運輸因為受到先天因素限制，因此在美國與世界各地都會被限制在某一特定區域。在美國境內水路運輸使用內陸的水運系統（大湖區及河流）或海岸線。水路運輸特別適合低成本、運載極大量的貨物。美國境內的水路運輸主要被用來裝運大批量的貨物，且此種運輸方式是運載此類貨品最便宜的模式。然而，卻是所有運輸型態中速度最慢的，而且經常會在碼頭或場站發生遲延現象。雖然在日本及部分歐洲國家中，每天短程航行幾公里的水運方式很有效的被採用，但此種特性很難讓水運執行短途航行。

在美國境內，1998年的海洋運輸改革法案對水運載貨有很大的影響。此法

案允許載運者及貨主納入合約，以有效地解除此產業的束縛。此項法案極類似1970年代所發生的卡車與航空產業的鬆綁，而對運輸業產生極大的影響。

在全球貿易環境中，水路運輸是各種產品所採用的主要工具，如車輛、五穀雜糧、服飾及其他產品經由水陸運輸進出美國。對裝運量及距離而言，水運是全球運輸中最便宜的運輸型態。至於誤點、海關與貨櫃管理則是全球運輸中最主要的議題。

❖ 管線

管線主要適用在原油、提煉後之油品及天然氣的輸送。在設置管線與相關基礎建設上，會發生顯著的期初固定成本，而管線直徑變化對期初固定成本沒有明顯影響。典型的管線作業大約在使用80%到90%的管路容量為最佳。由於其成本特性，大而穩定的流量最適合運用管線作為輸送工具。因此管線是將原油送到港口或煉油廠最有效率的方法。但以管線方式將汽油送到加油站則未必符合投資效益，反而是以卡車運送較為可行。管線的計價通常包含兩個部分：一個是貨主在需求高峰時使用的固定部分，另一個則是實際運送量的計費。此種計價結構會促使載運業者於需求可預測時採用管線運輸，而在需求變動時採用其他的運輸型態。

❖ 跨態聯運

跨態聯運是運用一種以上的運輸型態來運送貨物。而各種跨態聯運組合的變化都是可能的，其中以卡車與鐵路的組合最為普遍。主要提供跨態聯運的有CSX Intermodal、Pacer Stacktrain與Triple Crown等公司。因為全球貿易及貨櫃使用的增加使得組合運輸方式成長快速。貨櫃很容易在不同運輸型態間作轉運及使用不同型態間的設施。對全球運輸而言，貨櫃運輸最常用在卡車／海運／

鐵路的組合上。對全球貿易而言，由於工廠與市場不會剛好在兩個碼頭上。因此，此種跨態聯運組合將是唯一的一種選擇。當貨櫃使用量增加，卡車／海運／鐵路的跨態聯運組合運輸方式便會跟著成長。在1996年時，跨態聯運作業為鐵路運輸創造了16%的收益。在內陸運輸中，鐵路／卡車跨態聯運系統較卡車運輸成本低，運輸時間則又較鐵路來得短。跨態聯運結合了不同運輸型態來創造價格與服務優勢。同時也為運送業者帶來處理可共同使用不同裝運工具的便利性。

跨態聯運的主要議題牽涉到不同運輸型態間轉運設施的資訊互換，因為這些轉換會嚴重影響誤點而傷害運輸時間的效益。

10.3 運輸基礎設施和政策

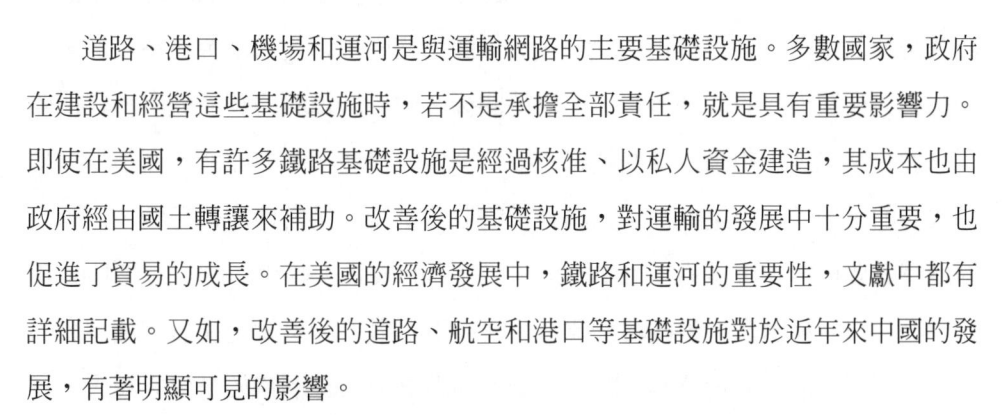

道路、港口、機場和運河是與運輸網路的主要基礎設施。多數國家，政府在建設和經營這些基礎設施時，若不是承擔全部責任，就是具有重要影響力。即使在美國，有許多鐵路基礎設施是經過核准、以私人資金建造，其成本也由政府經由國土轉讓來補助。改善後的基礎設施，對運輸的發展中十分重要，也促進了貿易的成長。在美國的經濟發展中，鐵路和運河的重要性，文獻中都有詳細記載。又如，改善後的道路、航空和港口等基礎設施對於近年來中國的發展，有著明顯可見的影響。

探討運輸基礎設施的政策問題之前，有必要先看看美國的鐵路和道路的發展史，以瞭解相關議題。我們摘錄了Ellison（2002）對鐵路歷史和產業規範的討論。美國的鐵路建設在1950年代迅速發展，這些鐵路是私有的，但主要是由政府補助建造，通常是採國土轉讓的形式補助。到了1970年代，鐵道網路已經連結了大部分美國地區，但每條鐵路都是根據個別運輸業者依其行動路線所

建。此獨占性使得每條鐵路收取的費用和服務水準各不相同。新鐵路初期都會導致某些費率上的競爭，於是鐵路公司彼此簽訂協議，結束了費率競爭並且提升費率。後來農民和其他鐵路使用者提出抗議，終於促成州際商業委員會（Interstate Commerce Commission, ICC）的成立，禁止差異化定價。ICC要求鐵路業者呈報費率並將之公布。鐵路業者則形成聯盟，以限制供應來回應。這導致1890年的雪曼反托辣斯法案（Sherman Antitrust Act）的通過。1940年代，為了因應鐵路業者的財務困境，政府允許某種程度的協調，並讓他們免除反托拉斯法案的約束。1970年代早期，其他運輸型態的成長，以及重整資產的必要性，讓鐵路業者再陷財務困境。1980年史德格的鐵道法案（Staggers Rail Act of 1980），解除了百年來對鐵路業者的管制，讓他們有部分制定費率的權力，並且放寬進出的限制。該法案也去除了鐵路業者的反托拉斯豁免權。美國的解除管制行動，造就了一波鐵路產業合併和組織重整的風潮。整體而言，解除管制的結果，改善了鐵路產業的財務績效，並強化了運輸業者對鐵路的運用。

　　Levinson（1998）對於道路建設和價格也有深入的探討。在1700年晚期，收費高速公路在美國的維吉尼亞州、馬里蘭州和賓州以公共基金建造，但後來轉給私人公司而且收取通行費。一段時間後，由於城鎮間的貿易競爭，其他收費高速公路也建造起來。這些道路主要是靠地方資金和努力建造，而不是靠聯邦政府的土地轉讓。這些高速公路通常的收費結構，是當地旅行免費，但跨越區域時就要付費才有權通行。由於鐵路和運河的成長，收費高速公路在1800年代中期面臨財務困難，最後轉為政府公共道路。到了20世紀，隨著運輸型態的改變，對更高品質的道路有所需求。國家免費高速公路網路於是建立起來，資金大半是來自汽油稅的收入。同時期，隧道和橋樑等設施通常都會收取通行費。其他如法國和西班牙等國家，這些設施的經營權常會轉讓給收取通行費的私人公司。晚近，私人收費道路也在馬來西亞、印尼和泰國等地出現。

　　由以上例子看來，政府擁有或是管制獨占性的運輸設施資產，似乎很合理。當運輸設施資產有所競爭時，不論是在相同運輸型態或不同型態間的競

爭，私人擁有權、解除管制和競爭似乎都處理得很好。美國對運輸產業的解除管制就是實例。然而，必須謹記，道路、港口和機場仍然大部分是公有而非私有；這是因為運輸設施資產固有的獨占特性。在此設定下，讓政府擁有這些資產是合宜的。於是就產生了建設和維護這些公有運輸資產的財務政策問題。資金該取自汽油稅收嗎？或者有其他如通行費等更適當的資金來源？

Vickrey等經濟學家贊同這些資產的公共所有權，但認為應該搭配**準市場價格**（Quasi-Market Prices）以增進整體效率。準市場價格必須考量這兩者的動機差異，亦即，擁有這些設施的政府和使用這些設施的個體。差異如圖10.1所示，以道路交通為背景。

開車者基於使用的成本和利益來決定運用高速公路。圖10.1假設此趟行程對不同的人有不同的價值，而此價值平均分配在一段距離裡頭。開車者使用這段距離的價值超過一個特定成本時，使用人數由需求曲線來界定。開車者的成本包括在高速公路上花費的時間成本，以及操作與維修汽車的成本。我們都知道在高速公路上塞車時的時間花費呈非線性增加，因此每個開車者的平均成本會隨交通流量增加而增加，如圖10.1所示。假定人們對於使用這條道路的評

圖10.1 平均成本和邊際成本對車流量的影響

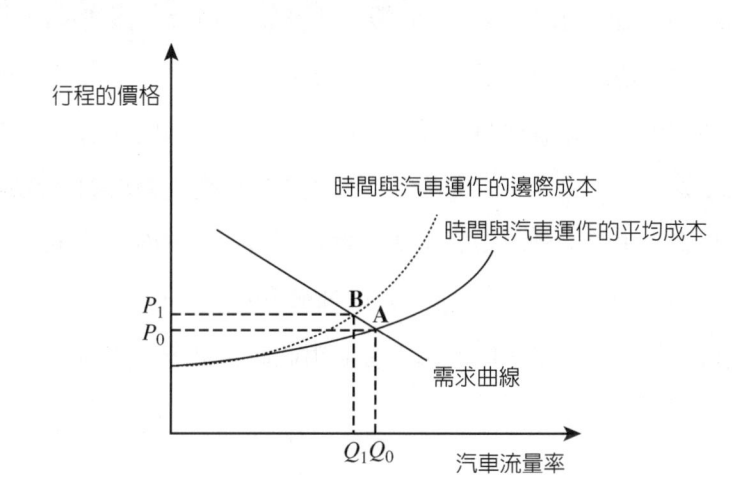

估,即使用這條道路的開車者人數,是在需求曲線和平均成本曲線的交點A。在此條件下,開車者平均成本是P_0,而交通流量是Q_0。然而從公眾觀點來看,比較重要的是,每增加一位開車者對總成本會有何影響。我們可以觀察到,每增加一位開車者,平均成本僅微幅增加,但開車者的總成本卻會大幅增加。此現象由圖10.1中的邊際成本曲線表示,該曲線衡量交通流量增加時造成的總成本增加量。可以看到邊際成本曲線高於平均成本曲線。換言之,一位開車者對總成本的邊際影響要比他(或她)平均分攤的影響來得高。從邊際成本的觀點,應對開車者收取$P_1 - P_0$的通行費,以反映其對高速公路系統影響的真實成本。此費用會降低汽車流量到Q_1。換言之,如果不收通行費,不但會使得運輸基礎設施受到過度使用,還會增加使用者的塞車成本。Vickrey用一個簡單的範例來作說明此問題(請參考 Button And Verhoef, 1998)。某團隊成員出去買晚餐時,如果計畫由大家平均分攤,很可能會買很昂貴的東西。因此可以說,總消費的平均分攤金額,往往會比個人根據自己的實際情況所作的消費金額來得高。如果定價與塞車無關,此情形對運輸基礎設施亦然。

因此,運輸基礎設施的準市場價格,在尖峰時間和地段的價格較高,其他地區和時段則較低。如此的定價方式並不常見,基本上只見於新加坡和一些歐洲城市的市中心。就某些港口和機場來說,擁塞是主要因素,例如洛杉磯的長堤(Long Beach)港口於2004年有過嚴重的擁塞。造成此擁塞情況的因素包括:用鐵路運送貨櫃的容量問題、勞工短缺、技術問題,以及許多運輸商希望每個週末從亞洲到貨,以確保整個星期的供應。以上種種因素造成了長堤港口尖峰時間嚴重擁塞,而且尖峰時間的工作量也因貨櫃變大而增加。就此情況來說,使用尖峰費率來分散到港時間是個有效的政策。整體而言,除非使用者知道且認同其行為對社會的邊際影響,否則運輸基礎設施的擁塞問題始終會存在。最好的解決辦法可能是,收取擁塞費並用此收入來改善運輸基礎設施的效能。

> 由於運輸基礎設施固有的獨占性，通常必須由政府擁有或加以管制。在無獨占的情形下，解除管制和市場供需是有效的機制。當運輸基礎設施為公有財時，重要的是使用者付費，以反映其對社會成本的邊際影響；否則，就會因為單一使用者所要負擔的成本小於他或她對總成本的邊際影響，而導致過度使用和擁塞。

10.4 運輸網路的設計選擇

　　運輸網路的設計會影響供應鏈的績效，因其所制定有關排程與途程的運輸作業決策會影響基礎建設的構建。一個設計優良的運輸網路可使供應鏈在低成本結構下達成所需要的反應程度。本節將在文中討論一些運輸網路的不同設計，並對零售連鎖與其許多分店及不同供應商之每一選擇的優缺點予以探討。

❖ 直接運送網路

　　採用直接運送網路方式，零售連鎖店的所有運送，均直接由供應商將貨品運送至零售店，如圖 10.2 所示。在直接運送網路中，每個運送路徑均已指定，供應鏈經理只要決定運送量及要使用的運送型態。此項決策牽涉到運輸與存貨成本的取捨，將於後討論。

　　直接運送網路的主要優點是減少了中間倉儲，作業及協調單純。其運送決策完全只限當地區域，而不會影響到其他地點。由於每次運送都是直接的運送，因此自供應商至零售店的運輸時間短。

圖10.2　直接運送網路

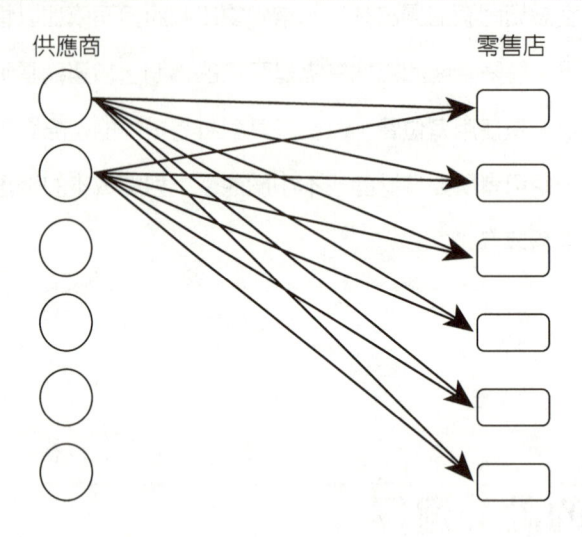

供應商　　　　　　　　　零售店

　　如果零售店規模大到其補貨的最佳批量接近整車裝運量時，便可使用直接運送網路。若零售店規模小，則直接運送網路的運送成本便較高。如果採用TL來運送時，每輛卡車的高固定成本便會大量的自供應商轉嫁到零售店，結果便造成高供應鏈存貨。如果採用LTL來運送時，雖然存貨量較低，但運送成本及時間卻會增加。若使用包裹遞送方式，運送成本將更提高。自每一供應商直接運送貨品時，則因為供應商必須分別運送以致接收成本高。

❖ 一趟多點的直接運輸

　　一趟多點的路徑乃是一輛卡車將貨品自一家供應商運送至多家零售店，或是自多家供應商將貨品運送至一家零售店，如圖10.3。在一趟多點直接運送中，供應商直接將多家零售店貨品裝在一輛卡車上或是到多家供應商處取貨裝載送貨到一家零售店。因此，運用此方式運送時，供應鏈經理便必須決定每次取貨或送貨時的卡車運送路徑。

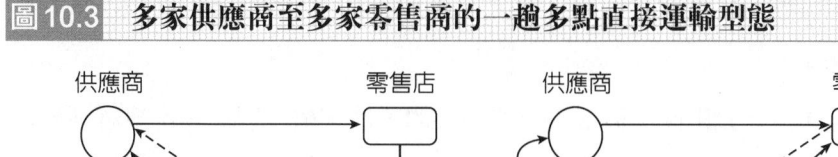

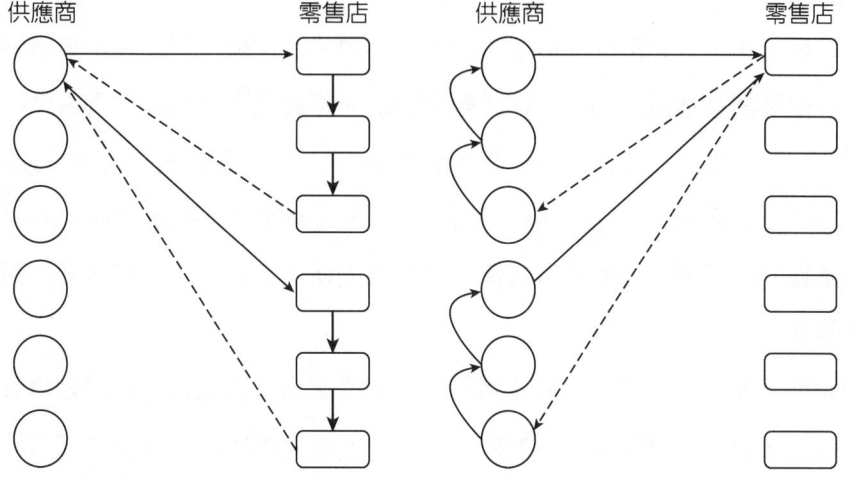

圖10.3　多家供應商至多家零售商的一趟多點直接運輸型態

　　直接運送消除了中間倉儲，而一趟多點的運送經由一輛卡車集合多點貨品裝運可降低運輸成本。例如，每家零售店的補貨批量也許很小而需要LTL直接裝運。一趟多點運輸允許業者將多家零售店的貨物集合在一輛卡車上，以提高卡車使用率降低成本。提供直接運送服務的Frito-Lay公司運用此運送方式降低了公司運輸成本。如果輸送次數頻繁，且有一群供應商或零售店在地理位置上很接近時，使用此一趟多點的運送方式更能顯著地減少運送成本。例如Toyota在日本與美國即是利用此運送型態來提供及時化（JIT）生產系統的零件供應。在日本，Toyota的許多裝配廠位置均相互靠近，因此由一個供應商運送零組件到各個裝配工廠。在美國的豐田則是由許多供應商集中零組件送到工廠組裝汽車。

❖ 配送中心運送

　　由**物流配送中心**（DC）運送方式，供應商並不直接將貨品運送到零售店，零售連鎖店是將其所屬零售店依地理區域予以劃分，然後在每個區域建立一個

配送中心，供應商將貨物送到物流配送中心，之後再將貨品分送到每一家零售店，如圖10.4。

配送中心是介於供應商與零售店間額外的一層架構。因此其扮演著兩種角色，一個是**儲存存貨**，另一個則是**轉運功能**。不論是何種角色，當供應商與零售店位置距離遙遠且運輸成本高時，配送中心的存在能幫助減少供應鏈成本。因為每個供應商運送所有零售店所需貨品到配送中心。因此配送中心的存在使得供應鏈的內部運輸達到經濟規模，又因為配送中心接近零售店位置，而使外部運輸成本低。

如果需要大量的運送量來達到內部的經濟規模，則配送中心將會持有存貨並以較小的補貨量將貨品送到零售店。例如，當Wal-Mart的供貨源來自於海外時，因為內部的存貨批量遠高於零售店希望配送中心提供服務的總批量，配送中心會有存貨。如果由配送中心配送的零售店補貨量大到能產生內部運輸的經濟規模時，則此配銷中心就不需要有存貨。此例子中，配送中心能將供應商送達的貨品予以分裝成小批量，並到站轉運至各零售店，配送中心轉運產品時，

圖10.4　經由中央配送中心裝運

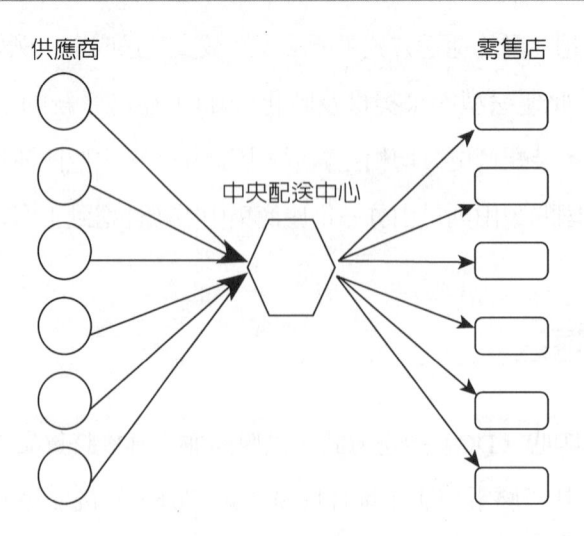

每部內部卡車裝載了由一家供應商到多家零售店的產品，而每部外部卡車則裝載了多家供應商到一家零售店的產品。此種到站轉運最主要的好處是存貨量低且在供應鏈中的產品流動快，且因為產品不需作進倉的搬運而節省了處理成本。然而，到站轉運的成功必須在輸入與輸出間的整合度與一致性要高才可達成。

到站轉運適用於大體積及可預測的產品，而且要求在內外部的運輸上要達成經濟規模。Wal-Mart曾經在不產生額外的運輸成本下，成功地運用到站轉運減少供應鏈中的存貨。Wal-Mart透過物流配送中心的支援，在許多區域建立了大型購物商場。結果，由每家供應商至所有商場的總批量在內部達成了經濟規模，而由所有的供應商到一家零售店的總批量則達成了外部經濟規模。

❖ 配送中心一趟多點運送

如圖10.5所示，如果運送至每家零售店的批量較小時，則一趟多點運送型態也可運用在物流配送中心上。此模式因可將小裝運量整合而減少外部運輸成

圖10.5　配銷中心一趟多點配送

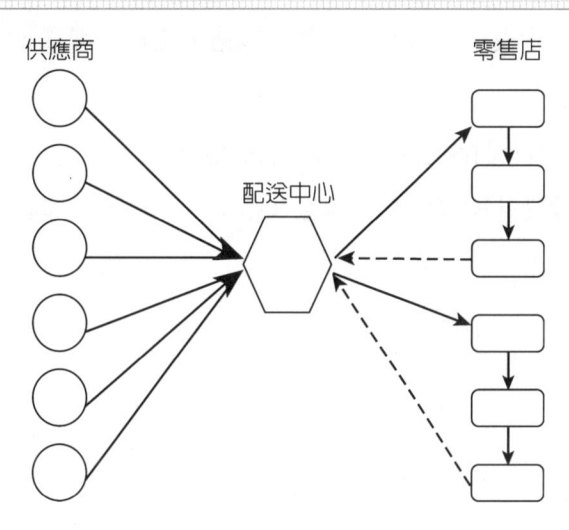

本。例如，日本7-Eleven因為由所有供應商至一家零售店的總裝運量無法裝滿一輛卡車，便在物流配銷中心到站轉運輸出供應商的新鮮食物，並運送到多家零售店。此種運送型態使得7-Eleven將小補貨量送至零售店時，降低了它的運送成本。使用到站轉運及一趟多點的運送型態需要很好的一致性及配送路徑與排程。

線上購物的雜貨商Peapod在小批量訂單的宅配服務上，即運用此運送型態減少了運輸成本。OshKosh B'Gosh是一家嬰兒服的製造商，也曾運用此觀念實際消除其位於田納西州配送中心至零售店的LTL運輸。

❖ 特定網路

特定網路運輸型態適用於上述方式的組合以降低成本及改進供應鏈的反應能力。此處的運輸，運用了到站轉運、一趟多點運送、TL與LTL裝運及包裹遞送的組合模式。其目標是要在每種不同的狀況下，找出適當的方法。生產量及銷售量高的產品可能適合直接運送型態。反之，生產量及銷售量低的產品則較適合配送中心轉運模式。因為對每項產品及每家零售店要使用不同的裝運程序，要管理此運輸網路的複雜度非常高。運作一個特定網路需要在設施整合基礎建設的資訊上大量投資。然而，如此的網路可使我們選擇裝運方式，以使運輸與存貨成本最小化。

表10.2彙整了所有討論過不同運輸網路的優缺點。

在下節將討論設計與運作一個運輸網路時，供應鏈經理必須要考量的取捨條件。

表10.2　不同運輸網路的優缺點

網路結構	優點	缺點
直接裝運	無中間轉運倉庫 易於調整	高存貨量（因為批量大） 收貨費用高
一趟多點	小批量運輸成本低 存貨量較低	增加協調整合複雜性
配送中心儲存轉運	經由整理合併降低內部運輸成本	存貨成本增加 增加物流中心處理作業
配送中心到站轉運	所需存貨非常低 經由整合降低運輸成本	增加協調整合複雜性
一趟多點運送	因為小批量降低外部運輸成本	協調整合複雜性更高
特定網路	最能滿足個別產品與零售店需求的運輸選擇	協調整合複雜性最高

10.5 運輸設計的取捨

　　所有供應鏈網路中的運輸決策必須要考量存貨成本、設施與處理成本、作業協調成本等，對顧客提供反應水準的影響。例如，Dell運用包裹遞送將個人電腦運交顧客增加了運輸成本，但卻使Dell電腦能集中設施，減少存貨成本。如果Dell要減少運輸成本，則公司不是要犧牲對顧客的反應能力，就是增加設施數量以使產品存貨更接近顧客。

　　作業協調成本通常難以量化，公司應當以不同成本項目來評估不同的運輸型態，並依據整合複雜度予以排序，於是管理者便能作出適當的運輸決策。在制定運輸決策時，管理者必須考量下述的取捨條件：

- 運輸與存貨成本的取捨
- 運輸成本與反應顧客能力的取捨

❖ 運輸與存貨成本的取捨

當設計一個供應鏈網路時，運輸與存貨成本間的取捨非常重要。有關取捨的兩項基本的供應鏈決策如下：
- 運輸型態的選擇
- 集貨

運輸型態的選擇

在一個供應鏈中，運輸型態的選擇既是**計畫性**決策也是**作業性**決策。一家公司和載運者之合約選擇是一項規劃決策，而為一個特定的運送方式，選擇運輸型態則是一項作業性決策。對這兩項決策而言，貨主必須要平衡運輸與存貨成本。運輸型態決定了最低運輸成本，但不一定會降低供應鏈總成本。典型地，較便宜的運輸型態會有較長的前置時間與較大的最小裝運量。此兩者都會提高供應鏈的存貨水準。裝運量小的運輸型態會降低存貨水準，但卻較昂貴。例如，Dell由亞洲地區空運一些電腦元件，這項決策無法單獨以運輸成本來評斷，只能評斷Dell之所以要用此較快速的運輸型態是為了運送較有價值的零組件，以降低其存貨量。

運用不同運輸型態對存貨、反應時間及供應鏈成本的影響如表10.3所示。每一運輸型態以1為最小值到最大值6排序。

較快速的運輸型態適用於價值／重量比值高且減少存貨量非常重要的產品項。而速度較慢的運輸型態則適用於價值／重量比值低且減少運輸成本非常重要的產品項。在制定運輸決策時，若忽略存貨成本會導致供應鏈績效的損失。例10.1說明評估運輸與存貨兩項成本取捨的重要性。

表10.3　以供應鏈績效的角度來看運輸模式的順序

	批量存貨	安全存貨	運輸中的成本	運輸時間	運輸
鐵路	5	5	5	2	5
TL	4	4	4	3	3
LTL	3	3	3	4	4
包裹	1	1	1	6	1
空運	2	2	2	5	2
水陸	6	6	6	1	6

例10.1

茲以電器用品製造商Eastern Electric（EE）公司為例。該公司在芝加哥擁有一座很大的工廠，EE公司會購買達拉斯附近的Westview Motors公司製造的馬達。目前該公司是以單價120美元每年採購12萬個馬達，幾年來的需求都相當穩定，而且預期會維持此狀態。每個馬達平均重約10磅，而EE的採購批量為3,000個。Westview會在接到EE訂單一天內出貨。在EE的組裝工廠中，馬達的安全存量為產品輸出前置時間平均需求量的50%。

EE工廠經理曾經收到一些有關運輸的提案而必須選擇一案。不同提案的詳細資料如表10.4，此處的1 cwt＝100磅。

Golden航空公司訂價為一個邊際單位數量折扣。此公司代表曾提議單次裝運數量超過250cwt時，其邊際費率由4美元／cwt降至3美元／cwt。如果EE工廠經理訂購批量為400個馬達時，Golden航空的新提議會降低EE公司的運輸成本。

分析：然而，工廠經理決定將存貨成本列入運輸決策中一併考量。EE公司

表10.4　EE電器公司運輸計畫

運輸工具	裝運量範圍（cwt）	裝運成本（$／cwt）
AM鐵路公司	200+	6.50
Northeast卡車公司	100+	7.50
Golden航空公司	50～150	8.00
Golden航空公司	150～250	6.00
Golden航空公司	250+	4.00

的年存貨成本為馬達單價的25%，亦即每個馬達的年存貨成本$H = \$12 \times 0.25 = \$30$。以鐵路運送需時5天，卡車裝運送時3天。此運輸決策將影響EE公司的週期存貨、安全存量及在途存貨。因此，工廠經理決定對每一運輸方案評估其總運輸與存貨成本。

AM鐵路公司的提議需要最低裝運量2萬磅或2,000個馬達。此案例的補貨前置時間$L = 5 + 1 = 6$天，對訂購批量$Q = 2,000$個馬達而言，工廠經理得到下述資料：

$$週期存貨 = Q／2 = 2,000／2 = 1,000 單位$$
$$安全存量 = L／2天需求 = （6／2）（120,000／365） = 986 個$$
$$在途存貨 = 120,000（5／365） = 1,644 個$$
$$總平均存貨 = 1,000 + 986 + 1,644 = 3,630 個$$

使用AM鐵路的年持有成本 = $3,630 \times 30 = \$108,900$

AM鐵路收費6.50美元／cwt。因為每個馬達重10磅，所以運輸成本為每個馬達0.65美元。

於是：

使用AM鐵路的年運輸成本 = $120,000 \times 0.65 = \$78,000$

表10.5　EE公司運輸方案分析

替代方案	批量	運輸成本	週期存貨	安全存量	在途存貨	存貨成本	總成本
AM鐵路	2,000	$78,000	1,000	986	1,644	$108,900	$186,900
Northeast卡車	1,000	$90,000	500	658	986	$64,320	$154,320
Golden	500	$96,000	250	658	986	$56,820	$152,820
Golden	1,500	$96,000	750	658	986	$71,820	$167,820
Golden	2,500	$86,400	1,250	658	986	$86,820	$173,220
Golden	3,000	$78,000	1,500	658	986	$94,320	$172,320
Golden（舊方案）	4,000	$72,000	2,000	658	986	$109,320	$181,320
Golden（新方案）	4,000	$67,500	2,000	658	986	$109,320	$176,820

因此，使用AM鐵路的存貨與運輸的年總成本為$186,900。

工廠經理每個運輸方案的相關成本如表10.5所示。

由表10.5的分析，工廠經理決定與Golden航空公司簽訂合約，並以500為批量訂購馬達。此方案的運輸成本最高，但總成本最低。如果僅以發生的運輸成本選擇運輸方案時，Golden航空公司的新提案降低大批量裝運價格將會很吸引人。但事實上，EE公司對此方案付出的總成本最高。因此，存貨與運輸成本間互換的考量讓工廠經理所作出的運輸決策，可使EE公司的總成本最小化。

> 當在選擇運輸型態時，管理者必須考量存貨成本。如果運輸型態可明顯地降低存貨量時，則具有高運輸成本的型態應予以驗證。

存貨集貨

企業在實體上將存貨集中在一個位置內可明顯的減少安全存量（見第八章）。多數電子化的企業均運用此技術而獲利。例如Amazon網路書店曾集中心力減少設施及存貨成本，而將存貨儲存於少數的倉庫中，同時間像Borders、

Barnes & Noble的書商卻必須在許多零售店裡儲存存貨。

然而，當存貨集中後，運輸成本會增加，像Borders的書店連鎖商，其內部運輸成本是因補充新書而產生，由於顧客自行將書帶回家，故沒有外部成本。如果Borders決定關閉所有書店而只在線上銷售，便會產生內部與外部運輸成本。至倉庫的內部運輸成本將較所有書店低。然而外部運輸成本會明顯地增加，因為要將小而昂貴的書籍包裹遞送至每位顧客手上。除了大部分的外部距離使用昂貴的運輸型態，由於每本書都要運送當初在書店賣書所運送的相同距離，將存貨集中時的總運輸成本便會增加。當存貨的集中度增加，則總運輸成本也會上升。因此所有企業若計畫作出集貨的決策時，就必須考量運輸、存貨及設施成本間的取捨。

當存貨與設施成本占供應鏈總成本的大部分時，集貨是一個很好的觀念。在產品的價值／重量比值與需求不確定性皆高時，集貨是非常有用的。例如，對PC產業的新產品而言，集貨就非常有價值，此因為PC的需求不確定性及價值／重量比都很高。如果顧客訂單大到可以影響外部運輸的經濟規模時，集貨也是一個很好的觀念。當產品價值／重量比值低且顧客訂單量較小時，則集貨可能會造成高運輸成本而傷害到供應鏈的績效。因此，若和PC來比較時，則因為銷售書籍產品的價值／重量比值低及需求預測困難，而使得集貨的價值降低。

例10.2說明制定整合決策時所牽涉到的取捨。

例題 10.2

以一家生產心臟手術醫療設備製造商HighMed公司為例，說明存量集中化決策時所牽涉到的取捨。HighMed公司位於威斯康辛州，且全北美洲的心臟醫師均使用它的產品，此項醫學設備直接送交醫師而不透過採購代理。HighMed目前將全美分割為24個區域。各區域都有其自己的銷售單位，所有的產品存貨由各區自

行管理，並每隔四週由UPS自麥迪生市補貨，使用UPS補貨的平均前置時間為一週。UPS的收費費率為$0.66+0.26x$，此處的x為中運量的磅數。銷售的產品分為兩類：HighVal與LowVal。HighVal重0.1磅且每個成本為200美元；LowVal重0.04磅且每個成本30美元。

每個區域HighVal類產品的週需求為常態分配，其平均數$\mu_H=2$，標準差$\sigma_H=5$。每個區域LowVal類產品的週需求為常態分配，其平均數$\mu_L=20$，標準差$\sigma_L=5$。HighMed公司在每一區域裡的安全存量足以提供0.997的週期服務水準。HighMed持有成本為成本的25%。

HighMed公司管理小組欲評估現行作業程序下的作業成本，並比較其曾考慮其他的兩個方案：

1. 方案A：維持現行架構，但將補貨改成1週1次，以代替每4週1次。

2. 方案B：取消區域內的存貨，而將所有存貨集中於麥迪生市的成品倉庫中，並對倉庫實施每週1次的補貨。

如果將存貨集中於麥迪生市，所有訂單將由FedEx負責裝運，其收費費率為每次$5.53+0.53x$，而x則為裝運量的磅數。工廠需要一週的前置時間來補足麥迪生倉庫的成品存貨。HighVal的平均訂購量為1，LowVal的平均訂購量則為10。

分析：因為UPS與FedEx兩家公司的價格均可達成經濟規模，HighMed可經由一次集中的裝運量來減少運輸成本。當比較A方案與現行系統時，管理小組必須透過補貨頻率的減少來替代高補貨頻率的存貨成本以減低運輸成本。考慮B方案時，管理小組必須考慮集貨所增加的運輸成本，以及因為存貨成本降低而需使用快速但較昂貴的FedEx遞送服務。

管理小組首先分析了現行狀況，對每一各區域而言：

補貨前置時間$L = 1$週

訂購區間$T = 4$週

週期服務水準$CSL = 0.997$

1. HighMed公司存貨成本（現狀）：每一區域中的HighVal產品，管理小組可得資料如下：

平均批量$Q_H = T$週內的期望需求$= T\mu_H = 4 \times 2 = 8$單位

安全存量$ss_H = F^{-1}(CSL) \times \sigma_{T+L} = F^{-1}(CSL) \times \sqrt{T+L} \times \sigma_H$

$\quad\quad\quad = F^{-1}(0.997) \times \sqrt{4+1} \times 5 = 30.7$單位（公式11.16）

總最高存量$= Q_H / 2 + ss_H = (8/2) + 30.7 = 34.7$單位

總共24個區域，而得HighMed公司的HighVal產品存貨量為產品存貨量為$24 \times 34.7 = 832.8$單位。有關每一區域的LowVal產品，管理小組可得資料如下：

平均批量$Q_L = T$週內的期望需求$= T\mu_L = 4 \times 20 = 80$單位

安全存量$ss_H = F^{-1}(CSL) \times \sigma_{T+L} = F^{-1}(CSL) \times \sqrt{T+L} \times \sigma_L$

$\quad\quad\quad = F^{-1}(0.997) \times \sqrt{4+1} \times 5 = 30.7$單位

總最高存量$= Q_H / 2 + ss_H = (80/2) + 30.7 = 70.7$單位

總共24個區域，而得HighMed公司的LowVal產品存貨量為$24 \times 70.7 = 1696.8$單位。

於是管理小組得到：

HighVal的年存貨成本$=$（平均HighVal存貨量$\times \$200$

$\quad\quad\quad\quad + $平均LowVal存貨量$\times \$30) \times 0.25$

$\quad\quad\quad = (832.8 \times \$200 + 1696.8 \times \$30) \times 0.25$

$$= \$54,366$$

2. HighMed運輸成本（現狀）：設每一區域HighVal的平均補貨量為Q_H，Lowhval的平均補貨量為Q_L，則：

每次補貨訂單平均重量＝$0.1Q_H + 0.04Q_L = 0.1 \times 8 + 0.04 \times 80 = 4$磅

每張補貨訂單運輸成本＝$\$0.66 + 0.26 \times 4 = \$1.7$

每一地區在每年均會有13張補貨訂單，共有24個地區，於是：

年運輸成本＝$\$1.7 \times 13 \times 24 = \$530$

3. HighMed總成本（現狀）：HighMed的年存貨與運輸成本＝存貨成本＋運輸成本＝$\$54,366 + \$530 = \$54,896$。HighMed公司管理小組以類似方法評估了方案A及方案B。並將結果彙整於表10.6所示。

由表10.6，方案A的補貨頻率增加會減少HighMed公司總成本，而所增加的運輸成本遠低於因補貨批量小而減少的存貨成本。因為集貨成本的減少大於所增加的運輸成本，HighMed公司可透過所有存貨的集中處理，並使用FedEx遞送來降低總成本。

假使顧客訂單量變小，則集貨對運輸成本的增加會非常明顯，而可能增加總成本。試考慮下述所發生的狀況，如果HighMed公司的每一位顧客對HighVal的平均訂購量為0.5，LowVal為5（亦即比先前的訂購量減少一半）。因為HighMed公司並未對現狀與方案A付出外部運輸成本，而僅發生補貨訂單成本，故維持不變。然而，因為方案B的顧客訂購量減少，而增加了外部運輸成本，造成成本提高。於是得方案B資料如下：

每位顧客訂單的平均重量＝$0.1 \times 0.5 + 0.04 \times 5 = 0.25$磅

每位顧客訂單的運輸成本＝$\$5.53 + 0.53 \times 0.25 = \$5.66$

每一地區每週的顧客訂單數＝4

表10.6　HighMed公司不同運輸網路選擇方案下的成本

	現行策略	方案A	方案B
庫房位置數	24	24	1
訂購週期	4週	1週	1週
最高週期存貨量	96單位	24單位	24單位
最高安全存貨量	736.8單位	466單位	95.2單位
最高存貨量	832.8單位	490單位	119.2單位
最低週期存貨量	960單位	240單位	240單位
最低安全存貨量	736.8單位	466單位	95.2單位
最低存貨量	1,696.8單位	706單位	335.2單位
年存貨成本	$54,366	$29,795	$8,474
裝運型態	補貨	補貨	顧客訂單
裝運量	8 HighVal + 80 LowVal	2 HighVal + 20 LowVal	1 HighVal + 10 LowVal
裝運重量	4磅	1磅	0.5磅
年運輸成本	$530	$1,148	$14,464
總年成本	$54,896	$30,943	$22,938

顧客每年總訂購量 = 4 × 24 × 25 = 4,992

年運輸成本 = 4,992 × 5.66 = $28,255

總年成本 = 存貨成本 + 運輸成本 = $8,474 + $28,255 = $36,729

因此，當顧客訂購量變小時，因存貨集中化會大量增加運輸成本。故對HighMed公司而言，將不再是成本最低的方案。最好是採用方案A，將存貨交由各地區自行管理，其總成本將較低。

> 存貨集中化決策必須衡量存貨與運輸成本。如果產品的價值／重量比值高、需求的不確定性高且顧客的訂購量大，則會降低供應鏈成本。如果產品之價值／重量比值低、需求的不確定性低且顧客的訂購量小，則會增加供應鏈成本。

❖ 運輸成本與反應顧客能力的取捨

供應鏈的運輸成本與其提供的反應能力有著極密切的關聯性。如果企業反應能力高,而能在接到顧客訂單一天內即裝運所有訂單時,其外部裝運量雖小,但運輸成本卻會增加。如果企業降低其反應能力,並在裝運前長時間的收集訂單時,將可利用經濟規模來大量裝運而降低運輸成本。**暫時性集貨**是將一段時間內所接到的訂單與彙整的過程。暫時性集貨因為裝運的遲延而降低了企業反應能力,但因大量裝運所產生的經濟規模而降低了運輸成本。因此,一個企業在設計運輸網路時,必須考慮反應能力與運輸成本間的取捨。

例10.3

一家位於克里夫蘭地區的鋼鐵服務中心Alloy Steel,使用LTL運輸型態將所有的訂單裝運給顧客。其費用為$100 + 0.01x$,此處的x為裝載在卡車上的鋼鐵重量。同時LTL對每一顧客的輸送,收取10美元費用。目前,Alloy Steel會在接到訂單的同一天內裝運訂貨,運輸天數為2天,因此Alloy的反應時間為2天。Alloy Steel 2週內的日需求如表10.7。

Alloy Steel公司經理覺得顧客並不認為2天的反應時間具有價值,只要在4天內反應即滿意。

分析:當反應時間增加,Alloy Steel有機會增加一倍時間集貨。當反應時間為3天時,Alloy Steel可集中裝運前連續兩天的需求。當反應時間為4天時,Alloy Steel可集中裝運前連續3天的需求。經理評估兩週內不同反應時間下的裝運量與運輸成本如表10.8。

表10.7　Alloy鋼鐵2週期間的日需求

| 第一週 | 19,970 | 17,470 | 11,316 | 26,192 | 20,263 | 8,381 | 25,377 |
| 第二週 | 39,171 | 2,158 | 20,633 | 23,370 | 24,100 | 19,603 | 18,442 |

表10.8　反應時間函數的裝運量與運輸成本

日	需求	2天反應 裝運量	成本	3天反應 裝運量	成本	4天反應 裝運量	成本
1	19,970	19,970	$ 299.70	0	$ —	0	$ —
2	17,470	17,470	$ 274.70	37,440	$ 474.40	0	$ —
3	11,316	11,316	$ 213.16	0	$ —	48,756	$ 587.56
4	26,192	26,192	$ 361.92	37,508	$ 475.08	0	$ —
5	20,263	20,263	$ 302.63	0	$ —	0	$ —
6	8,381	8,381	$ 183.81	28,644	$ 386.44	54,836	$ 648.36
7	25,377	25,377	$ 353.77	0	$ —	0	$ —
8	39,171	39,171	$ 491.71	64,548	$ 745.48	0	$ —
9	2,158	2,158	$ 121.58	0	$ —	66,706	$ 767.06
10	20,633	20,633	$ 306.33	22,791	$ 327.91	0	$ —
11	23,370	23,370	$ 333.70	0	$ —	0	$ —
12	24,100	24,100	$ 341.00	47,470	$ 574.70	68,103	$ 781.03
13	19,603	19,603	$ 296.03	0	$ —	0	$ —
14	18,442	18,442	$ 284.42	38,045	$ 480.45	38,045	$ 480.45
			$4,164.46		$3,464.46		$3,264.46

由表10.8可知，當 Alloy Steel 增加反應時間後，便會降低運輸成本。然而，暫時性整合的利益卻因反應時間的增加而迅速地減少。當反應時間由2天增加到3天，兩週內的運輸成本會減少700美元。反應時間由3天增加到4天時，兩週內的運輸成本只減少200美元。因此，供應鏈中有限量的暫時集貨對

運輸成本的降低會很有效。然而，企業必須互換暫時性集貨處理減少的運輸成本，以及因反應能力降低所產生的收益損失，以選擇適當的反應時間。

暫時性整合改善了運輸績效，因為其增加了運輸的穩定性。如表10.7中，當 Alloy Steel 每天裝運貨品時，其變異的相關係數為0.44，而暫時集貨3天（以達4天的回應時間）的變異相關係數僅只0.16。更穩定的運送作業可令 Alloy Steel 與遞送商間的作業規劃更好，並改進資產的使用率。

> 因為暫時性的需求整合能增加運送量，並減少了各運送量間的變化，故可降低運輸成本，但卻會損傷顧客反應時間。當暫時性整合量增加時，其邊際收益將逐漸減少。

對供應鏈顧客不同的需求，下節將討論如何適當地構建其運輸網路。

10.6 特定運輸型態

特定運輸乃是運用不同的運輸網路，以及以顧客與產品特性為基礎的型態。大部分的企業銷售不同的產品，並對不同的顧客群提供服務。例如 W. W. Grainger 對小型的合約商及大型企業供應超過20萬項的 MRO 產品。產品因其大小與價值的變化、顧客採購量變化、所需回應時間、訂單的不確定性及 Grainger 分公司至物流配銷中心的距離等而有所不同。因為這些差異，類似 Grainger 公司的企業不應設計一個通用的運輸網路來滿足所有需求。一個企業可運用特定運輸網路，低成本的依據顧客與產品特質選擇適當地運輸型態來滿足顧客需求。下一節將討論供應鏈中特定運輸網路的不同形式。

❖ 考量顧客密度與距離的特定網路

設計運輸網路時,企業必須考量顧客密度與倉庫至其之間的距離。以密度與距離為基礎之理想的運輸方案如表10.9所示。

當企業對配送中心附近高密度的顧客提供服務時,則企業採用自有車隊作單點對多點間的運輸型態供應顧客通常是最佳的方法,因為此狀況能充分的使用車輛。如果顧客密度高,但到倉庫的距離大時,適用單點與多點間的運輸型態,因為這會造成車輛運輸距離長且回程是空車的狀況。因此,最好是租用大型車輛在接近顧客區的到站轉運中心運輸,並以小型車輛裝運產品以單點對多點方式運交顧客。當顧客密度降低,使LTL遞送或委外專業物流車隊作單點對多點的運輸會更經濟,此因委外專業物流車隊可彙整不同企業的裝運而降低成本。如果企業要對一個顧客密度很低且距離遠的區域提供服務時,即使LTL遞送可能不適合,但包裹遞送可能會是最好的方法。Boise Cascade Office Product是一家辦公室用品的製造配銷商,設計了一個表10.9建議運輸網路的選擇。

當企業在決定暫時性集貨時也應考量顧客密度與距離,企業應對高顧客密度的區域應經常地提供服務。因為此區域在運輸上能產生足夠的經濟規模,降低暫時性集貨的價值。因此,為了降低運輸成本且服務的地區顧客密集度較低

表10.9 基於顧客密集度與距離的運輸選擇

	短距離	中距離	長距離
高密度	以自有車隊單點與多點間運輸	以單點與多點間到站轉運	以單點與多點到站轉運
中密度	以專業物流之單點與多點間運輸	LTL載運	LTL或包裹遞送
低密度	以專業物流之單點與多點間運輸或LTL遞送	LTL或包裹遞送	包裹遞送

時，企業應當提高暫時性集貨的程度。

❖ 考量顧客數的特定網路

當企業設計運輸網路時，應考慮顧客數與位置。大量的顧客數可運用TL運輸型態供貨。至於少量的顧客則可運用LTL或一趟多點的運輸型態。而在使用一趟多點運輸型態時，將會發生兩項成本：

- 以倉庫距離為基礎的運輸成本
- 以運送數為基礎的運送成本

不論是到大顧客或小顧客的運輸成本都是相同的。如果在送貨給大顧客時，將其他小顧客的貨併裝在卡車上將可節省運輸成本。然而，對任一小顧客而言，每單位的運送費用會大於大顧客。因此，以相同價格及頻率運送貨品給小顧客與大顧客不是最佳的方法。有一個方法是對小顧客收取較大顧客高的運送費用，另一個方法是採用特定的一趟多點運輸型態，但對大顧客的運輸頻率較小顧客高。企業可依據每位顧客的需求將顧客或分為大（L）、中（M）、小（S）三等級，則最佳的運送頻率便可依據運輸與輸送成本來評估（見10.2節）。如果每次運輸時均有大顧客送貨，中顧客每兩次送一次貨，小顧客是每三次送一次貨，則最佳的運輸型態可組合每次運輸的大、中、小顧客而得。將中級顧客分割為（M_1, M_2）兩個子集合，小顧客分割為（S_1, S_2, S_3）三個子集合，於是企業便可得到六種組合（L, M_1, S_1）、（L, M_2, S_2）、（L, M_1, S_3）、（L, M_2, S_1）、（L, M_1, S_2）、（L, M_2, S_3）以確保每個顧客都能得到適當的運送頻率。此種特定運送順序考慮了它們相對的運輸成本，可使每輛卡車的裝載相同，且對大顧客所提供的服務頻率較小顧客高。

❖ 考量產品需求與價值的特定網路

在供應鏈網路中所使用的集貨程度與運輸型態，應如表10.10所示而隨著產品需求與價值而有所變化。

高價值與需求產品的週期存貨應予分散處理以節省運輸成本，因為這將使補貨訂單的運輸成本降低。至於安全存量則可集中處理以減少存貨量（參見第八章），並採用快速的運輸型態以使安全存量能滿足顧客需求。對價值低但需求高的產品，所有的存貨應以分散處理，並儲存於接近顧客處以減少運輸成本。對低需求高價值產品而言，應當集中所有存貨以減少存貨成本。低需求與低價值產品週期存貨應置於接近顧客處，且應集中安全存貨以減少運輸成本。至於週期存貨的補貨採用較便宜的運輸型態以節省成本。

> 特定運輸型態乃基於顧客密度與距離、顧客的大小或產品需求與價值而定，以使供應鏈達到最適的反應能力與成本。

表10.10 產品需求與價值對集貨的影響

產品型態	高價值	低價值
高需求	分散週期存貨。集中安全存貨。當使用安全存貨時，週期存貨補貨及快速補貨的運輸模式較便宜。	分散所有的存貨並運用昂貴的運輸模式補充存貨。
低需求	集中所有的存貨。必要時，用快速運輸模式滿足顧客訂單。	僅集中安全存貨。運用便宜的運輸模式補充週期存貨。

10.7 資訊科技在運輸中所扮演的角色

運輸的複雜性和規模使它成為供應鏈中運用資訊系統的絕佳領域。運輸產業已普遍運用企業應用資訊系統來決定運輸路徑。此企業應用資訊系統要輸入顧客地點、運量大小、希望遞交時間、運輸基礎設施相關資訊（例如地點之間的距離）和運輸工具的容量等資料，然後得出此問題的最佳解，為每一運輸工具制定出一組運送路徑和**裝運清單**（Packing List），不但降低成本同時也符合遞送的限制條件。

此外，運輸的裝運企業應用資訊系統也有助於改善車隊的使用。此企業應用資訊系統會產生貨櫃容量和每次遞送的規模與順序，因而發展出有效率的裝運計畫，同時讓途程中的裝載和卸載達到最容易。裝運（Packing）和途程（Routing）企業應用資訊系統之間的作業必須達成一致性，因為卡車的裝運容量會影響途程，而途程也會明顯影響卡車的裝運為何物。

使用全球衛星定位系統（Global Positioning System, GPS）和即將到貨電子通告也都運用到資訊科技。GPS系統監控運輸工具的即時位置，而此即時訊息可以加速公司回應顧客的遞交進度問題。電子通告的用途廣泛，可以讓美國顧客在貨運到港前數天或甚至數週，收到運貨清單；也可以讓卡車通知倉庫，預計提前30分鐘到達公司。此通知工具使工作人員得以提早準備，卡車一到就能更有效率的執行裝卸等相關行政工作。

運輸中使用資訊系統最常發生的問題，主要是關於跨企業的協同作業以及某些運輸軟體的視野狹窄。跨企業的協同作業對運輸非常重要，因為成功的運輸協作需要三家或更多的單位一起作業，如此一來，使得資訊系統的作業就更形困難。其他問題的產生則是因為有很多運輸軟體只重視有效途程，常常忽略其他因素，例如顧客服務和允諾遞交時間，然而這些都會限制途程的選擇。

此領域軟體業者，包括ERP公司和專注於供應鏈最佳組合系統的公司。另外也有許多公司自行開發，專注於運輸管理過程。

10.8 運輸的風險管理

這裡將探討網路中二點之間運輸的三種風險類型：
1. 運送延遲的風險。
2. 因外力影響而阻斷中介點或連線，以致無法送達目的地。
3. 運送危險原物料的風險。

辨識每一種風險來源和其結果，並事先擬定適切的風險緩減策略是很重要的。延遲可能是因為運輸網路連線（如道路）或點（如港口和機場）的擁塞而引起。當延遲的原因是擁塞時，減緩策略如下：將存貨移近目的地、使用不同路徑、前置時間包含緩衝。要解決擁塞所造成的延遲問題，可以設計多途程網路、依據擁塞情形調整路線來減輕，也可以針對特定的運輸點和連線點收取擁塞價格。延遲也可能是運輸基礎設施的容量或供應力有限所引起；當此基礎設施是由第三方所擁有並且同時服務不同顧客時，必較容易發生這種狀況。這些延遲問題可以藉由擁有部分運輸容量或與第三方業者簽定長期合約來減輕。但如果擁有這些資產的成本很高，最好只針對網路中使用量高的部分採行此策略。運輸路線或點中斷，可能是自然事件（暴風雨）或人為事件（恐怖主義活動）所引起。最佳緩減策略，是為運輸網路設計不同的途程方案。如1994年日本神戶大地震，中斷所有了使用該港的所有公司的運輸流。某些公司，例如Toyota，藉由在其網路中增加其他港口流量的方式而迅速恢復。同樣的，2002年在加州的碼頭工人罷工期間，許多公司也安排由其他港口運貨。

考慮運送延遲和中斷風險時，找出可能與整個網路相關的風險來源是很重

要的。但例如2001年911事件引起全美國空中運輸中斷，由於無其他路徑可用，不同途程方案的緩減策略毫無用武之地。對於這種情況，唯一的方案是減少發生的機率。

當運送危險性材料時，對人員和環境可能造成傷害。此時的風險減緩目標是將物品的曝露率降到最低；萬一發生意外，將影響減到最低。緩減策略包括：使用改良過的貨櫃、低風險運輸型態、選擇低意外風險的路徑、減少物品暴露於環境和人群間的可能性，或甚至修改材料的物理或化學性質，以減少貨物在運輸中的危險性。

10.9 問題討論

1. 何種運輸型態最適用於大量但價值低的運送？為什麼？
2. 訂定運輸基礎設施的使用價格時，為何必須考量擁塞的因素？
3. Wal-Mart設計了一個物流配送中心，以對一些大型的零售店提供服務，當其要經常補充存貨時，公司要如何運用這樣的網路減少運輸成本？
4. 試比較像Amazon網路書店的電子化企業及傳統型的Home Depot公司兩者在家用修繕材料上的差異？
5. 線上購物雜貨商Peapod面臨什麼樣的運輸挑戰？試比較線上購物雜貨商與連鎖超級市場的運輸成本。
6. 當一個像Dell的電腦銷售公司或像Amazon網路書店銷售書籍的公司將存貨集中在一個區域位置內，是否會更有效率？試以運輸及存貨成本的考量解釋。
7. 試討論特定運輸型態的主要驅動因子？其對企業有何助益？

供應鏈之來源取得決策

Chapter 11

學習目標

本章重點在於公司的採購策略。首先探討的是供應鏈中的某幾項功能應該自製或外包的決策流程。然後討論一項產品從產品設計到穩定狀態採購程序的完整生命週期活動,並詳述一個包含供應商的評價、選擇、訂定契約和採購的架構。

讀完本章後,您將能:

1. 瞭解供應鏈中採購的角色;
2. 討論會影響供應鏈功能外包決策的因素;
3. 確認影響總成本之供應商績效的構面;
4. 建構成功的拍賣和談判;
5. 描述不同合約對於供應商績效及資訊失真的影響;
6. 分類產品的購買與服務,並且討論每個案例中採購期望的目標。

11.1 供應鏈中來源取得的角色

採購（Purchasing 或 Procurement），是企業由供應商端獲得原料、零組件、產品、服務或其他資源，以執行本身作業的程序。來源取得（sourcing）是採購貨品和服務所需的整套商業程序。就任何供應鏈功能來說，最重要的是決定外包（outsouing）或自製。外包會使得供應鏈功能是由第三方廠家來執行；外包是公司所面對的一個重要議題，而每個產業的作法亦不盡相同。例如，W.W. Grainger 是營運與維修（MRO）批發商，必須固守並管理其配送中心；相對的，由配送中心運輸給顧客，就固定外包給第三方物流業者。至於散裝部分，Grainger 由完全外包給第三方物流業者，轉為由自己擁有的一些貨車運送的混合運送模式。那些因素可以說明 Grainger 的這項決策？Dell 電腦以維持內部零售功能、直接銷售給顧客而增加利潤著稱；相對的，P&G 從不直接銷售洗潔劑給顧客。為什麼零售垂直整合對 Dell 來說是好主意，但對 P&G 卻不是？Motorola 在拉丁美洲大部分地區透過批發商銷售行動電話，然而，該公司在美國地區卻不透過批發商銷售。為何 Motorola 在拉丁美洲外包給批發商銷售比較有利，但在美國則否？

進一步討論之前，必須先說明外包和**委外加工**（Off-Shoring）的差別。委外加工是公司把某項生產設施委外的運作方式，但仍保有所有權；外包則是公司僱用其他公司執行某項作業，而不由公司自己執行。本章重點在於外包而非委外加工。我們將基於以下兩個問題來探討供應鏈活動的外包：

1. 相對於公司自己執行，第三方業者是否會增加供應鏈的利潤？
2. 因外包而增加的風險程度。

供應鏈的利潤，來自於產品售價和所有供應鏈活動的成本間的差異；供應鏈的利潤可視為一塊大餅，由所有供應鏈參與者（包含顧客）所分享。基本前

供應鏈之來源取得決策

提是,如果沒有什麼風險,又能增加供應鏈利潤,則外包是可行的;長期而言,供應鏈的參與者只有在能增加供應鏈利潤的情況下才能存活。供應鏈中每個參與者的利益,和供應鏈利潤的增加程度密切相關。

一旦決定外包,便展開發包流程,包含供應商選擇、供應商合約設計、產品協同設計作業、材料或服務的採購,以及供應商績效評鑑等,如圖11.1所示。

供應商評分及評價,是用來區分供應商績效等級的程序。對許多公司而言,價格是傳統上用來評比供應商的單一基準。但是,在選擇供應商時,還有許多如前置時間、可靠性、品質,以及設計能力等特性,都會影響與供應商交易時的總成本。一個好的供應商評分及評價程序,必須能辨別及追蹤所有會影響總成本的各項績效構面。供應商選擇是利用供應商評分及評價的結果,以鑑別各個供應商。隨後,則是和所選擇的供應商協商供應合約;一個好的合約,必須考慮所有影響供應鏈績效的因素,並且以增加供應鏈的利潤,同時兼顧買賣雙方的利益來設計。

一般而言,80%的產品成本決定於設計階段,供應商主動地參與這個階段是非常關鍵;協同設計使得供應商和製造商,在最終產品設計零組件時一起工作。協同設計也可以確保任何的設計變更都能有效地傳達給所有參與產品設計與製造的成員。產品一旦設計完成,採購是供應商將產品依買方所下訂單運送給買方的程序。採購的目標,在於確保可在最低成本的情形下完成訂單及準時交貨。最後,來源取得規劃及分析,是去分析透過不同供應商及零件種類的支出,並尋求降低總成本的可能性。

圖11.1 來源取得相關的關鍵程序

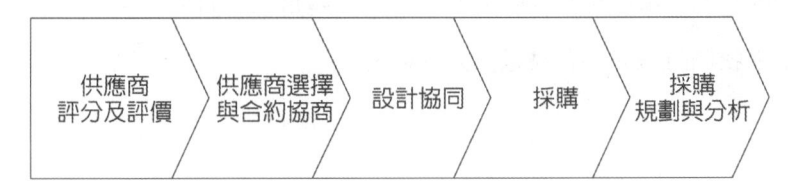

供應商評分及評價 → 供應商選擇與合約協商 → 設計協同 → 採購 → 採購規劃與分析

就主要製造商而言，**物品售出成本**（Cost of Good Sold；COGS）往往超過其銷售額的50%。近來在COGS中，採購的零件所占比率和幾十年前相比明顯高出許多；這個改變是由於許多公司減少垂直整合，而將許多零件外包。例如Cisco等企業就更進一步地將許多組裝產能予以外包。在降低成本壓力增加，而同時供應商占COGS的比重也在成長之情形下，好的來源取得決策對成本掛帥的競爭利基，將產生更大衝擊。

一個公司有效的來源取得，可以從許多方面來改善其利潤及供應鏈的整體盈餘。在制定來源取得決策時，清楚地確認改善利潤的驅動因素是非常重要的。從有效的來源取得決策中獲得的利益有：

1. 如果能統籌公司的各項請購單，將可獲得更佳的經濟規模。
2. 更有效率的採購交易，將可顯著地減低整體採購成本；尤其是有大量低價交易的品項時，是最重要的。
3. 協同設計可以讓產品更易於製造配送，進而降低整體成本。這一點，對提供的零組件占有公司成本（或價值）相當比重之供應商，極為重要。
4. 好的採購交易程序促進與供應商的協調，並且改善預測和規劃。越好的協調，不僅可以降低庫存，並可改善供需間的配合。
5. 適當的供應商合約可使風險共擔，以增益買賣方雙方的利潤。
6. 提升搶標競價的競爭程度，可使得公司取得較低採購價格。

設計來源取得策略時，重要的是企業必須清楚知道，什麼是影響績效最重要的因素及其改善的目標。例如，當一家公司大部分的支出在少部分高單價的原物料上時，改善其採購交易效率僅能創造小小的價值；但是，如果能改善協同設計及與供應商的協調，則可創造顯著的價值。相反地，當採購的對象是許多低單價的交易，那麼提高採購交易的效率，將是非常有價值。

接下來我們將探討影響發包決策的因素。

11.2 自製或外包

外包決策是根據第三方業者所能提升的供應鏈利潤和所增加的風險予以酌量。如果利潤成長而風險僅占少許，就應該考慮外包；如果利潤只有小幅成長但風險卻大幅增加，則自製會比較恰當。

❖ 第三方業者如何增加供應鏈利潤

第三方業者如果能為顧客增加價值，或與自製相較能減少成本，就能增加供應鏈的利潤。第三方業者如果能夠總合供應鏈資產，或能達到比這家公司更高的水準，就能有效的增加供應鏈的利潤。以下我們將討論多種第三方業者能用來使利潤成長的機制。

1. 產能總合。第三方業者可藉由總合數家公司的需求，達到規模經濟的效益，而這是其他公司自製無法達成的目標；這也是供應鏈中外包的最普遍原因。Dell外包PC處理器的設計和生產給Intel的原因之一，是Intel供應許多電腦製造商，並達到Dell自製所無法達到的規模經濟。當公司的需求明顯低於規模經濟所必須的產量時，外包所創造的利潤成長最大。例如，Magna Steyr這家第三方業者為許多製造商組裝汽車，已發展出極具彈性的產能和勞力資源，因而能夠已很低的成本製造低銷售量的車種。它為BMW生產X3、為朋馳（Mercedes）生產G class、為克萊斯勒生產Grand Cherokee、這些都屬於低需求量的車款，公司如果自製是不可能達到規模經濟的；但Magna Steyr因為同時服務數家汽車製造商，可總合產能而達到規模經濟。如果單一公司的需求量大且穩定，第三方業者就不大可能藉由產能總合來增加利潤。事實上，汽車製造商不會把其銷售最佳的車種外包給第三方業者製造，就是最佳的證明。

2. **存貨總合**。第三方業者可從為數眾多的顧客來累積存貨，進而增加供應鏈利潤。W.W. Grainger 和 McMaster-Carr 是 MRO 供應商，藉由總合數以千百計的顧客存貨創造價值。這些總合讓他們大幅降低整體的不確定性，進而達到交易及運輸的規模經濟；與各自處理存貨相較，這些 MRO 經銷商也因此可以減少安全與週期存貨量。另一個存貨總合的例子是行動電話經銷商 Brightstar。話機在遠東地區生產，轉運到位於美國邁阿密的倉庫，再安裝南美顧客所需的軟體和配件。產品的高度多樣性和小顧客多，讓 Brightstar 可以藉存貨總合和延遲，來增加供應鏈利潤。當供應端需求瑣碎且不確定時，第三方業者最能以存貨總合來增加供應鏈利潤。當需求大而且可預測時，持有存貨卻只能少量增加利潤。總合各零售商，以構成足夠的規模與需求的可預測性，使得批發商在開發中國家扮演著比較重要的角色，在美國卻沒那麼重要。

3. **藉由運輸中介達到運輸總合**。第三方業者能藉由總合運輸功能，達到任何運輸業者無法單獨達到的水準，進而增加供應鏈利潤。UPS、FedEx 和許多散裝運輸業者，都是藉由總合許多運輸商運量，而增加供應鏈利潤的運輸中介商。每個運輸業者要送的貨往往小於該運輸型態的容量，而運輸中介商聚集多家業者的運輸量，可使單趟運輸成本降到低於運輸業者個別能達到的水準。託運人要運送包裹或以散裝的方式，運送給地理位置分散的顧客時，透過運輸中介商能夠增加供應鏈利潤。運輸中介商也能總合回程運輸的貨物來增加 TL 業者的利潤，尤其在託運人的運輸流量高度不穩定的狀況下特別顯著，例如某地區流進和流出的貨量有極大差異時。然而運輸中介商對於 Wal-Mart 這類運輸量大而且能夠自行總合零售店的公司，所能增加的供應鏈利潤可能最少；在此條件下，運輸中介商可能只能作到比 Wal-Mart 更好的**回程運輸**（backhaul），才能提高供應鏈利潤。

4. **藉由儲存中介的運輸總合**。儲存存貨的第三方業者也能藉總合企業外運和企業內運，增加供應鏈利潤。例如 W.W. Grainger 和 McMaster-Carr 等儲存中間商，個別儲存上千個製造商的產品，並賣給無數顧客。在企業內運方面，他們

可以從多個製造商聚集裝運量於單一貨車，以降低運輸成本。在企業外運方面，他們總合相同目的地的顧客包裹，而得到明顯比顧客個別取貨的更低運輸成本。例如，Grainger的芝加哥配銷中心，為運往每個鄰近州的卡車分別裝滿包裹；一旦運往密西根的卡車裝滿，就立刻送至UPS在密西根的分類場所。此層級的總合不可能由顧客自己達成。因此，W.W. Grainger和McMaster-Carr儲存商品，總合企業內運和外運來增加供應鏈利潤。在諸如印度等國家的配銷商也提供類似的服務。零售商店的規模小，配銷商聚集多個製造商的運送量，可以明顯降低企業外運成本。如果中間商儲存多家供應商產品，並服務許多小訂單的消費者時，這種形式的總合最有效；當供應商送往消費者的運送量規模變大時，這種形式的總合效能也隨之降低。美國連鎖超市就減少了對配銷商的運用，因為這些超市通常可達到滿載運輸的貨量，不需配銷商進一步總合輸送量。

5. 倉儲總合。 第三方業者可以總合許多顧客的倉儲需求，進而降低資產成本和倉儲作業成本，來增加供應鏈利潤。當供應商的倉儲需求小或波動大時，就需要總合倉儲，藉由總合許多顧客的存貨，達到倉儲建物和作業的規模經濟，以節省成本開支。例如印度的第三方物流業者Safexpress，倉庫分布全國，廣受顧客的使用，因為其大部分顧客的存貨量都不足以自行在各區建立倉庫。倉儲總合對小供應商和企業在某些地區新設立的分公司，能增加很多利潤；但倉儲總合對倉儲需求相對穩定的大型供應商或顧客，可能不會增加太多利潤。例如，Wal-Mart和Grainger的倉儲需求，規模夠大且夠穩定，適合自有倉庫，而非透過第三方業者。

6. 採購總合。 第三方業者如果能累積許多小型業者的採購量，在生產和的企業內運方面達到規模經濟，就能增加供應鏈利潤。橫跨許多小型業者的採購整合是最有效率的方式。例如，FleetXchange就提供小型卡車隊，藉由採購總合來降低卡車設備和服務的價格。有些大型顧客可能並不需要採購整合。例如，電子產業的承包製造商們就無法說服HP和Motorola這些大型顧客把採購功能外包。HP和Motorola因為規模都夠大，外包的採取採購整合只能獲得極少邊

際利益；而且，如果把採購功能外包給廠商，公司可能會縮編，並轉讓其與供應商的關係給承包製造商。然而，對一家小型的電子公司來說，承包製造商所提供的採購總合，卻能夠明顯增加其供應鏈利潤。

　　7. 資訊總合。第三方業者的資訊整合會比公司內部處理的績效更高，並因而增加利潤。所有零售商從多家製造商把產品資訊總合集中到單一地點，如此可降低顧客各自搜尋的成本。例如，eBags是以提供資訊總合為主的零售商，還兼作一些其他業務。eBags持有極少量的存貨，但能在單一地點同時顯示許多製造商提袋的資訊，eBags藉由整合產品資訊，顯著降低網上顧客的搜尋時間。相較於eBags，如果每個製造商架設自己的網頁和網路商店，顧客的搜尋成本會比較高，而且每個製造商都必須投資資訊基礎建設。因此，eBags藉由資訊總合，降低搜尋成本並減少製造商對資訊科技的投資，進而增加供應鏈利潤。又如W.W. Grainger和McMaster-Carr，都提供產品型錄和資料詳盡的網站，總合了一千多個製造商的產品資訊並簡化了顧客的搜尋。其他許多網站也作到資訊總合，例如America's Loads On-Line，將運送者和貨車業者聚集到一起來搜尋回程運輸。資訊總合不但減少搜尋成本，也能讓貨運業者和貨物彼此配合得更好。如果買方和賣方都是四散各地的，而購買行為也是偶爾發生，透過資訊總合能夠增加利潤。但對於定期從單一供應商購買鋼鐵的汽車製造商，資訊總合就不會是重要因素。

　　8. 應收帳款總合。第三方業者如果能總合應收帳款，比公司更能降低收款風險，或達到比公司更低的收款成本，就能增加供應鏈利潤。BrightStar是Motorola在中南美洲（不含巴西）的配送商，該地區的行動電話主要是透過許多小型、獨立的零售店銷售。對製造商而言，到每個零售店收取應收帳款的成本太高。如果零售商向許多製造商購買，每個製造商收款的能力也會減低。身為配送商，BrightStar能夠為它所有的製造商顧客總合應收帳款，除了降低收款成本，也達到任何製造商無法獨立達到的程度，也因而降低了它的違約風險；降低收款成本和風險，讓BrightStar能夠增加供應鏈的利潤。又例如，經常為多

家製造商運貨給同一零售商的印度配銷商，如果他們有能力總合多家製造商和小型零售商，通常他們也會負責向各零售商收取應收帳款。當零售商店規模小為數眾多，而且每家店都有許多製造商的產品，如果均由同一配送商負責，應收帳款整合可能可以增加供應鏈利潤。這樣的情境比較可能發生在零售商分散的開發中國家，比較不會發生在零售商總合的美國和多數西歐的已開發國家。

9. 關係總合。中間商可藉由來減少買方和賣方之間所需要的關係數量，因而增加供應鏈利潤；如果沒有中間商，要連結上千個賣方和數百萬個買方，需要幾十億個關係數量存在，中間商的出現使得所需的關係數量降到百萬個。大部分零售商和MRO配送商（例如W.W. Grainger），都藉由關係總合而增加供應鏈利潤。關係總合是透過增加每筆交易的規模和減少交易數量來提高供應鏈利潤；當許多買家都是零散、小額的購買，而採購來源又不只一個供應商時，關係總合最有效率。因此，Grainger能夠以成為MRO產品的關係總合者而增加供應鏈利潤。然而，如果買方和賣方之間具有深厚的關係時，第三方業者就無法以關係總合來增加利潤；例如，Covisint在汽車產業，特別是直接材料，始終無法成為關係總合商。

10. 較低的成本和較高的品質。如果能提供相對於公司較低的成本和較高的品質，第三方業者能夠增加供應鏈利潤。如果這些利潤是由專業化和學習得來，而專業的第三方業者對某些供應鏈活動能更進一步循需求曲線成長，可能得以維持長期的競爭優勢。常見的情境是，第三方業者具有企業所沒有的低成本地區優勢。在此情況下，企業為了較低的勞力成本和經常費用成本會暫時選擇外包，因為當薪資差異是持續的，而第三方業者無法提供其他先前討論過的優勢，此時公司最好是維持所有權，並將生產以境外運作的方式移到低成本地區。

> 第三方業者可能可以達到比企業更高的總合程度,讓供應鏈利潤持續成長。此利潤的成長來自總合產能、存貨、企業外運或企業內運、倉庫、採購、資訊、應收帳款或關係。利潤的成長也可能來自第三方業者因專業化或學習得來的低成本或高品質。

第三方業者對增加供應鏈利潤的貢獻,受三個因素影響:規模、不確定性和資產專用性。如果規模夠大,很可能公司自己內部就能達到規模經濟。此情形下,第三方業者就不太可能達到更進一步的規模經濟而增加利潤。Wal-Mart的運輸需求有足夠的規模,能自己達到卡車運輸的規模經濟,如果轉給第三方業者並不會增加利潤,反而會損失部分控制能力。相反的,如果一家公司需求小,無法達到規模經濟,第三方業者就能以量大來增加利潤。即使是Grainger,對其外向包裹運輸也大量外包,這是因為其顧客的地理位置分散,必須按戶送達,無法達到規模經濟。

第二個重要因素是公司需求的不確定性。如果需求非常容易預測,由第三方業者增加的利潤就受到限制,特別是在公司有足夠規模時。相反的,如果公司需求具高度變化性,第三方業者就能藉由總合其他顧客來增加利潤。例如,Grainger在所需的倉庫空間具有可預測的需求,如果規模夠大,它能持有存貨、運作自己的配送中心。相反的,大部分公司對MRO產品有非常不確定的需求。因此選擇不持有這些存貨,而運用Grainger作為中間商。

最後,利潤的成長會受第三方業者所需資產專用性的影響。如果所需資產只適用特定公司,不適用於其他公司,第三方業者就不太可能增加利潤,因為如此一來第三方業者沒有機會總合其他顧客。例如,如果一家配送商只持有某顧客專用的存貨,其整合存貨的程度並不會比其顧客高。在此情形下,配送商的出現並不能增加利潤。相同的,如果第三方物流業者僅為單一公司管理倉庫,增加利潤的機會也不高,除非它能總合運用其他倉庫的管理或資訊系統。

相反的，如果資產（上例中是存貨和倉庫）不特殊，而能被用在其他公司，第三方業者就能藉由總合許多顧客的不確定性或提升規模經濟，進而增加利潤。上述對第三方業者何時、如何增加供應鏈利潤的討論摘要於表11.1。

> 如果某公司的需求小，不確定性高，並且和其他公司共用一個承包的第三方業者，則該公司能從外包獲得最多。

❖ 使用第三方業者的風險

公司要轉移任何功能給第三方業者之前必須評估下列風險：

1. 流程不完整。當公司只因流程失控就決定外包供應鏈功能時，最大的問題就出現了。引介第三方業者進入一個不完整的供應鏈流程，往往只會使之惡化或更難控制。企業第一步應該是重新掌控流程，然後作成本利潤分析，屆時再決定外包事宜。

2. 低估協調成本。常見的錯誤是，外包時低估了橫跨多個實體執行供應鏈工作時，所需付出的協調努力；這種現象特別常見於公司計畫把某些特定的供

表11.1 從規模、不確定性和資產專用性，來看第三方業者貢獻的利潤成長

		資產專用性	
		低	高
公司規模	低	高利潤成長	低－中利潤成長
	高	低利潤成長	無利潤成長
對公司的需求不確定性	低	低－中利潤成長	低利潤成長
	高	高利潤成長	低－中利潤成長

應鏈功能外包給不同第三方業者時，特別真確。如果公司把協調的功能，視為自身的核心能力之一，在這種情況下，把供應鏈功能外包給數個第三方業者是可行的（而且可能很有效率）。例如 Cisco 本身就是一個優秀的協調者，然而，它也曾在 2000 年代早期遭遇困難，原因是協調不良而留下大批剩餘存貨。其他例子，如 2000 年的 Nike 和 i2 Technology。Nike 把 1 億美元的損失，怪罪到 i2 Technology 所提供的供應鏈規劃軟體的庫存管理失靈；i2 Technology 則認為問題出在 Nike 執行軟體的方式。顯然，這次兩家公司的失誤，主要是因為協調不足。

3. 減少與顧客或供應商的接觸。引入中間商後，公司與顧客或供應商接觸的機會可能變少。尤其是直接銷售給顧客，但使用第三方業者來收取訂單或運送產品的公司，與顧客接觸的損失最明顯。Boise Cascade 就是個好例子，它外包所有的企業外運功能給第三方業者，因而失去許多與與顧客接觸的機會，後來才決定自行遞送地理位置接近其配送中心的顧客。如果該公司配送中心附近的顧客密度高，由第三方業者提供的額外利潤就很少，但能大幅改善該公司與顧客接觸的利益。Boise Cascade 並未將此範圍以外的配送拿回來自己作，因為第三方業者能提供顯著的利潤。

4. 內部產能喪失而第三方業者權力增加。如果外包會明顯增加第三方業者的權力，公司可以選擇自製。例如，在電子產業中，HP 和 Motorola 都把製造功能轉移給承包製造商，但採購和設計並不外包，即使承包製造商已經具備這兩種能力。如果零件具有共用性，承包製造商能夠在採購和設計上達到較高的總合程度。然而，HP 和 Motorola 都不願意把採購轉移給承包製造商，因為這兩家公司的規模都比較大，使得潛在的權力損失大，而總合所得小。此外，如果把產能完全委託，會強化第三方業者的議價優勢，所以公司內部有必要持有部分產能；而且如此一來當需求增加時，內部產能就是一個可運用的方案，進而限制第三方業者能為自己保留的供應鏈利潤。

5. 洩漏敏感資料和資訊。使用第三方業者時，公司必須分享需求資訊，有

時還包括智慧財產。如果第三方業者同時也服務公司的競爭者，機密資料隨時有洩漏的危險。公司通常堅持第三方業者的資訊系統設置防火牆，但防火牆會增加資產的專用性，限制第三方業者能提供的利潤成長。當洩漏機密成了重要議題，特別是和智慧財產相關時，公司通常選擇自行運作此功能。

6. 無效率的合約。合約上的績效矩陣扭曲了第三方業者動機時，通常由外包所得的利潤會大幅減少。例如，公司對第三方業者的服務，採用**成本加成定價法**來訂定產品價格，如此不但容易減低第三方業者進一步創新以降低成本的動機，同時也會讓公司無意改進。另外一個例子是當公司需於合約中規訂供應商或配銷商應維持多少天數的存貨時。此種合約會減低第三方業者採取降低存貨行動的動機；此時，公司最好是針對所需的服務水準訂合約，讓第三方業者在存貨數量上保有更多自由，如此該第三方業者就有動機努力減少必須的存貨，以滿足公司顧客的需求。

11.3 第三方和第四方物流提供者

第三方物流業者（3PL）執行一或多個與產品、資訊、資金相關的物流活動，而這些活動也可以由公司自己來執行。傳統上，3PLs 專注在供應鏈的運輸、倉儲和資訊科技等特定功能上；在《阿姆斯壯的3PLs和全球物流服務指南》（*Armstrong's Guide to 3PLs & Global Logistics Services,* by Armstrong & Associates, Inc., 2001）中描述第三方物流業者提供的服務，如表11.2所示。

大部分3PLs一開始只會專注在一項供應鏈功能。例如，UPS最初是小包裹運輸商；Schneider起初是貨卡運輸業者。然而多年以後，當基本功能日常化了，3PLs就會擴展他們的服務範圍。有些顧客會仍運用3PLs來執行特定功能，例如，Grainger自己處理大部分的訂單和運送循環，把企業外運外包給UPS，

表11.2　第三方物流業者提供的服務

服務類別	基本服務	特殊加值服務
運輸	海運、貨車、鐵路、航空的內、外向運輸	調整、追蹤／追溯、模式變換、快遞、運費付款、合約管理
倉儲	儲存、設施管理	越庫作業、整合轉運散貨（in-transit merge）、聯營分配、揀貨／包裝、元件配套、存貨管控、標籤標示、履行訂單、型錄式訂購的運送到府
資訊科技	提供並維護先進的資訊／電腦系統	運輸管理系統、倉儲管理、網路模型和選址、運費帳單支付、自動化的經紀人介面、端對端配對、預測、EDI、全球性追蹤追溯、全球性的可見度
反向物流	處理反向物流	資源回收、二手資產處理、顧客退貨、可退容器管理、修理／整修品
其他第三方物流服務		經紀代理、航空運輸、購買合約管理、獲取訂單、遺失和損壞索賠、運費帳單審核、顧問、限時遞送
國際化		顧客代理、口岸服務、出口裝箱、合併
特殊技巧／操作		危險材料、溫度控制、包裹／分包遞送、食品分類設施／設備、散裝貨物

理由是這些顧客的地理位置分散且訂單規模小，而UPS能明顯增加供應鏈利潤。UPS現在擴展業務範圍到倉儲、資訊科技、國際化以及許多其他服務，並以提供顧客更多功能的服務為目標。這使UPS能夠簽訂合約為國家半導體公司管理全球供應鏈。UPS負責管理晶片的運送過程，將產品從國家半導體公司的工廠運往全球配銷中心，再運送到世界各地的顧客手中。同樣的，Schneider Logistics也提供比卡車貨運更多樣化的服務。就「通用汽車維修零件執行計畫」（General Motors Spare Parts Operations, GMSPO）來說，Schneider提供從下訂單到最後付款無所不包的服務。

將廣大範圍的供應鏈功能委外的趨勢，自1990年代晚期開始成長。隨著供應鏈的全球化，顧客尋找實際能夠管理供應鏈所有面向的業者，因而產生第四方物流業者（4PL）的概念。Andersen顧問公司（現在是Accenture）首先將

4PL定義為「將自己和其他組織的資源、產能和技術組合起來，以設計、建造並執行無所不包的供應鏈解決方案的整合者」。3PL的目標在某項供應鏈功能，而4PL的目標則在於整個流程的管理。有人把4PL描述為管理其他3PLs、卡車業者、運輸業者、顧客經紀人等的總承包商，主要負責為顧客掌控完整流程。當此概念首先形成時，Andersen構想出一個中立的4PL，本身並未擁有任何供應鏈資產，只負責管理不同的物流業者。但事實上中立的4PL很難靠自己建立起來；但是，許多3PL開始將某些其他的供應鏈功能包含進來，提供整合性的服務，成為4PL和物流業的領導者。

Menlo Logistics是物流業領導者的一個例子，為HomeLife這家國際性的家庭家具零售連鎖店管理整個供應鏈。Menlo設計了供應鏈和資訊系統，並且為HomeLife整合運輸、倉儲、到府遞送、產品安裝和維修，以及逆向物流。整個解決方案包含由Menlo操作的部分配送中心，以及部分由其他第三方業者操作而由Menlo管理的配送中心。Menlo也有個集權的指揮中心，以管理和追蹤其他供應鏈活動。Menlo也提供資訊系統給HomeLife，以管理訂單、倉儲、運輸和到府遞送。瑞士的航空運輸業者Kuehne & Nagel AG是另一個例子，該公司成立了Kuehne & Nagel Lead Logistics（K&N），定位為4PL。2002年Nortel Network僱用K&N來處理由工廠到顧客的所有企業外運物流。K&N現在為Nortel Network管理全世界35到40家運輸、倉儲管理、卡車貨運和其他物流業者。

4PL有個根本性的問題：相對於公司自己管理物流業者，4PL如何增益附加價值。這在K&N和Nortel Network案例中特別重要，因為K&N承擔了Nortel將近100名原本負責管理供應鏈的員工的工作。答案是，外包給類似K&N的公司，讓Nortel得以將有限的資金運用在核心經營項目上。值得注意的是，**外包物流等非核心活動並不保證會增加任何供應鏈利潤**。K&N和Nortel的關係只有在K&N能夠以Nortel無法作到的方式來增加利潤時，才能長期存活。4PL的基本優勢來自於比單一公司供應鏈更高的能見度和協調性，並且能改善物流業者之間的傳遞作業。要達到更高的能見度和協調性，就必須運用複雜的資訊系

統。此科技的發展或購買的成本都很高，執行時也需要專門的技術，4PL必須把成本分攤給許多顧客才能增加利潤。許多4PL業者已經發展出自己的整套資訊系統應用程式，而其他業者則整合多個供應者的資訊系統應用程式。例如，Schneider Logistics就有一個名為SUMIT的軟體，而Exel plc Americas則使用多個供應商的應用程式，例如i2 Technology和CAPS。4PL業者也能藉由有效總合顧客需求和物流提供者的產能，來增加供應鏈的利潤。

當供應鏈越趨全球化，服務功能廣泛的第三方物流業者在市場上也更具優勢，也因而引發一連串的併購，使3PL大者越大；特別是電子業中對於延遲策略的運用增加，中間商也被要求承擔部分生產責任。這導致3PL和承包製造商之間界線模糊。較大的3PL漸漸嘗試提供某種形式的最後組裝服務；承包製造商則轉而購買或與物流業者合夥以擴展其物流能力。例如，承包製造商Celestica和Exel Logistics、FedEx、Kuehne & Nagel和Panalpina合作，以運用這些公司的物流服務。另一承包製造商Flextronics則在2000年代早期買下幾家物流業者。上述各種作法的目標，都是要提供顧客完整的生產和配送服務。

11.4 供應商評分及評價

當比較供應商時，許多企業往往會犯了只重視詢價價格，而忽略供應商在其他重要且影響總成本不同構面的這個事實。例如，供應商會有不同補貨的前置時間。企業是否會選擇一個較貴但前置時間較短的供應商？或是考慮供應商在準時上其他不同的表現。一個可靠的供應商是否值得多付出點額外的成本？

在每個前面提及的例子，供應商的價格是許多因素中唯一影響產品總成本的因素。當對供應商評分及評價時，下列因素是比詢價更需考慮的因素：

- 補貨前置時間

- 準時績效
- 供應彈性
- 配送頻率／最小批量
- 供應品質
- 企業內運運送成本
- 定價條件
- 資訊協調能力
- 協同設計能力
- 匯率、稅率及關稅
- 供應商生存能力（Viability）

供應商績效的評價必須列入這些考入因素，因為這些因素都會對總成本有所影響。接下來將討論每個因素如何影響供應鏈總成本，以及在因素上供應商評價如何被應用以推理選擇供應商的總成本。

1. 補貨前置時間：當供應商的補貨前置時間增長，買方必須持有的安全存貨數量會等比例的以補貨前置時間平方增加（見第九章）。供應商前置時間的績效，可以用公式9.9直接轉成必須的安全存貨。因此，對供應商在補貨前置時間上評分可以讓公司評估每個供應商在存貨持有成本方面的影響。

2. 準時績效：準時績效影響前置時間的變異。一個可靠的供應商其前置時間變異小；反之，不可靠的廠商則變異大。當前置時間的變異增大，公司需要的安全存貨就會暴增（見第九章）。準時績效可以被轉化為前置時間的變異，並可利用公式9.11轉換為需要的安全存貨。企業可以利用第九章的討論，以評估一個缺乏準時績效的供應商對存貨持有成本的影響。

3. 供應彈性：供應彈性是指供應商在不降低其他績效表現下對訂單數量變異的容忍度。當供應彈性越低，供應商配合訂單數量改變的前置時間變異就越長。因此，供應彈性影響廠商必須持有的安全存貨水準。

4. 配送頻率／最小批量：供應商所提供的配送頻率及最小批量影響一家公

司每次補貨的數量。當補貨批量增加，公司的週期存貨增加，因此增加存貨持有成本（見第八章）。配送頻率可以用公式8.1轉換為存貨週期。一家使用**定期複查政策**的公司，配送頻率也會影響到需要的安全存貨（見公式9.16）。因此，供應商的配送頻率可以轉換為持有週期成本及安全存貨。

5. 供應品質：一個惡化的供應品質，會提高企業取得零組件的變異。品質會影響供應商完成滿足訂單的前置時間，以及造成前置時間的變異，因為接下來的訂單通常需要重新修理瑕疵品；結果，相較於一家高品質的供應商，低品質的供應商會讓一家公司需要準備更多的安全存貨（見第九章）。一旦供應品質、前置時間以及前置時間變異的關係建立，每個供應商的品質水準就可以被轉換為安全存貨量及持有的相關成本。零組件的品質也影響了顧客滿意度，同時也影響因為重製、零件耗損和檢驗的產品成本。

6. 企業內運運送成本：與供應商來往的總成本，包含把原物料從供應商端運過來的企業內運運送成本。當原物料從國外購買可能可以取得較低的成本，但卻會導致高的內運運送成本，這是在比較供應商時必須考慮的一點。距離、運輸模式及配送頻率都會影響與每個供應商來往時的內運運送成本。

7. 定價條件：定價條件包含可以延遲付款的時間，以及供應商所提供的數量折扣。供應商所允許延遲付款可以讓買方節省流動資本，對每個供應商所產生的流動資本節省成本是可以被量化的。定價條件亦包含超過某個數量可以提供的折扣，數量折扣降低單位成本，但也會增加所需訂購批量及其產生的週期存貨；如先前所討論的，每個供應商數量折扣對於原物料成本及存貨成本的影響都是可以被量化的。

8. 資訊協調能力：供應商的資訊協調能力，影響一家公司供需配合的能力。好的協調可以產生較好的補貨規劃，降低存貨的持有，以及因為存貨不足而產生的銷售流失。好的資訊協調亦可以降低長鞭效應及改善顧客回應性時亦降低生產、存貨及運輸成本。良好資訊協調能力的價值，會有由長鞭效應所導致在供應鏈內產生的變異量相關。

9. 協同設計能力：若產品大部分成本在設計時是設定的，那麼供應商協同的能力就會很顯著。好的可製造性及供應鏈設計協同亦可降低需要的存貨及運輸成本。當製造商漸漸增加零件設計及生產的委外時，供應商間協同設計能力對於最終產品的成功及上市速度就顯得很關鍵；因此，協同設計的能力對供應商來說越形重要。

10. 匯率、稅率及關稅：匯率、稅率及關稅對一家全球性製造及供應的公司來說是很重要的。在許多例子，貨幣波動對零件價格的影響，更甚於其他因素的加總；財務上的避險可以對通貨的波動有所規避。然而，重要的是考慮需求及總體經濟變異下，分析不同國際供應鏈中供應的選擇。相同的，由於不同地區的供應商所產生不同程度的稅率及關稅對於總成本的影響也是顯著不同的。

11. 供應商生存能力：若供應商會影響一家公司的績效表現，則一個選擇供應商的重要因素是他們達成承諾的可能性。此考量在當供應商提供的為關鍵產品及很難找到替代品時就顯得特別重要。要記住，這並非特別對大公司才有偏見——許多小公司，甚至是新設立的公司要能提供某種可被接受的生存能力水準。

除了單位價格以外，每個供應商應該將前面提及的各項因素納入評比，表11.3彙總各個因素對總成本的影響。

表11.3所列的因素，讓公司可以評估及比較不同供應商在每一個不同構面上的績效。我們已經討論過各項因素的績效如何量化成對成本的影響，每個供應商的整體績效表現，就可以總成本的特性表現及以非量化因子級距化。

> 供應商的績效比較必須依據其對總成本的影響。除了採購價格，總成本亦受補貨前置時間、準時績效、供應彈性、配送頻率、供應品質、企業內運運送成本、定價條件、供應商預測及規劃的協調能力、供應商協同設計能力、匯率和稅率，及供應商生存能力等因素所影響。

表 11.3　供應商績效因素及其對總成本的影響

	零件採購價格	存貨 週期	存貨 安全性	運輸成本	產品上市時間
補貨前置時間			X		
準時績效			X		
供應彈性			X		
配送頻率		X	X	X	
供應品質	X		X		
企業內運運送成本				X	
定價條件	X	X			
資訊協調			X	X	
協同設計	X	X	X	X	X
匯率及稅率	X				
供應商生存能力			X		X

在例11.1中，我們舉出了兩家不同價格及其他表現因素特性的供應商比較之。

例11.1

　　Green Thumb 為一家割草機及雪地鼓風器的製造商。傳統上，該公司每個星期從當地一家供應商購買1,000個單價為1美元的軸承（Bearing）。採購主管知道有另一個原料來源願意提供單價0.97美元的軸承。作決策前，採購主管衡量了兩家供應商的績效。當地供應商平均前置時間為兩星期，並願意每批次配送2,000個軸承。根據過去準時的表現，採購主管估計前置時間有一星期的誤差。新的來源其平均前置時間為六個星期，並有四個星期的誤差。新的來源每次最小的批量為8,000個軸承。採購主管該選擇

那一個供應商？Green Thumb存貨持有成本的25%。該公司現採用連續盤點政策來管理存貨及其目標服務週期水準為95%。

分析：供應商的前置時間及前置時間變異的績效會影響Green Thumb必須持有的安全存貨，而需要的最小批量會影響存貨持有週期。因此，採購主管應該評估選擇每一個供應商的總成本。首先考慮採用當地供應商的成本：

原物料年成本 = 1000×52×1 = $52,000

平均週期存貨（使用公式10.1）= 2000/2 = 1,000

持有週期存貨年成本 = 1000×1×0.25 = $250

前置時間期間需求標準差（使用公式11.11）= $\sqrt{2\times 300^2 + 1000^2 \times 1^2} = 1{,}086.28$

新供應商所需安全存貨（使用公式11.9）= $NORMSINV$（0.95）×1086.28 = 3,787

持有安全存貨年成本 = 3,787×1×0.25 = $946.75

採用現有供應商的年度成本 = 52,000 + 250 + 946.75 = $53,196.75.

接下來討論採用新供應商的成本：

原物料年成本 = 1,000×52×0.97 = $50,440

平均週期存貨（使用公式10.1）= 8,000／2 = 4,000

持有週期存貨年成本 = 4,000×0.97×0.25 = $970

前置時間期間需求標準差（使用公式11.11）= $\sqrt{6\times 300^2 + 1000^2 \times 4^2} = 4{,}066.94$

現有供應商所需安全存貨（使用公式11.9）= $NORMSINV$（0.95）×4,066.94 = 12,690

持有安全存貨年成本 = 12,690×0.97×0.25 = $3,077.21

採用新供應商的年成本＝50,440＋970＋3,077.21＝$54,487.21

可以看出新的供應商有較低的年原物料成本，但總成本卻較高。把所有績效特性列入考慮，採購主管應選擇現有的供應商。

11.5 供應商選擇──拍賣和談判

選擇供應商以前，公司必須決定要用單一或多個供應商來源。採用單一來源時，若供應商必須為買方作專屬性投資，必須保證提供供應商足夠的生意。該買方專屬性投資，可能是生產特定買方零件所需的工廠或設備，或是必須研發的專門技術。單一供應商也運用在汽車產業中，製造像是座椅等，必須依照生產順序到達的零件。多供應來源時，要協調此生產順序是不可能的；其結果是，某汽車公司對於單一的工廠有單一座椅的來源，但在整個製造網路中則有多個供應來源。具備多重來源能確保某種程度的競爭，當某個來源出問題時，仍有備用來源可運用。

分析增加或刪除一家供應商所造成的影響，是測試公司是否有正確的供應商數量的好方法。除非每個供應商的角色都不同，否則供應的基數很可能過大。相反的，除非增加一個獨特而有產能價值的供應商會明顯增加總成本，否則供應的基數可能過小。選擇供應商會用到多種機制，包括離線競價、反向拍賣，或直接談判；不論採用何種機制，選擇供應商時必須根據運用該供應商的總成本，而非僅考慮購買價格。接著，本書將探討某些實務上常用的拍賣機制，並說明其特質。

❖ 供應鏈中的拍賣

當外包給第三方業者時，公司可運用傳統的競價方式，近年來也會在網路上運用反向拍賣。**競價**是拍賣的形式之一，不會對其他競價者揭露出價。後續的討論中我們均視為拍賣。Krishna（2002）和Milgrom（2004）對拍賣有周詳的說明，下一段的討論多是其內容摘要。

在許多供應鏈情境中，買方想要外包生產或運輸等供應鏈功能，供應商首先必須符合基本資格才能出價。資格審查過程是很重要的，因為買方會在意許多績效特性（如表11.3所示）。當以單價為主進行拍賣時，明確指出價格以外的各方面預期績效，對買方很重要。現實中，買方最好避免以多重屬性決標的方式，但大多數情況中，買方最後會對不同的屬性提出資格條件，並且僅以價格決標。資格審查過程是用來辨識非價格特性是否能符合預期績效。由買方的觀點，拍賣的目的是讓出價者揭露其成本結構，以讓買方能選擇具有最低成本的供應商。這種拍賣常用的機制如下：

- **第一價格秘密競標**（Sealed-Bid First-Price Auctions）：每一個可能的供應商都必須在限時內，提交一份密封的投標單。然後在標單打開後，買方將合約指派給最低價競標的業者。
- **英式拍賣**（In English Auctions）：拍賣商以某一價格開始，只要比前一個出價來得低，供應商可以隨時出價；最後出價者（最低價）得標。本方法的不同之處在於一旦拍賣開始，所有的供應商都能看到目前的最低出價。
- **荷蘭式拍賣**（In Ducth Auctions）：拍賣商從一個低的價位開始，漸漸提高價格，直到其中一個供應商同意以該價格簽約。
- **第二價格競標**（In Second-Price Auctions）：每個供應商提交投標單，由最低價者以次低投標者的出價得標。

指定拍賣方式時，公司希望的是付出最少價款。公司同時也希望最後得標

者是成本最低的供應商,如此一來供應商更能確實以其承諾的價格來供應。此外,公司也要考量供應商是否有動機,以不合於其成本結構的價格來投標。這種標會增加公司的付款金額,而且合約也不是簽給最低成本的公司。

第一價格秘密競標的方式,有個重要的議題,是所謂「贏家的詛咒」(Winner's Curse)。一旦以密封的標單為基礎作出了選擇,得標者立刻知道他之前略微提高價格也會勝出,因為其他供應商投標價格較高。在這種觀念下,得標也讓贏家瞭解,他讓買方占了便宜。因此,得標者會將此現象列入考慮,而將其原始得標價格往上調整。此議題不會出現在任何公開拍賣場合中,因為出價者研擬下一個出價時,都看得到目前的最佳投標價。此議題也不會出現在第二價位競標的方式中,因為得標者得到是次低價,因而沒有隱藏其真實成本的動機。

下列因素會影響拍賣的績效:

1. 供應商的成本結構是否不公開(不受其他投標者共有的因素影響)?
2. 供應商是否同質相稱,也就是說,事前是否預期大家都有相同的成本結構?
3. 供應商是否獲得預估成本結構所需的所有資訊?
4. 買方是否指出願意付給供應鏈的最高價格?

先從供應商的成本結構來看。大多數的情形下可以合理假設,供應商的成本部分來自於其過程結構,部分則來自於諸如原料和勞動成本等普遍性市場因素;換句話說,供應商的成本架構有某種程度的相互依賴和相互關連。對於具有類似市場條件和過程的供應商們,此相互依賴和關連會比較高。如果供應商相稱,且具有相互依賴和關連的成本,則公司需付的預期價格,由高到低依序為第一價格秘密競標、第二價格競標和英式拍賣。換句話說,在此條件下英式拍賣可以讓公司得到最低價格。然而,如果供應商不相稱,可能第二價位競標會表現得比英式拍賣來得好。

如果買方公司擁有某些直接關係到供應商成本的資訊,而供應商知道該公

司擁有資訊，但卻不知其內容；此時公司揭示資訊會最有利。對於所有的拍賣機制（有相稱的投標者），買方揭示所有資訊，比揭示較少資訊時，會付出較低的價格。因此，買方的最佳策略是清楚說明需求，並揭示所有已知的關於供應鏈工作的資訊。如果不揭示這些資訊，會導致投標者略減投標價以防範贏家詛咒，而其結果是買方將付出更高的價格。因此，買方的最佳策略不只是揭露所有公開資訊，而且還要讓供應商明白，所有的資訊都已經揭露。

規劃設計拍賣時，有個必須考量的重要因素：**投標者之間勾結的可能性**。第二價格競標對此特別難防。如果投標者之間私下達成協議，成本最低的投標者以其真實成本投標，而其他投標者則以較高價格投標（例如，價格最貴的投標者的成本，或買方的底價）。在第二價格競標中，最低成本的投標者得標並負責執行供應鏈功能，但是買方卻必需支付比第二最低成本的供應商的成本更高的價格。因為其他投標者都無法從脫離該勾結協議而獲利，此勾結協議會形成一種均衡的情形。任何第一價格競標方式（秘密投標或英式）都可以避免這種勾結策略。對此二種方式，由於有足夠利基吸引許多成本較低的供應商參與投標，高價格的勾結協議就無法存在。總的來說，第一價格競標方式能吸引更多最低成本的投標者參與投標。

勾結會導致供應商壓抑自己提供供應鏈功能的想望，並且會提出比能夠適當反應成本的價格更高的投標價；在買方要求供應商針對某一數量的供應鏈功能投標的**聯合拍賣**（Multiunit Auction）中，常見此情形。對於荷蘭式逐漸降價的聯合拍賣，買方先公布一個高的價位，然後漸漸降低價格，直到有一個供應商願意提供其中一種貨物或服務；此價格漸降的過程，會持續到所有的貨物或服務都有供應商承諾提供為止。此拍賣中，每個標的都會有各自不同的價格。對於英式的聯合拍賣，買方由一個高的價位開始，而由投標者發佈其願意提供的數量。如果供應商們願意提供的總數量超過期望的數量，買方會降低價格直到二者數量相同。於是所有的供應商均以此價格供應。此拍賣方式也稱之為**均價拍賣**（Uniform-Price）。對於這兩種拍賣，供應商都可以勾結並形成圍標集

團,指派一個投標者參與投標過程,而提高最後價格。該集團在得標後再另外自行分配數量。Porter(2004)對此勾結行為有詳盡的討論。

> 買方應該規劃拍賣,使其成本最小並使最低成本的供應商得標。如英式拍賣等開放式拍賣很可能可以達成此目標。第一價格秘密競標則容易遭到贏家詛咒,得標者事後知道,即使他先前降低出價仍會得標。這將促使他將最初報價調高。拍賣方必須小心避免投標者之間的勾結,努力察覺是否有勾結發生。

❖ 談判的基本原則

有某些情形,已經指定將由某第三方業者負責執行某些供應鏈功能,並進入擬定合約的談判階段。談判只有在買方開出給供應商的價值至少和供應商開出給買方的價值同等時,才會有正面的結果。供應商對執行供應鏈功能所開出的價值,受到成本以及其現有能力的影響。同樣的,買方所開出的價值,受到內部自行執行該功能的成本以及其他備選供應商所能提供價格的影響。買方和賣方之間價值的差異,是為**「談判利潤」**(Bargaining Surplus);談判的任何一方都希望儘可能獲取更多的談判利潤。

Thompson(2005)對談判有詳盡的說明,我們從中摘要幾個建議。第一個建議:對本身價值要有清楚的概念,並且儘可能精準評估第三方業者的價值。談判利潤的精確評估能增進成功的機會。Toyota的供應商常說,「Toyota比我們還瞭解我們自己的成本」,而這能促成更好的談判。第二個建議是:平均或公平的分配談判利潤,或者依照需求來分配利潤。公平是指依照各方貢獻比例來分配利潤。

然而,談判成功的目的是促成雙贏的結果。如果雙方只針對單一面向進行

談判,例如價格,就不可能得到雙贏的結果。要建構雙贏的談判,雙方必須指定一個以上的議題。指定多重議題使得雙方即便偏好不同,也有擴大利益大餅的機會。買方通常不只關心價格,也關心品質和責任(如表11.3所列的其中兩個面向)。如果供應商發現難以降低價格,但是易於減少回應時間,就有機會達成供應商提供較佳回應性而不改變價格的雙贏解決方案。Thompson談到許多談判過程的障礙,並提出有效的解決策略。

11.6 供應商選擇及合約

一旦選定供應商,就必須架構買方與供應商間的合約。供應合約說明決定買方與供應商間關係的參數(Parameters)。除了將買賣雙方間的關係規定清楚外,合約對於供應鏈中所有階層的行為及績效有很大的影響。合約應該設計以使供應鏈更容易達到使人滿意的結果,並且最小化傷害績效的行動。當設計供應鏈合約時,一個管理者必須先詢問以下三個問題:

1. 合約會如何影響企業的利潤以及供應鏈的總利潤?
2. 合約中是否有任何會導致資訊失真的誘因?
3. 關鍵績效衡量下合約如何影響供應商績效?

理想中,合約應該被架構成增加企業及供應鏈利潤、防止資訊失真,以及提供誘因給供應商以在關鍵構面下改善績效。

❖ 對於產品的可用性及供應鏈利潤的合約

因為買方及供應商為兩個不同的主體,每個主體都試著極大化其自身的利潤,使得在供應鏈的績效上產生了許多缺點。供應鏈中的雙方若分開採取行動

將會使利潤低於供應鏈中雙方在共同極大化供應鏈利潤下採取協調的行動。

考量一個需求明顯受其零售價格所影響的產品。零售商基於其利潤決定售價（以及銷售量）。零售商的利潤只是供應鏈利潤一小部分，這導致零售價格高於理想價格，而銷售量低於供應鏈理想的銷售量。這個現象是所謂的**重複邊際化**（Double Marginalization）。如前面章節所討論，藉由數量折扣給購買總量超過一門檻的零售商給予較低的價格購買，供應商可以提高供應鏈利潤。

另一個重複邊際化的例子在於需求不確定存在時產生的。一個製造商會希望零售商對其商品可以持有較大的存貨量，以確保任何激增的需求都可以被滿足。另一方面，任何沒有賣出的存貨會造成零售商金錢的損失，結果零售商希望能持有較低的存貨。這種拉鋸的現象導致供應鏈的績效是次佳的。

在合約中供應商明白確定其固定的價格，而買方則會決訂購買的數量，大部分會引起供應鏈績效次佳的原因是由於重複邊際化。零售商在需求確定前決定其購買決策，因此承擔了所有需求的不確定性。如果需求少於其存貨，零售商就必須以折扣出清商品。考慮到需求不確定性，零售商基於其利潤及存貨過剩的成本來決訂購買量。然而，供應商的利潤是低於整個供應鏈所貢獻的利潤，反之其存貨過剩成本是高於整個供應鏈的。因此零售商趨向保守，並且維持比供應鏈最佳水準較低的產品可用性。

考慮一家販售音樂光碟的唱片行，供應商購買（或生產）單價1美元的光碟，並以單價5美元賣給唱片行；零售商以單價10美元的價格賣給最終消費者。零售商有每片5美元的利潤，並可能有每片5美元未售出唱片的損失。零售商最佳的目標服務水準為0.5，若將供應商及零售商結合則有每片9美元的利潤及最多只有1元的未出售唱片損失。對整個供應鏈來說理想的目標服務水準為0.9。因此唱片行趨向保守，並且持有比供應鏈理想的水準更低的光碟。

為了改善整體利潤，供應商必須設計一份可鼓勵買方購買更多商品及提高商品可用水準的合約。這需要供應商承擔部分買方的需求不確定性。三個藉由供應商分擔買方需求不確定性而提高整體獲利的合約如下：

1. 購回（Buyback）或退回（Returns）合約。
2. 收益分享合約。
3. 彈性數量合約。

我們用唱片行的例子來解釋上述三個合約，並以先前提及的三個問題來討論其績效。

購回合約（Buyback Contracts）

合約中的購回或退貨條款讓零售商可以一個雙方同意的價格，退回一定數量的未銷售存貨。在一個購回合約中，製造商指定一個批發價格c和一個購回價格b。製造商對任何零售商退回產品的殘值為$\$s_M$。

零售商回應購回合約的最佳訂購數量O^*，其中零售商的殘值為$s = b$。製造商的預期利潤則視零售商退回的供貨過剩而定。可得：

製造商期望利潤＝$O^*(c-v) - (b-s_M) \times$零售商期望供貨過剩量

例如，音樂商店的供應商同意以每片3美元購回未售出的光碟，將零售商原本的未售出損失，由5美元降為2美元。購回條款的出現使得零售商的最佳訂貨量由1,000增加到1,170，造就了更高的產品供應力以及對零售商（由3,803美元提高到4,286美元）和供應商（由4,000美元提高到4,009美元）雙方都更高的利潤。購回合約對於具有低變動成本的產品最有效。例如音樂、軟體、書籍、雜誌和報紙。

表11.4是供應商提供給音樂商店的不同購回合約的結果。音樂商店光碟片的銷售價格是$p = \$10$，此價格下的需求呈常態分配，平均數$\mu = 1,000$，標準差$\sigma = 300$。假設沒有運輸和任何退貨相關成本。

由表11.4可知購回合約增加了供應商和零售商雙方的利潤。在表11.4中，當批發價是每片光碟7美元，購回合約的運用使得整體供應鏈利潤增加約20%。此外也可以看到，當批發價增加，製造商最好也同時增加購回價格。對

表11.4　不同購買合約下，音樂供應鏈的訂購數量和利潤

批發價格 c	購回價格 b	音樂商店的最佳訂購數量	音樂商店的期望利潤	供應商期望退貨量	供應商的期望利潤	期望供應鏈利潤
$5	$0	1,000	$3,803	120	$4,000	$7,803
$5	$2	1,096	$4,090	174	$4,035	$8,125
$5	$3	1,170	$4,286	223	$4,009	$8,295
$6	$0	924	$2,841	86	$4,620	$7,461
$6	$2	1,000	$3,043	120	$4,761	$7,804
$6	$4	1,129	$3,346	195	$4,865	$8,211
$7	$0	843	$1,957	57	$5,056	$7,013
$7	$4	1,000	$2,282	120	$5,521	$7,803
$7	$6	1,202	$2,619	247	$5,732	$8,351

固定的批發價格，當購回價格增加時，零售商訂購和退回的數量都增加。表11.4的分析中，我們並未考量退貨相關的成本。當退貨相關的成本增加時，由於供應鏈利潤相對減少，就會降低購回合約的吸引力。如果退貨成本非常高，購回合約反而可能減少整體供應鏈利潤。

對於固定的批發價格，提高購回價格也會提高零售商利潤。購回會使製造商的利潤隨著製造商的邊際利潤的增加而提高。換言之，製造商的邊際利潤越高，運用購回機制就更能增加利潤。

1932年，Vikng Press是第一家接受退貨的書籍出版商，如今這對書籍產業來說已非常普遍。為了降低退貨相關成本，零售商無須退回整本書，只需退回封面，以此證明這些書本並未售出，同時也能降低退貨成本。這許多年來，有許多關於出版商的退貨政策對該產業獲利影響的爭論。我們的討論可對採取此方法的出版商提供一些辯解。

> 製造商可以運用購回合約同時增加本身與總供應鏈利潤。購回政策可鼓勵零售商增加產品供應力的水準。

供應鏈之來源取得決策

在高科技產業中,當新產品問世後,舊產品的價值會急速下降,一個零售商會趨向保守,並且提供一個較低水準的產品可用量,而不採用製造業和供應鏈中最佳化的觀點。製造商可以藉由提供對零售商價格的支援分擔風險。許多製造商保證在事件中會降低價格,同時也會降低零售商的持有存貨之價格。結果,在零售商處的過剩庫存成本被限制在資本和實體儲存等成本,而且其不包括可能超過一年100%的過期產品。因此零售商在價格的支持下增加產品可用性的水準。提供價格的支持等同於購回條款。

購回條款的結構造成整體供應鏈中零售商接到訂單的反應,而不是反應顧客的真實需求。當一個供應商銷售給許多零售商時,其會根據每個零售商的下單順序來生產。每個零售商訂單則是根據過剩和缺貨來決定。在實際銷售後,沒有銷售的存貨從各個零售商送回到供應商。當一個供應商銷售給許多零售商時,購回條款結構增加資訊的扭曲。然而,在最後的銷售季節,供應商取得實際的銷售資訊。資訊的扭曲主要來自於在零售商處存貨分散的事實。如果存貨被供應商集中管理,並且只運送給零售商所需要的貨品,可以減少資訊失真。在集中存貨管理下,供應商可以個別瞭解零售商需求,並可備較低的存貨。然而,實際上大部分的購回條款在零售商是要消去集中化的存貨。結果,有著高度的資訊失真。

> 藉由對零售商降低過多存貨成本,購回合約抗拒重複邊際化。然而,此種合約導致降低零售商在過多庫存上的努力,並且造成資訊失真。

收益分享合約 (Revenue-Sharing Contracts)

在收益分享合約中,製造商提供低的批發價格 c,並分享零售商的部分收益 f。即使貨品不得退貨,如果零售商的存貨過剩,因為批發價比較低,也能減少零售商的成本。因此零售商可增加產品供應力,造就製造商和零售商雙方獲利

的提高。

假設製造商的生產成本是v，零售商的零售價是p，任何剩餘商品的殘值是s_R。零售商的最佳訂購數量O^*，其中缺貨成本是$C_u = (1-f)p - c$，供貨過剩成本是$C_u = c - s_R$，於是可得：

$$CSL^* = 機率（需求 \leq O^*）= \frac{C_u}{C_u + C_o} = \frac{(1-f)p - c}{(1-f)p - s_R}$$

製造商可從零售商處獲得每單位批發價c，也可分享零售商每賣出一單位的利潤。因此製造商的收益可用下式計算：

$$製造商期望利潤 = (c-v)O^* + fp（O^* - 零售商期望供貨過剩量）$$

零售商為每單位支付批發價c，售出的每單位可獲得利潤$(1-f)p$，以及供貨過剩量的利潤為s_R。零售商期望利潤的計算如下：

$$零售商期望利潤 = (1-f)p（O^* - 零售商期望供貨過剩量）$$
$$+ s_R \times 零售商期望供貨過剩量 - cO^*$$

回到音樂商店的例子。供應商同意以每片光碟片$c = \$1$賣給音樂商店，但是音樂商店同意分享45%的銷售利潤。如果每片光碟的最終銷售價格是10美元，則售出每片碟片供應商可獲得4.5美元，音樂商店則留下5.5美元。音樂商店服務水準的目標是81.8%，並且增加光碟訂購數量由1,000（當供應商價格為5美元且不分享利潤）到1,273。訂購數量增加是因為零售商每片未售出光碟只會損失1美元（而非每片5美元且無利潤分享），而會有銷售每片光碟4.5美元的邊際利潤。結果，零售商（4,064美元）和供應商（4,367美元）的獲利都增加了。

表11.5提供當光碟需求呈常態分配，平均數$\mu = 1,000$，標準差$\sigma = 300$時，不同利潤分享比率f的結果。

從表11.4和表11.5來觀察，與固定批發價格5美元的銷售而無購回的情形相較，利潤分享讓零售商和供應商在沒有購回的情形下獲利都提高。當供應商收

表11.5　不同的收益分享合約下，音樂供應鏈的訂購數量和利潤

批發價格 c	收益分享比率 f	零售商的最佳訂購量	零售商期望供貨過剩量	零售商期望利潤	供應商期望利潤	期望供應鏈利潤
$1	0.30	1,320	342	$2,526	$2,934	$8,460
$1	0.45	1,273	302	$4,064	$4,367	$8,431
$1	0.60	1,202	247	$2,619	$5,732	$8,350
$2	0.30	1,170	223	$4,286	$4,009	$8,395
$2	0.45	1,105	179	$2,881	$5,269	$8,150
$2	0.60	1,000	120	$1,521	$6,282	$7,803

取5美元的批發價時，會有4,000美元的利潤，而音樂商店則有3,803美元的利潤（見表11.4）。然而，在45%的收益分享合約時（銷售每件夾克，零售商賺取4.5美元的利潤），供應商賺取4,064美元的利潤，而零售商則有4,367美元的利潤。收益分享的結果是，零售商訂購數量由1,000增加為1,273。

收益分享合約有著與購回合約相同的效果，便是在於其提升產品的可用性時，同時也增加了整個供應鏈的的利潤。相較於當零售商以批發價付清及抑制整體收益的銷售時相比，收益分享合約亦導致零售商較少的努力。努力的下降結果是因為零售商在每次銷售中僅獲得部分的利潤。收益分享合約比購回合約的一個優點是產品不用被回收，因此減少了回收的成本。收益分享合約最適合於低變動成本和高回收成本的產品。一個收益分享合約很好的例子為介於Blockbuster錄影帶出租賃公司和電影公司間。電影公司以低價銷售錄影帶給Blockbuster，並且從每次的出租中分享利潤。在已知的低價下，Blockbuster購入許多版權而有更多出租，最後使得Blockbuster和電影公司雙方有高額的利潤。

收益分享合約需要一資訊架構以便供應商能監控零售商的銷售。此架構的建置可能非常的昂貴；因此，收益分享合約在供應商銷售多買家的情況下其管理可能會有困難。

如同購回合約，收益分享合約也會導致供應鏈上生產零售者的訂單，而非實際顧客需求。此種資訊的失真造成供應鏈上過多的存貨，以及供給和需求的不一致。當銷售給零售商的供應商數目增加時，資訊失真亦增加。如同購回合約，若零售商在供應商處保留生產產能或庫存，而非採購產品並儲存在自己的存貨處，從收益分享合約的資訊失真上可能被減少。這樣允許整合跨多個零售商與供應商的變異數得以維持在較低產能或庫存水準。然而，事實上，大多數收益分享合約在零售商購買和持有存貨上被執行。

> 收益分享合約藉由減少對零售商索價每單位的成本以抵銷重複邊際化，因此有效地減少過剩庫存成本。收益分享合約同時增加資訊的失真，並且如同購回合約般導致零售商較不努力於產品庫存上。

彈性數量合約

在彈性數量合約中，製造商允許零售商在觀察需求的變化後改變其訂購量。如果零售商訂購O單位，製造商承諾提供$Q=(1+\alpha)O$單位，且零售商承諾至少購買$q=(1-\beta)O$單位，α與β值介於0與1之間。零售商依據需求的變化最多可購買Q單位。此類合約類似購回合約的製造商承擔超量供貨過剩的風險。因為不需退貨，因此當退貨成本偏高時，此類合約會比購回合約來得有效益，彈性數量合約可增加零售商的平均訂購量，並可能增加總供應鏈利潤。

假設製造商的生產成本為每單位\$$v$，批發價為\$$c$，零售商轉售給顧客價格為\$$p$，零售商的殘值為$s_R$，製造商的殘值為$s_M$。如果零售商需求為常態分配，平均數為$\mu$，標準差為$\sigma$，即可評估此彈性數量合約所產生的影響。假使零售商訂購O單位，製造商承諾供應Q單位，結果我們假設製造商生產Q單位，當需求D小於q，則零售商採購q單位；當需求D介於q與Q之間，則採購D單

位;當需求D高於Q,則採購Q單位;因此,可得:

零售商期望採購量:

$$Q_R = qF(q) + Q[1-F(Q)]$$
$$+ \mu\left[F_S\left(\frac{Q-\mu}{\sigma}\right) - F_S\left(\frac{q-\mu}{\sigma}\right)\right] - \sigma\left[f_S\left(\frac{Q-\mu}{\sigma}\right) - f_S\left(\frac{q-\mu}{\sigma}\right)\right]$$

零售店期望銷售量 $D_R = Q[1-F(Q)] + \mu F_s\left(\frac{Q-\mu}{\sigma}\right) - \sigma f_S\left(\frac{Q-\mu}{\sigma}\right)$

製造商的期望供貨過剩 $= Q_R - D_R$

零售商的期望利潤 $= D_R \times p + (Q_R - D_R)S_R - Q_R \times c$

製造商的期望利潤 $= Q_R \times c + (Q - Q_R)S_M - Q \times v$

我們的範例中,音樂商店可能最初會訂購1,000片光碟。接近交貨日期時,當商店得知確切的需求資料,可能會修改訂購數量為950到1,050之間的數目。在彈性數量合約中,零售商隨著時間會依據所得到的市場情報修改訂單。供應商則依據此修改過的訂購量供貨。零售商的訂購量會與實際需求更加一致,提高總供應鏈利潤。對供應商而言,如果具備彈性產能,在零售商決定修改數量後至少能夠生產訂單中不確定的部分,彈性數量合約就有其價值。如果供應商銷售給具有獨立需求的多個零售商,彈性數量合約也會非常有效率。

表11.6顯示不同的彈性數量合約對音樂供應鏈的影響。當需求呈常態分配,平均數 $\mu = 1,000$,標準差 $\sigma = 300$ 時,假設批發價格 $c = \$5$,零售價格 $p = \$10$。所有合約都假設 $\alpha = \beta$。

由表11.6觀察到,對於批發價格6美元和7美元,彈性數量合約同時使製造商和零售商增加利潤。當製造商提高批發價,其最佳策略是提供零售商更大的數量彈性。

在電子與電腦零件產業中,彈性數量合約非常普遍。在後續的討論中,考慮一個相當簡單的彈性數量合約。Benetton曾經成功地結合零售商運用複雜的

表11.6　音樂供應鏈在不同彈性數量合約下的利潤

α	β	批發價 c	訂購量 Q	零售商的期望訂購量	零售商期望銷售量	零售商期望利潤	供應商的期望利潤	期望應鏈利潤
0.00	0.00	$5	1,000	1,000	880	$3,803	$4,000	$7,803
0.20	0.20	$5	1,047	1,023	967	$4,558	$3,858	$8,416
0.40	0.40	$5	1,068	1,011	994	$4,884	$3,559	$8,443
0.00	0.00	$6	924	924	838	$2,841	$4,620	$7,461
0.20	0.20	$6	1,000	1,000	955	$3,547	$4,800	$8,347
0.30	0.30	$6	1,021	1,006	979	$3,752	$4,711	$8,463
0.00	0.00	$7	843	843	786	$1,957	$5,056	$7,013
0.20	0.20	$7	947	972	936	$2,560	$5,666	$8,226
0.40	0.40	$7	1,000	1,000	987	$2,873	$5,600	$8,473

彈性數量合約提升了供應鏈利潤。文中將陳述此染色針織成衣的合約。

　　在運送前七個月，Benetton的零售商必須發出訂單。如果一家零售店訂購了紅色、藍色與黃色毛衣各100件。到了送貨前三個月時，零售店可能改變任一顏色訂購量的30%以上，並改訂購其他顏色。然而，此集體訂單不能在此階段調整，零售店可能將訂單改變為紅色70件、藍色70件及160件黃色毛衣。當銷售季開始以後，零售店最多可更改前一張訂單任一顏色的訂購量10%，亦即零售店可訂購另外30件的黃色毛衣。在此彈性數量合約中，Benetton的零售商可彈性調整所有顏色的集體訂單10%及單一顏色訂單40%。此種彈性的集體預測較單一顏色的預測精確度要高。於是，零售商將能提升產品供應能力與需求的一致性，而增加Benetton與其零售商兩者的利潤。

　　當供應商有彈性的產量，彈性數量合約會使得整個供應鏈及其成員利潤增加。彈性數量合約要求在供應商處其庫存或過剩彈性產能兩者能具一。與購回合約或收益分享合約比較，如果當供應商銷售給多家獨立需求的零售商時，採用彈性數量合約時，其存貨的聚集會導致小量的存貨。如果供應商的產能超額

時，存貨可以更進一步地減少。因此，當在足夠產能可行下，彈性數量合約較適合被用在高毛利的產品上。為了更有效率，彈性數量合約需要零售商要有良好的市場資訊搜集能力，並且能改進越接近銷售點時的預測能力。

相對於購回與收益分享合約，彈性數量合約有較少的資訊失真。考慮具多家零售商的例子；在購回合約下，供應鏈必須依據在實際需求產生前已經決定的零售商訂單生產，這會導致過量的存貨分散在每個零售商。在彈性數量合約下，零售商只要在實際需求前確定其將採購的範圍。若在不同的零售商間其需求是獨立的，則供應商不需要依每個零售商的最高訂單範圍計畫生產。供應商可以整合零售商所有不確定的資訊，並且建立比被分散在每個零售商較低的額外存貨。當需求越清楚並且較確定時，零售商的訂單量將接近於銷售點時的量。彈性數量合約整合不確定性會有較少的資訊失真。

和其他已討論的合約相似，彈性數量合約造成零售商較少努力。事實上，任何達成零售商提供較高產品的可用性，但卻不會讓零售商負擔過剩庫存責任的合約，將使得零售商較不努力於存貨上。

> 藉由零售商能依據接近銷售點的改善預測而修改其訂單，彈性數量合約可以避免重複邊際化。在因供應商銷售給多位購買者或供應商有額外且彈性產能時，這個合約造成的資訊失真的程度比購回合約和收益分享合約低。

❖ 協調供應鏈成本的合約

在買方和供應方的成本差異也會導致造成增加總供應鏈成本的決策。一個例子為買方典型的補貨批量大小的決策。買方根據每批固定成本和存貨持有成本決定其最佳訂購量，其並沒有將供應方的成本列入考量。如果供應商其每批貨品有較高的固定成本，對於買家的最佳批量將在供應者或供應鏈上增加總成

本。在此情況下，供應商可以使用數量折扣合約來鼓勵購買者以批量訂購來減少總成本。此種合約的目地是鼓勵零售商購買較大批量的貨品，以減少供應商和整個供應鏈的成本。

數量折扣合約減少總成本，但卻造成在整個供應鏈中高批量及高存貨。一般被證明此僅適用在供應商擁有較高固定成本的日用品上。如供應商處改善營運，修改合約條款是重要的，此導致每批次的固定成本降低。

由於增加訂購批次量，數量折扣合約會造成供應鏈上資訊的失真。當訂單一決定時，零售商訂購次數較少且任何的需求變動被誇大。因為批次化，供應商接受資訊次數較少，變化也會增加。

> 如果供應端有較高的固定成本，數量折扣可以調節供應鏈成本。然而，由於訂購批次，數量折扣增加資訊失真。

❖ 增加代理商努力的合約

供應鏈有許多例子為代理商扮演代表委託人，而代理商的努力影響委託人給予的報酬。例如，一個銷售商（代理商）銷售DaimlerChrysler（委託人）車子。此銷售商同時銷售其他廠牌及中古的車子。每個月銷售商分配銷售努力（廣告、推銷等）於其銷售廠牌及中古的車子。DaimlerChrysler的收益是建立在其品牌的銷售上，此銷售會被銷售商的努力所影響。銷售是可以直接被觀察到，然而努力卻不易觀察及衡量。已知重複邊際化，以DaimlerChrysler及供應鏈最佳努力的觀點來看，銷售商總是會用比較少的努力來賣車。因此DaimlerChrysler必須給予獎勵合約來鼓勵代理商以增加努力。

理論上，一種雙價目表提供銷售商正確獎勵以發揮適當的努力量。在兩部分價目表中，DaimlerChrysler先從經銷權利金和對經銷商出售汽車的費用獲得

利潤。之後，經銷商的利潤等同於供應鏈的利潤，並且經銷商發揮適量的努力。

在實務上常被發現，當銷售超越某些門檻，另一種合約增加經銷商利潤。在2001的第一季，DaimlerChrysler提供經銷商此種合約，大致架構如下述。如果每月銷售為設定目標的75%以下，經銷商將維持從顧客來的利潤。然而，如果在75%與100%之間，經銷商在每輛車銷售可多獲得150美元。如果銷售在100%與110%之間，經銷商在每輛車銷售可多獲得250美元。如果銷售超過110%批發商在每輛車銷售可多拿500美元。DaimlerChrysler希望藉由對高門檻增加高額的利潤，經銷商會有誘因去增加努力銷售其車子。

雖然**門檻合約**毫無疑問會增加經銷商嘗試和達到較高的門檻，但鼓勵代理商加重需求變化同時也會造成明顯的資訊失真。在這個方法宣布的一個月後，美國汽車產業看到銷售下滑。然而，DaimlerChrysler銷售下滑為產業平均的兩倍。對於這個現象有兩個潛在的原因：第一，在這種合約下，經銷商為了賺更多的錢，在第一個月銷售900台，且下一個月銷售1,100台，相似於每月銷售千台車。經銷商有動機移轉需求至不同時間以達到成果，這將造成資訊失真和目標需求混亂。第二個原因是在每個月第一週內，經銷商對於其想達成門檻範圍有其想法。例如，如果經銷商發現他可以輕易跨過75%的門檻，且只有較少的機會跨過100%的門檻，他會在這個月減少努力並保留到下個月，因為再銷售每輛車只能拿到150美元。相對的，如果在這個月的需求很高，並且經銷商感覺可以輕易超過100%，經銷商將會非常的努力去達到110%，因為達到這個目標後利潤非常高。因此，DaimlerChrysler的鼓勵合約增加經銷商努力的方法，進一步也存在需求的變動增加。

資訊失真同時也經常被發現在公司對銷售員工提出的門檻合約。在這種合約下，員工在某一期間（如一季）銷售超越門檻，其會有所報酬獎賞。所觀察的問題是在每季中最後一週或兩週間的銷售努力及訂購高峰，如同推銷員設法跨越門檻。觀察銷售在季中是非常不穩定。這個資訊失真的出現是因為獎勵被提供在固定的時期，促使所有銷售人員在每季中最後一週或兩週中有密集的銷

售活動。

假使資訊失真是出自門檻合約，一個關鍵的問題是企業如何減少資訊失真，並且保持獎勵以使代理商盡力銷售。一個方法為在一滾動的水平上提供門檻鼓勵。例如，如果一家公司提供銷售員每週獎勵係根據在13週最後一週的銷售，則每個星期變成13個星期中的最後一週。銷售努力因而變得較平均，就如同整個銷售人員有同樣獎金評估的最後一週。在ERP系統出現後，建置一個水平滾動的合約在今日是比以往容易。

> 雙價目表和門檻合約可以被使用以抵銷重複邊際化，並且增加代理商在供應鏈上的努力。然而，門檻合約增加資訊的失真，最好的建置是在滾動水平上。

❖ 誘導績效改善的合約

有許多例子顯示，購買者可藉由供應商一些小小的鼓勵改善績效。在供應鏈上，一個有足夠力量的購買者是有能力迫使供應商順從。一個沒有足夠力量的購買，則需要適當的合約去誘導供應商改善績效。然而，即使是強勢買方，設計一個適當的合約來鼓勵供應商的合作可導致較佳的結果。

例如，購買者希望供應商對於季節性項目減少其前置時間以改善績效。這在供應鏈上快速回應的開端是一項重要的要素。在較短的前置時間下，購買者希望有較佳的預測及較平衡的需求與供給。許多減少前置時間的工作是由供應商來承擔，但許多利潤是由買方獲得。事實上，供應商會損失銷售額，因為買方持有較少的安全存貨，因其擁有較短的前置時間及較佳的預測。為引發供應商減少前置時間，買方可使用分享節省合約，即供應商可因前置時間的減少得到部分的收益。只要供應商因其努力配合而分享報酬，其動機將會與買方一

致，也使得雙方互惠。

另一個類似的議題是當購買者想要促進供應商改變品質。改進供應商的品質會改善買方成本，但可能需供應商額外的努力。和上述例子一樣，提供一個分享節省合約是一個好方法，可以使得買方與供應商一致。購買者可以分享供應商品質改善的節省，這也會鼓勵供應商在沒有分享的情況下更進一步地改善品質。

另一個例子是在一個使用有毒化學藥品於生產的製造商背景中，製造商想要減少有毒物質的使用。一般而言，供應商最好要有能力確認減少使用此化學物的方法，因為這是他們的核心業務。他沒有動機與買方共同減少此化學物的使用，因為這會使他們減少銷售。一個分享節省合約可以使得供應方和製造商一致。如果製造商與供應商分享因減少有毒化學物而產生利潤，供應商將會努力去減少有毒物，只要分享的利潤能補償銷售利潤的損失。

通常，當供應商被要求在特殊的面向改善績效，而大部分利潤是由買方獲得時，分享節省合約在供應商與購買者誘因的調合是有效的。一個強勢的買方也許結合分享節省與缺乏改進的懲罰，以更一步促使供應商改善績效。這個合約將會增加買方與供應商的收益，並對整個供應鏈有所助益。

> 分享節省合約可以被使用在引導供應商多方績效的改善，例如前置時間，主要的收益為買方，而改善的主要努力是來自供應商。

11.7 協同設計

兩個重要的統計凸顯出製造商與供應商設計協同的重要。和幾十年前20%

相比,今日製造商有50%到70%的花費在採購上;一般也接受80%的成本在設計階段就被固定的論點。因此,如果產品要維持低成本,製造商與供應商在設計階段的協同是非常重要。協同設計可以降低採買物料成本,並且降低運籌和製造的成本。協同設計對一家想要提供多樣性及客製化的公司也是重要的,因為錯誤會顯著地導致成本的提升。

與供應商運作可以明顯地加速產品的開發時間。這在一個在產品生命週期減縮和比競爭者更快上市所提供競爭優勢的年代是非常關鍵的。最後,在設計階段整合供應商可使製造商專注在系統整合,以低成本產出高品質的產品。例如汽車製造商提升其為系統整合者,而非於零件設計者。而這個方法也被高科技產業大量的使用。

當供應商身為設計者扮演著較吃重的角色時,製造商同時也很重要地變成供應鏈上設計協調者。設計中的每一成員應該皆可獲得共同零件的描述,而任何一成員的設計變更應有效地和所有供應商溝通,一個良好的既有零件及設計的資料庫可以節省大量的金錢與時間。例如,當Johnson Controls從資料庫中找到一個可以滿足顧客需求的座位架構,其在這個設計、發展、工具和雛型費用中為顧客節省2000萬。

一份由在Michigan州立大學採購與供應鏈標竿團體的調查中,強烈地顯示在產品設計上成功地整合供應商的影響。成功的整合可減少20%的成本,30%的品質改善及上市時間加快50%。

必須和供應商溝通的關鍵主題是,供應商需盡更大的責任在運籌的設計和可製造性的設計上。運籌的設計是指藉由適當的設計在運籌間減少運輸、搬運及持有成本。為減少運輸和搬運成本,製造商必須轉達零售商或最終消費顧客的訂單批量給設計者。設計套裝軟體以便減少運輸成本及最小搬運成本。為減少運輸成本,包裝儘可能被保持緊密,且被設計成容易堆積的形式。為降低搬運成本,包裝被設計成最方便打開的包裝以滿足訂單。

為減少持有成本,最主要的方法是使用產品的**延遲策略**和**大量客製化**。延

遲策略旨在產品和生產程序設計時，將差異特性延至後製造階段。Dell 設計其 PC 時，所有的電腦零件是在顧客選擇完且訂單到達之後才組裝。這個方法使得 Dell 藉由聚集顧客訂單以零件降低存貨。大量客製化策略使用類似的方法，其藉由設計一個零組件，而其庫存品可以被使用在多樣性的產品間。主要的目標是設計一個產品，藉由下列特性的組合：模組化、可調整性以及尺寸性進行客製化。為了提供模組客製化，產品被設計成可組合式模組。所有的存貨以模組存放，並以模組被組裝。Dell 的 PC 組裝即為一個標準的模組客製化實例。一個可調整性客製化例子為 Matsushita 設計的洗衣機，其可從 600 個不同週期中自動地選擇機型。因此，所有的存貨被視為單一產品的管理，顧客可以選擇他們最需要的方式。一個尺寸性客製化例子為由 Joseph Pine 所生產的機器，其可以在顧客現場製作適合各種尺寸的房子屋簷排水槽。另一個例子為 National Bicycle，其可以生產適合顧客體型的架構管子。

可製造性的設計旨在設計產品以便利生產，其中包含零件共有性、消除左右邊零件、設計對稱零件、組合性零件、使用目錄零件而不設計新零件，以及設計零件以提供其他零件和工具的進入，吾必須持續注意這些主要的設計原則。

> 與供應商協同設計可以協助企業減少成本、改善品質，並且加速產品上市的時間。當設計責任轉移到供應商時，很重要的是確定運籌的設計和可製造性的設計要被遵守。為了成功，製造商必須在供應鏈上成為有效的設計協調者。

汽車產業是協同設計應用的適用對象。全世界所有 OEM 被要求供應商參與產品每個階段的開發，從概念設計至生產。例如，Ford 要求供應商對其產品雷鳥（Thunderbird）不僅只有零件和子系統的製造，並且要求負責產品的設計。在供應鏈上緊密的結合允許 Ford 新的模式在 36 個月就可上市。為確保有效率的溝通，Ford 需要與供應商有相同的軟體平台設計。Ford 同時也開放內部資料庫

給其供應商,且在其辦公室配置許多供應商。Ford的工程師持續與供應商溝通,並協調所有設計。結果在成本、時間和品質有顯著的改善。

11.8 採購程序

一旦選定供應商,合約準備好,且產品設計完畢,買方和供應商開始採購交易,即買方下訂單為始,結束於買方接受與交付訂單。在設計採購程序時,考慮物料的使用是很重要的。採購的物料分為兩種:直接物料和間接物料。直接物料為用於最終完成品的零件。例如記憶體、硬碟和CD驅動器是PC製造商的直接物料。間接物料是用來支援公司營運的物品。PC就是汽車製造商間接物料最好的例子。一個公司所有的採購程序皆和直接物料和間接物料採購有關。直接物料與間接物料最主要的不同如表11.7所示。

以生產為例,必須設計直接物料的採購程序,以確保零件在對的地方、對的品質及對的時間上可達成。直接物料採購的主要目標,為協調整個供應鏈及供需配合。因此,必須設計採購程序以便滿足生產計畫,並且確保讓供應商對

表11.7 直接物料與間接物料的差異

	直接物料	間接物料
使用	生產	維護、維修和作業支援
會計	銷售成本	SG&A
生產的衝擊	任何延遲將會延遲生產	較少直接衝擊
相關交易價值的處理成本	低	高
交易次數	低	高

製造商處存貨的可見度。這個可見度讓供應商可排定生產計畫來配合製造商需要。供應商處的可用產能應讓製造商知道，以便零件訂單可以指派給適當的供應商，以確保即時配送。採購程序也需建立一個預警機制，以便告知買方和供應商需求和供給潛在的不平衡。

Cisco的eHub是以這些目標為核心的採購程序良好例子。eHub被設計用來提供同步規劃和點對點供應鏈可見度。最後，Cisco計畫包含超過2,000個供應商、配送商及電子製造廠在這個私人交易網路上。另一個例子為Johnson Controls和DaimlerChrysler在2002 Jeep Liberty的關係，Johnson Controls整合35家供應商的零件，並且組裝成如一座艙模組再配送給Chrysler。當Chrysler告知有Jeep的訂單，Johnson Controls有204分鐘去建立和配送組件。這一天作900次包含200種不同的顏色與內部組裝。此採購程序聚焦在於在Johnson Controls和DaimlerChrysler間的同步化生產。如此，導致了存貨的顯著減少，並且讓生產供給和顧客需求更加契合。

若焦點放在數量高且低價值的交易上，間接物料的採購程序必須思考如何降低每筆訂單的交易成本。間接物料的交易成本很高是因為在商品的選擇上（許多種類常過期）、產品的認可上，以及在產生及運送訂單時的困難。由於公司沒有間接物料系統，此問題常常被誇大；取而代之的，他們使用許多未整合和有效的程序。一個好的電子化採購程序，可以使搜尋容易、自動化核准及傳送交易訂單減少交易的成本。電子化採購程序也必須更新其他有關的部分，如應收帳款及應付帳款。明顯地，唯有當供應商執行線上目錄及與買方自動交易時才可能實現。電子化採購間接物料成功的例子為Johnson Controls和Pfizer；在這兩個例子中，這兩家公司均藉建置其電子化採購解決方案，並與其既有資訊系統整合。Johnson Controls整合Commerce One與既有的Oracle會計系統，而Pfizer同時整合Ariba系統和American Express企業採購卡計畫。兩家公司都宣稱獲得顯著成效。

另一個在直接和間接物料之採購程序的重要要求條件，無論是產品或供應

商均能總合訂單。就直接物料而言，訂單統合改善了供應商及運送的經濟規模，並且使得供應商所提供的數量折扣措施中獲得優惠。至於間接物料，將對單一供應商的各項支出予以統合，也常可使得公司獲取較好的價格折扣。

> 直接物料的採購程序，必須專注於與供應商改善協調和可見度。間接物料的採購程序，則必須專注在每筆訂單交易成本的降低。在上述兩例的採購程序中，都應該統合訂單，以獲得經濟規模及數量折扣的好處。

除了將物料分類為直接與間接兩種外，所採購的產品也可以依據其價值／成本和關鍵性被分類，如圖11.2所示。

許多間接物料被歸納在一般品項中；此種物品的採購，其目標是希望能降低獲得和交易成本。直接物料可以被進一步地分為大宗採購、關鍵性及策略項目。在大多數的大宗採購品項中，如包裝用材料及大宗化學品，供應商傾向於以相同價格販賣。因此，以採購的立場，就供應商所提供的服務及各構面的績效兩部分對總擁有成本之影響，來區分供應商是相當重要的事。使用設計完善

圖11.2　依價值與關鍵性的物料分類

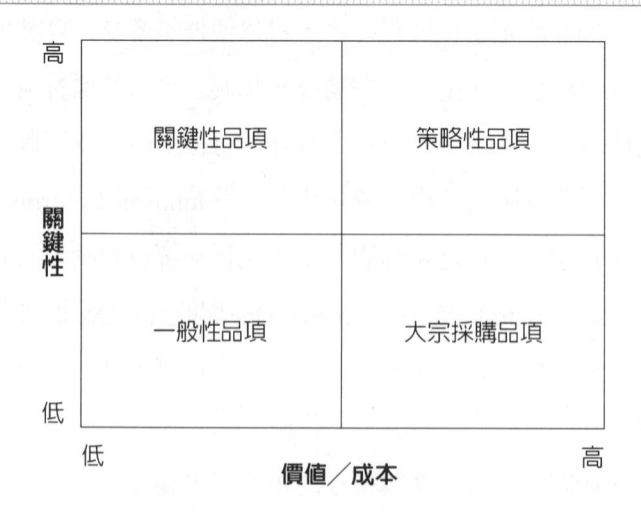

	低　價值／成本　高
高 關鍵性 低	關鍵性品項　策略性品項 一般性品項　大宗採購品項

的拍賣體制，可能對大宗採購品項是最為有效率的。**關鍵性品項**包含較長前置時間及特殊化學品；關鍵性品項的主要來源取得的目標，並非價低而是可確保該品項的取得。採購進行時，必須能改善買賣雙方生產計畫的協調，對關鍵零組件而言，即使代價很高，一個反應靈敏的供應來源作為備案，是有其存在的價值。最後一類，策略品項包含的例子如汽車廠中的電子品項。對策略項目，買賣雙方的關係是屬於長期性的。因此，必須依據長期關係的成本／價值來評量供應商。採購應尋找能和供應鏈其他成員在設計階段、協同設計及生產活動作協調。

11.9 來源取得之規劃和分析

每家公司必須定期分析採購花費和供應商績效，並據此作為未來來源取得的決策參考。結合跨類別和供應商及其間所有的花費是一個重要的分析。總合公司現正採購中及向誰採購的可見度，經理們可以藉由這些資訊來決定經濟訂購量、大量折扣，以及預期能得到的數量折扣量。有一個簡單的步驟，那就是去彙總所有支出，來確保公司的經濟訂購量和供應商的經濟生產批量是吻合的。然後，經理們方可更明瞭經濟規模，以及如何有效率地運用資源。

第二件事是去分析供應商的績效。供應商的績效應依編製採購計畫時，對總成本有所影響的所有面向進行衡量，其中包含了反應性、前置時間、準時送達、品質和送達準確度。

支出和供應商績效的分析，應該被用於決定選用供應商的組合，以及如何將採購需求分配給那些被選用的供應商。而所選定的供應商，組合不應由相似的廠商組成；供應商組合應該是：某一供應來源，在某特定一面向表現非常良好，而其他來源卻能在互補的面向表現良好。例如，一個公司可以選擇一個低

成本但卻需要較長前置時間的供應商，同時搭配一個高成本卻只需很短前置時間的供應商，這樣的組合搭配，會較只選擇單一供應商更為有效率。同樣地，一個公司不可忽視一個較低品質的來源，如果這家供應商比其他來源便宜許多。只選擇一個便宜卻低品質的來源，往往不見得是那麼有效率。遇到這種情形，選擇便宜低品質來源，但同時搭配一個昂貴高品質的來源，會是較為有效率。

　　一旦決定了供應商組合，下一個問題為供應商間需求的配置。配置必須符合各來源的經濟生產量及其供應成本。大量且穩定獨立需求的訂單可以配給低價的供應商，反之，則分配給具彈性的來源。彈性的來源有較小的經濟訂購數量，並且較好調整變動。供應商的組合，可以獲致是在較低成本下有較佳供需配合，這比使用一種供應商較好。

> 訂購花費應藉由零件和供應商來分析，以確保合適的經濟規模。供應商績效評估分析應被用以建立在供應商互補組合上。便宜但較差表現的供應商應被用於供應基本需求，然而較昂貴卻有較好表現的供應商則被用於應付需求變動，而其他來源則用於供應落差間的緩衝。

11.10 資訊科技在來源取得中的角色

　　與來源取得相關的資訊科技，在供應鏈應用軟體產業中起伏最大。來源取得軟體界在1990年代晚期建立了許多電子市集，希望可以改變商品和服務的交易方式。Chemdex和VerticalNet等公司承諾成為一次購足（One-Stop）商店，讓一個產業的所有會員都能在該店買賣其商品。有一段時間，似乎來源取得軟體公司提供了這些新式商業平台工具，讓所有交易能順利進行；他們銷售了十字

鎬和鏟子給所有金礦市集。

然而，大多數電子市集都很短暫，使得這些電子市集的絕大部分毫無用處。這並不意謂資訊科技在來源取得中的應用也是來去匆匆。現今的來源取得中，資訊系統有著廣泛的用途。事實上，和大部分供應鏈資訊系統領域相比，來源取得資訊科技產品更具多樣性；供應商關係管理的過程全都有資訊系統軟體的支援。以下是幾項主要運用的資訊科技產品：

協同設計（Design Collaboration）：此軟體的目的是藉由製造商和供應商之間的協同，改善產品的設計。此軟體能促進或與供應商對零組件的聯合選擇，對成品的可製性及零組件通用度均有著正面的成效。其他協同設計的活動包括製造商和其供應商之間的工程改變工令之資訊分享。當數個供應商同時為一個製造商的產品設計零組件時，這能避免高成本的延遲狀況。

來源（Source）：來源取得軟體可協助供應商資格審查、供應商選擇、合約管理和供應商評價之進行；而其主要目的是藉由分析企業對每個供應商的花費，以發現更有價值的趨勢或需要改善的地方。企業就前置時間、可靠度、品質和價格等關鍵項目，來評鑑供應商。此評鑑有助於改善供應商的績效，利於企業選擇正確的供應商。合約管理也是採購的一個重要部分，許多供應商合約中，有必須追蹤的細節（例如與數量相關的價格折讓）。此方面成功的軟體能夠協助企業分析供應商績效並管理合約。

談判（Negotiate）：與供應商談判從**詢價**（RFQ）開始，涵蓋了許多步驟。談判過程也包括了拍賣的設計與執行。此過程的目的在於交涉出一個有效的合約，以最符合企業的需求，對供應商明訂價格和交貨參數。成功的軟體能將RFQ和拍賣執行過程自動化。

購買（Buy）：「購買」軟體是執行對供應商實際採購的作業，包括建立、管理、採購核准的指令。此領域成功的軟體能將採購過程自動化，並減少作業成本和時間。

協同供應鏈（Supply Collaboration）：一旦企業和供應商之間達成協議，就

能藉由預測、生產計畫和存貨水準的協同作業,來增進供應鏈績效。協同的目的是為了確保供應鏈有共同的計畫。此領域中,好的軟體應能協助供應鏈預測和計畫的協同作業。

來源取得軟體無法成功的最大障礙是,員工往往不願意使用這些軟體:因為這些軟體往往會限制購買範圍,許多人因為喪失了購買他們認為對公司最好的品項的自由而感到挫敗。使用者經常只是逛逛系統,即使系統認為不可購買,他們仍會購買他們所想要的。另一個典型的問題是,要成功運用此資訊系統,必須在不同企業間協同作業,這通常很難作到,因為這必須說服所有的公司,但每個公司都會對其他公司抱持著懷疑的態度。然而,如果協同成功,利益將十分顯著。

供應商關係管理軟體界有三個競爭群體。其中二個群體著重於採購:一個專注在協同設計,另一個專注在來源取得。協同設計領域的領導公司包括Agile和Matrix One,而來源取得領域的領導公司則是Ariba。第三個類別仍是由ERP業者組成,其中最強大的是SAP和Oracle。

11.11 來源取得的風險管理

來源取得的風險可能造成**無法準時滿足需求、增加採購成本**,或**智慧財產的損失**;因此必須發展**風險緩減策略**。

造成無法準時滿足需求的原因,是供應來源的延遲或中斷。供應中斷的風險可能很嚴重,特別是只有一個或極少來源時。例如,2004年美國兩家流感疫苗供應商之一,因為受到污染而無法供貨。中斷風險可以由發展多個供應來源而減輕。由於發展多供應來源的成本高昂,會喪失規模經濟的效益,因此最好是對需求比較高的產品發展多供應來源;對需求低的產品而言,發展多供應來

源的成本太高。供應來源的延遲可以藉由持有存貨，或開發備用供應來源來減輕。持有存貨對低價值產品最適合，因為這類產品不致於快速過時；而開發備用來源則適用於高價值、生命週期短的產品。

當整體產業的需求超過產品供應力、匯率不利採購，或者只有單一供應來源時，就會產生高採購成本的風險。例如2004到2005年間，由於全球性需求量高但供給產能有限，鋼鐵和原油的價格漲得非常高。長期和短期合約的組合，有助於減緩高採購成本的風險。例如，訂購油料的長期合約於2004到2005年對西南航空的利潤就有顯著的貢獻。運用財務避險措施或發展具有足夠彈性，能依據匯率波動情形來調整全球供應網路，也能減緩匯率風險。單一供應來源所造成的停滯風險，則可以開發其他備選來源，或將部分供應產能轉換為內部自製的方式來克服。

智慧財產損失的風險，可以維持敏感性產品自製的方式來減緩。即使生產外包，如果評估具有顯著的智慧財產價值，公司仍應維持部分設備的所有權；這正是Motorola擁有某些承包製造商的測試設備的所有權的原因。

11.12 問題討論

1. 有什麼方式可以讓像Wal-Mart這樣的企業從良好的來源取得決策中獲利？
2. 許多零售商都把運輸功能外包，是那些因素讓Wal-Mart仍擁有自己的運輸車隊？
3. 一個以低價供貨的供應商，應如何比高價供貨的供應商讓買方增加成本？
4. 在同樣的存貨水準下，相較於支付產品且負責存貨的零售商，收益分享合約為何會導致零售商的努力降低？
5. 對於一個銷售給許多零售商的製造商，為什麼彈性數量合約會比購回合約

造成較少的資訊失真？

6. 許多公司依據交叉特定目標提供銷售力獎金制。對於這些方法有什麼利弊？試修正合約以改正一些問題？

7. 一個汽車製造廠採購如座椅等辦公用品和子系統。針對兩個產品型態，你所建議的採購策略為何？兩者有何差異？

8. 如何與供應商協同設計以幫助PC製造商改善績效？

個案研討　採購作業電子化

　　我國物流產業崛起於1990年代，其中的順發3C量販主要以**電腦**（Computer）、**通訊**（Communication）、**消費性電子**（Consumer Electronics）等電子資訊產品為主；其成立於1982年，由傳統實體資訊產品販賣批發到1995年設立「荃發電腦」，其後於1988年轉型為大型3C量販公司。在幾次增資及陸續在台灣地區設置營業據點後，於2002年爭取到經濟部商業司商業電子化輔助計畫款，正式跨進供應鏈B2B電子化。順發3C量販的資訊系統，按照實際需求量身訂作、以自行開發為主；目前完成的企業應用資訊系統有：資訊管理系統及時連線機制、存貨管理系統，以及交易資料探勘等。順發3C量販的資訊電子產品流通經營之道，一方面提供顧客一次達到需求滿足之服務；另一方面則藉由促成銷售通路龐大的銷售量，締造價格談判優勢與規模經濟的效益，終致躍升全台最大直營資訊專業賣場之一。其資本由創建初期的新台幣2,800萬元，迄今達到6,800萬元。（數據資料來源：*http://www.sunfar.com.tw/*）

❖ 產業經營概況

　　目前，我國3C流通產業供應鏈，上游有華碩、BenQ、建華國際、技嘉等製造商或代理商；中游批發商或通路商則有：聯強國際、Aurora等流通配送體系；而下游之零售商則可分為：連鎖店、量販店、一般門市，以及創新通路等數種主要形式之業者。其中，進行銷售的3C量販賣場中，大型賣場以順發3C量販、全國電子、燦坤等公司為主；中小型門市則有：明日世界、欣亞、茂訊等。在經營管理上，3C產品之流通經營，主要存在著下列瓶頸：

- ■ **消費者需求快速變化**。如：產品生命週期短、產品品項類別複雜、供應商數量龐大。
- ■ **供應鏈中各層級衝突**。如：，通路商經常打價格戰，促使上游廠商不滿。
- ■ **產品界線日漸模糊**。如：手機、數位相機與PDA等產品同時具有攝影照相、網路瀏

覽、無線通訊等,產品功能相互擴張)。

- **虛擬與實體通路競爭**。如:網購、網拍、團購、郵購、電視購物等。
- **資訊類產品之購買,使用者涉入程度普遍偏高**。

由於3C流通業者常採取藉由電子化發展以配合企業策略的模式(如:採購管理、顧客關係管理)、強化與上游廠商之合作、擴大市占率以增加與供應商之議價空間、強調顧客服務、降低經營成本與費用等諸多因應對策。其中,透過供應鏈中各層級企業之**商流**與**資訊流**的電子化,已成為此產業中許多公司在面對新挑戰的選擇。順發3C量販認為,要鞏固競爭優勢,就需要朝以下方向發展:

1. 營運規模,大者恆大。
2. 產品品項產品多樣化,資訊管理決定成敗。
3. 服務及技術支援定位專業價值。
4. 資訊應用普及化。
5. 電子商務與實體賣場緊密結合。

❖ 供應鏈管理電子化

順發3C量販為順應電子化趨勢,就企業經營管理所需,於總經理之下增設資訊管理與電子商業兩處,其組織架構如圖C.1所示。該公司在電子化方面,主要推動的項目有:

1. 採購進貨:詢價、採購、驗收、進貨。
2. 庫存管理:盤點、調撥、跨店存貨調撥。
3. 銷售管理:收銀交接、訂單處理、分期報價、銷售日關。

電子化模式的選擇,將影響到供應鏈之產品實體流與資訊流間的互動關係,甚而會改變供應鏈更高層級廠家的運作流程與供需配合狀況;順發3C量販在各種電子化模式中,以產品為基礎的生產導向經營模式,進行供應鏈的**推擠**(Push Model);反之,以資訊為基礎的行銷導向經營模式,進行與**牽引**(Pull Model)。前者以業者經營績效為主軸,在供需時注重**降低供應成本**;後者則以顧客的需求變化來帶動產品的供應,追求快速反應,以

圖 C.1　順發 3C 量販之企業電子化相關組織架構圖

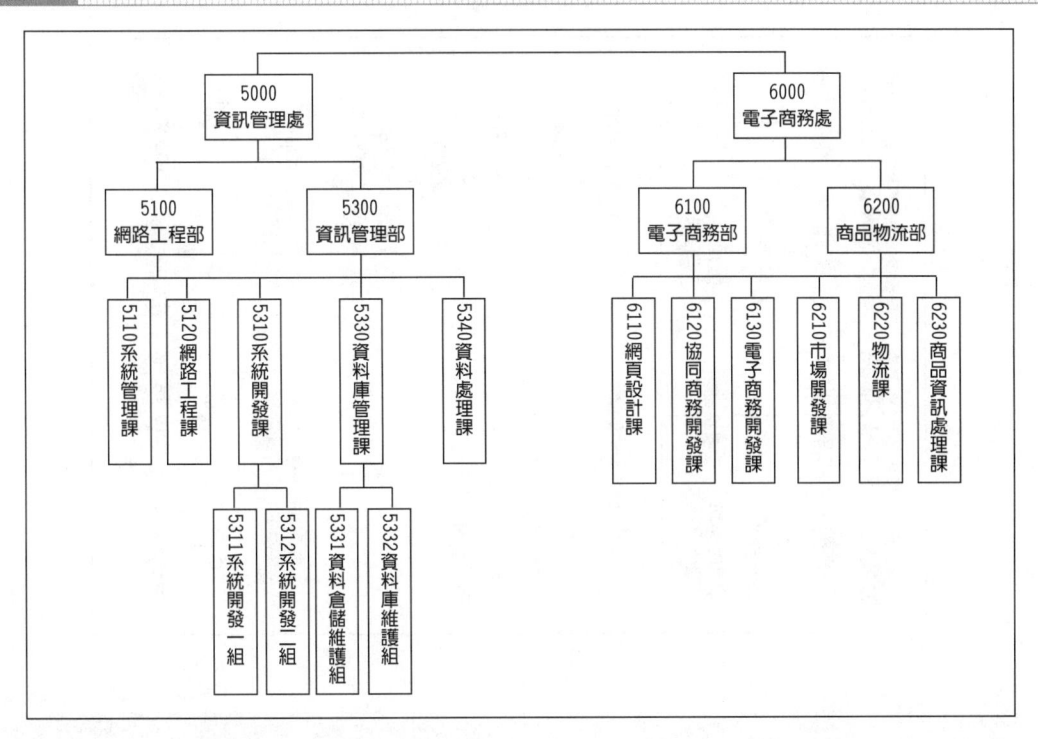

```
                        ┌─────────────────────────┴─────────────────────────┐
                     5000                                                 6000
                   資訊管理處                                             電子商務處
              ┌──────┴──────┐                                    ┌──────┴──────┐
            5100          5300                                 6100          6200
          網路工程部      資訊管理部                             電子商務部    商品物流部
        ┌───┴───┐    ┌─────┼─────┐                        ┌─────┼─────┐   ┌─────┼─────┐
      5110    5120  5310  5330  5340                    6110  6120  6130 6210  6220  6230
      系統    網路  系統  資料庫 資料                    網頁  協同  電子  市場  物流  商品
      管理    工程  開發  管理   處理                    設計  商務  商務  開發  課    資訊
      課      課    課    課     課                      課    開發  開發  課           處理
                    │      │                                  課    課                   課
                ┌───┴───┐ ┌─┴──┐
              5311   5312 5331 5332
              系統   系統 資料 資料庫
              開發   開發 倉儲 維護
              一組   二組 維護 組
                          組
```

降低供需間的落差為訴求。順發 3C 量販在此電子化模式選擇時，訂定其電子化之目標為：

- 降低價值活動成本
- 強化存貨控制管理
- 透過顧客關係管理、以差異化來強化對顧客的服務
- 實行知識管理提高第一線人員之專業服務水準
- 蒐集顧客資訊與偏好
- 與上游供應商協同預測與生產

所以，在企業電子化的推動過程中，順發 3C 量販除了對所選定的各應用資訊系統，依據上述目標規劃設計其功能界面外，並就其企業營運作業之特色，配合改造流程，圖 C.2 即為該公司在採購作業電子化之流程改造示意圖。由圖 C.2 中，吾人不難發現，順發 3C 量販在採購作業的電子化作業，較為著重於接單作業之簡化；因而所獲得的採購作業電子化之績效，如表 C.1 所示。

圖 C.2　順發 3C 量販之採購作業電子化流程改善

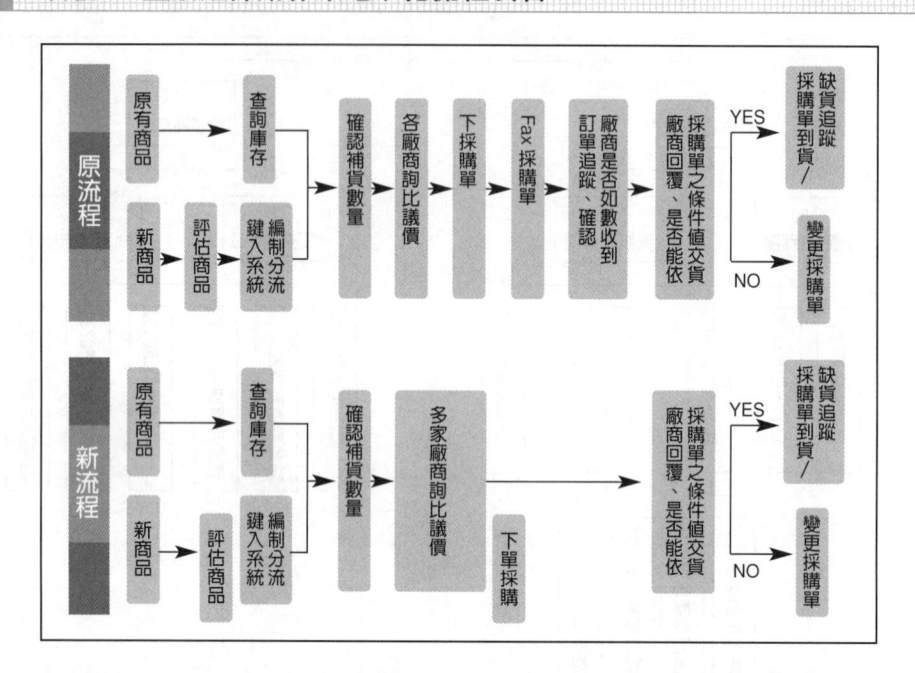

原流程： 原有商品 → 查詢庫存；新商品 → 評估商品 → 編製分流鍵入系統 → 確認補貨數量 → 各廠商詢比議價 → 下採購單 → Fax 採購單 → 訂單追蹤、確認 → 廠商是否如數收到 → 廠商回覆、是否能依採購單之條件值交貨 → YES：缺貨追蹤採購單到貨／NO：變更採購單

新流程： 原有商品 → 查詢庫存；新商品 → 評估商品 → 編製分流鍵入系統 → 確認補貨數量 → 多家廠商詢比議價 → 下單採購 → 廠商回覆、是否能依採購單之條件值交貨 → YES：缺貨追蹤採購單到貨／NO：變更採購單

表 C.1　順發 3C 量販採購作業電子化績效

電子化效益	導入前	導入後
存貨週轉天數	27 日	24 日
採購人員生產力	464 千元	580 千元

❖ 問題討論

1. 就順發 3C 量販經營者的立場，在其推動採購作業電子化工作時，應以何種電子化模式與組織架構來搭配訴求，最能符合其發展策略？該公司資訊部門是否應調整其角色定位，使順發 3C 量販在增益電子化效益時，同時有效降低衍生的成本風險？

2. 順發 3C 量販的採購作業，與上游供應商維持著何種供應鏈夥伴關係？在電子化後，又將造成何種變化？順發 3C 量販的補單系統，應採用何種體系，最能降低供需落差，並減少供應鏈各層級之衝突？

供應鏈之協調

Chapter 12

學習目標

本章首先探討供應鏈中不協調性如何導致服務效率低落與成本遞增,也會針對導致供應鏈的不協調性與增加供應鏈中各種不確定性的各種障礙進行討論。之後也將試著去找出克服障礙與促進整體協調性適當的管理手法。文中也會探討在供應鏈中促使策略夥伴與建立互信機制的作法。

讀完本章後,您將能:

1. 描述供應鏈中的協調性、長鞭效應及其在績效上的衝擊;
2. 確認形成長鞭效應與供應鏈中協調障礙的原因;
3. 探討在供應鏈中輔助協調的管理手法;
4. 描述供應鏈中有利策略夥伴與互信機制建置的措施。
5. 瞭解供應鏈中CPFR可能存在的不同形式。

12.1 供應鏈的缺乏協調與長鞭效應

若供應鏈中各階段採取因應作法以增加整體供應鏈利益時,則供應鏈的協調將獲致改善。供應鏈的協調,鏈中的每個階段必須考慮其作法,對於其他階段的影響。

協調缺乏的發生是因為供應鏈的不同階段,其目標是相互衝突或因為流經不同階段的資訊延遲且扭曲。若供應鏈中不同階段有不同的所有者,則不同階段的目標可能會相互衝突;結果,在供應鏈的不同階段中,每個階段試著極大化其利潤,往往因而抵減整個供應鏈的利潤。今天,供應鏈各階段常由上百個甚至上千個不同的獨立所有者組成;例如,Ford汽車公司便擁有上千的供應商,包含像Goodyear到Motorola等,而這些供應商本身又各自擁有無數的供應商。在這龐大的供應鏈體系中,各項資訊在傳遞的過程中,不免會被扭曲,因為各階段間通常都難以獲致完整正確的資訊。供應鏈體系中各項產品日趨多元化與多變性,擴大了資訊傳遞的扭曲。例如,Ford汽車的製程便包含了無數不同的模組,而每個模組又存在著難以計數的選項;日益劇增的多變性,加重了Ford汽車公司與其上千的供應商及經銷商間協調資訊交換的困難性。對於現今供應鏈,無論是多個所有者和產品變異性的增加,其基本的挑戰是達成協調。

許多企業已發覺到長鞭效應,當零售商、大盤商、製造商到供應商,訂單的波動增加其所造成的波動也隨之增加,如圖12.1所示。供應鏈中長鞭效應所造成的資訊扭曲,是來自於供應鏈不同階段所存在著各種不同的需求及預估等,其結果是供應鏈將喪失協調機制。

P&G也在幫寶適尿布產品的供應鏈中,發現到長鞭效應的存在。P&G發現從公司發出的原料訂單,到其供應商隨著時間有著明顯的波動。探討零售店的銷售時,越往鏈的下游,越發現到其波動不大;可以合理地假設:在整個過程

圖12.1 供應鏈不同階段需求的波動

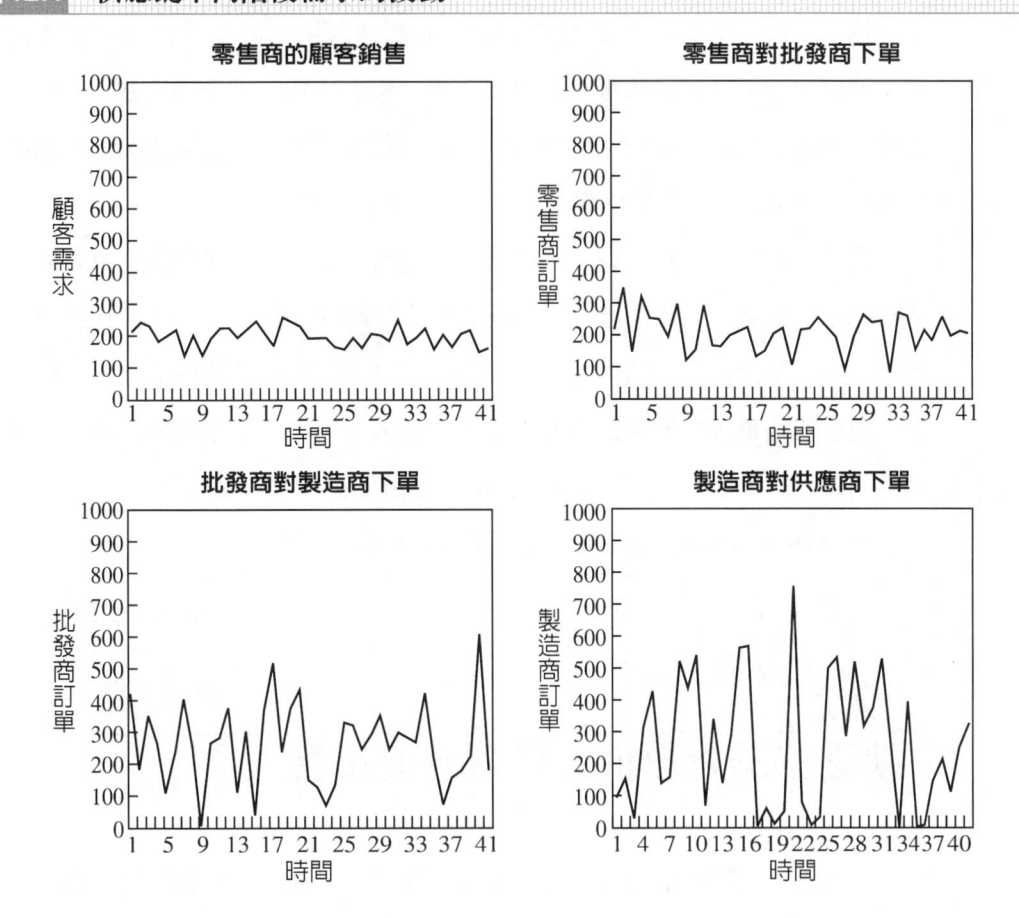

中嬰兒紙尿布的需求,始終維持在一個穩定的情況。縱然最終產品的消費是穩定的,原物料的訂單有很大變化時,亦會將增加成本並使得供應與需求很難吻合。

HP電腦也發現從經銷商往供應鏈上游至印表機部門,再到IC部門,其訂單的波動有明顯的增加。再次地,雖然產品需求所呈現只是小幅的波動,但整個單子到IC部門則呈現出大幅波動。這種情況使得HP無法有效及時對訂單作充分的掌握,並且也因此造成成本的增加。

服飾業及食品雜貨業也呈現相似的現象,即在供應鏈中,從零售商到製造

商，當越往其上游時，訂單的波動也越隨之增加。一家著名的義大利生麵團的製造商Barilla。發現每年區域性配送中心的週訂單，最多受到70個因素的影響；而配送中心（超級市場接收訂單之處）每週銷售，則受到三個以下因素的影響。Barilla也因此面臨了訂單波動明顯高於消費者實際需求的情況，而導致公司的存貨遞增、產品可用性降低以及利潤大幅滑落。

此外，把時間拉長，在一些產業也發現有類似的現象，即其容易有陡昇與驟降週期的現象。一個最佳的例子是電腦記憶體的生產，於1985到1998年間，受到多於三個因素之一所影響，至少有兩個週期記憶體晶片的價格發生劇烈波動。這些價格最大的波動因素，則是肇因於大量的缺貨或產能的閒置。缺貨，則受到買方恐慌性的下單與超額的採購，以致於需求驟降而加深。

下一節將探討缺乏協調對供應鏈績效的影響。

12.2 缺乏協調對於供應鏈績效的影響

當供應鏈的每個階段專注於追求其局部目標，而忽略其對整體的影響，將會造成缺乏協調。如此，整個供應鏈的利潤，將遠少於經協調運作的供應鏈；若供應鏈中任一成員只知追求本身利潤極大化，則將會對整體供應鏈績效有嚴重的影響。

供應鏈缺乏協調，會造成供應鏈中資訊傳遞的扭曲。如前所述P&G的例子，該公司發現到幫寶適尿布的供應鏈發生長鞭效應，長鞭效應的影響使得P&G從配銷商收到的訂單，比零售商的需求更有變異。本書將探討此種變異增加對於尿布供應鏈各種績效衡量的影響。

❖ 製造成本

長鞭效應會增加供應鏈中的製造成本。長鞭效應的結果，P&G和其供應商皆盡力去滿足比消費者需求變動更大的訂單流。P&G是透過建立超額的產能或持有高水準的存貨來因應此變異性，然而不論用那種方式，皆會造成產品的單位製造成本增加。

❖ 存貨成本

長鞭效應會增加供應鏈中的存貨成本，為了要因應持續升高的需求變化程度，P&G在存貨水準的維持上，必須比未受長鞭效應時高；結果，在供應鏈中其存貨成本增加，在此高存貨水準下會增加倉儲空間需求，也因此導致倉儲成本的增加。

❖ 補貨前置時間

長鞭效應會增加供應鏈中的補貨前置時間，受到長鞭效應影響所造成漸增的變異性，使得P&G及其供應商在排程上，比穩定需求時更難作業。當可用產能和存貨尚未滿足進入的訂單時，對供應鏈中的P&G和其供應商，將造成較高的補貨前置時間。

❖ 運輸成本

長鞭效應會增加供應鏈中的運輸成本。滿足訂單的情形會有P&G和其供應商的運輸需求相關；長鞭效應的結果，運輸需求也將隨著時間產生顯著的變

動。在這樣的衝擊影響之下，整個供應鏈的運輸成本會增加，其原因在於需要維持過多的運輸產能以因應可能的高需求。

❖ 運送與收貨的人力成本

長鞭效應會增加供應鏈中運送與接收的勞動成本。為因應波動頻繁的訂單，在P&G與其供應商的運送人力需求會隨訂單而變動。在配送和零售處的收貨的人力需求，也會有相似的變動。不同階段，選擇持有過多人力產能，或不因應訂單波動調整產能；上述兩種情形之一，都會增加總人力成本。

❖ 產品可用性水準

長鞭效應會對產品可用性水準，造成不同程度的衝擊，而且會因此造成供應鏈內缺貨狀況。訂單大幅波動會使得P&G難以對其配送商與零售商作出及時性的供應；這將使零售商發生嚴重缺貨，最後導致供應鏈喪失商機。

❖ 跨供應鏈的關係

長鞭效應會對供應鏈每個階段的施行績效產生負面影響，而此影響將會打擊供應鏈中各合作夥伴的關係。此外在本位主義的因素下，每個成員通常會把績效不彰的原因歸咎於其他階段，每個階段總會認為自己是盡了最大的努力在扮演好本身的角色。因此，長鞭效應會減低供應鏈中各階段間的互信度，並且增加階段間溝通協調潛在的困難度。

由前面的探討中，可以清楚地瞭解到，長鞭效應不只會為供應鏈中協調溝通機制帶來相當程度的負面影響，也會因增加成本及降低回應性，而使供應鏈效率不佳。關於長鞭效應對供應鏈不同績效的衡量，摘要如表12.1所示。

供應鏈之協調

表12.1 長鞭效應對供應鏈績效的影響

績效衡量	長鞭效應的影響
製造成本	增加
存貨成本	增加
補貨前置時間	增加
運輸成本	增加
運送與接收成本	增加
產品可獲性水準	減少
獲利力	減少

> 由於要維持高度的產品可用性水準較為昂貴,長鞭效應會降低供應鏈的獲利力。

下節將會探討有關造成供應鏈溝通障礙的幾項因素。

12.3 供應鏈中障礙的協調

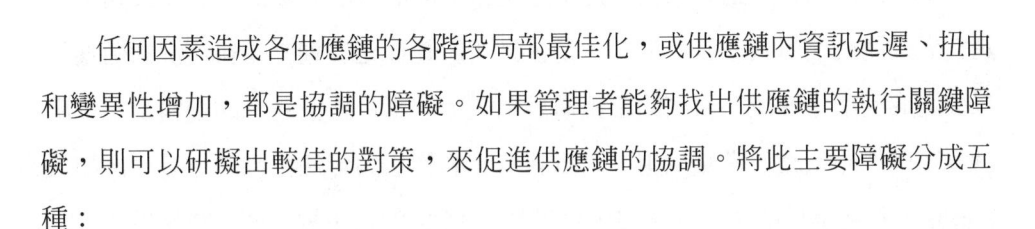

任何因素造成各供應鏈的各階段局部最佳化,或供應鏈內資訊延遲、扭曲和變異性增加,都是協調的障礙。如果管理者能夠找出供應鏈的執行關鍵障礙,則可以研擬出較佳的對策,來促進供應鏈的協調。將此主要障礙分成五種:

- 誘因(Incentive)障礙
- 資訊處理障礙
- 作業障礙

- 定價障礙
- 行為障礙

❖ 誘因障礙

　　誘因障礙存在著有些誘因會使供應鏈中的各階段或參與者，傾向於採取一些行動，而導致改變異程加劇或供應鏈利潤下降。

供應鏈功能或階段內的局部最佳化

　　誘因若只在乎局部利益，將導致決策很難達成供應鏈整體獲利極大化。例如，若一個配送部門經理的獎金，是依據於其所負責的單位配送成本而定，他可能不顧存貨成本與顧客服務品質，而逕採取有利於減低配送成本的措施。很自然地，供應鏈中各個參與者，必定會採行自身認為的最佳衡量績效。例如，K-Mart零售店的經理在進行其採購與存貨決策時，也是從K-Mart本身的最佳獲利為出發點，並未考量到整體供應鏈的獲利情況。依據供應鏈單一階段的最佳獲利所作的採購決策，經常看導致訂單策略無法使供應鏈獲利最大。

銷售力誘因

　　不正確的銷售力誘因結構，是供應鏈中協調的顯著障礙。在許多公司中，銷售力的誘因在月或季評估期間，是依銷售數量而定；通常銷售情況的衡量是以製造商到配送商或零售商的**出貨量**為主，而非對最終消費者的**銷售量**。依出貨為基礎的衡量績效常被採用，因為製造商的銷售力無法控制銷售量。例如，Barilla公司所提供的銷售利誘因，是以其在4到6週售予批發商的數量為準。為達到其最佳獲利率，即使配送商難以銷售如此數量給零售商，Barilla的銷售人員會鼓勵配送商，在評估期末大量購入生麵團。甚至會在促銷期尾聲以折扣的方式來刺激買氣，這將增加接單型態的改變。訂單在評估期末呈現上升現象，

而在下一個評估期期初呈現低迷的現象。一週接著一週，從配送商到Barilla的訂單數量受到高達70個因素之一而產生波動。因此，依出貨量為基礎的銷售力誘因，導致訂單的變化遠大於顧客需求的變化。

❖ 資訊處理障礙

資訊處理障礙代表的情形為：當資訊在供應鏈不同階段間移動時，需求資訊被扭曲，此將導致供應鏈中訂單的變異性增加。

以訂單量而非以顧客需求為基礎的預測

供應鏈中各階段在進行預測時，根據的是以往收到的訂單，因此訂單越往供應鏈的製造商和供應商移動，顧客需求的變異性被放大。在有長鞭效應的供應鏈中，各階段間的下單成了彼此間的溝通聯繫；而每一階段所關心的只是其是否能滿足其下游夥伴的訂單；因此，各階段認為其需求，是針對所收到的訂單依據產生的預測。

在此情境下，當顧客訂單越往供應鏈上游移動時，顧客需求的些微變化會被放大。考量在零售商顧客需求隨機增加的影響，零售商或許會將這隨機的變化解釋為成長的趨勢。這樣的認知將使得零售商所下的訂單遠大於顧客實際需求，因為零售商預期在未來消費需求會持續增加，而唯有增加採購量方能滿足未來預期的需求成長。在批發商訂單需求量的增加大於零售商對訂單的增加量，這些增量其中一部分是一時性的。無論如何，批發商沒辦法解釋訂單的正確增量；批發商觀察到訂單數量的波動，並視為一種成長趨勢。而批發商所推斷的成長趨勢比零售商的預測為大（記得零售商考慮未來的需求而增加訂單數量），批發商會對製造商下更大的訂單；當再往供應鏈上游，訂單數量會更加放大。

假設需求在隨機增加期間之後，是需求減少期間；採用先前描述的預測邏

輯，零售商現在會預測成一個遞減趨勢，而減少下單數量。而在整個供應鏈中，往供應鏈上游時，此減少量也會被放大。

> 事實上，在供應鏈中，每個階段預測需求是以下游階段收到的訂單量為基礎，當往供應鏈上游，從零售商到製造商時，將導致需求波動的增加。

資訊分享的缺乏

在供應鏈中各階段間缺乏資訊分享時，長鞭效應便會擴大。例如，Wal-Mart零售商為了配合促銷計畫可能增加某些產品的訂購量，若製造商無法於事先得知此項促銷活動計畫，將只會等到Wal-Mart的訂單需求增加時才能反應，並以提高其原料訂單量作為回應；如此會造成Wal-Mart在促銷結束後，其供應商與製造商卻堆積著大量存貨。在此龐大的存貨壓力下，當Wal-Mart的訂購量回復正常時，其製造商的採購量會隨之萎縮到比先前的採購量還少很多的情形。因此，零售商與製造商間缺乏有效的資訊分享，會導致製造商的採購情況，呈現巨幅的波動。

❖ 作業障礙

作業的障礙是來自為滿足訂單所採取的行動，所導致變異性的增加。

大批量訂購

當一家公司的訂購批量遠高於實際需求量時，供應鏈中的訂購變異性將會逐漸地擴張。一家公司會因為在下單、收貨或運輸時，有顯著固定成本因素，或因為供應商提供數量折扣（詳見第八章），而下單採購大批量產品圖12.2顯示出一家公司以每5週為一個下單週期，其需求和訂購的情形。

圖 12.2　每五週訂購的訂購及需求變化

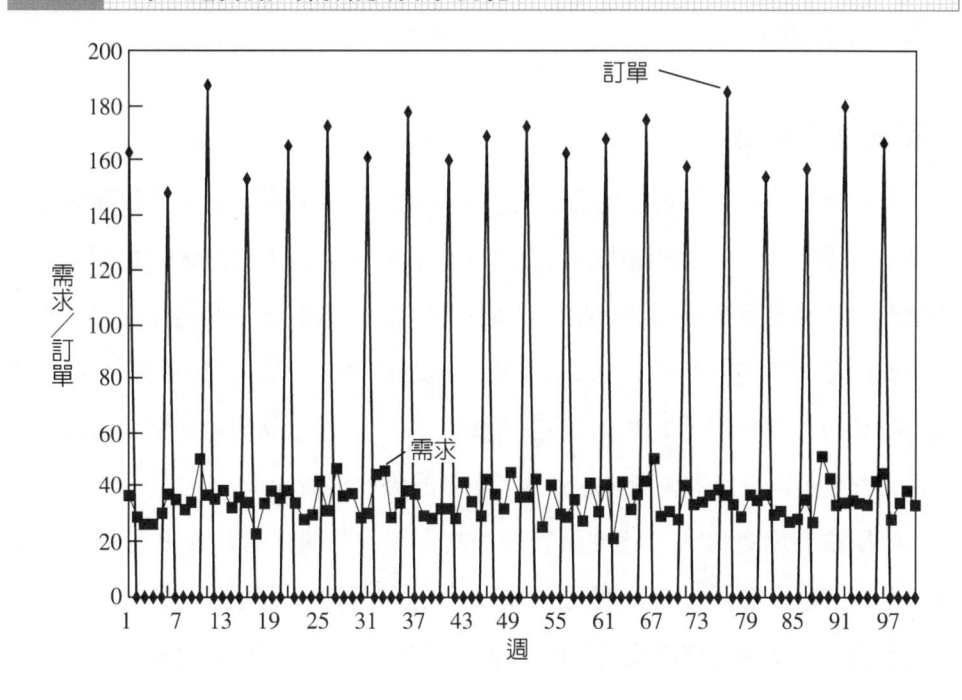

因為訂單被批量化且每 5 週下單一次，在一個滿足 5 週需求的大單後，有 4 週是沒有訂單。一家製造商以批量的訂單供貨給許多不同的零售商，將面對其產品訂購的變動，會比零售商本身所面臨的產品需求變動要來的大。如果製造商繼續將其訂單批量化給其供應商，此種效應將會再擴大。在許多例子中，收到主要訂單時會有一些重點時報，如一個月的第一週或最後一週；這種訂單的集中化會更加惡化批量的影響。

長補貨前置時間

在供應鏈中各階段間，若補貨前置時間被拉長，則長鞭效應也將被擴大。就零售商錯誤解讀需求的隨機性增加現象成為需求增加趨勢的情境：假使零售商面對一個兩週的前置時間，在下單時，會配合預期成長而大於兩週；相反地，假使零售商面對的是兩個月的前置時間，則其會配合的預期需求將會超過

兩個月以上（或更多）。前述現象，可同樣應用於當需求隨機性減少被解釋為需求遞減趨勢時的情況。

配給與缺貨策略

依所有零售商下單量按比例分配有限產能的配給制度，會導致長鞭效應的擴張。一種常發生在供應鏈中的情形是高需求而低供貨量；例如，HP常面對一些情形，如其最新產品的需求超出供應。在這樣的情形下，製造商提出在不同零售商或配銷商間分配產品之稀有供應的機制組合。一個常用的配給制度是依據所收到的訂單分配可供應量；在此配給制度下，若產品的可供應是收到訂單總量的75%，則每家零售商會收到其下單量的75%供貨量。

此配給制度會導致零售商試著增加其下單的數量，以增加其獲得供應數量。某位零售商需要75件，其將訂購100件以確保他收到75件的貨品。此種制度的影響，是產品訂單虛假的膨脹。某家零售商依據其預期銷售量訂購時，所能收到的貨品較少，會導致其喪失商機，因此零售商只好浮報其訂購量。

假使製造商依訂單量作需求預測時，即使顧客的需求並未改變，但是訂單增加的現象會被解釋為需求增加。製造者可以藉由建立足夠的產能，來滿足各種訂單的需求。一旦產能足夠後，以往訂單為因應配給機制的浮報現象，將不復存在，而其訂單會回復到正常水準。此時製造商所面對的是過剩的成品與閒置的產能，如此暴起暴落的需求波動，也將持續地交替進行。

這種現象同樣也發生在電腦產業中，我們可以觀察到這種供需起伏交替的情況；常發生在電腦零組件的供應上，造成零組件處於供應短缺或過剩的交替狀況中；很特別的，過去20年，記憶體晶片製造商經歷多次像這樣的週期現象。

❖ 定價障礙

定價障礙是指對某產品的定價政策導致訂單的變異性增加。

以批量為基礎的數量折扣

在供應鏈採購中,以批量為基礎的數量折扣增加下單訂購的批量(詳見第八章);如前所提,其結果常造成大批量擴大在供應鏈內的長鞭效應。

價格波動

製造商所提供相關的交易促銷和其他短期間的折扣,會導致提前購買,此時批發商或零售商會趁著折扣期間進行大量採購,以期滿足未來的需求量。提前購買會導致在這波高峰採購期後,隨之而來的,即是製造商會面對一段很短時間的**低迷採購期**(詳見第八章),如圖12.3為雞湯麵製造商所面臨現象。

由圖12.3可以看出製造商的出貨尖峰量比銷售尖峰量高,這是因為這段期間有產品促銷;因此促銷導致出貨尖峰後,跟隨的是製造商相當少量的出貨,代表著配銷商顯著向前採購。製造商運送貨品的變異性,將明顯地高於零售商

圖12.3　雞湯麵銷售和製造商出貨情形

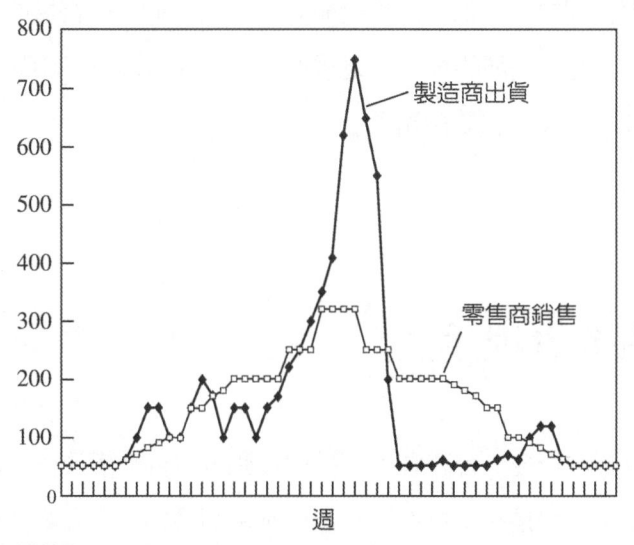

資料來源:Adapted from "What Is the Right Supply Chain for Your Product?" by Marshall L. Fisher. *Harvard Business Review* (March-April 1997), 83-93.

銷售的變異性。

❖ 行為障礙

行為障礙是指在組織內發生學習的問題，其有助於長鞭效應的發生。這些問題通常和供應鏈架構的方式及不同階段間的溝通有關。以下，列舉一些常見的行為障礙：

1. 在供應鏈中各階段對於自己的活動經常著眼於自身利益，而無法察覺此活動對其他階段是否有不良的影響。

2. 供應鏈各階段只反應當下的局部現象，而不會去辨認問題的根源。

3. 根據局部性的分析，供應鏈各階段常將波動的造成歸責其他階段，如此一來，會導致供應鏈上下游成員成為敵人而非夥伴。

4. 供應鏈沒有那一階段會從過去的活動獲得學習，因為其認為問題的發生是來自於其他階段；在這種惡性循環的情況下，很容易將每次發生問題的原因歸咎於他人。

5. 供應鏈夥伴間缺乏互信造成整體績效的付出，並產生投機的心理。缺乏信任感亦導致努力心血明顯的重複；更重要的是，在不同階段中的資訊既不被分享就是被忽略，因為大家都不相信它。

12.4 達成協調的管理手法

確認一些協調障礙後，管理者可以採取行動，以協助解決供應鏈內的一些障礙和達成協調。下列是在可以增加整體供應鏈利益與緩和長鞭效應的管理活動：

- 目標與誘因的搭配
- 改善資訊的準確性
- 改善作業績效
- 設計定價策略以穩定訂單
- 建立策略夥伴及互信

❖ 目標與誘因的搭配

管理者可經由調整整合目標和誘因,而改善供應鏈內的協調,以使得供應鏈的所有參與者都能為促進整體供應鏈最大利益而努力。

調和跨功能誘因

協調企業內各項決策的一個關鍵,在於所有功能的**評量基準目標**,是否和公司的**總目標**相呼應。所有設施、運輸和存貨決策,應以其對利潤的影響作評估,而不是只對總成本或更糟糕的是對局部成本作評估。如此的決策模式,將有助於管理者,避免制定出降低運輸成本卻增加總成本的決策(詳見第十一章)。

定價協調

如果零售商與管理者兩者間,其每批量存在著很高的固定成本,管理者可利用批量大小為基礎的數量折扣來達成產品價格的協調。若製造商對某些產品有其市場影響力時,管理者可以利用兩段式價格或總訂購數量折扣,來輔助達成價格協調(詳見第八章)。若是處於需求不確定的情況下,製造商可利用購回合約、利潤分享合約,或彈性供貨合約來確保對零售商的供貨穩定性,以達到整體供應鏈最佳獲利的目的。購回合約曾被出版界使用,以提升整體供應鏈的獲利;而彈性供貨合約曾協助Benetton服飾,增加其供應鏈利潤。

將銷售力誘因出貨量轉變成銷售量

任何對銷售員強力將產品推出給零售商的獎勵減少，皆有助於降低長鞭效應。如果銷售力獎勵是以一個滾動調整的時間範圍內之銷售為基礎，則推出產品的獎勵會減少；此將有助於減少事先**預買現象**及所衍生訂單的波動。另一個管理者可採取的行動是，連結對銷售員的獎勵到與零售商的銷售量相關，而不是與零售商的出貨量相關；此行動將減緩銷售員預買的動機，預買的減緩可協助訂單波動的減少。

❖ 改善資訊的準確性

管理者可以經由改善供應鏈中不同階段可得資訊的正確性來達成協調。

分享銷售點資訊

在供應鏈間**分享銷售點**（Point-Of-Sale, POS）資訊，可以減低長鞭效應的現象。造成長鞭效應最主要原因是，供應鏈中各階段都採用訂單，以預測未來的需求；不同階段接收訂單的改變，不同階段的預測也將改變。事實上，供應鏈需要去滿足的是最終顧客。假若零售商能與其他供應鏈階段分享POS資訊，則供應鏈各階段都能依顧客需求預測其未來需求。分享POS資訊有助於減少長鞭效應，因為各階段現在回應的是相同改變的顧客需求，觀察所分享的總合POS資訊，可以促成長鞭效應明顯地減少。適當資訊系統的使用有助於POS資料的分享（詳見第五章）；一般企業也可利用網際網路與供應商分享相關資訊。對直銷公司，如Dell電腦及其他已導入企業電子化的公司，POS資料是方便取得以供分享的；Dell透過網際網路，提供許多供應商分享需求資訊和零件及時的存貨資料，如此可以避免不必要的供給需求波動。P&G與零售商分享資訊，以改善供應鏈的協調。

實施協同預測與規劃

一旦分享了POS的資訊,如果能夠達成充分協調,則供應鏈的各階段必須進一步將預測與規劃結合;沒有協同規劃,僅分享POS資料難以確保協調。零售商也許會由於1月份舉行的促銷活動,而注意到有大量需求訂單;假使一個月後沒有促銷活動的規劃,即使零售商和製造商雙方有過去POS資料,此時供應商的預測和製造商的預測仍會不同的。製造商必須注意零售商的促銷規劃,才可達成協調;其主要關鍵,在於要確定供應鏈是否以共同預測來運作。為促成這種類型的供應鏈之運作,自主性跨產業商務標準協會(Voluntary Interindustry Commerce Standard Association, VICA)成立一個協同規劃、預測與補貨委員會(Collaborative Forecasting And Replenishment, CFAR),協助產業以找出最佳實務典範及為協同規劃而設計的指導方針。

設計單階補貨之控制

設計一種可對整個供應鏈的補貨決策,以單一階段控制,將可有效地減低長鞭效應的發生。如先前所提過,長鞭效應發生的一個主要原因是,在供應鏈中每個階段使用上一階段的訂單作為過去的歷史需求;結果,每個階段視其扮演的角色,為下個階段補貨下單的對象之一。事實上,主要補貨是在零售商處,因為這裡是最終顧客採購的地方。以單一階段控制整個供應鏈補貨策略時,多重預測的問題減緩,且供應鏈內的協調亦隨之達成。

對某些直接供貨給顧客的製造商,如Dell,補貨的單一控管機制是自動化的,因為其銷售模式跳過中間商而直接由製造商來面對顧客。製造商自動地變成補貨決策的單一控制。

當銷售是經由零售商時,已有不少的企業實務範例使用單點控管補貨機制。本章稍後將介紹連續補貨計畫(Continuous Replenishment Program, CRP)與供應商管理存貨(Vendor-Managed Inventory, VMI)體系。

❖ 改善作業績效

管理者可藉由改善作業績效與在缺貨時設計合適的產品配合計畫，以減弱長鞭效應。

減少補貨前置時間

透過補貨前置時間的縮短，管理者可以減少前置期中需求的不確定性（詳見第九章）。縮短前置時間對於一些季節性商品將更顯成效，因為這類的商品通常需藉由較精確的需求預測來因應；因此，可藉由減少需求的不確定性以減弱長鞭效應的缺失。

管理者在供應鏈不同階段，除藉由多樣化的手法來縮短補貨前置時間，亦藉由網際網路上的電子商務或早期的**電子資料交換**（Electronic Data Interchange, EDI），有效減除下單和資訊轉換的前置時間。在製造廠中，**彈性與單元中心製造**（Cellular Manufacturing）可以用來縮短前置時間。長鞭效應的減弱更可以減少前置時間，因為需求穩定改善了排程；尤其是在製造生產多樣化的產品時，上面的效應更是顯著。**事先配送通知**（Advance Shipment Notices, ASN）可以被應用減少前置時間及收貨的工作；越貨轉運可被用以減低前置時間及供應鏈兩階段間的產品搬運。Wal-Mart 曾經成功地使用這些方法，有效減少供應鏈內的前置時間。

減少批量大小

管理者可藉由執行改善作業減少批量大小，以減弱長鞭效應。減少批量大小減緩供應鏈兩階段間所累積的波動量，因此也減弱長鞭效應。為減少批量大小，管理者必須採取適當的行動以輔助減緩因訂購、運送、收貨所連帶的成本（詳見第八章）。War-Mart 與日本 7-Eleven 曾成功地藉由跨產品和供應商的彙總

運送，以降低其補貨批次的規模。

電腦輔助訂單系統（Computer Assisted Ordering, CAO）可由電腦來取代傳統一般作業人員的人工化訂單準備工作，電腦可以協助整合有關於產品銷售、影響需求的市場因素、存貨水準、產品領收及期望服務水準等相關資訊。CAO與EDI協助減少每次下單的固定成本。今日，許多企業採用網際網路下單持續增加，如W.W.Grainger 和McMaster-Car，因為顧客的訂購成本減少和企業本身的作業成本亦降低，使用這種方法使得訂單批量越來越小化。日益成長的B2B電子商務也可降低企業的訂購成本。例如，General Motors與Ford兩家汽車公司，皆要求所有供應商應有網路接單設備，以增益其效率。

在某些個案中，管理者會利用**取消採購單**的使用，來簡化下單作業。在汽車工業中，某些供應商會以車輛生產件數作為付款的基礎，取消個別採購單的需要；如此可減少每次補貨的訂單處理成本。資訊系統亦能協助財務方面的處理作業，減低個別採購單所產生的成本。

整車承載與散裝承載間的價格有很大差距，會偏向以整車的數量來運送。事實上，努力縮減訂單處理成本後，運輸成本現在成為供應鏈縮小批量的主要障礙。管理者可以藉由不同產品的小批量填滿卡車，以達到不增加運送成本又同時縮減批量（詳見第八章）。例如，P&G要求從零售商必須以滿載車輛來運送，不足整車載量時，也可以將產品組合起來。零售商因此可對每一產品訂購小批量，只要每部卡車承載夠多種類的產品。日本7-Eleven曾經以每部車所維持的溫度作為分車標準，而採用此併車策略。產品的運送在某一特定的溫度者，被裝載在同一部車內，此作法使得日本7-Eleven得以在產品多樣化，減少卡車數目來運送物品至零售店。一些在雜貨販售業的企業使用卡車隔間，以適用不同溫度載運不同的產品，以達成批量的減小。

管理者可以採用混合運送，將數家零售商的貨品裝載在一輛卡車上，以一趟多點的方式運送，來減小批量大小（詳見第十一章）。在許多案例中，由專業運輸業者混合運送，以使多個零售銷售點集中在一輛卡車；如此，可以減少每

家零售商的固定運送成本和允許每家零售商以小批量訂購。在日本，Toyota汽車採用每一家供應商一輛卡車，以供應多個裝配廠，此作法可使管理人員收到各廠的批量大小減少。管理人員也能藉由多家供應商集中在一卡車上的混合運送，以減小批量大小；在美國，Toyota汽車使用此方法，以減小從供應商收到的批量。

當更小批量被訂購及運送時，收貨的壓力和成本會顯著增加。因此，管理者必須簡化其接收流程的技術並降低其相關的成本。例如，ASNs電子化地確認運送貨品的內容、數量及運送次數，並協助減少下貨時間與增加**移倉轉運**的效率；ASNs可以被用來更新存貨記錄，因此減少接收成本。將條碼運用於棧板上，也可促進收貨和運送的效率。DEX和NEX是兩項接收技術，當產品品項被確認後，該技術可以直接更新存貨檔案。

上述各項技術皆可簡化運送、搬運及接收，具有多項產品的小批量之複雜訂單；這樣可以有效減少批量大小，抵銷長鞭效應。

其他將批量影響最小化之簡易方法是，鼓勵不同的顧客需求依時間平均分散後再行下單。顧客如果是每週訂購一次，經常選擇在週一或週五；或顧客採用每月訂購一次，經常選擇在每個月的月初或月底。遇到這種情形，最好將顧客訂單平均地分散到每週的各日，或每月的各日。實際上，可以對每位顧客的正常採購天數預先規劃；這些作法並不影響零售商，但可以使製造商的訂單流入較為穩定，減弱長鞭效應。

以過去銷售資料作為配給的依據及以資訊分享來限制競單

為降低長鞭效應，管理者可規劃設計一套配給制度，以避免零售商因預期缺貨而人為膨脹的訂單。其中一種方法來自「Turn And Earn」，此方法在分配供貨運轉，是依零售商過去的銷售量，而非目前零售商所下的訂單量。將分配與過去銷售結合，消除零售商膨脹訂單的誘因，可以減弱的長鞭效應。事實上，在低需求期間，此方法可以促進零售商更積極地進行商品的促銷，以期能累積

將來需求高峰期的供給配額。目前已有多家企業採行這種配給制度,來因應需求高峰期的供貨短缺,例如General Motors汽車公司過去也曾成功地利用這樣的配給制度。其他,像HP原來的配給制度是以零售商當時的訂購狀況作為出貨的基準,然而近年來也改變以過去銷售量配給。

有些企業試著透過供應鏈的資訊分享,來將供貨短缺最小化。這些企業如Sport Obermeyer,提供大顧客一些誘因,好讓顧客每年預購一件以上的零件。此項資訊使得Sport Obermeyer改善預測的精確度,並且規劃其產能的配置。一旦產能合宜地分配至各產品後,缺貨情形可以減少,因此長鞭效應也隨之減弱。彈性產能的可用性也對此現象有所助益,把需求較低的產品移轉到需求比預期較高的產品上。

❖ 設計定價策略以穩定訂單

管理者可經由制定定價策略,以鼓勵零售商採行較小批量的訂單和減少預期購買的情況,並削減長鞭效應的衝擊。

數量折扣由批量基礎轉成總量基礎

以批量為基礎的數量折扣的結果,零售商增加每張訂單的批量以獲取折扣優惠。以數量總和為基礎的數量折扣,會減低增加單一批量大小的誘因,因為此基礎考慮的是在特定期間(如一年)之總採購量,而不是單一批量的採購量(詳見第八章)。基礎的折扣導致較小批量,因此可以降低供應鏈中的訂單變異性。具有固定期末日期以評估折扣的折扣,常導致在期末會有大批量採購。因此,在數量上若能提供折扣有助於減輕此效應。HP目前也在試行將傳統的批量折扣方式,轉換為總量折扣方式。

穩定的定價政策

　　管理者可利用減少促銷與進行**每日最低價格**（Every Day Low Pricing, EDLP）的方式，來減低長鞭效應的影響；減少產品的促銷，將有助於消除零售商的預期購買，並將其需求變化更貼近於顧客的實際需求。P&G的康寶濃湯和一些製造商，也利用EDLP來減低長鞭效應所帶來的衝擊。

　　管理者可利用限制訂購數量，來防止促銷期間所發生的預期搶購現象，此種限制應對特定零售商及依零售商過去歷史銷售而定。另一種方法是將促銷優惠的價格計算，改以零售商的實際銷售狀況為準，而非以零售商採購量。結果，零售商將無法從預期購買中獲得優惠，且只有當其銷售更多時才購買。以實際的銷售狀況作為促銷，可顯著降低長鞭效應。現有的特定資訊系統，可有效地協助廠商將其促銷效果延伸到顧客銷售。

❖ 建立策略夥伴及互信

　　若能在供應鏈中建立策略夥伴與互信，則管理者會發現，可輕易利用前面章節所述以消弭供應鏈中的長鞭效應。互信各階段分享的精確資訊，可提升供應鏈的供需配合並降低成本。較佳的夥伴關係，也能減低供應鏈中各階段間的交易成本；例如，一個供應商若能信任零售商的訂購與預測，將能減少其預測的付出。同理，零售商若能信賴供應商的供貨品質與交期，則將可有效的減少其進貨時的驗貨程序與成本。一般而言，若供應鏈的各階段能夠彼此的信任與維持良好的合作關係，將可減少許多不必要的重複作業。低廉的交易成本和更精確的資訊分享，能協助減少長鞭效應的影響；Wal-Mart與P&G曾努力建立策略夥伴，因而獲得相互的好處並減低了長鞭效應。

　　兩類管理手法，可協助管理者建立較佳的供應鏈溝通協調機制。**行動導向方法**（Action-Oriented Levers）包含資訊分享、導正誘因、改善作業和穩定定

價；**關係導向方法**（Relationship-Oriented Levers）涉及了如何在供應鏈體系中建立互信與合作。下節將詳細討論關係導向方法。

12.5 建立供應鏈內的策略夥伴與鏈內互信

供應鏈中，一個良好的互信基礎關係，包含兩階段的相依性及與各階段建立信賴度。**互信**涉及了一項信念，即各階段關心其他合作夥伴的福利，並且在採取任何行動前，必會考量到是否會對其他階段造成不良的衝擊。供應鏈內合作與互信能協助改善績效，其理由為：

1. 當各階段彼此互信時，在制定各項的決策時，會將其他階段的目標納入考量。

2. 達成合作之行動導向的管理方法，變得更容易執行。在互信下，資訊分享是理所當然的；同樣地，假若供應鏈的成員將思量的是共同的利基，則作業改善會更容易執行，且合適的配給制度會更容易設計。

3. 藉由減少無謂的重複付出，或是合適分配各階段工作，可以增加供應鏈的生產力。例如，若供應商能分享製程管制圖，製造商可免檢此供應商所送的物料。其他的例子，如果製造商是接單後客製化的型態，其配送商則採行後緩策略。

4. 更進一步的分享銷售細節及生產結果資訊，可促進供應鏈在生產與配送決策的協調；其結果可使得供應鏈較增進在供需間配合，獲得更好的協調。

表12.2是針對汽車零件供應鏈，強調其建立互信的各種好處。此表以超過400家零售商對製造商的信賴程度之平均評比，其中依其互信程度的高低作分類。例如零售商對於其互信程度較高的製造商，較少開發替代供應來源、對製造商較多承諾、對於其所生產的產品也會有較高的銷售量，同時它亦會獲得製

表12.2　零售商信賴層級比較表

比較的衡量	低信賴度	高信賴度
零售商開發替代供貨來源	100	78
零售商對製造商的委託	100	112
零售商銷售製造商產品	100	178
製造商對零售績效評比	100	111

資料來源：Adapted from N. Kumar. 1996 "The Power of Trust in Manufacturer-Retailer Relationships," *Harvard Business Review* (November-December), 92-106.

造商較高評價。此表也指出了：當零售商獲得製造商較高的信賴時，零售商本身也會較高興，因為他們可以不必費心去尋找替代供應來源。

　　依過去的資料顯示，供應鏈的夥伴關係，通常是建立在對彼此的影響力或互信基礎上。在影響力基礎關係上，較強的一方通常以其觀點指揮；雖然在短期內利用影響力可能是有優點，但其負面影響在長期就仍會浮現出來，其主要的三個理由為：

　　1.利用影響力，常導致供應鏈某一階段只求取其本身利益的極大化，而經常造成其他階段的支出增加，這會使得整個供應鏈的獲利降低。

　　2.一旦平衡均勢改變，利用影響力以強迫不平等的讓步，會對公司有所傷害。過去20年，在許多供應鏈中，當歐洲和美國零售商的影響力遠大於製造商時，此種反抗影響力曾發生。

　　3.當供應鏈某一階段有系統地利用影響力優勢，其他階段會尋求方法反制。許多案例中，零售商曾擴充其影響力在製造商便會積極地直接接觸顧客；這些包括在網際網路上販售產品或開設公司直營。因為各階段間的關係已非合作關係而是競爭對手，供應鏈的整體獲利會大幅的減低。

　　雖然大多數的廠商皆同意合作與互信對供應鏈而言是極具價值性的，然而要達成和維持這樣的品質是很困難性的。在此歸納出兩個觀點，有關如何在供

應鏈中,建立或確保彼此的互信與合作關係。

- **嚇阻基礎觀點**:在這個觀點下,各成員間可透過簽訂各種正式的條約來確認合作關係。在條約的規範下,各成員基於自身利益的考量,可以假設會遵循誠信行為。

- **流程基礎觀點**:此觀點是建立在各成員間彼此既有的長久互動上;而積極的互動,將更強化彼此的合作信念。

在大多數的實務情況中,上述兩種觀點通常是可以並存的。設計一項合作條約,能規範到未來所有可能發生的偶發狀況是不可能的;因此,尚未彼此互信的成員,必須信任所建立的互信,以解決未在條約內容的問題。相反的,相互信任並且長期合作的成員仍舊依賴合約行事。在大多數有效率的夥伴關係中,前述的兩項觀點予以合併使用。舉一個發生在一家美國供應商的例子,當初這家公司透過合作保障合約與一家日本的製造商進建立合作關係,然而這家日本的製造商也從未再提及這份合約的事,因為他們期望可能發生的各種偶發狀況,能經由有利於供應鏈的溝通協商解決。

在許多穩固的供應鏈合作關係中,通常在剛開始都是在嚇阻基礎觀點下展開的;隨著合作時間增長,通常都會進入較佳的流程基礎觀點來進行合作。從供應鏈的觀點而言,理想的目標是**共同確認**(Co-Identification),即每個成員把其他成員的目標視為自己的一樣;共同確認保證制定決策時,要考量到整體供應鏈的利益。

供應鏈長久的夥伴關係需經歷兩個階段;在設計階段中,建立基礎規範並且開始展開合作關係;在管理層級階段中,依基礎規則的互動發生,且合作關係及基礎規則開始運作。一個管理者在尋求建立供應鏈的關係時,必須確實地考量如何在這兩個階段中,鼓勵進行更密切的合作及互信關係。周延的考量是相當重要的,因為大多數的供應鏈,關鍵的影響力掌握在少數的成員中。影響力的掌握常導致管理者忽略努力去建立合作及互信關係,這會對長期供應鏈績效有所傷害。

以下將探討管理者如何設計供應鏈關係，以促進合作與互信。

❖ 設計一個互信與合作的關係

設計有效率的供應鏈策略聯盟的關鍵步驟如下：
1. 評估關係的價值。
2. 確立各成員的運作角色及其決策權力。
3. 擬訂具效力的合約。
4. 設計有效的衝突協調機制。

評估關係與合作的價值

設計一個供應鏈關係的首要步驟是，清楚地確認此關係所提供的利益。在大多數供應鏈中，每個策略聯盟的成員，皆有其特殊的專業領域，這些又是供應顧客訂單所必備。例如，一個製造商生產產品，一個運輸業者提供階段間的運送，而一個零售商將產品銷售給顧客。下一步是去確認評估關係及每個成員貢獻的標準；一個共同衡量標準是合作關係能為整個供應鏈的利潤增加多少。當評估和設計一關係時，公平性（Equity）為另一項重要評估標準，其被定義為「公平交易」，公平性衡量各相關成員間整體利益分配的公平性。

供應鏈中各階段不太願意利用管理手法來達成溝通協調，除非它們有把握能平均分配供應鏈整體的利益。例如，當供應商致力於減少補貨前置時間時，可減少製造商及零售商的高安全存貨量，供應鏈因此獲得相當的利益。假如製造商及零售商無意將此獲益分享出來，則供應商就不願意在此耗費精力。因此，一個供應鏈若要維持長久合作關係，只有當整體利益增加，且所有相關成員能均公平地分享所增加的利益。

下一個步驟是，釐清供應鏈中每個成員的貢獻及應有多少的利益分配到各個成員。例如，假使製造商與零售商共同執行延遲策略，釐清每個成員在執行

延遲策略的角色、此策略對供應鏈的價值,以及每個成員間如何分享此新增的利益是很重要的。彈性機制應被建置,以允許供應鏈的夥伴能週期性地監控及調整各成員的貢獻,並且分配每個成員所應得的利益。例如,Chrysler汽車每年會與其供應商進行協調改善;不過,其並未指定必須達成改善的領域。此彈性機制允許供應商認知如何以最小的努力來獲取最大的改善,並且創造雙贏的局面。

確立各成員的運作角色及其決策權力

當確認供應鏈中各成員所扮演的運作角色及其決策權力後,管理者必須考量各成員間互相依賴的關係。分派任務後,假如某些成員會相當地依賴其他成員時,就會產生衝突的來源。在許多策略聯盟,容易形成一個無效率的任務分派,因為幾乎沒有一個成員願意依據任務指派,而給其他成員一個可察覺的優勢。

若是某個成員的作業是在其他成員之前,任務的分派會是循序相互依賴。傳統上。供應鏈關係曾是循序的,也就是每一個階段在完成本身的工作後再交由下個階段,各成員聚在一起並交換資訊及投入情形。P&G與Wal-Mart便試圖透過協同預測與補貨工作團隊,去建立一個互惠型相互依賴。這個工作團隊的成員包含了來自於P&G與Wal-Mart的人員。Wal-Mart負責提供需求資訊,而P&G則是負責提供最新產能的可用率,這個團隊制定出了適合整個供應鏈的生產與補貨的最佳政策。

互惠型相互依賴需花費較大的心思去管理,若管理不當,其交易成本會增加。不過,互惠型相互依賴在制定決策時,較容易為整個供應鏈帶來較大的獲利,因為在這個模式下,管理者制定決策時,必須考慮到每一個成員的利益。若是每個成員皆抱持正面積極的態度,則在互惠型相互依賴中,每個成員間將會有較多的交流,而產生更多互信與合作的機會。在互惠型相互依賴中,每個成員也較難有投機和傷害其他成員的自私行動。因此,運作角色和決策權力的分配中,互惠型相互依賴有較大增進關係的機會,如圖12.4所示。

圖 12.4　供應鏈夥伴關係中相互依賴的效應

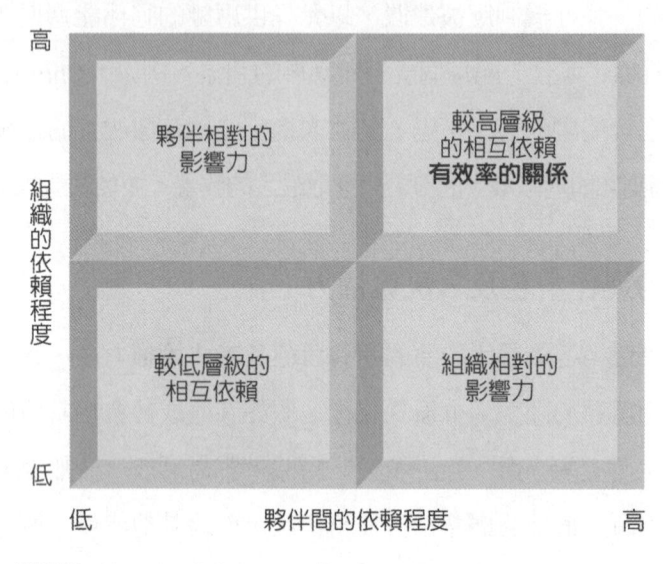

	夥伴間的依賴程度低	夥伴間的依賴程度高
組織的依賴程度 高	夥伴相對的影響力	較高層級的相互依賴 **有效率的關係**
組織的依賴程度 低	較低層級的相互依賴	組織相對的影響力

資料來源：Adapted form N. Kumar. 1996. "The Power of Trust in Manufacturer-Retailer Relationships," *Harvard Business Review* (November-December): 92-106.

　　管理者必須明確地定義供應鏈中各成員在產生成功地由一個成員時的工作任務。考量 Dell、Sony、Airborne 這三家公司間的關係。當 Dell 接到消費者的電腦需求訂單時，必須以本身所生產的電腦主機，來搭配 Sony 所製造的監視器。Airborne 負責將電腦主機從 Dell 在德州的發貨倉庫提出，並且同時從 Sony 設在墨西哥的倉儲中心提領監視器，之後將兩者合併包裝運送到顧客手中。為了能夠及時處理一張訂單，這三家公司必須協調與達成這張訂單。為了達成合作，管理者也必須推動某些管理機制作為因應，例如合適的資訊系統，以協助追蹤任何疏失發生的原因。

擬訂具效力的合約

　　管理者可透過擬訂具效力的合約，以增加偶發狀況時各成員間進行溝通的互信。當資訊完整且未來偶發狀況可以預期時，合約可以有效管理。實際上，對於關係的未來價值和未來商務環境的不確定性，使得設計一個包含所有偶發

狀況的合約變成不可能。例如，當考量在 VMI 或 CRP 的環境下，設計一個包含未來的所有情境有其困難度。因此，供應商與零售商要發展出一種互信機制，以彌補既有合約的缺點。關係通常是由各方指定的個人開始發展的。經過一段時間，個人間的非正式瞭解和承諾，在新合約起草時易於正式化。當訂定策略聯盟和新的合約時，雙方必定會先經由非正式的管道，來瞭解彼此的運作模式，這些有助於日後正式合約的制定。因此，日後發展的合約，比策略聯盟初期訂定合約更為有效。

經過一段長時期後，合約在供應鏈中維持有效的策略聯盟上，扮演著部分角色。有個例子是關於描述 Caterpillar 與其經銷商間的關係，經銷商或 Caterpillar 皆可在 90 天前，不需任何原因下終止任何協議。很明顯地，它並不單獨只是用合約來維繫關係的效力。關係的相互利益及合約中未考量到的彌補合約落差，可以導致有效的供應鏈策略聯盟。

設計有效的衝突協調機制

有效的衝突解決機制，可以大幅地強化任何供應鏈的關係。衝突會發生在任何關係上，若無法有效的化解衝突，則將會使彼此的關係更加惡化。相反地，若有滿意的解決方式，則會增強彼此的關係。良好的衝突解決機制，應提供各個成員彼此溝通的機會，並且瞭解其差異，在處理過程中建立較高的互信。

開始時，對財務程序和技術交易的規則及指導原則的正式規範，可以輔助建立聯盟間的互信。規則及指導原則的規範，利於供應鏈中夥伴間的資訊分享。在歷經一段資訊分享期後，關係從嚇阻基礎變成流程基礎。當流程基礎互信在各成員間建立時，便容易解決衝突。

為了促進溝通，策略聯盟中的管理者或員工，應有定期性與經常性的協調會議。在轉變成主要衝突之前，這些會議允許議題提出及討論。高層管理者的與會也可提供解決基礎，尤其是當低層人員無法達成共識。這些各類的協調會議或衝突協商機制，主要目的是期望日後雙方在發生類似財務上或技術性的衝

突時,皆能以理性的角度來化解,而非淪於個人的口舌之爭。

在設計衝突協調機制時,最重要的就是要對策略聯盟各方的背景先作深入的瞭解。在美國,合作各方通常都樂於回歸到合約的細項以解決爭辯;法院或仲裁者的協助也可得到相關條約的闡述。因此,詳細的合約在美國是很有效的;反觀亞洲國,包含法院的衝突協調機制,似乎不是那麼具有效力,各成員較習慣於直接透過當面的溝通方式來進行衝突解決。彈性式的合約在此類溝通較有效的建立互信。

❖ 為合作與互信管理供應鏈關係

有效地管理供應鏈關係,可以促進夥伴間的合作與互信,並增進供應鏈的溝通協調;相反的,拙劣地管理供應鏈關係,將導致各成員養成投機性,乃致損及整體供應鏈的獲利。執行這類的關係管理,是一些冗長沉悶且例行性作業。特別的是,高階管理者通常在新合作策略夥伴規劃時,有著較明顯的投入,但對於後續的相關管理則鮮有涉入。這種情形,在經營成功的供應鏈同盟與夥伴關係中,造成記錄的混淆不清。

圖12.5顯示出,任何供應鏈的策略聯盟的基本流程。一旦聯盟關係規劃與建立後,雙方即需學習下列環境架構,如進行聯盟關係、各成員的任務和程序、各方所需和可用的技術,以及各方緊急目標。各方的績效是依獲利的改善與實施過程中是否兼顧平等性與公平性而定。在這個階段,有一種較佳策略聯盟價值評估方法,即是提供供應鏈策略聯盟的各方有機會來修正聯盟狀況,以改善獲利與平等性。預留足夠的修正彈性,以因應彼等修正,對於在最初設計規劃合作條約階段時是相當重要的。正式的合約日後也可會重新修改以反映各種外在變化。當商業環境或公司運作目標的改變時,本身的週期性會重複和關係的演變會發生。任何成功的供應鏈聯盟都必須多次經過如此的循環週期。

假使從合作關係所產生的利益日漸遞減,或有一方見到利益而投機時,供

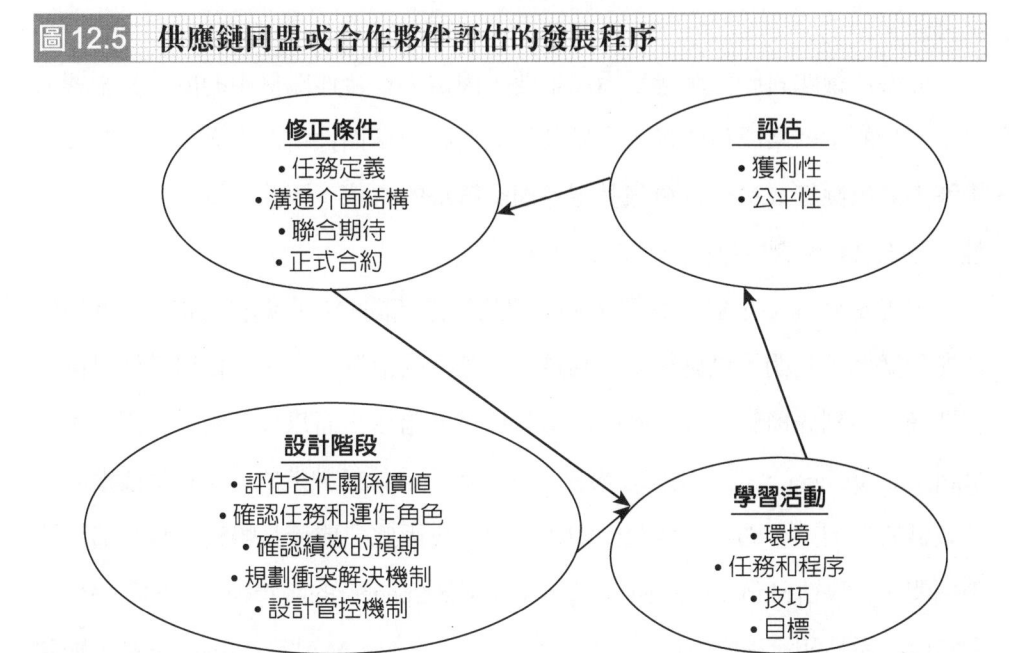

圖 12.5　供應鏈同盟或合作夥伴評估的發展程序

修正條件
- 任務定義
- 溝通介面結構
- 聯合期待
- 正式合約

評估
- 獲利性
- 公平性

設計階段
- 評估合作關係價值
- 確認任務和運作角色
- 確認績效的預期
- 規劃衝突解決機制
- 設計管控機制

學習活動
- 環境
- 任務和程序
- 技巧
- 目標

資料來源：Adapted form *Alliance Advantage* by Y. L. Doz and G. Hamel

應鏈同盟會受阻。當成員間彼此的溝通協調日趨減少，或無法感覺到能從中獲得穩定的益處時，會產生問題。因此，當管理者在執行供應鏈關係管理時，應注意下列幾項因素以改善供應鏈聯盟成功的機會：

1. 供應鏈兩方成員若有彈性、互信與承諾，則有助於供應鏈關係的成功，特別是當雙方高階管理階層的承諾，是促成供應鏈關係成功的決定性因素時。

2. 特別是針對資訊共享協定與衝突解決等，好的組織調整將有成功的機會。相對的，欠缺有效的供應鏈資訊共享與衝突解決機制，將是造成整個供應鏈夥伴關係分崩離析的兩個主要因素。

3. 供應鏈體系中每個成員決定行動的機制和其結果透明化，有助於避免衝突並且解決爭論；此機制防止成員投機性心態，並協助瑕疵程序，以促進合作關係的價值。

4. 在供應鏈中強勢的夥伴對待弱勢及易受傷的夥伴越公平，則供應鏈關係

就越強。

公平性議題對於供應鏈是極為重要,因為大多合作關係中的成員其影響力是不一樣的;對某成員的傷害大於其他成員的非預期性情況常發生,具有較大影響力的供應鏈成員經常會強勢主導衝突解決的方式。因此,解決方式的公平性,在未來會影響供應鏈關係的強度。

零售商Mark's & Spencer與其廚具供應製造商間的合作關係,提供一個極佳的典型案例,說明了供應鏈夥伴利益公平分享的情況。在產品推出幾個月後,製造商發現到先前對於此產品的成本計算發生錯估,而以極低的批發價銷售給Marks & Spencer,造成銷售給零售商的批發價遠低於製造成本。在這段期間,在較低零售價下,顧客也發覺到物超所值,也因此造成產品暢銷。當製造商將這個問題反映給Marks & Spencer時,Marks & Spencer的銷售經理立即著手協助製造商在產品和流程兩方面,重新再造至較低成本。Marks & Spencer甚至願意大幅降低本身的獲利,並轉讓製造商有足夠的利潤。由於Marks & Spencer能夠公平客觀的妥善處理此一事件,並且適時瞭解到製造商的處境並施予適當協助,因此在日後雙方的合作關係呈現大幅的增進。在經歷此段合作後,緊密的合作基礎為雙方建立起高度的互信,並帶來極佳的獲利。

程序與**政策**控制著供應鏈中合作夥伴間的**互動**。因此,強勢成員在相關程序與政策的制定與執行上,要注意到弱勢成員的感受是很重要的。強勢的成員在供應鏈中對相關程序作業的執行與相關政策的制定,握有絕對的的主控權時,應避免本身逐漸傾向於以本身利益為出發點的投機性心態,因為如此一來,將使得整個供應鏈難以獲得最佳的利潤。公平性的供應鏈施行作業程序,必須具有雙向性溝通的管道。作業程序必須公平,且能讓較弱勢的成員有機會對強勢成員的各項決策適時地提出反映與建議。最後,強勢的一方也須對此作出完整而妥善的解釋與回應。

12.6 連續補貨和供應商管理存貨

　　將跨供應鏈補貨的責任指派至特定的一個對象，可以減輕長鞭效應。由**單一決策點**來決定補貨政策，可以確保可視性，並且可由共同預測來趨動橫跨整個供應鏈的訂單。供應鏈中，最常見藉由單點責任指派存貨供補的兩種作法為：連續補貨（CRP）和供應商管理存貨（VMI）。

　　在CRP中，批發商或製造商一般是根據POS資料對零售商進行補貨；CRP可能由供應商、配銷商或第三方業者管理。大多數例子中，驅動CRP系統的資料，是零售商倉庫實際提領的存貨，而非零售商層級的POS資料。將CRP系統緊繫到倉庫的提領，比較容易執行，而且零售商通常會比較願意在此層級分享資料。連結整個供應鏈的資訊系統可提供良好的資訊基礎建設，讓CRP可以此為依據運行；在CRP中，位於零售商的存貨由零售商所擁有。

　　對於VMI，零售商的產品存貨是由製造商或供應商負責決定；有許多VMI的實際情況是，零售商賣出產品前，所有權歸屬於供應商。VMI需要零售商將需求資訊與製造商分享，使供應商能夠作出補充存貨的決策。如果在作成補貨決策時，能同時考慮到零售商和製造商的利益，VMI有助於提高製造商和整個供應鏈的收益。因為VMI能夠傳達顧客的需求資料給製造商，有助於製造商的規劃生產；如此則能協助改善製造商的預測，使製造商的生產量與顧客的需求更加相符。

　　業界實施VMI成功的例子很多，K-Mart（有大約50個供應商）和Fred Meyer亦屬其中。K-Mart的季節性存貨品項由3增加為9至11之間，而非季節性品項則由12至15增加為17至20。Fred Meyer的存貨下降30至40%，同時滿足率增加到98%。其他施行成功的例子包括Campbell Soup、Frito-Lay和P&G。

　　零售商通常同時銷售互相競爭之製造商的產品，而這些產品對顧客而言具

有替代性,因而引發VMI的缺點。例如,顧客可能以Lever Brothers所生產的清潔劑取代P&G所生產的清潔劑。如果該零售商和這兩家製造商都有VMI協議,各製造商在制定存貨決策時,就會忽略取代性的衝擊。結果,零售商的存貨量將會高於最佳數量。在此情形下,最好是由零售商來決定補貨政策。零售商另一種可能採行的作法是,從眾多供應商中選出某產品類別領導者,並由該領導者為此產品類別的所有供應商管理補貨決策。Wal-Mart即運用此方法,為其大部分產品指派產品類別領導者;例如,HP就是其印表機的產品類別領導者,負責管理所有印表機的補貨。

12.7 協同規劃、預測和補貨（CPFR）

跨產業共同商務標準協會（Voluntary Interindustry Commerce Standards Association, VICS）定義CPFR為「結合多個夥伴之智慧於規劃及滿足顧客需求的一種商業手法」。據VICS所述,自1998年以來,「超過300家公司已施行此方法」。本節我們將闡述CPFR和一些施行成功的例子。必須瞭解的是,CPFR施行成功的不二法門是,合作者雙方同步化其資料,並建立資訊交換的標準。本節內容主要取材自VICS的網站：www.vics.org/committees/cpfr。

供應鏈的買方和賣方協作的行動,可能是以下任一項,甚或全部活動。

1. 策略和規劃：合作夥伴共同決定協同的範圍,並分派角色、職責和清楚的檢查點;然後在聯合企業計畫中確定重要事件,例如促銷、新產品推介、店面開張和結束,以及會影響供需的存貨政策變更。

2. 供應和需求管理：協同銷售預測是由合作夥伴對銷售點作出最佳的顧客需求預估;然後,再據以轉換為協同訂單計畫,其間是以銷售預測、存貨地點和補貨前置時間為基礎,來決定未來的訂單和運送需求。

3. **執行**：當預測變得確定，就會轉換為實際訂單。於是展開一連串產品生產、交貨、收貨和儲存的活動，來滿足這些訂單。

4. **分析**：此關鍵分析工作著重於確認異常狀況，以及藉由**衡量指標**來評估績效或確認趨勢。

協同的成功基礎，是確認和解決指標異常狀況。預測異常狀況表示雙方所作的預測有落差，或是某些績效落在或可能落在可接受範圍之外。這些績效指標可包括存貨超過目標，或產品供應力落在目標以下。要使CPFR成功，就必須具備能夠讓雙方解決異常狀況的流程。確認和解決異常狀況的詳細流程，請參閱VICS CPFR Voluntary Guideline V 2.0（2002）。

德國的清潔劑製造商Henkel和西班牙食品零售商Eroski，是CPFR施行成功的例子。導入CPFR之前，Eroski發現Henkel的產品經常缺貨，特別是在促銷期間；在1999年12月導入CPFR之初，70%的銷售預測具有50%以上的平均誤差，並且只有5%的銷售預測，誤差在20%以下。

然而，在施行CPFR的4個月期間，70%銷售預測誤差在20%以下，只有5%的銷售預測誤差超過50%。CPFR讓顧客服務水準達到98%，且平均存貨降到5天的水準，而且此結果是在每個月都有15到20項產品促銷的情形下達成的。其他成功的案例，還有嬌生公司和英國連鎖藥妝店SuperDrug。自2000年4月起試行3個月之後，SuperDrug發現其配銷中心的存貨水準下降13%，而產品供應力增加了1.6%。如同Steerman（2003）的報告，Sears百貨和米其林輪胎公司也在其2001年推行CPFR時看到明顯的利潤。Sears的現貨水準改進了4.3%，配銷中心到店面的滿足率增加了10.7%，而整體存貨率降低25%。

VICS發現製造商和零售商之間四種最常產生的CPFR情境，如表12.3所示；以下分別描述之。

表12.3　4種常見的CPFR情境

CPFR情境	供應鏈應用	應用的產業
零售活動協同作業	高度促銷的通路或類別	實行EDLP以外的其他所有產業
配銷中心補貨協同作業	零售商配銷中心或批發商配銷中心	藥店、五金店、雜貨店
大型商店補貨協同作業	直接遞送到店裡，或由零售商配銷中心遞送到店裡	量販店、會員制量販店
協同的產品分類規劃	服裝和季節性貨品	百貨公司、專賣店

❖ 零售活動協同作業

在許多零售環境中（諸如超市），促銷和其他零售活動，對需求有明顯的活動期間影響。缺貨、存貨過量以及非預期的物流成本，都會影響零售商和製造商雙方的財務績效。在此情形下，零售商和供應商間在規劃、預測和促銷品補貨等的協同是非常有效。

零售活動協同作業，需要雙方確認協同時所包含的品牌和特定庫存單位（SKU），且彼此分享時間、期間長短、價格點（price point）、廣告以及展示方法等資訊。變化發生時，零售商必須更新資訊內容；特定活動的預測因而得以建立和分享。這些預測進一步轉換為訂單和運送的計畫。當活動展開，必須監控銷售情形，一旦發現任何改變或異常情況時，雙方可透過**選替程序**來解決。

P&G和許多不同的零售商，包括Wa-Mart在內，早已開始施行某種形式的零售活動協同。

❖ 配送中心補貨協同

配送中心補貨協同，可能是實務中最普遍的協同形式，也是最容易施行

的。此情境中的交易雙方，協同預測配送中心的提貨，或由配送中心交給製造商的預期需求。這些預測會轉換為一連串由配送中心交給製造商的訂單，而製造商會承諾或確定在特定時間內交貨。這些資訊使製造商得以建立未來生產計畫的預定訂單及對需求的承諾訂單。其結果可以造成製造商的生產成本降低且零售商的存貨和缺貨情形減少。

因為配送中心補貨協同需要的是總合性之預測，並非分享詳細的銷售時點資料，因此是比較容易實行的；因此，也成了協同的最佳啟始。一段時間之後，這種形式的協同可以擴展到將零售貨架，甚至含括原料倉庫的所有儲存點。Hamman（1994）指出，Barilla 就是導入這種形式的協同於其配送中心。

❖ 商店補貨協同

商店補貨協同的情境中，交易雙方對商店層級的銷售點預測進行協同。這些預測轉換為一系列的店面層級訂單。此形式的協同作業比配送中心層級的協同在施行上困難許多，尤其是在商店規模較小的時候。商店補貨協同對於 Costco 和 Home Depot 等大型商店，就比較容易，好處包括：給製造商更好的銷售透通性、改善補貨精確性、改善產品供應力以及減少存貨。此形式的協同對新產品和促銷品非常有效，製造商和其供應商能夠運用這些資訊來改善執行作業。

❖ 協同的產品分類規劃

流行服飾和其他季節性產品的需求具有季節性，因此，這類商品的協同規劃，會針對單一季節以及該季節期間的表現。因為具有季節性，預測時會比較著重於協同詮釋產業趨勢、總體經濟因素，以及顧客品味，而比較不重視歷史資料。交易雙方協同規劃產品的分類，因而得到一份詳列款式、顏色、尺寸等資訊的預購單；而且在正式下單前，就能以電子傳輸的方式分享此資訊，因而

可以先審查樣貨，再作出最終採購決策。如此，該預購單讓製造商有較長的原物料採購前置時間並能作好產能規劃。如果產能有足夠的彈性時，可混合生產不同產品組合；如果這些產品有某些共用原物料，此形式的協同就能發揮最大效用。

❖CPFR成功的組織和技術要素

要使CPFR施行成功，必定要改變組織結構並且有適當的技術。有效的協同，需要製造商設置跨部門、顧客至上的團隊（至少必須針對大顧客來設立這樣的功能團隊），團隊包括銷售、需求規劃和運籌人員。此焦點在零售的合併之下，這種想法已然具體可行。對小顧客，此團隊可以著重在地理布局或銷售通路。零售商也應嘗試將供應商周邊的產品企劃、採購和補貨單位納入團隊；這對於有著眾多供應商的整合零售商店來說，也許有執行困難。此時它們可以依照供應商別來組織團隊。對於具有配送中心和零售商店等多層次存貨管理的零售商，重要的是結合這兩層次的補貨團隊，如果這兩個階層沒有協同管理存貨，就容易發生存貨重複的情形。建議的協同作業組織架構如圖12.6所示。

CPFR流程並不依賴技術，但需要有技術以衡量績效。CPFR技術的發展是為了達到預測和歷史資訊的分享、評估異常狀況，以及進行各方面的修正；這些解決方案，必須和記錄所有供應鏈交易的企業系統整合。

❖CPFR施行的風險和障礙

瞭解CPFR施行成功的風險和障礙也很重要的。大規模分享資訊時，會有資訊誤用的風險；通常CPFR的其中一個或兩個合作對象，與其競爭對手也有關係。另一個風險是，如果其中一個合作夥伴改變其規模或技術，另一方可能被迫因應或失去此合作關係。最後，CPFR的施行和解決異常狀況時，可能必須在

圖 12.6　協同作業的組織架構

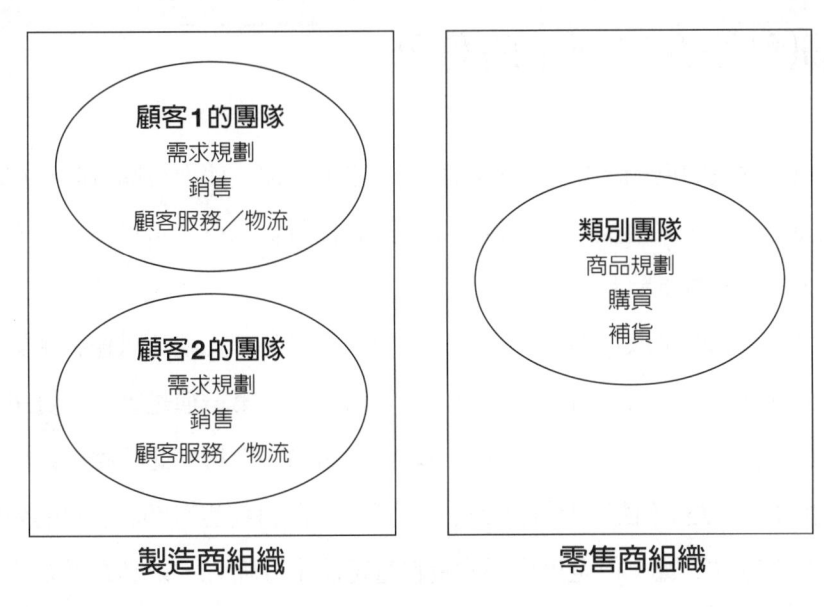

```
製造商組織

  顧客1的團隊
  需求規劃
  銷售
  顧客服務／物流

  顧客2的團隊
  需求規劃
  銷售
  顧客服務／物流
```

```
零售商組織

  類別團隊
  商品規劃
  購買
  補貨
```

資料來源：Adapted from Voluntary Interindustry Commerce Standards, *CPFR: An Overview*, 2004.

兩個文化差異很大的單位間進行密切的互動，如果組織欠缺跨文化管理的能力，就會變成CPFR施行的主要障礙。CPFR施行的一大障礙是，合作夥伴想要達成像商店層級的協同，但這需要在組織和技術上作更大的投資。通常最好是由零售活動或配送中心層級的協同開始，因為焦點比較明確而且也較容易執行。CPFR的實施還有一大難題，就是合作夥伴之間共享的需求資訊，在組織內常常並未以整合的方式來運用。在組織內擁有整合的需求、供給、物流和企業規劃是很重要的，唯有如此才能和合作夥伴共同努力獲得CPFR最大效益。

12.8 資訊科技在協調中的角色

促成供應鏈的協調，是應用資訊科技的終極目標。前面有關資訊科技的探討，主要是著重在供應鏈內部的作業；本節將探討資訊科技可以從兩大方面著手改善企業之間的作業。

首先是資訊的可取得性；公司間只要作到資訊分享，就可以達到企業間的協調並大獲利。資訊科技可從兩方面促成資訊分享。第一種是實際的資訊實體分享，由於公司系統的整合，可以經由網際網路瀏覽資料，此種應用宛如資訊科技提供了「管路」，使得資料分享得以體現。資訊科技也有助於資料的分類與排序，並更容易閱覽。但是可取得的資料量可能十分龐大，未必對需要者有幫助，因此資訊系統賦予資料庫結構設計，讓使用者可以智慧搜尋，從成堆資料中找到所需的資料。

其次，資訊科技運用現有可見的資訊來制定決策，以改善企業間的協調。資訊科技促成對於供應鏈資訊的運用，以制定和存貨、生產、運輸、採購和定價等相關的決策。

運用資訊科技來進行協調，可能比運用在其他領域有更多的陷阱，主要是因為任務的複雜性和困難度更高，技術上顯然更具挑戰。例如，整合不同系統，以便讓上述資訊可供不同企業運用。另一個問題是，不同公司通常有不同的作業流程，為了有效協調，這些流程必須以合理的方式互動。在公司內部要克服此問題十分困難，而且當牽涉不只一家公司時，就更為困難。然而，資訊科技運作的最大障礙是信任因素，如果公司之間沒有一定程度的信任，不論技術多好，都不太可能從投資協調軟體上獲得太多利益。

此領域軟體的主要廠商，亦即供應鏈軟體的廠商，例如ERP等級的SAP和Oracle公司，以及諸如i2 Technology和Manugistics等專業軟體公司。此領域可

說是我們所討論過的軟體領域中最年輕的，作得好的公司極少，大部分公司根本完全不碰這個領域，因此，對新軟體公司來說可能是個機會。然而，等這個領域軟體逐漸成熟，最後市場可能還是由ERP業者穩固占領。

12.9 達成協調的實務

1. 長鞭效應的量化衡量。企業一般對長鞭效應在供應鏈體系中所扮演的角色不甚瞭解。管理者必須著手去比較來自消費者的訂單變異性與其對供應商所下訂單變異性間的差異，這將有助於量化分析該公司造成長鞭效應的多寡。一旦量化分析結果呈現時，企業便能瞭解到長鞭效應對整個供應鏈所帶來的影響，並較容易地去接受其造成的因素係來自於供應鏈中各階段，獲利因而下降。若缺少了這些具體的分析資料，則企業將會繼續忽視並不自覺的增加這些不正常的變異，而不是致力於去解決這些變異。在這種情況會引導企業投資巨額的資本在存貨管理與排程系統，所得到的施行成效及獲利卻又少得不成比例。因此若能將長鞭效應所帶來的影響予以具體的量化並呈現出來，將有助於供應鏈中各個不同階段正視這個問題，並著手去建立溝通協調機制與排除各種不正常的變異。

2. 獲得最高管理階層的承諾建立協調機制。從供應鏈體系管理可看出，溝通協調機制若要成功地在供應鏈體系中運作，唯有獲得最高管理階層的承諾。協調機制需要供應鏈中各階段的管理者必須將其所屬部門或企業個別的利益擺在公司或整體供應鏈利益之後。溝通協調的運作經常有賴於各種取捨性的妥協、解決方案，而這些解決方案施行的前提則需適度的去改變每個階段傳統的功能運作模式。這些改變通常會與原先為個別階段本身而設計的功能運作模式及其運作目的呈現相互的對立。若缺乏來自於高層的支持與承諾，這些的改變

措施將會窒礙難行。在Wal-Mart與P&G建立預測與補貨團隊的主要關鍵因素就是獲得最高管理階層的支持與承諾。

3. 貢獻資源以支援協調。 若未獲得各成員全力投入各項相關管理資源的支持，供應鏈的溝通協調機制將難以有效的達成。一般企業通常不願用企業資源來支援協調的運作，起因於它們早已習慣所謂的「欠溝通協調性」，或是期望投入支持溝通協調運作的資源將僅運用在它們自己本身。類似這樣問題的產生，通常是所有管理者僅投入其負責的一部分，並沒有人負責注意某管理者的行動對於供應鏈其他成員的影響。解決協調機制的最佳的方法是組成一個包含供應鏈體系中所有成員代表的團隊，這個團隊必須對於各種溝通協調問題作出適當的回應，並且賦予權力給此團隊以執行必要的改變。除非這團隊有權力去執行任務，否則設立協調團隊會徒勞無功的，因為該團隊會和以其本身最大化的管理者相衝突。唯有當供應鏈中各成員間所建立的互信度達到某一定程度時，協調團隊會發揮其應有的運作成效。如果妥善地運用它，協調團隊將可為整個供應鏈帶來相當可觀的利益，同樣的成效仍可透過在Wal-Mart與P&G所建立的相關預測與補貨協同運作機制中獲得。

4. 注意和其他階段的溝通。 和供應鏈其他階段極佳的溝通經常營造強調雙方協調的價值。一般企業通常不重視與供應鏈中其他成員間的溝通，且不願意資訊共享。不過，在供應鏈體系中所有企業經常受挫於缺乏協調，且除非其能協助供應鏈在更有效率下運作才會願意資訊共享。定期性的溝通將有助於整個供應鏈體系朝如此的方向運作。例如一家主要個人電腦廠商曾以批量訂購微處理機供數週生產之用。現試著轉型為BTO的生產模式，則其針對微處理器採購模式將會改變成以天為單位而發出多批的訂單。管理者推測微處理器供應商恐難配合此的採購模式。然而，當與供應商溝通後，難題解決了。供應商也期望能降低每批次的數量，並能增加接單的頻率。供應商的管理者原本還假設PC製造商要大批量，因此從不要求改變。正常的溝通協助供應鏈不同階段分享其目標及確認改善協調的共同目標和相互利益的行動。

5. 試著達成整個供應鏈網路體系中的溝通協調機制。只有當整個供應鏈網路體系溝通協調時，溝通協調的優點才是完全的。若僅在供應鏈的兩階段間達成協調是不夠的。擁有較大影響力的供應鏈成員應付出較多的心力來推動整個供應鏈網路體系的溝通協調機制的建置。Toyota 汽車公司曾經在整個供應鏈網路體系中有效地達成知識的分享及溝通協調機制。

6. 利用相關技術改善供應鏈的連接性。網際網路和不同軟體系統的變異性可被使用以增進整體供應鏈資訊的透通度。直到目前為止，大多數資訊科技的執行達成資訊的透通度僅止於個別企業內部。在大多數案例，若要使整個供應鏈網路體系資訊透通亦仍需花費額外精力。從本章先前的探討中，可以清楚得知唯有系統輔助以增進整個供應鏈網路體系的資訊透通和便利協調，資訊科技系統的主要好處才能被實現。如果企業要瞭解巨額投資在資訊科技系統的全部好處，特別是ERP系統時，非常關鍵的是他們使用此系統必須進行更多的額外努力，在供應鏈體系上使用協同預測與規劃。使用網際網路以分享資訊和增加供應鏈的鏈結性。

7. 公平地分享協調溝通的利益。在供應鏈溝通協調機制最大的阻礙在於各階段的成員總是感覺並未公平的分享到由協調溝通所產生的利益。供應鏈中較具影響力成員的管理階層必須感受到這樣的情況，且需致力於讓所有合作夥伴能明確感受到利益分享是公平的。

12.10 問題討論

1. 何謂長鞭效應，其與供應鏈中缺乏溝通協調有何關係？
2. 缺乏溝通協調會對供應鏈運作效率帶來什麼樣的影響？
3. 試舉出有那些不正確的動機導致供應鏈中缺乏溝通協調？有那些抵制措施

可以補正這種影響？

4. 若供應鏈中每個階段僅以其所收到的下游訂單為需求預測的依據，將會有什麼問題發生？企業如何透過傳遞溝通的方式來促進溝通協調的運作？

5. 什麼因素會導致供應鏈中採行批量採購模式？這對溝通協調有何影響？如何將供應鏈的大額批次採購降至最低，並促進溝通協調運作？

6. 供應鏈中的促銷活動與價格波動對溝通協調運作有何影響？何種價格政策與規劃促銷活動會影響溝通協調運作？

7. 供應鏈中如何建立合作策略夥伴關係與互信機制？

8. 當規劃供應鏈的合作夥伴關係以促進溝通協調的運作與互信機制時，那些議題必須納入考量？

9. 當管理供應鏈的合作夥伴關係以促進溝通協調的運作與互信機制時，那些議題必須納入考量？

10. 有那些不同的CPFR情境，它們如何對供應鏈合作夥伴產生利益？